# 安全防范标准汇编

## 安全防范系统工程卷

中国标准出版社　编

中国标准出版社

北京

**图书在版编目(CIP)数据**

安全防范标准汇编.安全防范系统工程卷/中国标准出版社编. —北京:中国标准出版社,2020.7
ISBN 978-7-5066-9694-4

Ⅰ.①安… Ⅱ.①中… Ⅲ.①安全装置—标准—汇编—中国 Ⅳ.①X924.4-65

中国版本图书馆 CIP 数据核字(2020)第 091574 号

中国标准出版社出版发行
北京市朝阳区和平里西街甲 2 号(100029)
北京市西城区三里河北街 16 号(100045)
网址 www.spc.net.cn
总编室:(010)68533533    发行中心:(010)51780238
读者服务部:(010)68523946
中国标准出版社秦皇岛印刷厂印刷
各地新华书店经销
*
开本 880×1230 1/16    印张 30.25    字数 915 千字
2020 年 7 月第一版    2020 年 7 月第一次印刷

定价 155.00 元

# 出　版　说　明

　　随着我国经济发展和社会治安形势的变化,社会公共安全受到全社会的关注和重视,加强安全防范体系建设已成为制造生产和社会稳定的重要内容。安全防范技术覆盖现代生活的每个角落,现代计算机技术、通信技术、互联网应用等逐渐加速了安全防范技术的数字和智能化进程。为进一步推动安全防范标准的贯彻实施,加强安全防范技术监督和产品质量检测工作,中国标准出版社组织出版了《安全防范标准汇编》。

　　本套汇编共分7卷,分别为:出入口控制系统卷、防爆安全检查系统卷、人体生物特征识别应用卷、入侵和紧急报警系统卷、实体防护系统卷、视频监控系统卷、安全防范系统工程卷。本卷为安全防范系统工程卷,收集了截至2019年12月底发布的现行有效的国家标准9项,公安行业标准24项。

　　本套汇编内容丰富、方便实用,不仅可供安全防范产品设计、生产、维修、检验等人员学习使用,还可为从事安全防范工作的各级监督机关、标准化部门、工程设计单位、大专院校的专业人员提供良好的借鉴与参考。

编　者

2020 年 1 月

# 目　　录

ICS 13.310
A 91

# 中华人民共和国国家标准

GB/T 15211—2013
代替 GB/T 15211—1994

## 安全防范报警设备
## 环境适应性要求和试验方法

Security alarm equipments—
Environmental adaptability requirements and test methods

(IEC 62599-1:2010,Alarm systems—
Part 1:Environmental test methods,MOD)

2013-12-31 发布                                    2015-03-01 实施

中华人民共和国国家质量监督检验检疫总局
中国国家标准化管理委员会   发布

1

# 前　言

本标准按照 GB/T 1.1—2009 给出的规则起草。

本标准代替 GB/T 15211—1994《报警系统环境试验》,与之相比,主要变化如下:

——删除了术语"误报警"、"漏报警"、"故障状态"(见1994年版第3章);

——删除了"总则"(见1994年版第4章);

——删除了"电源电压变化试验"(见1994年版5.8);

——删除了"散射光试验"(见1994年版5.9);

——删除了"气流试验"(见1994年版5.11);

——删除了"随机振动"(见1994年版5.5);

——删除了"随机振动"加速试验(见1994年版6.5.3);

——增加了术语"公众求助系统"、"固定式设备"、"可移动式设备"、"便携式设备"、"预处理"、"条件试验"、"恢复"(见第3章);

——增加了"环境类别"(见第4章);

——增加了"标准试验条件"(见第5章);

——增加了"允差范围"(见第6章);

——增加了"相关产品标准应包含的信息"(见第7章);

——增加了"温度变化试验"(见第11章);

——增加了"盐雾循环耐久性试验"(见第18章);

——增加了"低气压试验"(见第19章);

——增加了"模拟太阳辐射和温升试验(工作状态)"(见第25章);

——增加了"模拟太阳辐射和表面老化试验(耐久性)"(见第26章);

——修改了前言;

——修改了范围(见第1章,1994年版的第1章);

——修改了高温试验(工作状态)的严酷等级(见8.3.4,1994年版5.1.3);

——修改了高温试验(耐久性)的严酷等级(见9.3.4,1994年版6.1.3);

——修改了低温试验(工作状态)的严酷等级(见10.3.4,1994年版5.2.3);

——修改了恒定湿热试验(工作状态)的严酷等级(见12.3.4,1994年版5.6.3);

——修改了恒定湿热试验(耐久性)的严酷等级(见13.3.4,1994年版6.2.3);

——修改了交变湿热试验(工作状态)的严酷等级(见14.3.4,1994年版5.7.3);

——修改了交变湿热(耐久性)的严酷等级(见15.3.4,1994年版6.3.3);

——将"外壳防护试验"调整为"防水试验"和"防尘试验"并修改了严酷等级(见16.3.2、27.3.2,1994年版5.13.3);

——修改了二氧化硫腐蚀耐久性试验的严酷等级(见17.3.4,1994年版6.6.3);

——修改了冲击试验(工作状态)的严酷等级(见20.3.4,1994年版5.6.3);

——修改了锤击试验(工作状态)(见第21章,1994年版5.10);

——修改了自由跌落试验(工作状态)的严酷等级(见22.3.4,1994年版5.12.3);

——修改了正弦振动试验(工作状态)的严酷等级(见23.3.4,1994年版5.4.3);

——修改了正弦振动试验(耐久性)的严酷等级(见24.3.4,1994年版6.4.3)。

本标准使用重新起草法修改采用 IEC 62599-1:2010《报警系统　第1部分:环境试验方法》。

本标准与IEC 62599-1:2010相比在结构上有较多的调整,附录A中列出了本标准与IEC 62599-1:2010的章条编号对照一览表。

本标准与IEC 62599-1:2010相比存在技术性差异,附录B中给出了相应技术性差异及其原因的一览表。

本标准做了下列编辑性修改:

——将标准名称修改为《安全防范报警设备 环境适应性要求和试验方法》;

——删除了IEC 62599-1:2010的前言;

——增加了前言;

——"IEC 62599-1的本部分"一词改为"本标准";

——用小数点"."代替作为小数点的逗号","。

请注意本文件的某些内容可能涉及专利。本文件的发布机构不承担识别这些专利的责任。

本标准由全国安全防范报警系统标准化技术委员会(SAC/TC 100)归口。

本标准主要起草单位:公安部安全与警用电子产品质量检测中心、北京中盾安全技术开发公司、公安部安全防范报警系统产品质量监督检验中心、霍尼韦尔(中国)有限公司、深圳市中安测标准技术有限公司。

本标准主要起草人:卢玉华、金巍、陶磊、张文弘、李秀林、韩峰、刘荐轩、吴雷、刘少娟、张毅。

本标准所代替标准的历次版本发布情况为:

——GB/T 15211—1994。

# 安全防范报警设备
# 环境适应性要求和试验方法

## 1 范围

本标准规定了安全防范报警设备环境适应性的试验目的、试验方式、试验设备和试验程序。

本标准适用于以下安全防范报警系统中的设备：

a) 入侵报警系统；

b) 视频监控系统；

c) 出入口控制系统(包括楼宇对讲系统、电子巡查系统、停车场(库)安全管理系统等)；

d) 公众求助系统；

e) 远程接收和/或监控中心；

f) a)～e)各子系统的组合和/或集成系统；

g) 含有电子装置的实体防护设备；

h) 人体生物特征识别应用设备。

## 2 规范性引用文件

下列文件对于本文件的应用是必不可少的。凡是注日期的引用文件，仅注日期的版本适用于本文件。凡是不注日期的引用文件，其最新版本(包括所有的修改单)适用于本文件。

GB/T 2421.1—2008 电工电子产品环境试验 第1部分：概述和指南(IEC 60068-1:1988,IDT)

GB/T 2423.1 电工电子产品环境试验 第2部分：试验方法 试验A：低温(GB/T 2423.1—2008,IEC 60068-2-1:2007,IDT)

GB/T 2423.2 电工电子产品环境试验 第2部分：试验方法 试验B：高温(GB/T 2423.2—2008,IEC 60068-2-2:2007,IDT)

GB/T 2423.3 电工电子产品环境试验 第2部分：试验方法 试验Cab：恒定湿热方法(GB/T 2423.3—2006,60068-2-78:2001,IDT)

GB/T 2423.4 电工电子产品环境试验 第2部分：试验方法 试验Db：交变湿热(12 h+12 h循环)(GB/T 2423.4—2008,IEC 60068-2-30:2005,IDT)

GB/T 2423.18 环境试验 第2部分：试验方法 试验Kb：盐雾，交变(氯化钠溶液)(GB/T 2423.18—2012,IEC 60068-2-52:1996,IDT)

GB/T 2423.21 电工电子产品环境试验 第2部分：试验方法 试验M：低气压(GB/T 2423.21—2008,IEC 60068-2-13:1983,IDT)

GB/T 2423.24—1995 电工电子产品环境试验 第2部分：试验方法 试验Sa：模拟地面上的太阳辐射(IEC 60068-2-5:1975,IDT)

GB/T 2423.38 电工电子产品环境试验 第2部分：试验方法 试验R：水试验方法和导则(GB/T 2423.38—2008,IEC 60068-2-18:2000,IDT)

GB/T 2423.55 电工电子产品环境试验 第2部分：环境测试 试验Eh：锤击试验(GB/T 2423.55—2008,IEC 60068-2-75:1997,IDT)

GB 4208—2008 外壳防护等级(IP代码)(IEC 60529:1989,IDT)

GB/T 20138　电器设备外壳对外界机械碰撞的防护等级（IK 代码）（GB/T 20138—2006，IEC 62262：2002，IDT）

IEC 60068-2-6：2007　环境试验　第2-6部分：试验　试验 Fc：振动试验，正弦方式（Environmental testing—Part 2-6：Tests—Test Fc：Vibration，sinusoidal）

IEC 60068-2-14：2009　环境试验　第 2-14 部分：试验　试验 N：温度变化（Environmental testing—Part 2-14：Tests—Test N：Change of temperature）

IEC 60068-2-27：2008　环境试验　第 2-27 部分：试验　试验 Ea 和导则：冲击（Environmental testing—Part 2-27：Tests—Test Ea and Guidance：Shock）

IEC 60068-2-31：2008　环境试验　第 2-31 部分：试验 Ec　设备类样品暴力操作冲击（Environmental testing—Part 2-31：Tests—Test Ec：Rough handling shocks，primarily for equipment-type specimens）

IEC 60068-2-42：2003　环境试验　第 2-42 部分：试验 Kc　接触或连接部分二氧化硫腐蚀试验（Environmental testing—Part 2-42：Tests—Test Kc：Sulphur dioxide test for contacts and connections）

# 3　术语和定义

下列术语和定义适用于本文件。

3.1

**公众求助系统　social alarm system**

为公众在危险情况下提供呼叫求助的报警系统。

3.2

**固定式设备　fixed equipment**

固定或安装于特定位置的设备，或者无法提供提手且其质量大、很难移动的设备。（例如，用螺栓固定于墙面的入侵报警系统的控制面板）

3.3

**可移动式设备　movable equipment**

非固定式设备并且在位置被改变时通常不处于工作状态的设备。（例如，置于桌面上的公众求助系统的一个本地单元或控制器）

3.4

**便携式设备　portable equipment**

在移动情况下可正常使用的设备。（例如，出入口控制"智能卡"，电子钥匙，由用户携带的公众求助系统触发设备）

3.5

**预处理　preconditioning**

为消除或部分抵消试验样品以前经历的各种效应，在条件试验前对试验样品所作的处理。

3.6

**条件试验　conditioning**

把试验样品暴露在试验环境中，以确定这些条件对试验样品的影响。

3.7

**恢复　recovery**

在条件试验之后对试验样品的处理，以确保在测试前试验样品性能的稳定。

**4 设备类型与环境类别**

**4.1 设备类型**

安全防范报警设备分为固定式、可移动式和便携式三种类型。

**4.2 环境类别**

环境类别分为以下四种：

a) Ⅰ：包括但不仅限于居住或办公环境的室内（例如，客厅、办公室、机房等）；

b) Ⅱ：包括但不仅限于室内公共区域（例如，购物区域、商店、餐厅、楼梯、工厂生产装配间，入口和储藏室等）；

c) Ⅲ：包括但不仅限于有直接淋雨防护和日晒防护的室外，或者极端环境条件的室内（例如，车库、阁楼、仓库和进料台等）；

d) Ⅳ：一般意义上的室外。

类别Ⅰ、Ⅱ、Ⅲ、Ⅳ的条件试验严酷等级依次递增，适于环境类别Ⅳ的设备可被用于环境类别Ⅲ的应用中。

针对特殊高温环境条件（如干热地区），在Ⅳ类后加后缀A；除了高温（工作状态）条件试验，类别ⅣA的其他试验与类别Ⅳ相同（见8.3.4）。

针对特殊低温环境条件（如高寒地区），在Ⅲ、Ⅳ类后加后缀B；除了低温（工作状态）和温度变化（工作状态）的条件试验，类别ⅢB和类别ⅣB的其他试验与类别Ⅲ和类别Ⅳ相同（见10.3.4和11.3.4）。

**5 标准试验条件**

除非另有规定，用于测量和试验的试验室大气条件应在GB/T 2421.1—2008中5.3.1规定的下列标准大气条件中进行：

——温度：15 ℃～35 ℃；

——相对湿度：25%～75%；

——大气压：86 kPa～106 kPa。

当这些参数对测量和试验有明显的影响时，将参数变化控制在最小的范围内。

**6 允差范围**

除非另有规定，环境试验参数的允差范围应符合各试验相关引用标准的相关规定，例如，GB/T 2423的相关部分中。

**7 相关产品标准应包含的信息**

当安全防范报警设备相关产品标准引用本标准时，还应列出以下内容：

a) 设备类型（固定式设备、可移动式设备或便携式设备）；

b) 试验样品安装要求；

c) 与规定的试验程序或严酷等级的任何偏离；

d) 在条件试验前的任何初始测试或检查(例如,功能检测);

e) 在条件试验期间对样品状态的要求(例如,配置和运行状态);

f) 需要进行条件试验时,在条件试验期间对样品的任何检查和测量或监控(例如,可能需要的功能检测);

g) 条件试验之后的任何最终测试或检查(例如,功能测试和目视检查)和在测试之前的任何特殊恢复条件要求;

h) 合格/不合格判定准则;

i) 试验计划,给出每项试验对样品的安排。

在产品标准引用本标准时,应考虑以下内容:

——上述 a)~i)的信息,可能因不同的试验而有所不同(例如,运行试验和耐久性试验);

——对有些类型的设备,由于对设备的限制(例如,将设备置于环境试验室/箱内)条件试验期间可能无法进行常规的功能试验。或在其他试验当中,由于条件的跳跃或变化性,在条件试验期间无法进行功能试验。因此,有必要进行减少功能试验或省去条件试验期间的功能试验;

——产品标准应指明在耐久性试验中是否需要持续连接保证存储所需的备用电源,如需连接还应指明记忆内容是否继续保存。

## 8 高温试验(工作状态)

### 8.1 试验目的

检验设备在预期使用环境中可能出现的短时间高温环境下的正常运行能力。

### 8.2 试验方式

试验样品在高温条件下放置足够长时间以达到温度稳定,实施功能测试和/或监测。通过模拟自由空气条件使散热试验样品产生自加热效应。

### 8.3 试验设备和试验程序

#### 8.3.1 一般要求

试验设备和试验程序一般应按照GB/T 2423.2中的规定进行。

试验应采用温度渐变方式。对散热试验样品应采用试验 Bd(在GB/T 2423.2中规定),对非散热试验样品应采用试验 Bb。

在进行完高温试验(工作状态)后可连续进行高温试验(耐久性),中间可省去恢复试验、功能试验和高温试验(耐久性)初始检测。

#### 8.3.2 初始检测

在条件试验前,按照相关产品标准对样品进行初始检测。

#### 8.3.3 条件试验期间样品的状态

按相关产品标准的规定进行样品安装及配置,并使其处于工作状态。

#### 8.3.4 条件试验

条件试验的严酷等级规定见表1。

表 1

| 设备类型 | 试验参数 | 环境类别 | | |
|---|---|---|---|---|
| | | Ⅰ | Ⅱ、Ⅲ | Ⅳ |
| 固定式设备、可移动式设备和便携式设备 | 温度/℃ | 40 | 55 | 70(85[a])或55[b] |
| | 持续时间/h[c] | 2/8/16 | 2/8/16 | 2/8/16 |

[a] 对于环境类别ⅣA 此温度为 85 ℃(见第 4 章)。

[b] 简单意义上，70 ℃的高温试验包含了模拟太阳热辐射效果。如认为这个方法不适当，可实施 55 ℃高温试验和模拟太阳辐射和温升试验(工作状态)来代替(见第 25 章)。

[c] 制定产品标准时可根据产品的特点,选择持续时间。

#### 8.3.5 条件试验期间检测

在试验期间观察样品,检查状态的变化。在试验的最后 30 min,完成相关产品标准规定的后续测试。

#### 8.3.6 最后检测

在标准试验条件下至少恢复 1 h 后,按相关产品标准的要求对试验样品进行最后检测。

### 9 高温试验(耐久性)

#### 9.1 试验目的

检验设备抵抗长期老化效应的能力。

#### 9.2 试验方式

将试验样品长期置于高温环境中以进行加速老化的试验。

#### 9.3 试验设备和试验程序

#### 9.3.1 一般要求

试验设备和试验程序一般应按照 GB/T 2423.2 的规定进行,采用试验 Bb。

在进行完高温试验(工作状态)后可连续进行高温试验(耐久性),中间可省去恢复试验、功能试验和高温试验(耐久性)初始检测。

#### 9.3.2 初始检测

在条件试验前,按照相关产品标准要求对样品进行初始检测。

#### 9.3.3 条件试验期间样品的状态

将样品按照相关产品标准的要求安装配置。在条件试验期间样品不通电。

#### 9.3.4 条件试验

条件试验的严酷等级规定见表 2。

表 2

| 设备类型 | 试验参数 | 环境类别 | |
|---|---|---|---|
| | | Ⅰ、Ⅱ、Ⅲ | Ⅳ |
| 固定式设备、可移动式设备和便携式设备 | 温度/℃ | 不要求测试 | 55 |
| | 持续时间/d | | 21 |

### 9.3.5 最后检测

在标准试验条件下至少恢复 1h 后,按相关产品标准的要求对试验样品进行最后检测。

## 10 低温试验(工作状态)

### 10.1 试验目的

检验设备在预期的低温使用环境下正常运行的能力。

### 10.2 试验方式

试验样品在低温下放置足够长时间以使温度达到稳定,实施功能测试和/或监测。模拟自由空气条件是考虑到散热试验样品自加热效应。

### 10.3 试验设备和试验程序

#### 10.3.1 一般要求

试验设备和试验程序一般应按照 GB/T 2423.1 的规定进行。

应采用温度渐变的试验方法,对于散热试验样品(详见 GB/T 2423.1)应采用试验方法 Ad,对于非散热试验样品应采用试验方法 Ab。

#### 10.3.2 初始检测

在条件试验之前,应按相关产品标准对试验样品进行初始检测。

#### 10.3.3 条件试验期间试验样品的状态

按相关产品标准的规定进行样品安装及配置,并使其处于工作状态。

#### 10.3.4 条件试验

条件试验的严酷等级规定见表3。

表 3

| 设备类型 | 试验参数 | 环境类别 | | |
|---|---|---|---|---|
| | | Ⅰ | Ⅱ | Ⅲ、Ⅳ |
| 固定式设备、可移动式设备和便携式设备 | 温度/℃ | +5 | −10 | −25(−40ᵃ) |
| | 持续时间/hᵇ | 2/8/16 | 2/8/16 | 2/8/16 |

ᵃ 对于环境类别ⅢB和ⅣB此温度为−40 ℃(见第 4 章)。

ᵇ 制定产品标准时可根据产品的特点,选择持续时间。

### 10.3.5 条件试验期间检测

在试验期间观察样品,检查状态的变化。在试验的最后 30 min,完成相关产品标准规定的后续测试。

### 10.3.6 最后检测

在标准试验条件下至少恢复 1h 后,按相关产品标准的要求对试验样品进行最后检测。

## 11 温度变化试验(工作状态)

### 11.1 试验目的

检验便携式设备在正常环境和低温环境下往复搬运受到温度骤变时设备正常运行的能力。

### 11.2 试验方式

将试验样品置于温度不断变化的环境中。将试验样品从一个试验箱(室)移到另一个试验箱(室)。

### 11.3 试验设备和试验程序

### 11.3.1 一般要求

试验设备和试验程序一般应按照 IEC 60068-2-14 的规定进行。试验采用 Na,包括温度快速变化和规定转换时间。

### 11.3.2 初始检测

在条件试验之前,应按相关产品标准对试验样品进行初始检测。

### 11.3.3 条件试验期间试验样品的状态

按相关产品标准的规定进行样品安装及配置,并使其处于工作状态。

### 11.3.4 条件试验

条件试验的严酷等级规定见表 4。

表 4

| 设备类型 | 试验参数 | 环境类别 | | |
|---|---|---|---|---|
| | | I | II | III、IV |
| 便携式设备 | 最低温度 $T_A$/℃ | +5 | −10 | −25[a] |
| | 最高温度 $T_B$/℃ | +30 | +30 | +30 |
| | 暴露时间 $t_1$/h | 1 | 1 | 1 |
| | 转换时间 $t_2$/min | 2～3 | 2～3 | 2～3 |
| | 循环次数 | 4 | 4 | 4 |
| [a] 对于环境类别IIIB和IVB此温度为−40 ℃(见第4章)。 | | | | |

### 11.3.5 条件试验期间测试

在试验期间观察样品,检查状态的变化。在试验的最后一个高温和低温循环条件试验期间的最初 10 min,完成相关产品标准规定的后续测试。

### 11.3.6 最后检测

在标准试验条件下至少恢复 1 h 后,按相关产品标准的要求对试验样品进行最后检测。

## 12 恒定湿热试验(工作状态)

### 12.1 试验目的

检验设备在可能发生的短期高相对湿度并且无水气凝结的使用环境中正常运行的能力。

### 12.2 试验方式

将试验样品置于恒温和高相对湿度的环境中,在试验时应避免试验样品表面形成凝露。
试验样品暴露在湿热环境的时长选择以允许其表面有水雾吸附现象(但不能凝露)为准则。

### 12.3 试验设备和试验程序

#### 12.3.1 一般要求

试验设备和试验程序一般应按照 GB/T 2423.3 的规定进行。
在进行完恒定湿热试验(工作状态)后可连续进行恒定湿热试验(耐久性),中间可省去恢复试验、功能试验和恒定湿热试验(耐久性)初始检测。

#### 12.3.2 初始检测

在条件试验之前,应按相关产品标准对试验样品进行初始检测。

#### 12.3.3 条件试验期间试验样品的状态

按相关产品标准的规定进行样品安装及配置,并使其处于工作状态。

#### 12.3.4 条件试验

条件试验的严酷等级规定见表5。

表 5

| 设备类型 | 试验参数 | 环境类别 | |
| --- | --- | --- | --- |
| | | I | II、III、IV |
| 固定式设备、可移动式设备和便携式设备 | 温度/℃ | 40 | 不要求测试[a] |
| | 相对湿度/% | 93 | |
| | 持续时间/d[b] | 2/4 | |

[a] 当相关标准规定进行交变湿热试验时,环境类别II、III和IV可不要求,如果不实施交变湿热试验,则环境类别 II、III 和 IV 的条件与环境类别 I 的条件相同。

[b] 制定产品标准时可根据产品的特点,选择持续时间。

#### 12.3.5 条件试验期间测试

在试验期间观察样品,检查状态的变化。在试验的最后 30 min,完成相关产品标准规定的后续测试。

#### 12.3.6 最后检测

在标准试验条件下至少恢复 1 h 后,按相关产品标准的要求对试验样品进行最后检测。

### 13 恒定湿热试验(耐久性)

#### 13.1 试验目的

检验设备在使用环境中耐受长期的湿度影响的能力(例如:潮湿、电化腐蚀等化学反应或者吸附作用致使电气属性变化)。

#### 13.2 试验方式

将试验样品置于恒温和高相对湿度的环境中,在试验时应避免试验样品表面形成凝露。暴露时间的选择,允许水汽吸收和化学变化产生。

#### 13.3 试验设备和试验程序

#### 13.3.1 一般要求

试验设备和试验程序一般应按照 GB/T 2423.3 的规定进行。

在进行完恒定湿热试验(工作状态)试验后可连续进行恒定湿热试验(耐久性),中间可省去恢复试验、功能试验和恒定湿热试验(耐久性)初始检测。

#### 13.3.2 初始检测

在条件试验之前,应按相关产品标准对试验样品进行初始检测。

### 13.3.3 条件试验期间试验样品的状态

按相关产品标准规定安装试验样品,条件试验期间试验样品处于不通电状态。

### 13.3.4 条件试验

条件试验的严酷等级规定见表6。

表 6

| 设备类型 | 试验参数 | 环境类别 |
| --- | --- | --- |
| | | Ⅰ、Ⅱ、Ⅲ、Ⅳ |
| 固定式设备、可移动式设备和便携式设备 | 温度/℃ | 40 |
| | 相对湿度/% | 93 |
| | 持续时间/d | 21 |

### 13.3.5 最后检测

在标准试验条件下至少恢复1 h后,按相关产品标准的要求对试验样品进行最后检测。

## 14 交变湿热试验(工作状态)

### 14.1 试验目的

检验设备在高相对湿度,产品表面产生凝露的环境条件下的适应性。

### 14.2 试验方式

将试验样品置于25 ℃与适当的温度上限(40 ℃或55 ℃)之间循环变化的环境中,在温度上限阶段相对湿度保持在(93±3)%,在温度下限和温度变化阶段相对湿度保持在80%以上。设定温度增长的速率使试验样品表面产生凝露。

### 14.3 试验设备和试验程序

#### 14.3.1 一般要求

试验设备和试验程序一般应按照GB/T 2423.4的规定进行,试验采用试验循环方法2(如图1)和受控条件下的恢复(如图2)。

在进行完交变湿热试验(工作状态)试验后可连续进行交变湿热试验(耐久性),中间可省去恢复试验、功能试验和交变湿热试验(耐久性)初始检测。

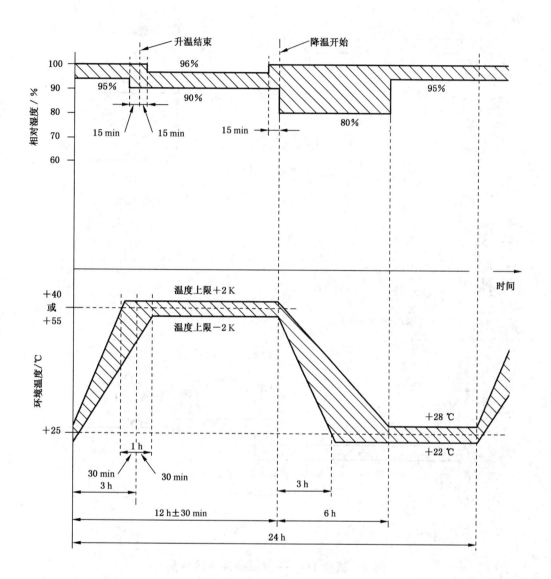

**图 1　试验 Db——试验循环——方法 2**

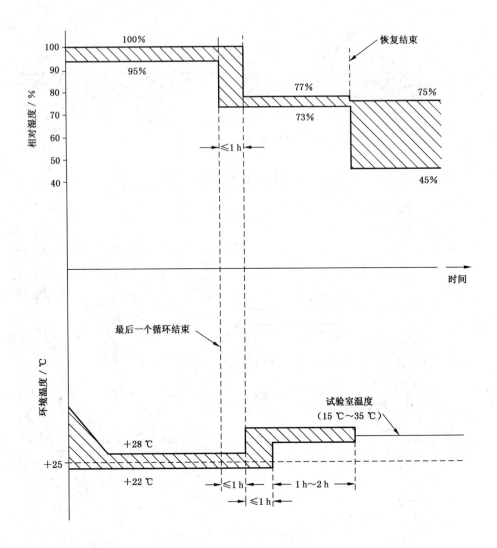

**图 2 试验 Db——受试条件下的恢复**

### 14.3.2 初始检测

在条件试验之前,应按相关产品标准对试验样品进行初始检测。

### 14.3.3 条件试验期间试验样品的状态

按相关产品标准的规定进行样品安装及配置,并使其处于工作状态。

### 14.3.4 条件试验

条件试验的严酷等级规定见表7。

表 7

| 设备类型 | 试验参数 | 环境类别 | | |
|---|---|---|---|---|
| | | I | II | III、IV |
| 固定式设备、可移动式设备和便携式设备 | 上限温度/℃ | 不要求测试 | 40 | 55 |
| | 循环 | | 2 | 2 |

#### 14.3.5 条件试验期间测试

在试验期间观察样品,检查状态的变化。在试验的最后一个循环的高温阶段的最后 30 min,完成相关产品标准规定的后续测试。

#### 14.3.6 最后检测

在恢复之后,按相关产品标准的要求对试验样品进行最后检测。

### 15 交变湿热试验(耐久性)

#### 15.1 试验目的

检验设备耐受长期的高相对湿度、表面产生凝露的环境下影响的能力。

#### 15.2 试验方式

将试验样品暴露在 25 ℃与 55 ℃之间循环变化的环境条件下,在温度上限阶段相对湿度保持在 (93±3)%,在温度下限和温度变化阶段相对湿度保持在 80%以上。设定温度增长的速率使试验样品表面产生凝露。

#### 15.3 试验设备和试验程序

#### 15.3.1 一般要求

试验设备和试验程序一般应按照 GB/T 2423.4 的规定进行,试验采用试验循环方法 2(如图 1)和受控条件下的恢复(如图 2)。

在进行完交变湿热试验(工作状态)试验后可连续进行交变湿热试验(耐久性),中间可省去恢复试验、功能试验和交变湿热试验(耐久性)初始检测。

#### 15.3.2 初始检测

在条件试验之前,应按相关产品标准对试验样品进行初始检测。

#### 15.3.3 条件试验期间试验样品的状态

按相关产品标准规定安装试验样品,条件试验期间试验样品处于不通电状态。

#### 15.3.4 条件试验

条件试验的严酷等级规定见表 8。

表 8

| 设备类型 | 试验参数 | 环境类别 | |
|---|---|---|---|
| | | I、II | III、IV |
| 固定式设备、可移动式设备和便携式设备 | 上限温度/℃ | 不要求测试 | 55 |
| | 循环周期(如图1),循环次数 | | 6 |

### 15.3.5 最后检测

在恢复之后,按相关产品标准的要求对试验样品进行最后检测。

## 16 防水试验

### 16.1 试验目的

检验设备对水侵蚀的防御能力。

### 16.2 试验方式

按防护类型要求将试验样品暴露在不同方式的水侵蚀条件下(例如以与垂面成15°角向下滴水,以所有可能方向向样品喷水,或者对于厂商说明书中标明防浸水的便携式设备,选择完全浸水)。

### 16.3 试验设备和试验程序

#### 16.3.1 一般要求

试验设备和试验程序一般应按照GB/T 2423.38的规定进行。试验程序对试验 Ra2 应选择滴水,对试验 Rb1.1、Rb1.2 或 Rb2 应选择喷水,对试验 Rc1 应选择完全浸水。

#### 16.3.2 初始检测

在条件试验之前,应按相关产品标准对试验样品进行初始检测。

#### 16.3.3 条件试验期间试验样品的状态

按相关产品标准的规定进行样品安装及配置,并使其处于工作状态。将样品按厂商安装说明要求进行安装,并使用任何提供的气候保护附件、使用适当的电缆及电缆密封管等。

#### 16.3.4 条件试验

条件试验的严酷等级规定见表9或表10。

表 9

| 设备类型 | 试验参数 | 环境类别 | | | | |
|---|---|---|---|---|---|---|
| | | I、II | III | | IV | |
| | 试验步骤 | Ra2 | Rb1.1 或 Rb1.2 | Rb1.1 或 Rb1.2 | | Rb2 |
| 固定式设备和可移动式设备 | 样品倾斜角度，$\alpha$/(°) | 不要求测试 | 15 | | | |
| | 强度/mm·h⁻¹ | | 180（＋30，－0） | | | |
| | 水滴落高度/m | | 0.2 | | | |
| | 管子类型 | | 2 | 2 | | |
| | 滴嘴角度，$\alpha$/(°) | | ±90 | ±60[a] | ±90 | ±180[a] |
| | 管子摆动角度，$\beta$/(°) | | ±60 | | ±180 | |
| | 每个孔中水流量/dm³·min⁻¹ | | 0.07（1±5%） | | 0.07（1±5%） | |
| | 喷嘴孔径/mm | | 0.40 | | 0.40 | 6.3 | 12.5 |
| | 喷水速率/dm³·min⁻¹ | | | 10（1±5%） | 10（1±5%） | 12.5（1±5%） | 100（1±5%） |
| | 持续时间/min | 10 | 10 | 15[b] | 10 | 15[b] | 3[c] | 3[c] |
| | 按 GB 4208—2008 分级[d] | IPX2 | IPX3 | | IPX4 | IPX5 | IPX6 |

[a] 在无遮盖物的状态下，进行各个方向喷水试验。

[b] 以 3 min/m² 的速率对表面试验，至少进行 15 min。

[c] 以 1 min/m² 的速率对表面试验，至少进行 3 min。

[d] 制定相关产品标准时，根据产品的特点选择可接受的条件。

### 16.3.5 条件试验期间测试

在试验期间观察样品，检查状态的变化。

### 16.3.6 最后检测

试验结束后，应按相关产品标准对样品进行最后检测，并检查其损坏或者进水的情况。

在最后检测前，依据相关产品标准中规定施行任何恢复条件（例如：烘干样品）。产品标准同样可标明是否允许样品进水。未注明则厂家标明是否允许进水。

表 10

| 设备类型 | 试验参数 | 环境类别 | | |
|---|---|---|---|---|
| | | Ⅰ、Ⅱ | Ⅲ、Ⅳ | 可选[a] |
| 便携式设备 | 试验步骤 | Ra2 | Rb1.1 或 Rb1.2 | Rc1 |
| | 样品倾斜角度,$\alpha$/(°) | 15 | | |
| | 强度/mm·h$^{-1}$ | 180(＋30,－0) | | |
| | 水滴落高度/m | 0.2 | | |
| | 管子类型 | | | |
| | 喷水角度,$\alpha$/(°) | | ±90 | ±180[b] |
| | 管子摆动角度,$\beta$/(°) | | ±180 | |
| | 喷嘴出水流量/dm$^3$·min$^{-1}$ | | 0.07(1±5％) | |
| | 喷嘴孔径/mm | | 0.40 | |
| | 喷水速率/dm$^3$·min$^{-1}$ | | | 10(1±5％) |
| | 水的前端/m | | | 0.40 |
| | 持续时间/min | 10 | 10 | 15[c] | 30 |
| | 按 GB 4208—2008 分级 | IPX2 | IPX4 | IPX7 |

[a] 对于厂商说明书中标明防浸水的设备应选择此严酷等级。

[b] 在无遮盖物的状态下,进行各个方向喷水试验。

[c] 以 3 min/m$^2$ 的速率对表面试验,至少进行 15 min。

## 17 二氧化硫腐蚀耐久性试验

### 17.1 试验目的

检验设备在二氧化硫污染的大气环境下的抗腐蚀能力。

### 17.2 试验方式

将试验样品置于恒温、高相对湿度并含有二氧化硫的试验大气环境中。试验温度宜保持在使样品表面不产生凝露。但样品表面的吸湿材料或形成的腐蚀性产物可能导致凝露现象。

### 17.3 试验设备和试验程序

#### 17.3.1 一般要求

试验设备和试验程序一般应按照 IEC 60068-2-42 的规定进行,除了试验环境的相对湿度应用(93±3)％ 代替(75±5)％。

#### 17.3.2 初始检测

在试验开始前,应按照相关产品标准对样品进行测试。

#### 17.3.3 条件试验期间样品的状态

按相关产品标准的规定对样品进行安装。在试验过程中试验样品不通电,并使用适当直径、无镀锡的铜线连接实现产品功能所需的足够的终端,在条件试验结束后,不再增加连线直接进行功能测试。

#### 17.3.4 条件试验

条件试验的严酷等级规定见表11。

表 11

| 设备类型 | 试验参数 | 环境类别 | | | |
|---|---|---|---|---|---|
| | | I | II | III | IV |
| 固定式设备、可移动式设备和便携式设备 | 二氧化硫浓度/×10⁻⁶ ª | 不要求测试 | 25 | 25 | 25 |
| | 温度/℃ | | 25 | 25 | 25 |
| | 相对湿度/% | | 93 | 93 | 93 |
| | 持续时间/d | | 4 | 10 | 21 |
| ª 体积浓度。 | | | | | |

#### 17.3.5 最后检测

试验结束后,立即将样品置于相对湿度小于等于50%,温度40 ℃的环境中烘干16 h,在此之后再在标准试验条件下恢复1 h。再依据相关产品标准对样品进行最后检测。并检查样品内部及外部的可见的永久性损伤。

### 18 盐雾循环耐久性试验

#### 18.1 试验目的

将设备暴露在盐雾(氯化钠)环境中,确定设备的抗腐蚀等级。
注:该试验仅用于被认为盐雾进入会导致严重后果而特殊处理外壳的产品。

#### 18.2 试验方式

将试验样品按正常安装位置装配好后,暴露在环境中,对其喷射指定次数的盐雾,在每次喷完后将样品贮存于潮湿环境中。

#### 18.3 试验设备和试验程序

#### 18.3.1 一般要求

试验设备和试验程序应按照GB/T 2423.18的规定进行。

#### 18.3.2 初始检测

在试验开始前,应按照相关产品标准对样品进行初始检测。

#### 18.3.3 条件试验期间试验样品的状态

将试验样品按厂商安装说明要求按预定方位进行安装,并将气候保护连接附件连接、使用适当的电缆及电缆密封管等。

在试验过程中试验样品不通电,并使用适当直径、无镀锡的铜线连接实现产品功能所需的足够的终端,在条件试验结束后,不再增加连线直接进行功能测试。

### 18.3.4 条件试验

条件试验的严酷等级规定见表12。

表 12

| 设备类型 | 试验参数 | | 环境类别 | |
|---|---|---|---|---|
| | | | Ⅰ、Ⅱ、Ⅲ | Ⅳ |
| 固定式设备、可移动式设备和便携式设备 | 总持续时间/d[a] | | 不要求测试 | 3/28 |
| | 循环次数[a] | | | 3/4 |
| | 盐雾环境 | 盐(氯化钠)浓度/%[b] | | 5 |
| | | 盐溶液 pH 值 | | 6.5～7.2 |
| | | 温度/℃ | | 15～35 |
| | | 每个循环持续时间/h | | 2 |
| | 潮热环境 | 温度/℃ | | 40 |
| | | 相对湿度/% | | 93 |
| | | 每个循环持续时间/h[a] | | 22/166 |
| [a] 可根据产品的特点选择总持续时间(d)、循环次数、每个循环持续时间(h)。 | | | | |
| [b] 质量浓度。 | | | | |

### 18.3.5 最后检测

试验结束后,允许样品在标准试验条件下冷却 1 h～2 h。再依据相关产品标准对样品进行最后检测。并检查样品内部及外部的永久性损伤。

在最后检测前,任何特定的清洁程序,例如干燥样品,宜在产品标准中明确规定。

## 19 低温低气压试验

### 19.1 试验目的

检验设备在低温和低气压综合环境使用的适应性。

### 19.2 试验方式

将试验样品放入试验箱,试验样品在低温下放置足够长时间以使温度达到稳定,如果试验过程中试验样品要工作,则要对其实施功能测试和/或监测,以保证试验样品能够正常工作。然后在温度保持规定值的情况下,将箱内气压降低到相关规范规定的值,并保持规定持续时间的试验。

### 19.3 试验设备和试验程序

#### 19.3.1 一般要求

试验设备和试验程序一般应按照 GB/T 2423.1 试验 Ab 或试验 Ad 和 GB/T 2423.21 试验 M 的规

定进行。

### 19.3.2 初始检测

在试验开始前,应按照相关产品标准对样品进行测试。

### 19.3.3 条件试验期间样品的状态

按相关产品标准的规定进行样品安装及配置,并使其处于工作状态。

### 19.3.4 条件试验

条件试验的严酷等级规定见表13。

表 13

| 设备类型 | 试验参数 | 环境类别 | | |
|---|---|---|---|---|
| | | Ⅰ | Ⅱ | Ⅲ、Ⅳ |
| 固定式设备、可移动式设备和便携式设备 | 温度/℃ | +5 | −10 | −25 |
| | 气压/kPaª | 70ª | | |
| | 持续时间/h | 2 | | |
| ª 适用于海拔1 000 m～3 000 m的高海拔地区,若海拔高度为3 000 m～4 850 m,此气压值为55 kPa。 | | | | |

### 19.3.5 条件试验期间测试

在试验期间观察样品,检查状态的变化。在试验的最后30 min,完成相关产品标准规定的后续测试。

### 19.3.6 最后检测

试验结束后,样品在标准试验条件下恢复1 h。按相关产品标准的要求对样品进行最后检测。

## 20 冲击试验(工作状态)

### 20.1 试验目的

检验设备在实际使用环境中对可能出现的机械冲击的承受能力。

### 20.2 试验方式

通过正常安装点对试验样品施加一定数量的冲击脉冲。冲击脉冲参数由最大加速幅度、持续时间及加速度与时间的关系决定。在实际使用中单一型式的理想冲击波形(例:半正弦波)不太可能发生,在此提供了一种可复制的模拟更为实际的冲击效果的方法。

冲击幅度(峰值加速度)如图3所示。

### 20.3 试验设备和试验程序

### 20.3.1 一般要求

试验设备和试验程序要求应按照IEC 60068-2-27的规定,对于半正弦波脉冲,峰值加速度与试验样品质量的关系如表 14 所示。

#### 20.3.2 初始检测

在条件试验开始前,应按照相关产品标准要求对样品进行初始检测。

#### 20.3.3 条件试验期间试验样品的状态

按相关产品标准的规定进行样品安装及配置,并使其处于工作状态。

#### 20.3.4 条件试验

条件试验的严酷等级规定见表 14。

表 14

| 设备类型 | 试验参数 | | 环境类别 |
|---|---|---|---|
| | | | Ⅰ、Ⅱ、Ⅲ、Ⅳ |
| 固定式设备、可移动式设备[a]<br>和便携式设备[a] | 脉冲持续时间/ms | | 6 |
| | 峰值加速度 $\hat{A}/\mathrm{ms}^{-2}$<br>试验样品质量 $m/\mathrm{kg}$[b] | $M < 4.75$ | $\hat{A} = 1\,000 - 200 \times M$ |
| | | $M \geqslant 4.75$ | 不要求测试 |
| | 冲击轴向数 | | 6[c] |
| | 每轴向上的脉冲次数 | | 3 |
| [a] 对于可移动式设备和便携式设备,若自由跌落试验中误报警不能接受,则可不进行此试验。 | | | |
| [b] 见图 3。 | | | |
| [c] 三相互垂直轴向($X$、$Y$、$Z$)每轴向都为($+$、$-$)两个方向。 | | | |

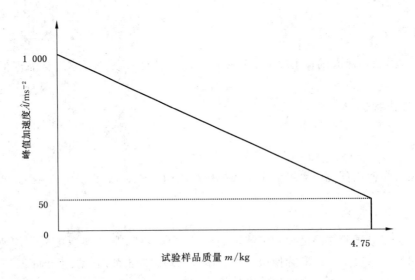

图 3 峰值加速度与试验样品质量的关系

#### 20.3.5 条件试验期间测试

在试验期间观察样品,检查状态的变化。

**20.3.6 最后检测**

条件试验之后,再依据相关产品标准对样品进行最后检测。并检查样品内部及外部的可见永久性损伤。

**21 锤击试验(工作状态)**

**21.1 试验目的**

检验固定式设备或可移动式设备在实际使用环境中可承受的施加在其表面的合理预期的机械撞击的承受能力。

**21.2 试验方式**

试验样品的所有裸露表面均应承受撞击。这种撞击来自于一个半球面的小锤。

**21.3 试验设备和试验程序**

**21.3.1 一般要求**

对 Ehb 试验,试验设备和试验程序应按照 GB/T 2423.55 的规定。

应对样品所有可触及面进行撞击试验,除非在相关产品标准中另有规定。

对某些设备,其产品标准可能有必要对撞击表面进行限定。

在所有可触及表面上对可能导致样品破坏或者工作损伤的任意点进行试验,每个点进行三次撞击应确保三次撞击的结果对随后的撞击没有影响。如果担心现有的撞击试验会受到影响,可对新样品同一位置实施三次撞击试验。

**21.3.2 初始检测**

在条件试验开始前,应按照相关产品标准要求对样品进行初始测试。

**21.3.3 条件试验期间试验样品的状态**

按相关产品标准的规定进行样品安装及配置,并使其处于工作状态。

**21.3.4 条件试验**

条件试验的严酷等级规定见表15。

表 15

| 设备类型 | 试验参数 | 环境类别 | |
|---|---|---|---|
| | | Ⅰ、Ⅱ、Ⅲ | Ⅳ |
| 固定式设备和可移动式设备 | 撞击能量/J | 0.5 | 1.0 |
| | 每个点上的撞击次数 | 3 | 3 |
| | 按 GB/T 20138 分级 | IK04 | IK06 |

**21.3.5 条件试验期间测试**

在试验期间观察样品,检查状态的变化。

### 21.3.6 最后检测

试验结束后,再依据相关产品标准对样品进行最后测试。并检查样品内部及外部的可见永久性损伤。

## 22 自由跌落试验(工作状态)

### 22.1 试验目的

检验可移动式设备或便携式设备在实际使用环境中可承受的对施加在其表面的合理预期的机械冲击的抗扰性。

### 22.2 试验方式

将样品从指定高度自由跌落到混凝土或者钢铁材料的平面上。

### 22.3 试验设备和试验程序

#### 22.3.1 一般要求

试验设备和试验程序的要求应符合 IEC 60068-2-31 中的规定。

试验样品应在使用运行状态下允许自由跌落。

#### 22.3.2 初始检测

在试验开始前,应按照相关产品标准要求对样品进行初始测试。

#### 22.3.3 条件试验期间试验样品的状态

按相关产品标准的规定进行样品安装及配置,并使其处于工作状态。

#### 22.3.4 条件试验

条件试验的严酷等级规定见表16。

表 16

| 设备类型 | 试验参数 | 环境类别 |
| --- | --- | --- |
| | | Ⅰ、Ⅱ、Ⅲ、Ⅳ |
| 可移动式设备 | 高度/m | 0.5[a] |
| | 几何面数 | 6 |
| | 各个面跌落次数 | 1 |
| 便携式设备 | 高度/m | 1.5 |
| | 几何面数 | 6 |
| | 各个面跌落次数 | 2 |

[a] 依据产品用途和产品跌落可能性考虑试验的严酷性(例:在普通房子中,对社会报警系统的本地传输单元,0.5 m 是指地面到桌面上的电话下面的距离),在可控情况下,可以选择低严酷等级或者不进行试验。

### 22.3.5 条件试验期间测试

在试验期间观察样品,检查状态的变化。

### 22.3.6 最后检测

试验结束后,再依据相关产品标准对样品进行最后检测,并检查样品内部及外部的可见永久性损伤。

## 23 正弦振动试验(工作状态)

### 23.1 试验目的

检验设备对适于使用环境的振动的承受能力。

### 23.2 试验方式

试验样品在适用于使用环境的试验等级和频率范围上进行正弦振动。

试验样品在试验频率范围内进行扫频[这个扫频周期应为试验频率范围内的双向扫频(也就是由最小频率到最大频率,再到最小频率)],试验期间设备应处于其各主要的工作状态(比如休眠状态、报警状态和错误警告状态),试验应分别作用于样品的三个互相垂直的轴向上。

### 23.3 试验设备和试验程序

#### 23.3.1 一般要求

试验设备和试验程序应符合 IEC 60068-2-6 中的规定。

振动试验应依次施加在试验样品的三个互相垂直的轴向上,任何一个轴向应垂直于试验样品的标准安装面。

工作状态振动试验可以与耐久性振动试验相结合进行,故而试验样品可以在每个轴向上做工作状态振动试验后接着做耐久性振动试验。

#### 23.3.2 初始检测

在条件试验开始前,应按照相关产品标准要求对样品进行初始测试。

#### 23.3.3 条件试验期间试验样品的状态

按相关产品标准的规定进行样品安装及配置,并使其处于工作状态。

#### 23.3.4 条件试验

条件试验的严酷等级规定见表17。

表 17

| 设备类型 | 试验参数 | 环境类别 | |
|---|---|---|---|
| | | I | II、III、IV |
| 固定式设备、可移动式设备和便携式设备 | 频率范围/Hz | 10～150 | 10～150 |
| | 加速度/(m/s²) | 2 | 5 |
| | 轴向数目 | 3 | 3 |
| | 扫频速率/(oct/min) | 1 | 1 |
| | 扫频周期的数目/轴向/工作状态 | 1 | 1 |

出现共振时,在共振出现的轴向,进行共振保持试验,持续时间由相关产品标准规定。

### 23.3.5 条件试验期间测试

监控试验样品在试验期间的任何变化。

### 23.3.6 最后检测

在三个轴向试验完毕后,依据相关产品标准进行最后检测,并检查设备外观和内部的机械损伤。

## 24 正弦振动试验(耐久性)

### 24.1 试验目的

检验设备在对应等级环境中抵抗长时间振动的能力。

### 24.2 试验方式

对试验样品在适合工作环境的频率范围内进行正弦振动扫描,并递增试验级别去加剧振动对样品的影响。

### 24.3 试验设备和试验程序

#### 24.3.1 一般要求

试验设备和试验程序一般地应符合 IEC 60068-2-6 中关于耐久性扫频振动的规定。

振动试验应依次作用在三个互相垂直的轴向上,任何一个轴向应垂直于试验样品的常规安装面。

耐久性振动试验可以和工作状态振动试验相结合做,故而试验样品可以依次在每个轴向上做工作状态振动试验后接着做耐久性振动试验。

#### 24.3.2 初始检测

在试验开始之前,试验样品应按照相关产品标准或说明书进行初始检测。

#### 24.3.3 条件试验期间试验样品的状态

按相关产品标准的规定进行样品安装,并使其处于不通电状态。

#### 24.3.4 条件试验

条件试验的严酷等级规定见表18。

表 18

| 设备类型 | 试验参数 | 环境类别 | |
|---|---|---|---|
| | | I | II、III、IV |
| 固定式设备、可移动式设备和便携式设备 | 频率范围/Hz | 10～150 | 10～150 |
| | 加速度/(m/s²) | 5 | 10 |
| | 轴向数目 | 3 | 3 |
| | 扫频速率/(oct/min) | 1 | 1 |
| | 扫频周期的数目/轴向 | 20 | 20 |

**24.3.5 最后检测**

在全部三个轴向试验完毕后,依据相关产品标准进行最后检测,并检查设备外观和内部的机械损伤。

**25 模拟太阳辐射和温升试验(工作状态)**

**25.1 试验目的**

检验试验样品暴露在地球表面典型太阳辐射的环境下正常工作的能力。

注:本试验可被第8章类别IV的高温70℃试验(工作状态)替代。通常高温试验能够充分模拟太阳热辐射影响,如果认为高温试验不能适当的模拟太阳热辐射对试验样品的影响(例如试验样品具有太阳辐射防护装置),则采用本试验。

**25.2 试验方式**

将试验样品放置在辐照度为 1 120 W/m² 的辐射下,并且环境温度逐级改变,昼夜循环进行试验。试验的目的仅关系到太阳辐射的热效应。如果对试验样品的吸收因数进行校正,任何辐射源的光谱分布均可用。

**25.3 试验设备和试验程序**

**25.3.1 一般要求**

试验设备和试验程序应符合 GB/T 2423.24—1995 中程序 A 和关于太阳辐射热效应的描述。

**25.3.2 初始测试**

在试验开始之前,试验样品应按照相关产品标准或说明书进行初始测试。

**25.3.3 条件试验期间试验样品的状态**

将试验样品按照相关产品说明书正确安装,并使试验样品处于正常工作状态。

**25.3.4 条件试验**

试验期间的温度-辐射-时间的关系应与 GB/T 2423.24—1995 中图 1 一致。当露天最高温度为 40 ℃ 时,应执行 2 个 24 h 的试验周期。

条件试验的严酷等级规定见表19。

表 19

| 设备类型 | 试验参数 | 环境类别 | |
|---|---|---|---|
| | | Ⅰ、Ⅱ、Ⅲ | Ⅳ |
| 固定式设备、可移动式设备和便携式设备 | 试验温度/℃ | 不要求测试 | 40 |
| | 持续时间/h | | 2×24 |

### 25.3.5 条件试验期间测试

监控试验样品在试验期间的任何变化。任何根据产品标准要求的更进一步的测试,应在试验最后的 30 min 照射内进行并完成。

### 25.3.6 最后检测

在标准试验条件下至少恢复 1 h 后,按相关产品标准的要求进行最后检测。

## 26 模拟太阳辐射和表面老化试验(耐久性)

### 26.1 试验目的

检验试验样品外壳抵抗在室外的环境下太阳辐射对设备外壳的老化影响的能力。

注:这个试验仅被用于因太阳辐射对元器件和材料造成老化并影响性能的产品的检验。

### 26.2 试验方式

试验样品置于辐照度为 1 120 W/m² 的环境光下,试验中应采取氙辐射源。该试验可以采用试验样品或样品表面的一部分做试验。

### 26.3 试验设备和试验程序

### 26.3.1 一般要求

试验设备和试验程序应符合 GB/T 2423.24—1995 中程序 C 所述。

### 26.3.2 初始检测

在试验开始之前,试验样品应按照相关产品标准进行初始检测。

### 26.3.3 条件试验期间试验样品状态

将试验样品按照相关产品标准正确安装,试验期间试验样品处于非工作状态。

### 26.3.4 条件试验

辐射源产生与入射方向成 90°的直线辐射,并对试验样品发出强度为 1 120 W/m² 的垂直照射。试验期间的温度-辐射-时间的关系应与 GB/T 2423.24—1995 中图 1 一致。

条件试验的严酷等级规定见表20。

表 20

| 设备类型 | 试验参数 | 环境类别 | |
|---|---|---|---|
| | | Ⅰ、Ⅱ、Ⅲ | Ⅳ |
| 固定式设备、可移动式设备和便携式设备 | 试验温度/℃ | 不要求测试 | 40 |
| | 持续时间/d | | 10 |

### 26.3.5 最后检测

在标准试验条件下至少恢复 1 h 后,按相关产品标准的要求进行最后检测。

## 27 防尘试验(耐久性)

### 27.1 试验目的

检验试验样品的特殊处理外壳能够防止细微的尘土进入的能力。该试验并不适用于模拟自然或人为的环境。

注:该试验仅用于被认为尘土进入会导致严重后果而特殊处理外壳的产品。

### 27.2 试验方式

该试验是试验样品受到空气中充满大量的未研磨的指定大小的粉尘颗粒的入侵。指定种类的试验样品内部应低于外部环境的大气压,以使粉尘进入样品内部。

定量的粉尘使尘土密度非常高且均匀。粉尘可以使用滑石粉,其最大直径为 75 μm。

### 27.3 试验设备和试验程序

#### 27.3.1 一般要求

试验设备和试验程序应符合 GB 4208—2008 中表 2,关于粉尘试验中第一特征数字中 5 和 6 的描述。

#### 27.3.2 初始检测

在试验开始之前,试验样品应按照相关产品标准进行初始检测。

#### 27.3.3 条件试验期间试验样品的状态

将试验样品按照产品标准正确安装,试验期间试验样品正常情况下处于非工作状态。相关说明书可能要求在试验期间打开试验样品的电源开关,和/或进行操作。

确保生产厂指定的产品密封和其他意义上的防尘保护措施处于防护状态。这将决定试验样品属于 1 类或 2 类产品:

a) 1 类产品,试验样品由于间歇性的工作或温度的变化导致内部气压低于环境气压;

b) 2 类产品,试验样品内部气压不会低于环境气压。

#### 27.3.4 条件试验

条件试验的严酷等级规定见表 21 或表 22。

1 类产品使用气泵使得样品内部气压在试验期间低于外部环境气压。

GBT 15211—2013

表 21

| 设备类型 | 试验参数 | 环境类别 |
|---|---|---|
| | | （Ⅰ、Ⅱ、Ⅲ、Ⅳ）[a] |
| 固定式设备、可移动式设备和便携式设备 | 气压降低/(容积/h)<br>持续时间/h | 40 或 60<br>2 |
| | 最大低气压/kPa<br>持续时间/h | 2<br>8 |
| | 按 GB 4208—2008 分级 | (IP5X 或 IP6X)[b] |

[a] 该试验适用于任何环境类别的产品,但是仅适用于被认为尘土进入会导致严重后果而特殊处理外壳的产品。

[b] 制定相关产品标准时,根据产品的特点选择可接受的条件。

2 类产品试验设备不接气泵。

表 22

| 设备类型 | 试验参数 | 环境类别 |
|---|---|---|
| | | （Ⅰ、Ⅱ、Ⅲ、Ⅳ）[a] |
| 固定式设备、可移动式设备和便携式设备 | 持续时间/h | 8 |
| | 按 GB 4208—2008 分级 | (IP5X 或 IP6X)[b] |

[a] 该试验适用于任何环境类别的产品,但是仅适用于被认为尘土进入会导致严重后果而特殊处理外壳的产品。

[b] 依据产品标准选择可接受条件。

### 27.3.5 最后检测

在标准试验条件下至少恢复 1 h 后,按相关产品标准的要求进行最后检测。

附　录　A
（资料性附录）
**本标准与 IEC 62599-1:2010 相比的结构变化情况**

本标准与 IEC 62599-1:2010 相比,章条号发生了变化,具体对照情况见表 A.1。

表 A.1　本标准与 IEC 62599-1:2010 的章条编号对照表

| 本标准章条编号 | 对应 IEC 62599-1:2010 章条编号 |
|---|---|
| 3.1 | 3.3 |
| 3.2 | 3.4 |
| 3.3 | 3.5 |
| 3.4 | 3.6 |
| 3.5 | 3.7 |
| 3.6 | 3.8 |
| 3.7 | 3.9 |
| 20 | 19 |
| 20.1 | 19.1 |
| 20.2 | 19.2 |
| 20.3 | 19.3 |
| 20.3.1 | 19.3.1 |
| 20.3.2 | 19.3.2 |
| 20.3.3 | 19.3.3 |
| 20.3.4 | 19.3.4 |
| 20.3.5 | 19.3.5 |
| 20.3.6 | 19.3.6 |
| 21 | 20 |
| 21.1 | 20.1 |
| 21.2 | 20.2 |
| 21.3 | 20.3 |
| 21.3.1 | 20.3.1 |
| 21.3.2 | 20.3.2 |
| 21.3.3 | 20.3.3 |
| 21.3.4 | 20.3.4 |
| 21.3.5 | 20.3.5 |
| 21.3.6 | 20.3.6 |
| 22 | 21 |
| 22.1 | 21.1 |

表 A.1（续）

| 本标准章条编号 | 对应 IEC 62599-1:2010 章条编号 |
|---|---|
| 22.2 | 21.2 |
| 22.3 | 21.3 |
| 22.3.1 | 21.3.1 |
| 22.3.2 | 21.3.2 |
| 22.3.3 | 21.3.3 |
| 22.3.4 | 21.3.4 |
| 22.3.5 | 21.3.5 |
| 22.3.6 | 21.3.6 |
| 23 | 22 |
| 23.1 | 22.1 |
| 23.2 | 22.2 |
| 23.3 | 22.3 |
| 23.3.1 | 22.3.1 |
| 23.3.2 | 22.3.2 |
| 23.3.3 | 22.3.3 |
| 23.3.4 | 22.3.4 |
| 23.3.5 | 22.3.5 |
| 23.3.6 | 22.3.6 |
| 24 | 23 |
| 24.1 | 23.1 |
| 24.2 | 23.2 |
| 24.3 | 23.3 |
| 24.3.1 | 23.3.1 |
| 24.3.2 | 23.3.2 |
| 24.3.3 | 23.3.3 |
| 24.3.4 | 23.3.4 |
| 24.3.5 | 23.3.5 |
| 24.3.6 | 23.3.6 |
| 25 | 24 |
| 25.1 | 24.1 |
| 25.2 | 24.2 |
| 25.3 | 24.3 |
| 25.3.1 | 24.3.1 |
| 25.3.2 | 24.3.2 |

表 A.1（续）

| 本标准章条编号 | 对应 IEC 62599-1:2010 章条编号 |
|---|---|
| 25.3.3 | 24.3.3 |
| 25.3.4 | 24.3.4 |
| 25.3.5 | 24.3.5 |
| 25.3.6 | 24.3.6 |
| 26 | 25 |
| 26.1 | 25.1 |
| 26.2 | 25.2 |
| 26.3 | 25.3 |
| 26.3.1 | 25.3.1 |
| 26.3.2 | 25.3.2 |
| 26.3.3 | 25.3.3 |
| 26.3.4 | 25.3.4 |
| 26.3.5 | 25.3.5 |
| 26.3.6 | 25.3.6 |
| 27 | 26 |
| 27.1 | 26.1 |
| 27.2 | 26.2 |
| 27.3 | 26.3 |
| 27.3.1 | 26.3.1 |
| 27.3.2 | 26.3.2 |
| 27.3.3 | 26.3.3 |
| 27.3.4 | 26.3.4 |
| 27.3.5 | 26.3.5 |
| 27.3.6 | 26.3.6 |

附 录 B

（资料性附录）

本标准与 IEC 62599-1:2010 的技术性差异及其原因

表 B.1 给出了本标准与 IEC 62599-1:2010 的技术性差异及其原因。

表 B.1 本标准与 IEC 62599-1:2010 的技术性差异及其原因

| 本标准的章条编号 | 技术性差异 | 原因 |
|---|---|---|
| 1 | 按我国标准编写格式要求修改了范围，将"出入口控制系统"改为"出入口控制系统（包括楼宇对讲系统、电子巡查系统、停车场（库）安全管理系统等）" | 根据我国"出入口控制系统"的实际情况进行修改 |
| 2 | 关于规范性引用文件，本标准做了具有技术性差异的调整，以适应我国的技术条件，调整的情况集中反映在第 2 章"规范性引用文件"中；具体调整如下：<br>● 用等同采用国际标准的 GB/T 2421—2008 代替 IEC 68-1:1988；<br>● 用等同采用国际标准的 GB/T 2423.1—2008 代替 IEC 60068-2-1:2007；<br>● 用等同采用国际标准的 GB/T 2423.2—2008 代替 IEC 60068-2-2:2007；<br>● 用等同采用国际标准的 GB/T 2423.24—1995 代替 IEC 68-2-5:1975；<br>● 用等同采用国际标准的 GB/T 2423.38—2008 代替 IEC 60068-2-18:2000；<br>● 用等同采用国际标准的 GB/T 2423.4—2008 代替 IEC 60068-2-30:2005；<br>● 用等同采用国际标准的 GB/T 2423.18—2000 代替 IEC 60068-2-52:1996；<br>● 用等同采用国际标准的 GB/T 2423.55—2006 代替 IEC 60068-2-75:1997；<br>● 用等同采用国际标准的 GB/T 2423.3—2006 代替 IEC 60068-2-78:2001；<br>● 用等同采用国际标准的 GB 4208—2008 代替 IEC 60529:2001；<br>● 用等同采用国际标准的 GB/T 20138—2006 代替 IEC 62262:2002；<br>● 增加引用了 GB/T 2423.21（见 19） | 适应我国技术条件 |
| 3 | 删除了术语"入侵报警系统"、"紧急报警系统"和缩略语 | |
| 4 | 第 4 章第 7 段修改为：<br>　　针对特殊高温环境条件（如干热地区），在Ⅳ类后加后缀 A；除了高温（工作状态）条件试验，类别ⅣA 的其他试验与类别Ⅳ相同（见 8.3.4）<br>　　针对特殊低温环境条件（如高寒地区），在Ⅲ、Ⅳ类后加后缀 B；除了低温（工作状态）和温度变化（工作状态）的条件试验，类别ⅢB 和类别ⅣB 的其他试验与类别Ⅲ和类别Ⅳ相同（见 10.3.4 和 11.3.4）<br>增加了 4.1"设备类型" | 适应我国特殊高温环境条件和特殊低温环境条件 |
| 8 | 将高温试验（工作状态）的严酷等级Ⅳ的温度由"70 ℃"改为"70 ℃（85 ℃）或 55 ℃" | 根据 EN 50130-5—2011 版标准的变化。85 ℃针对我国特殊高温环境条件（如干热地区） |

表 B.1（续）

| 本标准的章条编号 | 技术性差异 | 原因 |
|---|---|---|
| 8 | 将高温试验（工作状态）的严酷等级的持续时间增加"2 h/8 h"的选项 | 考虑试验周期、试验成本，并参考 GB/T 2423 系列标准中的严酷等级，选择其中一个档次 |
| 9 | 将高温试验（耐久性）的严酷等级Ⅳ的温度由"70 ℃"改为"55 ℃" | 根据 EN 50130-5—2011 版标准的变化 |
| 10 | 将低温试验（工作状态）的严酷等级的持续时间增加"2 h/8 h"的选项 | 考虑试验周期、试验成本，并参考 GB/T 2423 系列标准中的严酷等级，选择其中一个档次 |
| 12 | 将恒定湿热试验（工作状态）严酷等级的持续时间增加了"2 天"的选项 | 考虑试验周期、试验成本，并参考 GB/T 2423 系列标准中的严酷等级，选择其中一个档次 |
| 14 | 增加了"试验循环方法 2"和"受控条件下的恢复"图 | 为方便使用本标准 |
| 16 | 防水试验增加了严酷等级选项 | 考虑我国实际情况 |
| 19 | 增加了"低温低气压试验" | 考虑我国实际情况 |

GB/T 15211—2013

# 参 考 文 献

[1] IEC 60068-3（all parts） 环境试验 第 3 部分:背景资料(所有部分)（Environmental testing—Part 3:Background information ）

[2] BS EN 50130-5:2011 报警系统 第 5 部分:环境试验方法（Alarm systems—Part 5:Environmental test methods）

ICS 13.310
A 91

# 中华人民共和国国家标准

GB/T 15408—2011
代替 GB/T 15408—1994

# 安全防范系统供电技术要求

Technical requirement of power-supply
for security & protection system

2011-06-16 发布                                        2011-12-01 实施

中华人民共和国国家质量监督检验检疫总局
中国国家标准化管理委员会          发布

# 前　言

本标准按照 GB/T 1.1—2009 给出的规则起草。

本标准是对 GB/T 15408—1994《报警系统电源装置、测试方法和性能规范》的修订,并将标准名称更改为《安全防范系统供电技术要求》。

本标准与 GB/T 15408—1994 相比,主要技术变化如下:

——将报警系统电源装置扩大为安全防范系统供电系统,将电源设备的性能要求,扩大为安全防范系统供电系统的性能要求、配置原则、系统管理、供电设备安装要求等的综合要求(见 GB/T 15408—1994,第 5 章、第 6 章、第 7 章、第 8 章、第 9 章);

——明确了供电系统与市电网的接口配合关系(见5.2.3、5.2.4);

——明确了安防系统的供电保障要求(见 5.4);

——明确了各子系统供电要求(见5.9、5.10、5.11、5.12);

——明确了安全、电磁兼容性要求(见6.1、6.3);

——增加了能效、环保等要求(见8.4、8.5、6.4.2、6.3.2);

——增加了供电设备与负载之间的接口配合关系内容(见9.1.3、9.1.4);

——明确了安全防范系统供电设备的选型要求(见第 9 章);

——增加多个资料性附录(见附录 A、附录 B、附录 C、附录 D)。

**请注意本文件的某些内容有可能涉及专利。本文件的发布机构不承担识别这些专利的责任。**

本标准由中华人民共和国公安部提出。

本标准由全国安全防范报警系统标准化技术委员会(SAC/TC 100)归口。

本标准起草单位:北京中盾安全技术开发公司、北京联视神盾安防技术有限公司、公安部安全与警用电子产品质量检验中心、公安部第一研究所、中国建筑标准设计研究院、广东志成冠军集团有限公司。

本标准主要起草人:杨国胜、李秀林、金巍、孙兰、李民英。

本标准所代替标准的历次版本发布情况为:

——GB/T 15408—1994。

# 安全防范系统供电技术要求

## 1 范围

本标准规定了安全防范系统中供电的技术要求,是安全防范系统供电的系统设计、设备选型、安装施工、检测和验收的基本依据。

本标准适用于安全防范(以下简称安防)系统供电设计、安装施工、检测与验收。

## 2 规范性引用文件

下列文件对于本文件的应用是必不可少的。凡是注日期的引用文件,仅注日期的版本适用于本文件。凡是不注日期的引用文件,其最新版本(包括所有的修改单)适用于本文件。

GB 4208—2008 外壳防护等级(IP 代码)

GB 4943—2001 信息技术设备的安全

GB 8702 电磁辐射防护规定

GB/T 14549 电能质量 公用电网谐波

GB/T 15211 报警系统环境试验

GB 17625.1 电磁兼容 限值 谐波电流发射限值(设备每相输入电流≤16 A)

GB/Z 17625.6 电磁兼容 限值 对额定电流大于 16 A 的设备在低压供电系统中产生的谐波电流的限制

GB/T 17626.2—2006 电磁兼容 试验和测量技术 静电放电抗扰度试验

GB/T 17626.3—2006 电磁兼容 试验和测量技术 射频电磁场辐射抗扰度试验

GB/T 17626.4—2008 电磁兼容 试验和测量技术 电快速瞬变脉冲群抗扰度试验

GB/T 17626.5—2008 电磁兼容 试验和测量技术 浪涌(冲击)抗扰度试验

GB/T 17626.6—2008 电磁兼容 试验和测量技术 射频场感应的传导骚扰抗扰度

GB/T 17626.11—2008 电磁兼容 试验和测量技术 电压暂降、短时中断和电压变化的抗扰度试验

GB 50057 建筑物防雷设计规范

GB 50343 建筑物电子信息系统防雷技术规范

GB 50348 安全防范工程技术规范

GA/T 670 安全防范系统雷电浪涌防护技术要求

JGJ 16—2008 民用建筑电气设计规范

## 3 术语、定义和缩略语

### 3.1 术语和定义

JGJ 16—2008 界定的以及下列术语和定义适用于本文件。

#### 3.1.1

**主电源 main power supply**

支持安全防范系统或设备全功能工作的电能来源。

3.1.2

**备用电源　backup power supply**

当主电源出现性能下降或故障、断电时,用来维持安全防范系统或设备必要工作所需的电源。

3.1.3

**电源变换器　power converter**

用于对输入-输出之间进行电源电压等级和/或极性变换的装置。

注:AC-AC(交流电压等级的变换或交流的电压与频率同时改变),AC-DC(交流向直流转换),DC-DC(直流电压等级的变换),DC-AC(直流向交流转换)等。电源变换器可位于配电箱/柜内,也可紧邻负载旁。

3.1.4

**应急负载　emergent load**

为维持紧急情况下连续工作,供电需要连续保障的负载。

3.1.5

**电源功率容量　power capacity**

电源能够提供的最大输出功率(简称容量)。

3.1.6

**功率消耗　consumed power**

单位时间内设备、设备组合或内部传输线缆、系统所消耗的电能(简称功耗)。

注:根据用电设备或其带动的系统内各类设备的实际功耗,将功耗不大于 10 mW 负载称作微功耗负载;功耗在 10 mW~1 W(含 1 W)之间的称作低功耗负载;功耗在 1 W~30 W(含 30 W)之间的称作中功耗负载;功耗大于 30 W 的称作高功耗负载。)

3.1.7

**满载功耗　consumed power of full load**

单体负载或组合负载处于正常工作状态时的最大功耗。

3.1.8

**轻载功耗　consumed power of light load**

单体负载或组合负载处于正常工作状态时的最小功耗。

3.2　缩略语

下列缩略语适用于本文件。

AC:交流电(Alternating Current)

DC:直流电(Direct Current)

LPZ:雷电保护区(Lightning Protection Zone)

MTBF:平均无故障工作时间(Mean Time Between Failure)

PF:功率因数(Power Factor)

PMBus:电源管理总线(Power Management Bus)

SNMP:简单网络管理协议(Simple Net Management Protocol)

SPD:浪涌(电压/电流)保护器(Surge Protection Device)

THDI:总谐波电流相对含量(Total Harmonic Distortion I(current))

TN-S:整个供电系统的中性线(N)和保护线(PE)完全分开的低压供电系统

UPS:不间断电源(Uninterrupted Power Supply)

## 4　安全防范系统的供电系统构成

### 4.1　总体构成

4.1.1　安防系统的供电系统(以下简称供电系统)由主电源、备用电源、配电箱/柜和供电线缆、电源变换器、监测控制装置等组成。其中备用电源、配电箱/柜、变换器和监测控制装置等,可根据需要灵活配置。供电系统框图见图1。

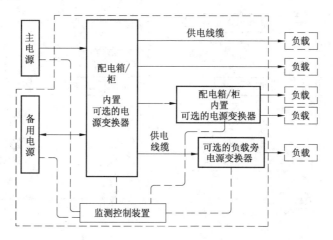

说明:

1) ——电能流向和供电线缆。

2) — — —供电系统的管理信息流。

3) 备用电源、配电箱/柜、变换器、监测控制装置等点划线框内的供电设备可根据不同需要,选择不同的配置。

4) 备用电源的位置在图中为示意表示,它可与主电源同一处接入,也可就近接入配电箱/柜、负载设备。当备用电源不需要主电源补充电能时,备用电源仅有指向配电箱/柜箭头。

5) 配电箱/柜应根据安防系统规模、前端设备分布、功耗、数量而选择级配。

6) 电源变换器根据需要可设置在配电箱/柜内,也可设置在负载旁。

7) 负载可以是应急负载,也可以是非应急负载。

**图 1 供电系统框图**

4.1.2 主电源通常来自安防系统外,也可以由安防系统自备。系统主电源包括监控中心主电源和前端设备主电源等。主电源可以是以下形式之一或组合,或其他类型:

   a) 本地电力网(以下简称市电网)(通常为 AC380 V/220 V 50 Hz);

   b) 原电池或燃料电池(用于微功耗系统或移动设备的供电);

   c) 再生能源如光伏发电装置、风力发电装置。

4.1.3 备用电源应由安防系统自备。非安防系统自备的 UPS 或发电机/发电机组电源为主电源。备用电源可以是以下形式之一或组合,或其他类型:

   a) UPS;

   b) 蓄电池;

   c) 发电机/发电机组。

## 4.2 供电系统的供电模式

4.2.1 供电模式分为集中供电、本地供电两种。备用电源的配置形式,可与主电源一致,也可根据需要增加必要的局部配置。

4.2.2 在集中供电模式下,主电源或备用电源由监控中心统一接入,通过配电箱/柜和供电线缆将电能输送给安防系统前端负载,根据需要可在各局部区域进行再分配。集中供电模式框图见图2。

4.2.3 主电源和备用电源均可采用本地供电模式。主电源的本地供电模式可以是市电网本地供电模式,或独立供电模式,或其他类型:

   a) 市电网本地供电模式可直接将安防系统各前端负载就近接入配电箱/柜,由供电线缆将电能输送给该部分安防负载设备。市电网本地供电模式框图见图3。

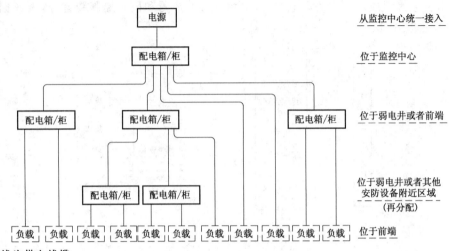

说明：连线为供电线缆。

图 2  集中供电模式框图

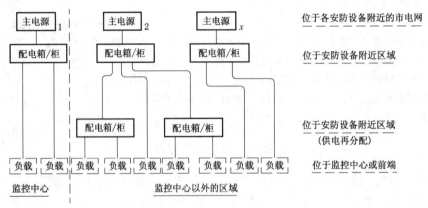

说明：连线为供电线缆。

图 3  市电网本地供电模式框图

b) 在独立供电模式下,通常由原电池等非市电网电源对安防负载一对一的供电。此类配置一般不再配置备用电源。独立供电模式典型示意图见图4。

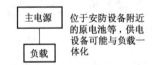

图 4  独立供电模式典型示意图

## 5  供电系统要求

### 5.1  基本要求

5.1.1  应根据安防系统的建设需要,调查安防设备所在区域的各类电源的质量条件,并特别了解本地市电网的按照 JGJ 16—2008 要求的负荷等级。

5.1.2  按照测算的安防系统总功耗等数据对主电源功率容量做出基本规划。安防系统或功耗测算可参见附录 A。

5.1.3 根据安防设备所在区域的市电网供电条件、安防系统各部分负载工作和空间分布的功耗特点、系统投资成本、控制现场安装条件和供电设备的可维修性等诸多因素,并结合安防系统所在区域的风险等级和防护级别,合理选择主电源形式及供电模式。

5.1.4 根据应急负载的功耗分布情况,主电源的供电质量和连续供电保障能力,确定是否配置备用电源、备用电源形式及其供电模式,高风险等级单位或部位宜配置备用电源。

5.1.5 根据应急负载的分布和抗破坏能力的要求,选择适当的供电保障方式。当安防系统要求增强供电系统自我防护能力时,宜选择具有互为热备、多重来源的主电源,备用电源宜多级本地配置。

5.1.6 供电系统根据需要可配置适当的配电箱/柜和可靠的供电线缆。供电设备和供电线缆应有实体防护措施,并应按照强弱电分隔的原则合理布局。

5.1.7 供电设备的供电能力应与所供电的安防功能子系统或设备的功能性能相适应。

## 5.2 主电源要求

5.2.1 系统主电源应向安防系统的所有设备提供满载工作电能。安防系统的主电源应保证安防系统内部设备的功能性负载变化时整个系统的稳定工作。

5.2.2 主电源的容量配置要求如下:
   a) 市电网做主电源时,应按考虑了各负载全功能运行的同时概率和电能传输效率等而确定的系统或所带组合负载的满载功耗的1.5倍设置主电源容量;
   b) 若备用电源如蓄电池等需要主电源补充电能时,应将备用电源的吸收功率计入相应负载总功耗中;
   c) 电池作为主电源时,供电容量应满足安防系统或所带安防负载的使用管理要求。

5.2.3 主电源来自市电网时,在市电网接入端的指标宜达到如下要求:
   a) 稳态电压偏移不大于±10%;
   b) 稳态频率偏移不大于±0.2 Hz;
   c) 断电持续时间不大于4 ms;
   d) 谐波电压和谐波电流的限值满足GB/T 14549的要求;
   e) 市电网供电制式宜为TN-S制。供电系统工作时,零线对地线的电压峰峰值不应高于36 Vp-p。

5.2.4 主电源来自市电网时,供电系统应按照如下要求配置:
   a) 系统应按照GB/Z 17625.6的要求接入市电网。
   b) 当安防系统单点接入市电网,功耗过大(≥10 kW)时,按照三相负载平衡原则组合各路负载设备。分布接入市电网时,应注意接入的相线相序满足供电系统的安全要求。

5.2.5 根据安防系统设备分布情况和负载特性,主电源的供电模式选择如下:
   a) 一幢建筑内(一般,前端设备到监控中心线路距离最远不大于500 m)且前端设备相对集中时,主电源宜采用集中供电模式;
   b) 安防系统的前端设备过于分散时,主电源宜采用本地供电模式;
   c) 市电网主电源应设置单独的电气开关,以避免安防设备与非安防设备的电源控制混接,主电源连接处的配电箱宜独立设置;
   d) 移动工作或无市电供电的负载可采用电池或光伏发电装置等独立供电模式。

5.2.6 主电源为电池时,其放电电压、电流特性应满足所带负载全功能运行和系统管理要求。

5.2.7 主电源为其他类型电源时,宜参照5.2.2,5.2.3,5.2.5和5.2.6的要求进行配置。

## 5.3 备用电源要求

5.3.1 备用电源应对安防系统的应急负载进行供电。

5.3.2 备用电源的容量配置要求如下：

    a) 备用电源应有足够容量。应根据运行和管理工作对主电源断电后安防系统防范功能的要求，选择配置应急供电时间符合管理要求的备用电源。

    b) 针对不同用途或功能的负载，应合理配置电源的输出余量。

    c) 需接外来电源补充电能时，备用电源设备开机的冲击电流宜不大于电源标称输入电流的 2 倍。

5.3.3 交流电输出型的备用电源宜与 5.2.3 的要求相同。

5.3.4 直流电输出稳压型的备用电源输出端的指标宜满足如下要求：

    a) 输出稳态电压偏移不大于 $\pm2\%$；

    b) 输出纹波电压有效值不大于输出标称电压的 0.1%；

    c) 输出瞬态电压升高或跌落不大于 $\pm1\%$，并且恢复时间不大于 1 ms。

5.3.5 电池做备用电源时宜采用放电电压平稳且应急供电时间长的电池，且宜设置过度放电保护措施。

5.3.6 备用电源应急供电时间要求如下：

    a) 安防系统的主电源断电后，备用电源应在规定的应急供电时间内，保持系统状态，记录系统状态信息，并向安防系统特定设备发出报警信息；

    b) 规定的应急供电时间由防护目标的风险等级、防护级别和其他使用管理要求共同确定；

    c) 当市电网按照 JGJ 16—2008 所规定的一级及其以上级别的用电负荷配置时，根据系统外配置发电机等的受控能力，可适当降低安防系统的备用电源的应急供电时间。

5.3.7 备用电源按照以下方法选择配置模式：

    a) 备用电源宜与主电源的配置模式一致；

    b) 备用电源应根据安防设备分布情况和重要性要求，以及单体备用电源设备的容量、安装条件等，采用集中或本地配置的方式；

    c) 主电源断电后应保持基本功能和性能的安防设备，宜在该设备就近或其内部配置不间断供电的备用电源；

    d) 特别重要的安防设备，为提高供电保障能力，可在上级设置备用电源的同时，在本地再设置专用的备用电源。

## 5.4 供电保障要求

5.4.1 高风险单位或部位宜按照 JGJ 16—2008 规定的一级中特别重要的负荷进行主电源配置。普通风险单位或部位宜按照 JGJ 16—2008 规定的二级负荷（含）以上的负荷进行主电源配置。当二级负荷（含）以上的负荷配置中含有外配 UPS 电源作为主电源，且市电网与该 UPS 电源的切换满足 5.4.4 的要求时，可适当降低供电系统的备用电源的配置。

5.4.2 根据安防系统负载的重要程度、使用条件和运行安全需求，确定负载的类型，进而选择相应的负载供电保障方式。常见负载供电保障方式见表 1。

### 表 1 常见负载供电保障方式

| 类型号 | 供电保障方式 | 适用的负载类型 |
|---|---|---|
| 1 | 从监控中心或前端安防设备附近输送来的单一市电网的主电源 | 非应急负载 |
| 2 | 从监控中心或上级配电箱/柜处输送来的具有应急连续供电能力的市电网主电源 | 非应急负载和应急负载 |

表 1（续）

| 类型号 | 供电保障方式 | 适用的负载类型 |
|---|---|---|
| 3 | 从监控中心或上级配电箱/柜处进行主电源和备用电源互投后的电源 | 应急负载 |
| 4 | 从监控中心或上级配电箱/柜输送来的主电源和另一配电箱/柜输送来的备用电源在本级配电箱/柜互投后的电源 | 应急负载 |
| 5 | 从监控中心或上级配电箱/柜输送来的主电源和本地配置的备用电源互投后的电源 | 特别重要的应急负载,或供电安全保障要求特别高的应急负载 |
| 6 | 独立供电的主电源 | 无市电网供电条件的负载,或应独立供电的低功耗负载 |

5.4.3 应根据安防系统的功能需要、主电源的条件和投资状况,确定合理的系统供电模式组合。常见主电源和备用电源供电模式组合见表2。

**表 2  常见主电源和备用电源供电模式组合**

| 序号 | 主 电 源 | 备用电源 | 适用场所 | 适用负载保障类型 |
|---|---|---|---|---|
| 1 | 市电网集中供电 | 备用电源集中供电 | 规模较小建筑中的安防系统,供电简化管理的场所 | 表1中的类型3、4 |
| 2 | 市电网集中供电 | 备用电源本地供电 | 规模较小建筑中的安防系统,备用电源必须本地配置的情形 | 表1中的类型4、5 |
| 3 | 市电网本地供电 | 备用电源集中供电 | 规模较小建筑中的安防系统,备用电源集中管理的情形 | 表1中的类型3、4 |
| 4 | 市电网本地供电 | 备用电源本地供电 | 规模较大建筑中的安防系统,或前端设备非常分散的安防系统的情形,和备用电源必须本地配置的情形 | 表1中的类型4、5 |
| 5 | 市电网与外配 UPS 切换后集中供电 | 选配 | 利用建筑物已有 UPS 资源的安防系统,且只能单点汇接市电网的情形 | 表1中的类型2 |
| 6 | 市电网与外配 UPS 切换后本地供电 | 选配 | 利用建筑物已有 UPS 资源的安防系统,且市电网与外配 UPS 切换后的供电网络配置较好的情形 | 表1中的类型2 |
| 7 | 原电池/燃料电池/蓄电池本地供电 | 选配 | 离线式、移动式或间歇式工作的安防设备的供电情形 | 表1中的类型6 |
| 8 | 光伏/风力发电装置集中或本地供电 | 选配 | 野外和其他市电网无法供电的,或绿色供电情形 | 表1中的类型6 |

**5.4.4** 主电源、备用电源切换要求如下：

a) 主电源切换到备用电源时，主电源的输出跌落到输出电压标称值的80%时到备用电源动作恢复输出电压标称值90%以上时的切换时间宜不长于10 ms。若负载蓄能续流能力强，或间歇工作，其切换时间宜不超过2 s。当备用电源为发电机/发电机组，电源切换时应有保证连续供电的其他措施。

b) 采用独立供电模式工作的设备，其主电源如电池需要更换时，应有保持原有安防系统防护能力或对防护目标进行安全加固或转移的措施。

c) 市电网作为主电源恢复正常供电时，备用电源即自动退出供电，无切换时间。

d) 主电源与备用电源的切换动作不应产生明显的电磁骚扰，其骚扰影响度符合6.3.2的规定。

## 5.5 电能分配与转接要求

**5.5.1** 供电分配及其接线宜在配电箱/柜内进行，主电源与备用电源切换装置等宜安装在配电箱/柜内。

**5.5.2** 供电系统应根据需要配置适当大小和数量的配电箱/柜。

**5.5.3** 配电箱/柜配置的输出供电回路应预留10%但不少于2路的备用量。

**5.5.4** 根据输送电能功率大小，电能分配可采用连接端子排方式，也可采用万用插座方式，但不可采用直接电线并接的方式。同一接线端子不应连接多于2路线路。

## 5.6 电能输送要求

**5.6.1** 电能输送方式的选择要求如下：

a) 电能输送主要采用有线方式的供电线缆。供电线缆宜选用多芯护套型线缆，并宜为专线专用。采用信号和供电共用线缆的供电方式，应在性能方面同时兼顾信号特性和电源能效的要求。

b) 安防系统设备的供电电压标称值一般为 AC220 V，AC24 V，DC12 V 等。

c) 供电线缆的末端（负载侧）电压不应低于供电设备输出电压标称值的90%。

d) 当负载功耗不太大时，可采用安全电压供电如 AC24 V，DC12 V。当负载功耗较大，且可以做较好的绝缘隔离时，可采用 AC220 V。当线路长度较长或线缆直流电阻较大时，宜选择 AC220 V 供电。

e) 必须考虑人员触电的安全性时，宜优先采用安全电压供电。

f) 当电能输送电流强度大于 16 A 或电能传输电压高于安全电压时，其供电线缆应视作强电线路。

**5.6.2** 电能输送配置要求如下：

a) 在同区域内的设备采用市电网供电时，应遵照同一时刻下供电来源为同相电并且同一电力变压器的配置原则；

b) 在不增大线路损耗和安全的前提下，宜采用适当集中的低电压等级输出电源变换器方式对前端低电源电压安防设备供电；

c) 供电系统采用 AC220 V 供电时，宜采用 TN-S 方式。

**5.6.3** 供电线缆的路由设计要求如下：

a) 应根据负载的分布情况，合理确定各级配电箱/柜的位置布局；当主电源采用市电网供电时，还应遵循同建筑体内同区域同相电原则确定配电箱/柜的上级电源来源。

b) 室内供电线缆宜由上级配电箱/柜或本地配电箱/柜以短程线段放射敷设到下级配电箱或安防设备。配电箱/柜的位置宜低于所连接的下一级配电箱/柜或其他安防设备负载。供电线缆不宜长距离沿建筑物外墙附近敷设。

c) 室外供电电缆宜采用以建筑物为中心的放射状结构的地下直埋或地下排管方式敷设。

## 5.7 监控中心供电配置要求

5.7.1 监控中心应设置专用配电箱/柜。

5.7.2 监控中心的设备间内设备、集中显示设备和安装在控制台上的安防设备宜进行分类管理和分回路供电,存在过大冲击电流的设备应错序方式通电。

5.7.3 监控中心的安防设备宜遵照同区域同相电原则供电,操作控制台的设备应采用同一相电源供电。

5.7.4 监控中心的备用电源应确保监控中心应急负载的正常工作,不应外接其他非安防系统的设备。

5.7.5 监控中心的UPS的主机及电池等宜设置在独立的设备间内,该房间的地板荷载应满足设备安装要求。

## 5.8 安防系统配套设备配电要求

5.8.1 与安防系统相关的照明和空调、通风等独立设备,应设置相应的供电回路和控制开关,不应与安防设备共用供电回路。

5.8.2 照明设备等与安防设备一体配置时,应视作安防设备的一部分。

## 5.9 入侵报警子系统供电要求

5.9.1 入侵报警子系统总体供电应满足以下要求:
    a) 入侵报警子系统的所有探测、传输、控制、记录、显示等功能性设备应为应急负载。
    b) 入侵报警子系统应配置不间断供电的电源。当入侵报警设备采用独立供电方式时,其主电源的工作和报警能力应满足使用管理要求。
    c) 当主电源为市电网时,其备用电源的容量应保证系统正常工作时间不小于8 h。
    d) 在主电源断电时,入侵报警系统应支持掉电报警功能。

5.9.2 主机或现场控制器供电应满足以下要求:
    a) 主电源应符合5.9.1要求;
    b) 当主电源为市电网时,主机或现场控制器应有备用电源。

5.9.3 前端报警探测器供电要求如下:
    a) 探测器可由报警主机或现场控制器供电,也可由独立于报警主机或现场控制器的单独电源变换器供电。该单独电源变换器应具有向报警系统提供电源故障报警的能力。
    b) 当采用由市电网供电的单独电源变换器供电时,前端报警探测器应在供电系统中上级或本级处配置备用电源。

5.9.4 传输设备的应急供电时间不应低于入侵报警系统的总体要求,并宜将传输设备的供电设备工作状态及时发送给系统主机。

## 5.10 视频安防监控子系统供电要求

5.10.1 视频安防监控子系统总体供电要求如下:
    a) 视频安防监控子系统的重要和关键设备应为应急负载;
    b) 视频安防监控子系统宜配置UPS;
    c) 根据视频安防监控子系统所在区域的风险等级和防护级别,备用电源应急供电时间应不少于1 h。

5.10.2 视频安防监控子系统的管理计算机应配置备用电源,其他控制设备可根据工作需要选配备用电源。

5.10.3 根据摄像机的分布情况和信号传输方式,选择以下供电方式:

a) 当摄像机相对集中,距监控中心不超过 500 m,且用电缆传输视频和控制信号时,宜采用集中供电模式;

b) 当摄像机比较分散,或者摄像机与中心设备间采用电气隔离方式(如光传输)传输信号,宜采用本地供电模式;

c) 当摄像机所监视区域为重要部位时,该摄像机应为应急负载;

d) 采用电源同步的模拟摄像机组建的系统,宜配置同区域同相电的主电源和备用电源。

5.10.4 在监控中心应设定一台或多台重要部位的图像显示设备。重要显示设备应为应急负载。

5.10.5 记录设备和/或录像设备供电要求如下:

a) 根据记录信息的容量大小和实时性等综合要求,确定记录设备是否为应急负载;

b) 位于前端区域的记录设备,宜设置不少于 5 min 的不间断供电电源;

c) 位于监控中心的记录设备应按照应急负载要求配置不间断的电源。

5.10.6 对独立设置的传输设备,应优先保证对管理信息和重要部位信息的传输设备供电。对传输设备的应急供电时间不低于视频安防监控子系统的总体要求。

## 5.11 出入口控制子系统供电要求

5.11.1 出入口控制子系统总体供电要求如下:

a) 出入口控制子系统中本地的识读、控制、执行、记录等功能性负载应为应急负载。

b) 主电源可使用市电网或电池。当电池作为主电源时,其容量应保证所带负载正常工作不少于 1 a。

c) 备用电源宜按照本地供电方式配置。备用电源应保证本地系统连续工作不少于 48 h。

d) 当出入口控制子系统联网工作时,其主电源宜采用市电网供电,其备用电源配置根据控制器的分布情况和使用要求而确定,可选用 UPS 或不间断直流电源。

5.11.2 采用中心信息联动的出入口控制子系统,主机应采用不间断供电,其应急供电时间宜与系统的总体供电要求相一致。

5.11.3 现场控制器供电要求如下:

a) 出入口控制子系统的执行部分为闭锁装置(执行装置之一),且该装置的工作模式为断电开启和中等防护级别或高等防护级别的控制设备应为应急负载,应配置备用电源;

b) 备用电源宜随现场控制器分布配置。

5.11.4 识读装置的供电设备宜设置短路保护,短路故障不应影响其他安防设备的正常工作,并在短路故障清除后恢复工作。

5.11.5 执行装置在主电源断电时,备用电源应保证执行装置继续正常使用,且如电控锁类执行设备能正常开启 50 次以上。

5.11.6 传输设备供电要求如下:

a) 识读装置与控制器之间、执行设备与控制器之间的传输设备应为与系统总体相一致的供电要求;

b) 当系统的实时数据必须依赖中心设备时,控制器与中心设备间的信息传输设备应为与系统总体相一致的供电要求。

5.11.7 当电池作为组合设备(一体化)的主电源时,其容量应保证系统正常开启 10 000 次以上。

## 5.12 其他子系统供电要求

5.12.1 集成的安防子系统,其共用部分的设备如传输设备,应按照各子系统供电的最高要求配置供电设备。

5.12.2 其他子系统的供电电源设备应符合各子系统相关标准对供电的要求。

**5.12.3** 若其他子系统标准中对供电无明确规定,宜参照 5.9,5.10,5.11 和本标准其他各章的规定,配置其他子系统的供电。

# 6 供电系统的安全性、可靠性、电磁兼容性和环境适应性要求

## 6.1 供电系统的安全性要求

**6.1.1** 供电设备防护安全要求如下:

a) 配电箱/柜的机械结构应有足够的强度,能满足使用环境、设备承载和普通人员挤靠压力后无明显变形的要求;

b) 配电箱/柜宜有防人为开启的锁止装置,内装有防拆报警装置。具备条件的,配电箱宜安装有可接入安防系统的安全监测控制装置;

c) 配电箱/柜宜设置在强弱电井/间和/或监控中心设备间内;

d) 供电设备所在的区域应采取物理防护措施,并宜设报警探测装置,其报警信息应传送到监控中心。安装有安防系统供电设备的强弱电井/间应设置该井或房间门的开闭状态监视装置,有条件的宜设置出入口控制装置。

**6.1.2** 供电线缆防护安全要求如下:

a) 非架空敷设的供电线缆应采用穿管槽等方式进行保护;

b) 管槽在物理上应封闭且不易破拆;

c) 必须穿越潮湿、腐蚀环境时,保护用的管槽等材料等应具有防锈(腐)蚀的防护措施;

d) 室外供电线缆应充分考虑防水、防风、防冰凌、防腐蚀等措施,室外立杆应稳定牢固,室外架空的供电线缆宜采用钢索牵拉保护,配置的钢索应牢靠。

**6.1.3** 供电设备安全用电与接地要求如下:

a) 输入或输出电压高于安全电压的供电设备的对地和电源线间绝缘绝缘电阻应不小于 50 MΩ,其金属外壳应直接连接安全接地。其他类型的供电设备应有良好的防静电接地措施。

b) 与操作人员直接接触的设备应采用安全电压供电,和/或采用良好绝缘的接触面。设备整体应满足 GB 4943—2001 的 2.6、5.1、5.2 的有关规定。

c) 与操作人员直接接触的设备采用高于安全电压供电时,其直接来源的电源主回路上宜设置剩余电流动作保护装置。

d) 与操作人员直接靠近或接触的供电设备的对外电磁辐射功率应满足 GB 8702 有关健康环保标准的要求。

**6.1.4** 供电系统的运行安全要求如下:

a) 供电设备对上级供电过压和下级负载过载应有保护措施;

b) 市电网作为主电源所对应的开关应受到严格管控,未经许可不得随意断开;

c) 为市电网主电源所配的供电线缆宜设有抗人为破坏和耐火的防护措施;

d) 供电设备的外壳等应有防止由于机械安装不稳定、移动、突出物和锐边造成对人员伤害的措施。

**6.1.5** 供电系统的防火要求如下:

a) 供电系统的绝缘材料宜选用阻燃或难燃材料,供电线缆宜优先采用低烟、低毒护套型绝缘材料。

b) 供电设备的外壳和供电线缆的温升宜保持在不高于 30 ℃,且在室内的最高温度不宜高于 80 ℃。人体经常接触到的室内的供电设备外壳和供电线缆的表面温度不应高于 40 ℃。供电线缆的安全载流量可参见附录 B 的 B.2。

c) 在具有较高温升的供电设备和供电线缆旁不应存在易燃易爆的材料。

d) 对于必须考虑温升引发火灾危险的区域,应设置温升探测报警装置。

e) 负载或供电线缆出现短路现象时,其上级供电设备应即时响应,阻断电能的向下输出。

f) 供电系统所用开关触点型的设备应具有适应当地使用环境的防明火措施。

## 6.2 供电系统的可靠性要求

6.2.1 系统中的平均无故障工作时间要求如下:

a) 供电设备包括各类电源变换器和配电分配设备、供电线缆的 MTBF 不应小于 10 000 h;

b) 电池类设备的 MTBF 以其正常标称寿命为前提,在其工作条件下,其使用寿命宜不少于 3 a,否则,宜增加后备电池的储备与更新。

6.2.2 满足供电系统可靠性应通过以下所列的一种或多种冗余与容错方式实现:

a) 供电系统宜根据安防系统的设备分布情况,对供电传输路由线缆和供电设备进行一般余量为10%的冗余配置,对于需要连续供电的负载宜配置在线式 UPS,或不间断直流电源等。同时,供电设备宜具有可实现远程控制联动的接口。

b) 供电系统对负载短路和开路等故障发生均具有快速响应隔离措施,并能在负载故障排除后,快速恢复正常供电。

c) 供电系统宜有冗余的控制模块和链路,具有不易受其他业务应用影响的安全保障措施。

6.2.3 系统的可靠性在连接方面要求如下:

a) 在供电设备之间、供电设备与供电线缆之间、供电线缆与负载之间的连接端子、接地端子等应以可锁定的方式连接,端子连接可经受一定拉拽力量而不损坏:母线和连接大功耗负载供电线缆的端子部分,经受的力量宜不小于 300 N;连接中功耗负载设备(含)以下的,经受的力量宜不小于 50 N。线缆在端子处安装完毕后不应出现明显拉紧的应力。

b) 电源插座和电源插头应确保插接密合,无松动滑脱和电气接触不良现象发生。

6.2.4 系统的日常保养要求如下:

a) 为保持电池的活性和容量,供电系统应采取人工方法,或配置符合电池相关标准的电池监控与充放电等措施进行及时的保养。应保持电池环境的清洁和良好通风散热条件。

b) 应及时清除配电箱/柜内的积尘。

c) 雷电等发生后,应及时检查配电箱/柜和保险丝/熔断器等的工作状态,以便及时更换。

6.2.5 系统的可维修性要求如下:

a) 供电设备的关键部件或组件、易损部件应配置有一定数量的备品备件;关键部件或组件既要有牢靠的安装,又要有便捷的替换方法;

b) 在供电快速隔离保护电路中,应优先采用具有故障清除后自恢复功能的器件或模块。

## 6.3 供电系统的电磁兼容性要求

6.3.1 供电设备应能承受以下电磁干扰而正常工作,UPS、电源变换器等的输出电压/电流的指标不劣于 5.2.3、5.3.4 的规定值:

a) 在 GB/T 17626.2—2006 中,试验等级 3 的静电放电干扰;

b) 在 GB/T 17626.3—2006 中,试验等级 3 的射频电磁场辐射干扰;

当主电源为市电网供电时:

c) 在 GB/T 17626.4—2008 中,试验等级 3 的电快速瞬变脉冲群干扰;

d) 在 GB/T 17626.5—2008 中,试验等级:交流电源线不超过 3 级;直流、信号、控制及其他输入线不超过 2 级的浪涌(冲击)干扰;

e) 在 GB/T 17626.11—2008 中,试验等级:40% UT10 个周期的电压暂降;0% UT250 个周期的短时中断干扰(在断电后备用电源配合的情况下)。

6.3.2　电磁骚扰要求如下：

    a)　非无线发射的供电设备和供电线缆的周围在正常供电工作时产生的电磁场，在离开该设备外壳或线缆距离 0.5 m 任意位置，相对于背景电磁场的强度增量宜满足以下要求：

        • 在 0 MHz～10 MHz 频带内，电场强度不应高于 0.2 V/m，磁场强度不高于 0.2 A/m；

        • 10 MHz～300 MHz 频段内，不高于 0.7 V/m；

        • 300 MHz～3 GHz 频段内，恒定场为不高于 $0.01 \ W/m^2$，非恒定场为不高于 $0.1 \ W/m^2$。

    b)　供电设备或负载应有满足市电网要求的抑制本地高次谐波的能力，以减低对电网的污染。

    c)　无线发射设备的供电设备的电磁辐射功率应符合国家和行业有关法规与技术标准的要求，对生态环境无明显损害。

6.3.3　在较强电磁场环境（磁场强度为≥10 A/m 和/或电场强度为≥10 V/m）下，供电设备宜输出满足 5.2 和 5.3 性能要求的电压。

6.3.4　供电系统 THDI 应满足 GB 17625.1 的规定，并宜为 A 类设备的限值。

6.3.5　供电设备应具有抑制所带负载产生传导干扰的能力，并主要表现为多个不同用途的负载不应经由该供电设备形成明显相互干扰。否则，所带负载应采取必要的抑制/隔离干扰的措施。

6.3.6　供电线缆的电磁兼容安装要求如下：

    a)　强电类线缆与弱电类线缆交错时，宜垂直交叉布置，或经封闭金属管/板等隔离；

    b)　同一源或宿的强电线缆（如同一来源的相线和中性线，或同一负载的相线和中性线）应并行紧密排布，仅在连接端子时，敞直接连接。

## 6.4　供电系统的环境适应性要求

6.4.1　供电设备和供电线缆的正常工作的温升应符合 6.1.5 的规定，且设备内部的最高温度应在内部电子元器件的正常工作范围内。

6.4.2　供电设备的散热应具有良好的热传递途径和防尘措施，存在较大噪声的供电设备，还应具有良好的降低噪声措施，如将该设备放置到单独设备间进行隔离等。

6.4.3　供电设备与供电线缆的链接处密封性应满足现场的防水、防锈等的要求。

6.4.4　在具有易燃易爆等危险环境下运行的供电系统设备应有防爆措施，并符合国家有关防爆等标准的要求。

6.4.5　在过高、过低温度和/或过高、过低气压环境下，和/或在腐蚀性强、湿度大的环境下运行的供电设备，应有相应的防护措施，供电线缆应选用具有耐高/低温、耐腐蚀等特性的型号。

6.4.6　供电设备的其他环境适应性应符合 GB/T 15211 的要求。

## 7　防雷与接地要求

7.1　采用非独立供电方式时，供电系统应具有防雷措施，并符合 GB 50057、GB 50343、GB 50348 和 GA/T 670 的有关防雷的规定。

7.2　临近建筑物边界的供电线缆的末端宜设置抗浪涌电流/电压的装置（如 SPD）。

7.3　供电传输电线/缆宜在第一雷电防护区（LPZ1）以内的位置，当在室外时，应采取埋地或通过地下管道等空间位置低于地面的敷设措施。

7.4　供电系统的接地线不得与市电网的中性线短接或混接。安防系统单独接地时，接地电阻不大于 4 Ω，接地导线截面积应不小于 $16 \ mm^2$。

7.5　供电系统为市电网本地供电模式，且负载通信信号为电气隔离方式如无线或光传输方式，存在跨变压器供电区域或不安装在监控中心所在建筑物上的室外安防设备时，供电系统的地线应连通当地安全地。

7.6 若信号传输为电缆传输时,各供电设备中与信号地线共地的电源地线宜与监控中心的地线连通,宜在前端位置悬置。前端设备的防雷保护接地应单独设置。

## 8 供电系统的标识、监测控制、能效与环保管理要求

### 8.1 标识要求

8.1.1 供电设备的外接输入输出(电压标称值和极性)和操作部件及其动作位置、供电线缆的来源(标号)均应有清晰的、牢固可靠的正确标识,如做好进线、开关、保险丝/熔断器、接地、警示等标识。

8.1.2 对于高出安全电压的各类电源(输入/输出)均应有危险警示标识。

8.1.3 低压配电线缆的颜色应符合国家有关规定的要求。如 L1、L2、L3 三相在同地区供电时,应严格按照相线同相同色的原则配置,相线为黄色线(L1 相)、绿色线(L2 相)、红色线(L3 相)、中性线(N 线)为黑线或淡蓝色线和接地线为黄绿双色线。其他配电线缆宜采用高低色原则配置高电压端和参考地线。

8.1.4 在同一安防系统工程中,应保持线色定义的一致性。

8.1.5 电源的各类接地端子均应给出清晰的标识。

8.1.6 供电调节装置应有调节效果的方向提示,需要细分的,应有刻度指示。

8.1.7 其他如合格证、认证标志、系统和部件的使用说明书、连接关系图等在系统竣工时应一并移交给安防系统的建设使用方。

### 8.2 运行指示要求

8.2.1 供电系统的基本要求如下:
  a) 电源的来源标识应清晰牢靠;
  b) 各电源变换器应设置有便于观察的正常电源输出指示、电压类别标识;
  c) 采用电池供电的装置,应具有放电欠压指示或接口;若电池为蓄电池,在其充电时应有充电已满指示;
  d) 应有供电运行指示。

8.2.2 供电系统根据需要,在 8.2.1 的基础上,主要供电设备可配置以下运行界面或接口:
  a) 必要的输入/输出电压、电流数值指示和频率指示;
  b) 供电设备可根据需要提供不同故障提示(如过压报警等);
  c) 智能型供电设备运行控制的接口,其协议应按照 SNMP 或 PMbus 等标准的要求进行配置。

### 8.3 供电系统监测控制管理要求

8.3.1 供电系统的监测控制管理模式有多种,主要有以下三种:
  a) 基本型
     基本型的供电管理模式要求如下:
     • 在供电设备的连接端子和操作部件的附近均有可明显识别的标记;
     • 预留测试检查点;
     • 本地设有明显的电能来源灯光指示和开关止动位置指示。
  b) 增强型
     在供电设备上除了上述的配置外,在本地能以直观的人机界面方式,实现集中显示、视觉和/或听觉提示的功能,并可通过各类直接或间接控制装置对本地设备进行直接的控制。
  c) 智能型
     在供电设备包括配电箱处配置本地集中的人机界面,可提供较为完善的配置和性能测试的显

示操作界面,并可提供接口与系统级的电源管理设备相连,接受系统级的远程控制和策略管理。

8.3.2 监测控制装置配置要求如下:

a) 基本型和增强型的电源管理模式宜设置现场监测管理模式监测控制装置;

b) 在智能型的电源管理模式中,宜配置较为完善的监测控制装置:监测控制装置与其传输手段构成供电管理网络,其网络结构是树形结构,或总线结构;供电管理网络可独立设置,或借用安防系统的信息传输路由和设备等联合设置;

c) 管理节点如供电管理网络的接口和控制设备等,可以独立设置,或结合安防系统的其他设备联合设置。

8.3.3 管理模式选择要求如下:

a) 根据安防系统规模、供电设备分布情况、管理需求和投资情况,确定适当的管理策略和管理模式。基本型供电管理模式是安防系统的首选配置模式。

b) 当安防系统的分布空间巨大,一般在城域范围内时,宜在各级配电箱/柜设置智能型的供电管理节点。

c) 安防系统的规模不大,如摄像机数量在512路(含)以下,出入口控制系统的出入口在100个门(含)以下,报警探测器数量512路(含)以下,并且空间分布在一个较小区域内,宜采用增强型的供电管理模式。

d) 监测控制装置,根据需要可独立设置,或结合安防其他子系统,进行逻辑上的管理。在供电系统规模巨大时,优先采用独立设置的智能型供电管理网络。

## 8.4 供电设备的能效与环保要求

8.4.1 优先选用清洁能源和可再生能源作为安防系统的电源。

8.4.2 供电设备的能效要求如下:

a) 一般地,电源变换器的电能的输入/输出转换效率应不低于75%,大容量(30 VA以上)的应不低于90%。

b) 供电设备的本地指示和监测控制装置功耗宜不大于其实际输出功率的1%。负载未接入时的供电设备空载功耗宜不大于最大输出功率的0.5%。

8.4.3 供电系统环保要求如下:

a) 供电设备和供电线缆应优先选用采用符合环保要求的工艺和材料制造的产品。

b) 供电设备和供电线缆等所选用的材料(除燃料)正常工作时和故障、燃烧后不应产生有害物质。利用燃料进行电力供应的供电设备燃烧排放应满足国家相关标准的要求。

c) 供电设备工作时产生的噪声应满足相应环保要求的规定。

d) 更换下的原电池/蓄电池等应按照环境管理体系的要求进行适当处理。

e) 供电设备和供电线缆所产生的电磁效应满足6.3.2的要求。

## 8.5 负载要求

8.5.1 在供电设备保证供电能力的情况下,应优先选用自身具有一定蓄能续流和/或滤波能力的负载。

8.5.2 在同样功能和其他性能相当的前提下,应优先选用功耗低的负载设备。

8.5.3 应优先选用高功率因数的负载。若负载的功率因数不满足GB 17625.1的A类设备和GB/Z 17625.6的一级接入要求时,应采用功率因数补偿器或者高功率因数的电源变换器等进行校正或隔离。

8.5.4 负载内部的电源变换器自身功耗宜不大于实际输入功率10%,交流供电的输入端功率因数宜不低于0.8。

8.5.5 对于低功耗(含)以下的直流负载应具有电源接入防极性接反的能力,对于低功耗以上的负载应具有快速隔离电源的措施。若负载设备本身不具备这种能力,应在供电分配、变换环节配套相应措施。

8.5.6 负载待机(等待负载的主功能部分进入正常工作状态)时,其待机功耗宜不大于满载功耗的 10%,并宜不大于 0.5 W。负载不工作时应无功耗。类似电控锁的出入口控制系统的执行装置,其稳定 保持时的功耗应不大于满载功耗的 50%。

8.5.7 负载设备采用电池供电时,应具有节电控制措施。

8.5.8 负载的通电冲击电流宜不大于正常工作电流的 2 倍。若存在大于正常电流 2 倍的冲击电流的 设备群时,应错序方式通电。

## 9 供电设备与供电线缆选型与安装要求

### 9.1 供电设备选型原则

9.1.1 供电设备应遵循安全原则,满足 6.1 的要求。

9.1.2 供电设备选型时应遵循可靠原则:
    a) 供电设备的 MTBF 应不小于所带负载的 MTBF 的指标;
    b) 在需要强化安全防护要求时,可利用不同路由的线缆和不同来源的电源提供供电可靠保障。

9.1.3 供电设备选型时应遵循经济原则:
    a) 在保证负载正常工作的前提下,宜采用路由短和截面积小、导电材料优质的线缆,宜选用电能 转换效率高、功率因数高(当为交流输入时)、同时市场价格适中的优质供电设备;
    b) 供电设备的输出功率容量宜不小于但接近负载满载功耗的 1.2 倍。

9.1.4 应根据主电源的质量状况、负载功耗和工作分布特点、现场的工作环境、供电系统管理模式,遵 循适用原则,选择适合的供电设备。

9.1.5 供电设备选型时应遵循可管理原则:
    a) 供电系统应有一定的方式使管理者和使用者方便了解供电设备的配置和运行参数,了解电源 开关当前状态,方便控制有关负载的接入和参数调整;
    b) 供电系统集中管理时,各种状态参数的信息更新周期不大于 5 min。

9.1.6 供电设备和供电线缆应具有 3C 认证或其他必须要求的认证,在具体选型配置时,还应满足 第 5、6、7、8 章等的具体要求。

### 9.2 常用供电设备选型配置要求

9.2.1 供电设备对负载适应性的选型要求如下:
    a) 供电设备在所带负载功耗从满载到轻载变化,或者从轻载到满载变化时,不出现严重的输出电 压波动,其性能满足 5.2.3 和 5.3.4 的要求;
    b) 供电设备空载(无负载加电)时的输出电压不高于输出电压标称值的 5%;
    c) 供电设备对于负载的 150%、持续 10 ms 的瞬态过载宜具有无短路报告现象和自恢复能力;
    d) 供电设备在上级供电设备输出电压和下级负载功耗一定的前提下,宜采用符合 9.1.3 要求,且 规格与现行设备相一致的类型。

9.2.2 UPS 的选型除满足 9.2.1 的要求外,其他要求如下:
    a) UPS 的功率容量应满足所带负载满载工作时的要求,UPS 的电池容量应满足系统的应急供电 要求。其选型可参见附录 C.2。
    b) 根据现场供电条件和负载情况,在投资许可的前提下,宜选择可管理性强、负载适应性强、在线 式正弦波输出的 UPS。
    c) 若市电网质量较差,宜选择具有稳频、稳压、净化、无停电转换时间等功能的 UPS。
    d) 在强调快速维修时,宜选用模块化的、可冗余配置的 UPS。

e) 在绿色节能方面,宜选用效率高、功率因数高的 UPS。

**9.2.3** 电源变换器的选型除满足 9.2.1 的要求外,其他要求如下:

a) 电源变换器的稳压精度应与负载相协调,稳压适应性应与电源的电压变动范围相适应。

b) 电源变换器的外形、体积、散热、输入/输出适应性与其工作要求相适应。其输出电压电流规格可参见附录 B 的 B.1,交流稳压电源的选型可参见附录 C 的 C.1。

c) 电源变换器应安装方便,工作指示清晰,可管理性强,接线端子连接简捷牢靠。

d) AC-DC 变换器的 DC 输出端对保护地的交流共模电压不应大于 2 $V_{p-p}$。

e) 为蓄电池充电的电源变换器应具有防过度充电控制等功能。

f) 为电池输出电压稳压的电源变换器宜具有防过度放电的措施。

**9.2.4** 发电机/发电机组选型除满足 9.2.1 的要求外,其他要求如下:

a) 发电机/发电机组的输出宜与当地市电网的供电体系相一致,电气稳定特性符合 JGJ 16—2008 的有关规定。发电机/发电机组的启动时间和工作持续时间应满足使用管理要求。

b) 发电机/发电机组的燃油发动机等配置应满足 6.4 和 8.4.3 的要求。

**9.2.5** 电池选型要求如下:

a) 应选用容量和放电电压、电流特性满足使用和管理要求的电池;

b) 宜选用免维护电池和/或采取防止化学腐蚀的措施;

c) 宜选择不具有爆炸特性的电池或对电池采取防爆炸的措施。

**9.2.6** 配电箱/柜选型配置要求如下:

a) 配电箱/柜宜独立配置。

b) 应根据使用环境的不同,选择相适应的防锈、防水等类型的配电箱/柜外壳,其自身的防护能力满足 GB 4208—2008 的规定。

c) 配电箱/柜的外形和尺寸应与内部设备部件的体积、数量和操作空间等相适应。

d) 配电箱/柜的安装方式可选择墙壁暗装/明装、落地安装等固定安装方式。

e) 配电箱/柜的进/出线口应有防割线措施,进/出线口的位置应隐蔽安全和方便线缆出入。

f) 内部的设备布局应满足电磁兼容性的要求,宜在配电箱/柜内部设置必要的进出线缓冲区和布线框架。

**9.2.7** 电气开关与保险熔断保护装置的配置要求如下:

a) 配电箱/柜进线处宜设置带隔离功能的电气开关。电气开关的规格应与其后的负载工作电压和电流相匹配,且不宜小于负载工作电流的 2 倍。

b) 在配电箱/柜内根据需要宜设置保险丝或熔断器。对于直接连接单一负载的输出端宜安装保险装置。若负载为非大功耗负载,其保险装置宜能在短路故障消除后自动恢复正常工作。

**9.2.8** 连接端子排和万用插座的选型要求如下:

a) 连接端子排和万用插座的绝缘电阻、抗电强度和机械强度等指标应符合国家相关产品标准的要求;

b) 连接端子排和万用插座的各连接用导电部件的额定通过电流强度不应小于其所带负载满载功耗的电流值;

c) 用于电气连接部件应具有接触良好,可靠连接的措施,以保证长期满载运行不出现明显温升;

d) 内置有 SPD 等装置的万用插座地线的连接应牢靠,其地线规格应符合国家相关标准的要求。

### 9.3 供电线缆的选型与安装要求

供电线缆的选型与安装要求如下:

a) 供电线缆应根据远端设备的工作电流、供电电压体系和供电线缆的路由环境条件、敷设方式等因素选择线径和型号。直接连接单体负载的分支供电线缆应选用护套多股线缆。

b) 供电线缆的线路压降宜控制在不大于输出电压标称值的 5% 范围内。供电线缆的线路压降测算可参见附录 D。

c) 供电线缆末端应有固定保护措施。

## 9.4 供电设备安装要求

9.4.1 供电设备安装总体要求如下：

a) 供电设备位置应选择在防雨、防尘、通风散热良好、基础牢固、隔振效果好和空间居中(与所带负载距离较近)的地方。

b) 供电设备应固定牢固,便于检修,锁止安全。供电设备与线缆应固定连接牢靠。

c) 在具有爆炸等危险环境下安装供电设备,应采取符合有关规定的如防明火、对电火花、灭弧等防爆措施。

d) 水下安装的供电设备还应满足相应的水密性要求。

9.4.2 监控中心及强弱电井/间内供电设备的安装除满足 8.1 和 9.4.1 的要求外,其他要求如下:

a) 监控中心及强弱电井/间内的供电设备以配电箱/柜独立或者组合方式安装时应符合 JGJ 16—2008 的有关规定。

b) 配电箱/柜应固定牢靠,用于工作和检修的面板应方便开闭操作、方便观察内部设备状态。

c) 监控中心的供电设备以电源模块方式在负载附近就近安装时,应安装到不易被操作人员正常值班时所触及的位置,并保持模块的固定牢靠。

d) 具有较大电流输出的供电设备宜与其他弱电设备进行空间分隔,且电流送出线和回流线应紧密伴行敷设。

e) 接线端子应固定连接牢靠,数量留有余量,推荐不小于 5%,但最少为 1 位。采用插座连接时,插头和插座宜采用具有密切锁止功能的结构。连接标识应正确清晰。

f) 万用插座的地线应与保护地连接可靠,若万用插座内置 SPD,应将万用插座的地线以最短距离连接当地的防雷接地线。

9.4.3 前端供电设备的安装应满足 8.1 和 9.4.1 的要求。

## 10 供电系统的检测与验收要求

安防系统的供电系统检测与验收宜与安防系统各功能性子系统的检测与验收联合进行。

附　录　A

（资料性附录）

安防系统功耗测算方法举例

　　某安防系统由视频安防监控子系统、入侵报警子系统和出入口控制子系统组成,主电源和备用电源均为集中供电模式,备用电源采用 UPS,备用电源为所有安防设备供电,本安防系统的实际总功耗估算为 1 300 W。具体设备功耗测算方法见表 A.1。

表 A.1　安防系统功耗测算方法举例

| 序号 | 设 备 名 称 | 型号 | 数量 | 单位 | 单位满载功耗/W | 合计功耗/W | 备　　注 |
|---|---|---|---|---|---|---|---|
| 1 | 定焦摄像机 | | 12 | 台 | 4 | 48 | |
| 2 | 一体化遥控摄像机 | | 4 | 台 | 50 | 200 | 云台水平和垂直同时运动等的最大功耗 |
| 3 | 视频矩阵主机 | | 1 | 台 | 50 | 50 | |
| 4 | 21″LCD 显示器 | | 4 | 台 | 35 | 140 | |
| 5 | DVR(含 8 只硬盘) | | 1 | 台 | 88 | 88 | 硬盘仅有最多 3 只工作 |
| 6 | AC24V 交流变压器 | | 1 | 台 | 0 | 0 | 本身效率为 100% |
| 7 | 被动红外报警探测器 | | 6 | 只 | 0.06 | 0.36 | |
| 8 | 主动红外报警探测器 | | 2 | 对 | 0.1 | 0.2 | |
| 9 | 门磁开关 | | 2 | 只 | 0 | 0 | 终端电阻的功耗计入报警控制主机中 |
| 10 | 报警控制主机 | | 1 | 台 | 20 | 20 | |
| 11 | 声光报警器 | | 1 | 台 | 5 | 5 | |
| 12 | 1 台 DC12V 变换器(开关型) | | 1 | 台 | 2.556 | 2.556 | 本身效率为 90%,根据报警探测器接入数量计入损耗 |
| 13 | 感应卡读卡器 | | 8 | 只 | 0 | 0 | 4 樘门,由出入口控制器直接供电,功耗计算在控制器中 |
| 14 | 电控锁(为加电关型) | | 4 | 只 | 6 | 24 | 4 樘门,直流加电工作模式,注意断电后的反击电压,可能同时加电关门 |
| 15 | 出入口现场控制器 | | 2 | 台 | 40 | 80 | |
| 16 | 管理计算机(含显示器) | | 1 | 台 | 300 | 300 | 计算机经以太网口与DVR 相连,经 RS232/485扩展卡与视频矩阵主机、报警控制主机和出入口控制器相连 |

表 A.1（续）

| 序号 | 设 备 名 称 | 型号 | 数量 | 单位 | 单位满载功耗/W | 合计功耗/W | 备　注 |
|---|---|---|---|---|---|---|---|
| | 安防系统功能性负载总功耗 | | | | | 958.116 | |
| 17 | UPS2kVA 1 h | | 1 | 台 | 300 | 300 | 安防系统内部配置UPS最大充电功率 |
| | 合计 | | | | | 1 258.116 | |

注1：表中所列示的单位满载功耗数值并不确切，仅为示意，请勿直接引用。

注2：对于功耗较大的负载，要关注其负载的感性、容性特点，并注意同类性质负载的累加效应，如容性负载的冲击电流问题，感性负载的关电时的反电势问题等。

注3：本例中 UPS 需要全部带动所有负载，故 UPS 的容量不小于除 UPS 充电功耗的所有负载的满载功率，即大约不小于 959/0.7＝1 370 VA，其中 0.7 为容量系数。故选用的 UPS 的容量最小为 2 kVA。其上一级开关容量应不小于(2＋0.3)/0.7＝3.3 kVA。容量系数的选择取决于负载的功率因数和冲击电流等多个因素。0.7 是一参考值，不具有典型性。

### 附　录　B

### （资料性附录）

### 常用 AC-DC 变换器的规格、导线安全载流量的计算

**B.1** 常用变换器的输出电压规格:5 V,6 V,7.5 V,9 V,12 V,15 V,18 V,24 V,48 V 等(正负电源)。
输出电流规格:500 mA,1 A,1.5 A,3 A,5 A,10 A,15 A,20 A,25 A,30 A,40 A,50 A,60 A,80 A,
100 A 等。

**B.2** 导线载流量:导线的安全载流量是根据所允许的线芯最高温度、冷却条件、敷设条件来确定的。
一般铜导线的安全载流量为(5~8)A/mm²,铝导线的安全载流量为(3~5)A/mm²。

附　录　C

（资料性附录）

交流稳压电源、不间断电源（UPS）主要技术指标

C.1　交流稳压电源主要性能指标如表C.1所示。

表 C.1　交流稳压电源主要性能指标

| 序号 | 指 标 项 目 | 技术要求 | | | 备注 |
|---|---|---|---|---|---|
| | | Ⅰ | Ⅱ | Ⅲ | |
| 1 | 输入电压可变范围 | ±25% | ±20% | ±10% | 额定输入220 V |
| 2 | 输入功率因数 | ≥0.95 | ≥0.90 | ≥0.80 | |
| 3 | 输入电流谐波成分 | <5% | <15% | <25% | 规定3～39次THDI |
| 4 | 输入频率 | 50(1±4%)Hz | | | |
| 5 | 输出电压稳压精度 | ±1% | ±5% | ±10% | 额定输出电压,V |
| 6 | 输出波形失真度 | ≤2% | ≤3% | ≤5% | 额定线性负载 |
| 7 | 电源效率 | ≥80% | | | 正常工作方式 |
| 8 | 输出功率因数 | ≤0.8 | | | |
| 9 | 过载能力 | 10 min | 1 min | 30 s | 正常工作方式,过载125% |
| 10 | 噪声 | <55 dB(A) | <60 dB(A) | <70 dB(A) | |

C.2　不间断电源（UPS）主要技术指标如表C.2所示。

表 C.2　不间断电源（UPS）主要技术指标

| 序号 | 指 标 项 目 | 技术要求 | | | 备注 |
|---|---|---|---|---|---|
| | | Ⅰ | Ⅱ | Ⅲ | |
| 1 | 输入电压可变范围 | ±25% | ±20% | +10%<br>−15% | |
| 2 | 输入功率因数 | ≥0.95 | ≥0.90 | ≥0.85 | |
| 3 | 输入电流谐波成分 | <5% | <15% | <25% | 规定3～39次THDI |
| 4 | 输入频率 | 50(1±4%)Hz | | | |
| 5 | 频率跟踪范围 | 50(1±4%)Hz 可调 | | | |
| 6 | 频率跟踪速率 | ≤1 Hz/s | | | |
| 7 | 输出电压稳压精度 | ±1% | ±3% | ±5% | |
| 8 | 输出频率 | (50±0.5)Hz | | | 电池逆变工作方式 |
| 9 | 输出波形失真度 | ≤2% | ≤3% | ≤5% | 线性负载 |
| 10 | 输出电压不平衡度 | ≤5% | | | |
| 11 | 动态电压瞬变范围 | ±5% | | | 电池逆变工作方式 |
| 12 | 瞬变响应恢复时间 | ≤20 ms | ≤40 ms | ≤60 ms | 电池逆变工作方式 |

表 C.2（续）

| 序号 | 指标项目 | 技术要求 | | | 备注 |
|---|---|---|---|---|---|
| | | Ⅰ | Ⅱ | Ⅲ | |
| 13 | 输出电压相位偏差 | ≤3° | | | 平衡线性负载 |
| 14 | 市电电池切换时间 | 0 ms | <4 ms | <10 ms | |
| 15 | 旁路逆变切换时间 | <1 ms | <4 ms | <10 ms | 逆变器故障切换时 |
| 16 | 电源效率 | >10 kVA ≥90%<br>≤10 kVA ≥80% | | | 正常工作方式 |
| 17 | 输出功率因数 | ≤0.8 | | | |
| 18 | 输出电流峰值系数 | ≥3∶1 | | | 电池逆变工作方式 |
| 19 | 过载能力 | 10 min | 1 min | 30 s | 正常工作方式,过载125% |
| 20 | 噪声 | <55 dB(A) | <60 dB(A) | <70 dB(A) | |
| 21 | 并机负载电流不均衡度 | ≤5% | | | 对有并机功能的UPS |

附 录 D

（资料性附录）

线路压降的计算方法

## D.1 线路压降计算

线路压降可根据公式 D.1 估算：

$$U_{线损} = I_{工作电流} \times R_{供电线缆} \qquad \cdots\cdots\cdots\cdots\cdots（D.1）$$

式中：

$U_{线损}$ ——线路电压降，单位为伏（V）；

$I_{工作电流}$ ——线缆所带所有负载工作电流，单位为安（A），由公式 D.3 计算得到；

$R_{供电线缆}$ ——供电线缆导电体的直流电阻值，单位为欧（Ω），由公式 D.2 计算得到或直接测量得到。

## D.2 供电传输线缆导电体的电阻值计算

$$R_{供电线缆} = \rho\frac{L}{S} \qquad \cdots\cdots\cdots\cdots\cdots（D.2）$$

式中：

$R_{供电线缆}$ ——供电传输线缆导电体的直流电阻值，单位为欧（Ω）；

$L$ ——供电线缆电路路由的总长度，单位为米（m），一般为电缆长度的 2 倍；

$S$ ——供电线缆的导电材料的截面积，单位为平方毫米（mm²），一般为电缆的单芯截面积；

$\rho$ ——供电线缆导电材料的电阻率，单位为 Ω·mm²/m。

常见导电材料的电阻率可参考表 D.1。

表 D.1 常见导电材料的电阻率

| 序 号 | 金属材料名称 | 电阻率（Ω·mm²/m） | | |
| --- | --- | --- | --- | --- |
| | | 0 ℃ | 18 ℃ | 20 ℃ |
| 1 | 银 | 0.014 7 | 0.015 8 | 0.016 |
| 2 | 铜 | 0.015 6 | 0.016 8 | 0.017 |
| 3 | 金 | 0.020 6 | 0.022 1 | |
| 4 | 铝 | 0.024 2 | 0.027 2 | 0.027 |
| 5 | 锌 | 0.055 | 0.059 5 | |
| 6 | 铁 | 0.086 | 0.095 | 0.096 |

## D.3 负载工作电流计算

$$I_{工作电流} = \frac{P_{满载功耗}}{U_{负载工作输入电压}} \qquad \cdots\cdots\cdots\cdots\cdots（D.3）$$

式中：

$I_{工作电流}$ ——负载工作电流，单位为安(A)。

$P_{满载功耗}$ ——该供电线缆所连接的所有负载满载功耗，单位为瓦(W)。

$U_{负载工作输入电压}$ ——负载正常工作时的输入电压，单位为伏(V)。

## D.4 线路压降举例参考

表D.2给出不同截面积的两芯铜芯电缆在不同传输距离、不同负载电流下的压降和线缆损耗。

### 表 D.2 电缆压降和损耗一览表

| 序号 | 线缆长度<br>m | 负载电流<br>A | 线缆单芯截面积<br>mm² | 线缆压降<br>V | 线缆损耗<br>W |
|---|---|---|---|---|---|
| 1 | 100 | 0.5 | 0.5 | 3.4 | 1.7 |
| 2 | 100 | 0.5 | 1 | 1.7 | 0.85 |
| 3 | 100 | 1 | 0.5 | 6.8 | 6.8 |
| 4 | 100 | 1 | 1 | 3.4 | 3.4 |
| 5 | 100 | 1 | 1.5 | 2.27 | 2.27 |
| 6 | 100 | 2 | 0.5 | 13.6 | 27.2 |
| 7 | 100 | 2 | 1 | 6.8 | 13.6 |
| 8 | 100 | 2 | 1.5 | 4.53 | 9.06 |
| 9 | 100 | 2 | 2 | 3.4 | 6.8 |
| 10 | 100 | 2 | 2.5 | 2.72 | 5.44 |
| 11 | 100 | 5 | 1.5 | 11.34 | 56.7 |
| 12 | 100 | 5 | 2 | 8.5 | 42.5 |
| 13 | 100 | 5 | 2.5 | 6.8 | 34 |
| 14 | 100 | 5 | 4 | 4.25 | 21.25 |
| 15 | 100 | 10 | 2 | 17 | 170 |
| 16 | 100 | 10 | 2.5 | 13.6 | 136 |
| 17 | 100 | 10 | 4 | 8.5 | 85 |
| 18 | 100 | 16 | 4 | 13.6 | 217.6 |
| 19 | 200 | 0.1 | 0.5 | 1.36 | 0.14 |
| 20 | 200 | 0.1 | 1 | 0.68 | 0.07 |
| 21 | 200 | 0.5 | 0.5 | 6.8 | 3.4 |
| 22 | 200 | 0.5 | 1 | 3.4 | 1.7 |
| 23 | 200 | 0.5 | 1.5 | 2.27 | 1.14 |
| 24 | 200 | 0.5 | 2 | 1.7 | 0.85 |
| 25 | 200 | 1 | 0.5 | 13.6 | 13.6 |
| 26 | 200 | 1 | 1 | 6.8 | 6.8 |

表 D.2（续）

| 序号 | 线缆长度<br>m | 负载电流<br>A | 线缆单芯截面积<br>mm² | 线缆压降<br>V | 线缆损耗<br>W |
|------|------|------|------|------|------|
| 27 | 200 | 1 | 1.5 | 4.53 | 4.53 |
| 28 | 200 | 1 | 2 | 3.4 | 3.4 |
| 29 | 200 | 1 | 2.5 | 2.72 | 2.72 |
| 30 | 200 | 2 | 1.5 | 9.07 | 18.14 |
| 31 | 200 | 2 | 2 | 6.8 | 13.6 |
| 32 | 200 | 2 | 2.5 | 5.44 | 10.88 |
| 33 | 200 | 2 | 4 | 3.4 | 6.8 |
| 34 | 200 | 5 | 2 | 17 | 85 |
| 35 | 200 | 5 | 2.5 | 13.6 | 68 |
| 36 | 200 | 5 | 4 | 8.5 | 42.5 |
| 37 | 200 | 10 | 4 | 17 | 170 |

ICS 13.310
A 91

# 中华人民共和国国家标准

GB/T 16571—2012
代替 GB/T 16571—1996

# 博物馆和文物保护单位
# 安全防范系统要求

Requirements for security systems in
museums and units of cultural heritage protection

2012-11-05 发布

2013-02-01 实施

中华人民共和国国家质量监督检验检疫总局
中国国家标准化管理委员会 发布

# 前　言

本标准按照 GB/T 1.1—2009 给出的规则起草。

本标准是对 GB/T 16571—1996《文物系统博物馆安全防范工程设计规范》的修订,并将标准名称更改为《博物馆和文物保护单位安全防范系统要求》。

本标准与 GB/T 16571—1996 相比,主要技术变化如下:

——扩大了标准的适用范围(见 1,1996 年版的 1);

——根据标准内容的需要,增加、修订了部分术语和定义(见 3,1996 年版的 3);

——增加了古建筑、石窟寺及石刻、古文化遗址、古墓葬等文物保护单位安全防范系统的要求(见 9,10,11);

——增加了考古发掘工地安全防范系统的要求(见 12);

——增加了人力防范和实体防范的要求(见 5,6);

——增加了入侵报警、视频安防监控、出入口控制、声音复核、专用通讯、电子巡查、防爆安全检查、安全管理等子系统的技术要求(见 7);

——修订原标准中"工程设计原则"的内容,纳入本标准"安全防范系统总体要求"(见 4,1996 年版的 5);

——修订原标准中"工程设计技术"的内容,纳入本标准"技术防范要求"(见 7,1996 年版的 9);

——增加了设计流程及设计文件编制的要求(见附录 A)。

本标准由中华人民共和国公安部和国家文物局共同提出。

本标准由全国安全防范报警系统标准化技术委员会(SAC/TC 100)归口。

本标准起草单位:公安部第一研究所、北京联视神盾安防技术有限公司、杭州华三通信技术有限公司、首都博物馆。

本标准主要起草人:王永升、史彦林、刘铭威、邓超、郑丽娜、施巨岭、周群、张盛、曹洋。

本标准所代替标准的历次版本发布情况为:

——GB/T 16571—1996。

# 博物馆和文物保护单位
# 安全防范系统要求

## 1 范围

本标准规定了博物馆和文物保护单位安全防范系统的人力防范、实体防范、技术防范要求,是安全防范系统设计、施工、检验、验收的基本依据。

本标准适用于博物馆和文物保护单位(古建筑、石窟寺及石刻、古文化遗址、古墓葬等)及考古发掘工地的新建、改建、扩建的安全防范系统。纪念馆、近现代重要史迹及代表性建筑、考古研究所、文物商店和其他收藏、临时展出文物场所的安全防范系统可参照使用。

## 2 规范性引用文件

下列文件对于本文件的应用是必不可少的。凡是注明时间的引用文件,仅注日期的版本适用于本文件。凡是不注日期的引用文件,其最新版本(包括所有的修改单)适用于本文件。

GB 10409—2001 防盗保险柜

GB/T 15408 安全防范系统供电技术要求

GB 17565—2007 防盗安全门通用技术条件

GB 50343 建筑物电子信息系统防雷技术规范

GB 50348—2004 安全防范工程技术规范

GB 50394—2007 入侵报警系统工程设计规范

GB 50395—2007 视频安防监控系统工程设计规范

GB 50396—2007 出入口控制系统工程设计规范

GA 27 文物系统博物馆风险等级和安全防护级别的规定

GA/T 70 安全防范工程费用预算编制办法

GA/T 74 安全防范系统通用图形符号

GA/T 644 电子巡查系统技术要求

GA/T 669.1 城市监控报警联网系统 技术标准 第1部分:通用技术要求

GA/T 670 安全防范系统雷电浪涌防护技术要求

GA/T 761 停车库(场)安全管理系统技术要求

JGJ 66 博物馆建筑设计规范

## 3 术语和定义

GB 50348—2004 界定的以及下列术语和定义适用于本文件。

### 3.1

**博物馆 museum**

征集、典藏、保护、研究、展示有关历史、文化、艺术、自然科学、技术等方面的文物、标本等实物的场所。

3.2

**文物保护单位  unit of cultural heritage protection**

中华人民共和国各级人民政府依法核定公布的、具有重要价值的地面、地下不可移动文物和对文物本体及周围一定范围实施重点保护的区域的总称。

注1：根据不可移动文物的价值，文物保护单位一般分为全国重点文物保护单位、省级文物保护单位和市、县级文物保护单位，分别由国务院、省级人民政府和市、市/县级人民政府划定其保护范围，设立文物保护标志及说明，建立记录档案，并区别情况分别设置专门机构或者专人负责管理。

注2：根据不可移动文物的类型，文物保护单位一般可分为古文化遗址、古墓葬、古建筑、石窟寺及石刻、近现代重要史迹和代表性建筑等。

3.3

**人力防范（人防）  personnel protection**

执行安全防范任务的具有相应素质人员和/或人员群体的一种有组织的防范手段（包括人、组织和管理等）。

[GB 50348—2004,定义 2.0.19]

3.4

**实体防范（物防）  physical protection**

用于安全防范目的、能延迟风险事件发生的各种物理防范手段[包括建（构）筑物、屏障、器具、设备等]。

3.5

**技术防范（技防）  technical protection**

利用各种电子信息设备组成系统以提高探测、延迟、反应能力和防护功能的安全防范手段。

3.6

**安全防范系统  security and protection system**

以保障博物馆和文物保护单位安全、防止风险事件发生或将风险事件造成的危害降低到最小程度为目的，通过科学规划、合理设计，将人力防范（人防）、实体防范（物防）、技术防范（技防）等手段有机组合、综合应用而建立的防御体系。

3.7

**探测  detection**

感知显性风险事件或/和隐形风险事件发生并发出报警的手段。

[GB 50348—2004,定义 2.0.14]

3.8

**延迟  delay**

延长或/和推迟风险事件发生进程的措施。

[GB 50348—2004,定义 2.0.15]

3.9

**反应  response**

为制止风险事件的发生所采取的行动。

3.10

**防护对象（单位、部位、目标）  protection object**

由于面临风险而需对其进行保护的对象，通常包括某个单位、某个建（构）筑物或建（构）筑物群，或其内外的某个局部范围以及某个具体的实际目标。

[GB 50348—2004,定义 2.0.22]

3.11

**风险等级** level of risk

存在于防护对象及其周围的、对其安全构成威胁的程度。

3.12

**防护级别** level of protection

为保障防护对象的安全所采取的防范措施(人防、物防、技防)的水平。

3.13

**误报警** false alarm

风险事件未发生,由于自动装置对未设计、未设定的报警状态做出响应、部件的错误动作或损坏而发出的报警。

3.14

**漏报警** leakage alarm

风险事件已经发生,而系统未能做出报警响应或指示。

[GB 50348—2004,定义 2.0.18]

3.15

**报警响应时间** response time for alarm

从入侵探测装置(包括紧急报警装置)探测到目标后产生报警状态信息到监控中心控制设备接收到该信息并发出报警信号所需的时间,用 $T_{探测}$ 表示。

3.16

**入侵延迟时间** intrusion delay time

从系统探测到入侵行为开始,至入侵者开始对防护对象实施侵犯行为所用的最小时间,用 $T_{延迟}$ 表示。

3.17

**处警响应时间** response time for handing alarm

从监控中心控制设备接收到报警信息到安全保卫人员到达报警现场所用的时间,用 $T_{反应}$ 表示。

3.18

**周界** perimeter

需要进行实体防范或/和技术防范的某个区域的边界。

3.19

**监视区** surveillance area

实体防范设施或/和技术防范系统所组成的周界警戒线与防护区边界之间的区域。

3.20

**防护区** protection area

允许公众出入的、防护目标所在的区域或部位。

[GB 50348—2004,定义 2.0.25]

3.21

**禁区** restricted area

不允许未授权人员出入(或窥视)的防护区域或部位。

[GB 50348—2004,定义 2.0.26]

3.22

**盲区** blind zone

在警戒范围内,安全防范手段未能覆盖的区域。

[GB 50348—2004,定义 2.0.27]

3.23

**纵深防护  longitudinal-depth protection**

根据防护对象所处的环境条件和安全管理的要求,对整个防范区域实施由外到里层层设防的防范措施。

注:纵深防护分为整体纵深防护和局部纵深防护两种类型。

3.24

**纵深防护体系  longitudinal-depth protection systems**

兼有周界、监视区、防护区和禁区的安全防护体系。

[GB 50348—2004,定义 2.0.31]

3.25

**入侵报警系统  intruder alarm system**

利用传感器技术和电子信息技术探测并指示非法进入或试图非法进入设防区域(包括主观判断面临被劫持、遭抢劫或其他危急情况时,故意触发紧急报警装置)的行为、处理报警信息、发出报警信息的电子系统。

3.26

**视频安防监控系统  video surveillance system**

利用视频技术探测、监视设防区域并实时显示、记录现场图像的电子系统。

3.27

**出入口控制系统  access control system**

利用自定义符识别或/和模式识别技术对出入目标进行识别并控制出入口执行机构启/闭的电子系统。

3.28

**声音复核装置(系统)  audio detect and check device(system)**

利用音频技术探测现场声音、对报警区域的声音进行拾音收听,以确定警情真实性的电子装置(系统)。

3.29

**电子巡查系统  electronic patrol system**

对安全保卫人员的巡逻路线、方式及过程进行管理和控制的电子系统。

3.30

**防爆安全检查系统  security inspection system for anti-explosion**

检查人员、行李、货物是否携带爆炸物、武器、管制刀具、易燃易爆品或其他违禁物品的电子系统。

3.31

**安全管理系统  security management system**

对入侵报警、视频安防监控、出入口控制、声音复核、电子巡查等系统进行组合或集成,实现对各子系统的有效联动、管理和/或监控的电子系统。

3.32

**监控中心  surveillance and control centre**

技术防范系统的中央控制室,系统的信息汇集、处理、共享节点。

注:监控管理人员在此对安全防范系统进行集中管理、控制,对监控信息进行使用、处置。

## 4  安全防范系统总体要求

### 4.1  系统基本构成

4.1.1  安全防范系统由人力防范、实体防范、技术防范等组成。

4.1.2 人力防范的主要内容包括安全保卫机构的设置、安全保卫制度的建设、安全保卫人员的配备与管理等。

4.1.3 实体防范的主要内容包括周界实体防范、防护区实体防范、禁区实体防范和防护目标实体防范等。

4.1.4 技术防范的主要内容包括入侵报警系统、视频安防监控系统、出入口控制系统、声音复核系统、安防专用通讯系统、电子巡查系统、防爆安全检查系统、安全管理系统等。实际应用中,根据安全防范的需要,技术防范措施可以是上述的某个系统,也可以是由上述的某些系统作为子系统的组合或集成。

## 4.2 系统建设原则

4.2.1 安全防范系统的建设应纳入单位或部门工程建设的总体规划,根据管理要求、使用功能和建设投资等因素,进行综合设计、同步施工和独立验收。

4.2.2 安全防范系统的建设应坚持尽可能减少对文物干预、与环境相协调的原则,充分考虑文物保护的特殊性,科学规划、合理设计、规范施工、有效使用。

4.2.3 安全防范系统的建设应坚持人防、物防、技防相结合,探测、延迟、反应相协调的原则,满足 $T_{探测} + T_{反应} \leqslant T_{延迟}$ 的要求。

4.2.4 安全防范系统的建设应坚持防护级别与风险等级相适应的原则。博物馆和文物保护单位风险等级的划分和防护级别的确定应符合 GA 27 的规定。

4.2.5 安全防范系统的建设应坚持纵深防护的原则,合理划分周界、监视区、防护区、禁区,应体现安全防范系统的均衡性。

4.2.6 技术防范系统应以规范化、结构化、模块化、集成化的方式实现,应能适应系统维护和技术发展的需要,应采用成熟而先进的技术和可靠而适用的设备。

4.2.7 技术防范系统的设备应满足安全性、电磁兼容性、环境适应性、可扩展性及联动/集成功能等要求。应优先选用符合环保、节能要求的设备/材料。

4.2.8 安全防范工程的施工、检验、验收应符合 GB 50348—2004 中第 6 章、第 7 章、第 8 章的规定。

4.2.9 应建立安全防范系统维护保养的长效机制,保证系统有效运行。技术防范设备/系统出现故障时,应采取有效的应急措施,确保文物安全。设备/系统故障宜在 24 h 内恢复功能。

4.2.10 安全防范系统设计文件中,应有明确的反映系统整体防范效能的技术性能指标。

4.2.11 设计流程与设计文件编制参见附录 A。

# 5 人力防范要求

## 5.1 安全保卫机构设置

5.1.1 安全保卫工作应按照国家有关现行法律、法规、规章的要求执行。

5.1.2 应当根据内部安全保卫工作需要,设置与安全保卫任务相适应的安全保卫机构。

## 5.2 安全保卫制度建设

5.2.1 应根据安全保卫工作的需要,建立健全各项安全保卫制度和措施。

5.2.2 安全保卫制度和措施不得与法律、法规、规章的规定相抵触,应与本单位安全防范的实际情况相适应,应内容翔实,应具有可操作性。

5.2.3 应根据本单位安全保卫工作的实际情况,制定安全防范突发事件应急预案。

## 5.3 安全保卫人员配备与管理

5.3.1 应配备能够适应安全保卫要求的专职、兼职安全保卫人员。

5.3.2 对于从事安全保卫工作的人员,应坚持"先审查、后录用"的原则,并登记备案。

5.3.3 安全保卫人员应接受有关法律知识和安全保卫业务、技能以及相关专业知识的培训,具备与其职责相适应的综合素质和业务技能,并持证上岗。

5.3.4 应根据应急预案组织模拟演练,每季度应演练1次。演练应做详细记录,并针对演练中发现的问题及时修订完善应急预案,提出整改措施。

5.3.5 应注重保护安全保卫人员的人身安全,应为安全保卫人员配备相应的通讯设备、执行保卫任务所必须的器具(械)及人身防护器材,不得以经济效益、财产安全或者其他任何借口忽视其人身安全。

5.3.6 应根据防范区域面积、现场环境、交通状况等实际情况,为安全保卫人员配备适当的交通工具。交通工具的类型、性能应与现场实际情况相适应,应能满足安全防范处警响应时间的要求。

# 6 实体防范要求

## 6.1 基本要求

6.1.1 实体防范是安全防范的重要措施,应优先采用。

6.1.2 实体防范设施应满足安全防范的要求,不得对防护对象及其环境造成损伤或破坏。

6.1.3 对实体防范设施易于攀登、隐藏人员的部位,应设置防攀爬、防翻越、防藏匿的障碍物。

## 6.2 周界实体防范要求

6.2.1 周界宜建立实体防范设施(金属栅栏、砖、石或混凝土围墙等),且不易攀爬。

6.2.2 金属栅栏的材质、组件规格等应满足安全防范的要求,金属栅栏的竖杆间距应不大于150 mm,1 m以下部分不应有横撑。

6.2.3 新建的砖、石围墙的厚度不宜小于370 mm,高度不宜小于2.2 m。

## 6.3 重要区域/部位实体防范要求

6.3.1 展示、存放藏品的重要区域,应设置实体防范设施。若外墙为玻璃幕墙时,应在幕墙玻璃内侧设置实体防范设施。

6.3.2 展示、存放藏品的重要区域,室内通向室外的所有通风口、管道口与室外开口之间的通道宜为S型。室内直径大于200 mm或横截面大于200 mm×200 mm的通风口、管道口或其他孔洞及直接通向室外的所有通风口、管道口或其他孔洞,应设置实体防范设施。

6.3.3 金属栅栏用于窗户、通风口、管道口或其他孔洞防护时,金属栅栏的材质、组件规格等应满足防范的要求,安装应牢固可靠,并采取防拆卸措施。

6.3.4 藏品库房应安装防盗安全门。重要藏品库房防盗安全门的防护能力应不低于GB 17565—2007规定的甲级防盗安全级别。

6.3.5 存放藏品的临时库房内应设置防盗保险柜。存放普通藏品的防盗保险柜的抗破坏能力应不低于GB 10409—2001规定的A2类的要求,存放珍贵藏品的防盗保险柜的抗破坏能力应不低于GB 10409—2001规定的B2类的要求。

6.3.6 存放珍贵藏品的展柜应由具有防砸性能的透明防护屏障及相关框架组合而成,应安装防盗锁,并应具有防撬功能。

6.3.7 裸露的展品应设置实体隔离设施,实体隔离设施与展品距离宜不小于1.5 m。

# 7 技术防范要求

## 7.1 基本要求

7.1.1 根据建筑物或防护对象的分布和现场环境条件,确定周界、监视区、防护区、禁区的位置,建立纵深防护体系。不具备建立整体纵深防护体系条件的,应建立局部纵深防护体系。

7.1.2 技术防范系统的防护范围应包括周界警戒线内的全部区域。周界的防区划分应有利于报警时准确定位,不同方向应为不同防区,同方向单个防区不宜大于100 m。周界入侵探测的防护范围应完整封闭,不应有盲区。用于周界防护的室外控制器、设备箱(柜)应设置在周界防护范围内,其防护等级不应低于IP55,并采取可靠的防拆、防破坏措施。

7.1.3 技术防范系统中的技防设施不得对防护对象造成损伤或破坏。对于古建筑、石窟寺及石刻、古文化遗址、古墓葬等安全防范工程,确需在文物本体上敷设管线、安装前端设备时,应征求文物专家意见,尽可能减少对文物本体和环境的影响。

7.1.4 技术防范系统应建立专用的有线和/或无线通讯系统。

7.1.5 技术防范系统的安全性除应符合GB 50348—2004中3.5的规定外,还应满足下列要求:

  a) 技术防范系统中选用的设备应符合国家法律法规和现行强制性标准的要求,并经具有资质的检验、认证机构检验或认证合格;

  b) 技术防范系统各子系统应具备在现场环境条件下不间断独立运行的能力,任何子系统的故障不应影响其他子系统的正常工作;

  c) 技术防范系统应能对操作人员的登录、交接进行身份验证和管理,并能设定操作权限。系统控制主机应具有存储功能,在电源中断或关机后,系统日期、时间、所有编程设置、历史记录事件等信息均应保持。

7.1.6 技术防范系统的电磁兼容性应符合GB 50348—2004中3.6的规定。

7.1.7 技术防范系统的可靠性应符合GB 50348—2004中3.7的规定。

7.1.8 技术防范系统的环境适应性应符合GB 50348—2004中3.8的规定。

7.1.9 技术防范系统的防雷与接地应符合GB 50348—2004中3.9及GB 50343的规定。应根据环境因素、当地雷暴日和雷电活动规律、设备所在雷电防护区和系统对雷电电磁脉冲的抗扰度、雷电事故受损程度以及系统设备的重要性,按GA/T 670的要求采取相应的防护措施。

7.1.10 技术防范系统的传输与布线除应符合GB 50348—2004中3.11的规定外,还应满足下列要求:

  a) 技术防范系统应建立满足系统功能/性能要求的传输系统。有线传输系统应独立敷设专用管线,独立组网。不适宜采用有线传输的区域和部位,可采用无线传输方式,但应保证传输信息的有效性、安全性和抗干扰性能。

  b) 系统敷设的线缆应采用金属管/槽、不延燃或阻燃型塑料管/槽保护。

  c) 古建筑宜采用阻燃型线缆,并采用金属管/槽保护。

7.1.11 技术防范系统的供电除应符合GB/T 15408的规定外,还应满足下列要求:

  a) 系统备用电源在主电源中断后的持续工作时间应满足各子系统的技术要求和安全防范使用/管理需要;

  b) 安装在古建筑物上的前端设备应选用低压供电,供电电压不宜高于36 V。

7.1.12 技术防范系统的可扩展性应满足使用/管理的需要。主控设备配置和重要防范区域内的管线布设应留有一定的冗余度,以满足系统扩容的要求。

7.1.13 根据安全保卫工作使用/管理要求,需要对技术防范系统进行联网时,应对联网系统的结构、组网模式等进行统筹规划,参照GA/T 669.1的相关要求执行。

7.1.14 技术防范系统应具有与其他系统联网的接口。

## 7.2 入侵报警系统要求

7.2.1 入侵报警系统应综合考虑防区分布、环境特点等因素,合理选择不同探测原理、不同技术性能的入侵探测装置,结合防护要求构成点、线、面、空间或其组合的综合防护系统。

7.2.2 入侵探测装置的选型应综合考虑影响探测装置正常工作的各种可能的干扰因素,探测装置的防护范围、灵敏度、环境适应性等应满足安全防范使用/管理要求。

7.2.3 入侵探测装置应与视频安防监控、出入口控制、声音复核、辅助照明等装置联动。

7.2.4 入侵报警发生时,系统除应发出声、光警示信号外,报警信息显示还应满足下列之一的要求:

  a) 在显示终端上自动显示报警信号的相关文字信息(报警时间、报警位置、警情类型、应急预案等)和报警区域的电子地图,并以醒目标识显示具体的报警位置。电子地图宜能进行缩放。

  b) 在模拟地图板上以醒目的光信号显示报警的具体位置。

  c) 在控制设备上显示报警的时间和防区编号。

7.2.5 系统报警响应时间应符合 GB 50394—2007 中 5.2.8 的规定。声光警报器报警声压应不小于 80 dB(A),报警持续时间应保持到操作员确认警情后自动或手动解除。

7.2.6 系统应具有事件记录和检索、打印功能,宜具有实时打印报警信息功能。系统记录信息应包括事件发生时间、地点、性质、操作记录及日志等,记录信息的时间精度为"秒"。记录信息应具有防销毁、防篡改功能。

7.2.7 入侵报警系统除应满足 7.2.1~7.2.6 的要求外,其他要求应符合 GB 50394—2007 的相关规定。

## 7.3 视频安防监控系统要求

7.3.1 前端视频采集设备安装位置的环境照度不能满足视频监视需要时,应配置辅助照明装置,但辅助照明光源不得对防护对象造成损伤。辅助照明装置宜采用监控中心集中供电,采用现场供电时,应配置相应的备用电源装置。

7.3.2 出入口设置的视频安防监控装置,应能清楚地显示出入人员面部特征、机动车号牌等信息。

7.3.3 具有智能视频功能的视频安防监控系统,应能根据使用/管理需要设置视频警戒区域和报警触发条件。

7.3.4 系统应能对前端视频信号进行监测,并能即时给出视频信号丢失的报警信息。

7.3.5 监控中心图像显示设备应能清晰、完整地显示前端视频设备采集的图像。显示设备的分辨率指标应高于系统采集、传输过程规定的分辨率指标。显示设备的数量应根据系统规模和使用/管理需要合理配置。

7.3.6 视频图像的记录内容应包括日期、时间、摄像机地址、图像内容等信息。记录图像的格式、帧率、图像信息保存时间应满足使用/管理的需求。重要区域、部位的视频图像记录像素应不小于 704×576 (4CIF),记录帧率应不小于 25 fps,图像信息保存时间应不小于 30 d。

7.3.7 视频安防监控区域内设有声音复核装置的系统,报警录像时应对相应的音频信号进行同步记录,并可同步回放。报警联动录像记录像素应不小于 704×576(4CIF),记录帧率应不小于 25 fps。

7.3.8 系统应保持图像和/或声音记录信息的原始完整性,并具备防篡改、防销毁、防窃取等功能。

7.3.9 系统宜配置视/音频记录信息的备份设备,备份设备应纳入系统统一管理,并能快捷检索。经授权的操作人员可对授权范围内的视/音频记录信息进行备份或转录。

7.3.10 根据使用/管理需求,系统可设置分控装置,并应能对分控用户的图像监视、记录查询权限进行设置和修改。

7.3.11 视频安防监控系统除符合 7.3.1~7.3.10 的要求外,其他要求应符合 GB 50395—2007 的相关规定。

## 7.4 出入口控制系统要求

7.4.1 出入口控制系统的设置应满足紧急情况下人员疏散的要求。出入口控制执行机构被应急开启后,监控中心应能实时显示相应的状态。

7.4.2 使用系统设置的胁迫码通行时,监控中心应能即时接收到胁迫报警信号;重要区域/部位的出入口控制系统宜设置人体生物特征识别装置,宜具有双向验证、防反传、防尾随等功能。

7.4.3 出入口控制系统除应满足7.4.1~7.4.2的要求外,其他要求应符合GB 50396—2007的相关规定。

## 7.5 声音复核系统要求

7.5.1 系统应能清晰地探测现场内人的语音、人走动、撬、挖、凿、锯、砸等动作发出的声音。

7.5.2 在背景噪声不大于45 dB(A)的情况下,声音复核装置灵敏度调到最大值的90%时所能探测的最大范围,应满足现场入侵探测和/或视频安防监控覆盖范围的要求。

7.5.3 在控制端宜有背景噪声和入侵声响的电平指示,电平指示动态范围应满足7.5.1的要求。

7.5.4 使用数字声音复核系统时,应保证声音信息的原始完整性和时效性。

7.5.5 声音复核系统作为音频报警使用时,报警阈值应能根据现场环境条件进行设定和调整。

7.5.6 声音复核系统的设备选型与设置、传输方式、线缆选型与布线应符合以下要求:

   a) 声音复核系统的谐波失真应不大于5%,信噪比应不小于50 dB,频率响应宜为100 Hz~12 kHz±3 dB。声音探测的有效性应满足入侵探测和/或视频监视复核的要求。

   b) 声音复核装置应便于隐蔽安装,用于室外环境时应具有良好的密封性和环境适应性。

   c) 根据信号传输方式、传输距离、系统的安全性、电磁兼容性等要求,合理选择传输介质。采用线缆传输时,前端声音探测装置与系统主机之间、系统主机与管理终端之间的导线宜采用铜芯屏蔽双绞线,其线径根据传输距离而定,线芯最小截面积不宜小于0.50 mm²。当现场与监控中心距离较远或电磁环境较恶劣时,可选用光缆传输方式。

   d) 系统布线应符合7.1.10的规定。

## 7.6 专用通讯系统要求

7.6.1 专用通讯系统可分为有线对讲系统和无线对讲系统两种类型。根据现场情况,可选择采用有线和/或无线对讲通讯方式。

7.6.2 有线对讲系统应满足下列要求:

   a) 主机应具有对分机的故障检测、循环拾音收听、广播等功能。

   b) 主机可同时显示多路分机的呼叫,并保持记忆。

   c) 主机与分机可互相呼叫,主机与分机间接通后,应能实现双方通话,语音音质应清晰,不应出现振鸣现象。

   d) 系统应根据信号传输方式、传输距离、系统的安全性、电磁兼容性等要求,合理选择传输介质。采用线缆传输时,分机与主机之间的导线宜采用铜芯屏蔽双绞线,其线径根据传输距离而定,线芯最小截面积不宜小于0.50 mm²。当现场与监控中心距离较远或电磁环境较恶劣时,可选用光缆传输。

   e) 系统布线应符合7.1.10的规定。

7.6.3 无线对讲系统应满足下列要求:

   a) 无线对讲设备的使用应符合无线电管理的相关要求;

   b) 无线对讲通讯覆盖范围根据设计任务书(使用/管理需要)的要求确定,应保证无线对讲在要求的范围内无盲区;

   c) 无线对讲信号应流畅,声音应清晰可辨;

   d) 室外架设天线时,应根据现场情况采取可靠的雷电防护措施。

## 7.7 电子巡查系统要求

7.7.1 技术防范系统宜选用在线式电子巡查系统。在规定时间内未收到巡查信息时,系统应发出报警信号,并联动相应区域的视频安防监控、声音复核装置进行复核。

7.7.2 在线式电子巡查系统可独立设置,也可与出入口控制系统联合设置。独立设置的在线式电子巡查系统应能与安全管理系统联网。

7.7.3 在线式电子巡查系统的传输方式、线缆选型与布线应符合7.1.10的规定。

7.7.4 采用离线式电子巡查系统时,巡查人员应随时保持与监控中心值班人员的通信联络。

7.7.5 电子巡查点应根据建筑物的规模、特点、防护对象及安全防范使用/管理要求合理设置,应确保安全保卫人员进行巡查时不会触发入侵探测装置产生报警。

7.7.6 电子巡查系统除应满足7.7.1~7.7.5的要求外,其他要求应符合GA/T 644的相关规定。

## 7.8 防爆安全检查系统要求

7.8.1 根据安全保卫工作的要求,结合建筑物特点和出入口管理的需要,可在适当区域/位置设置防爆安全检查系统。

7.8.2 防爆安全检查系统应能对规定的违禁物品(爆炸物、武器、管制刀具、易燃易爆品或其他违禁物品)进行实时、有效地探测、显示、记录和报警。探测不应对人体和物品产生伤害,不应引起爆炸物起爆。

7.8.3 设置防爆安全检查系统时,应配置对检出的可疑物品进行相应处置的器材。

## 7.9 安全管理系统要求

7.9.1 系统应具有与其他弱电系统集成的接口和能力。

7.9.2 系统宜具有对其他子系统校时功能。系统主时钟与北京时间的偏差应保持不大于60 s,系统中具有计时功能的设备与系统主时钟的偏差应保持不大于5 s。

7.9.3 技术防范系统宜建立以综合管理平台为核心的安全管理系统。安全管理系统的管理主机宜采用双机热备份配置。

7.9.4 安全管理系统除应满足7.9.1~7.9.3的要求外,其他要求应符合GB 50348—2004中3.10的规定。

## 7.10 监控中心/安防专用设备间要求

7.10.1 技术防范系统应设置监控中心。系统规模较大、主控设备较多时宜设置安防专用设备间。监控中心/安防专用设备间应设置为禁区。监控中心应配备专用的有线和/或无线通讯设备、专用防护器械,应设置紧急报警装置和声光警报装置。

7.10.2 监控中心/安防专用设备间的位置应远离产生粉尘、油烟、有害气体、强振源和强噪声源以及生产或贮存具有腐蚀性、易燃、易爆物品的场所,应避开强电磁场干扰。

7.10.3 监控中心/安防专用设备间的使用面积应与技术防范系统的规模相适应,监控中心布局应根据设备的数量、外形尺寸和使用/管理需要确定,并应考虑系统扩容的需要。通常情况下,监控中心的使用面积不宜小于20 m²,应有保证值班人员正常工作的相应辅助设施。

7.10.4 监控中心/安防专用设备间的顶棚、壁板(包括夹芯材料)和隔断应为不燃烧体。室内装修应选用气密性好、不起尘、易清洁、符合环保要求、在温湿度变化作用下变形小、具有表面静电耗散性能的材料,墙壁和顶棚表面应平整、光滑、不起尘、避免眩光。

7.10.5 监控中心/安防专用设备间地面应满足使用功能要求,应防静电、光滑、平整、不起尘。当铺设防静电活动地板时,防静电地板应具有防火、环保、耐污耐磨性能,活动地板的高度应根据电缆布线或空调送风的要求确定。

7.10.6 监控中心/安防专用设备间门的尺寸应满足设备和材料运输的要求,门应向疏散方向开启,且应自动关闭,并应保证在任何情况下均能从室内开启。

7.10.7 监控中心/安防专用设备间内的温度、相对湿度应满足电子设备的使用要求。室内温度宜为

18 ℃~28 ℃,相对湿度宜为 35%~75%。监控中心/安防专用设备间宜结合建筑条件采取适当的通风换气措施。

7.10.8 监控中心/安防专用设备间内的主要照明光源宜采用高效节能荧光灯,灯具应采取分区、分组的控制措施。室内照度标准值宜为 500 lx,照明均匀度不应小于0.7,应采取措施减少作业面上的光幕反射和反射眩光。

7.10.9 监控中心/安防专用设备间的供电应符合 GB/T 15408 的相关规定;防雷和接地应满足人身安全和电子信息系统正常运行的要求,并应符合 GB 50343 和 GA/T 670 的相关规定。

7.10.10 监控中心/安防专用设备间的设备布置应满足机房管理、人员操作和安全、设备和物料运输、设备散热、安装和维护的要求。用于搬运设备的通道净宽应不小于 1.5 m;面对面布置的机柜或机架正面之间的距离不宜小于 1.2 m;背对背布置的机柜或机架背面之间的距离不宜小于 1 m。

7.10.11 当需要在机柜或机架背面、侧面维修测试时,机柜背面、侧面与墙之间的距离应不小于 0.8 m;设备维修测试在正面即可完成时,机架或机柜可以贴墙安装,但应采取有利于设备散热的措施。

7.10.12 监控中心/安防专用设备间的布线、进出线端口的设置、安装等应符合 GB 50348—2004 中 3.11 的相关规定。线槽、线管应完全封闭,机架、机柜、操作台等除散热孔、进线孔外应完全封闭。

7.10.13 监控中心不宜设置高噪声的设备。当必须设置时,应采取有效的隔声措施。

7.10.14 监控中心/安防专用设备间应采取防鼠害和防虫害措施。

# 8 博物馆安全防范系统要求

## 8.1 一级风险

### 8.1.1 人力防范要求

8.1.1.1 人力防范应符合第5章的规定。

8.1.1.2 应配备专职安全保卫人员,并将安全保卫机构的设置和人员的配备情况报主管部门备案。

8.1.1.3 博物馆应由专职安全保卫人员巡查,详细记录巡查情况,并对发现的隐患和问题及时处置。

8.1.1.4 重要区域/部位应由专职安全保卫人员进行重点保护;藏品出/入库、展厅布展期间,应由专职安全保卫人员进行重点保护。

8.1.1.5 技术防范系统应配备专职系统管理人员。监控中心应配备专职值班人员,应确保每周 7×24 h 有人员值守。

8.1.1.6 安全防范处警响应时间应不大于 3 min。

### 8.1.2 实体防范要求

8.1.2.1 实体防范应符合第6章的规定,并满足 JGJ 66 的要求。

8.1.2.2 藏品卸运交接区应设置具有防盗功能的实体防护设施。

8.1.2.3 藏品库区的总库门应安装具有防盗、防火、防烟、防水等功能的安全门,其中防盗能力应不低于 GB 17565—2007 规定的甲级防盗安全级别。

8.1.2.4 监控中心/安防专用设备间的门、窗应设置实体防范设施。监控中心/安防专用设备间应安装防盗安全门,防盗安全门的防护能力应不低于 GB 17565—2007 规定的甲级防盗安全级别。

### 8.1.3 技术防范要求

8.1.3.1 博物馆外周界的防护应满足下列要求:
 a) 博物馆外周界应设置入侵探测装置和视频安防监控装置,可设置声音复核装置;
 b) 博物馆外周界出入口应设置视频安防监控装置;

c) 博物馆外周界应设置电子巡查装置。

8.1.3.2 公众服务区的防护应满足下列要求：

a) 公众服务区包括公共活动区、服务设施、教育用房、停车库（场）等区域；

b) 公众服务区应设置视频安防监控装置，对人流、物流、车流进行有效的视频探测与监视，宜设置入侵报警装置和声音复核装置；

c) 公众服务区对外开放的主入口宜设置防爆安全检查装置；

d) 停车库（场）宜设置对车辆进行监控和管理的电子系统，并符合 GA/T 761 的相关要求；

e) 公共活动区、停车库（场）、公众服务区的主要通道及其他需安全保卫人员巡查的部位应设置电子巡查装置。

8.1.3.3 陈列展览区的防护应满足下列要求：

a) 陈列展览区包括常设展厅、临时展厅及室外展区等。展陈文物的中央大厅视为展厅。

b) 陈列展览区建筑物外周界或室内周界应设置入侵探测装置和/或视频安防监控装置，宜设置声音复核装置。

c) 展厅的门、窗、管道口、布展通道等应设置入侵探测装置。

d) 陈列展览区的参观通道应设置视频安防监控装置，应能对人员的活动情况进行有效的视频探测与监视。

e) 展厅内重要区域/部位应设置入侵探测、视频安防监控和声音复核装置。

f) 珍贵藏品展柜内应设置入侵探测装置，展柜的布置区域应设置视频安防监控装置。重要展品无展柜保护、直接展陈时，应设置技术防范装置，并具有现场声、光警示功能。

g) 出入口应设置视频安防监控装置。重要出入口应设置出入口控制装置。

h) 室外展区应设置入侵探测和/或视频安防监控装置，宜具有现场声、光警示功能。

i) 室外重要展品应设置入侵探测、视频安防监控装置，宜设置声音复核装置。

j) 重要区域/部位设置的视频安防监控装置，宜具有智能视频功能。

k) 陈列展览区应设置有线紧急报警、有线对讲等装置。安全保卫人员宜随身配备内部无线紧急报警装置。

8.1.3.4 藏/展品卸运交接区的防护应满足下列要求：

a) 藏/展品卸运交接区应设为禁区；

b) 藏/展品卸运交接区宜设置周界入侵探测装置；

c) 藏/展品卸运交接区应设置视频安防监控装置，应能清晰、完整地监控藏/展品装卸、交接的全过程；

d) 藏/展品卸运交接区应设置有线紧急报警、有线对讲、声音复核等装置。

8.1.3.5 藏/展品运输通道的防护应满足下列要求：

a) 宜根据博物馆建筑结构，结合藏品库房、藏/展品卸运交接区、陈列展览区的分布情况，设置藏/展品运输通道；

b) 藏/展品运输通道应设置视频安防监控装置，对藏/展品的运输过程进行全程跟踪监控。

8.1.3.6 藏品保护技术区的防护应满足下列要求：

a) 藏品保护技术区包括藏品整理、清洗、消毒、干燥、试验、修复、摄影、鉴赏等区域/部位；

b) 出入口宜设置视频安防监控和出入口控制装置；

c) 门、窗和管道口应设置入侵探测装置；

d) 室内应设置入侵探测、紧急报警和视频安防监控装置，宜设置声音复核装置。

8.1.3.7 藏品库区/库房的防护应满足下列要求：

a) 藏品库区/库房应设为禁区。

b) 库区/库房外周界、室内周界应设置入侵探测装置和视频安防监控装置，宜设置声音复核装置。

c) 藏品库房的门、窗和管道口应设置入侵探测装置。

d) 藏品库区/库房通道内应设置视频安防监控装置,对藏品的运输过程进行全程跟踪监控。

e) 藏品库房内应设置入侵探测、视频安防监控和声音复核装置。

f) 出入口应设置视频安防监控、出入口控制等装置。出入口控制系统宜具有防胁迫、防尾随、关门提示等功能。藏品库区主出入口、存放珍贵藏品库房的出入口控制识读装置宜采用生物特征识别技术,宜采用双向验证。

g) 藏品库房与外界相邻的墙体、天花板、地板等应设置入侵探测装置;与内部公共区域相邻的墙体、天花板、地板等宜设置入侵探测装置。入侵探测装置应能对撬、挖、凿、砸、钻、爆破等行为进行有效探测。

h) 藏品库区/库房应设置有线紧急报警和有线对讲等装置。

8.1.3.8 重要机房、强/弱电间的防护应满足下列要求:

a) 重要机房、强/弱电间应设置入侵探测装置,宜设置视频安防监控装置;

b) 重要机房出入口应设置出入口控制装置,强/弱电间出入口宜设置出入口控制装置。

8.1.3.9 业务与科研区、行政管理区的防护应满足下列要求:

a) 宜设置视频安防监控、入侵探测装置;

b) 重要区域/部位应设置视频安防监控和入侵探测装置,宜设置出入口控制装置。

8.1.3.10 监控中心/安防专用设备间应满足下列要求:

a) 监控中心/安防专用设备间应符合7.10的规定。

b) 监控中心宜设置专用的设备间、卫生间、休息间。单独设置的安防专用设备间应设为禁区。

c) 监控中心/安防专用设备间应设置出入口控制装置,宜具有防胁迫、防尾随、关门提示等功能。

d) 监控中心/安防专用设备间室内、室外通道应设置视频安防监控装置。

e) 监控中心出入口宜设置可视对讲装置。

## 8.2 二级风险

### 8.2.1 人力防范要求

8.2.1.1 人力防范应符合第5章的规定。

8.2.1.2 博物馆应由专职安全保卫人员巡查,详细记录巡查情况,并对发现的隐患和问题及时处置。

8.2.1.3 重要区域/部位应由专职安全保卫人员进行重点保护;藏品出/入库、展厅布展期间,应由专职安全保卫人员进行重点保护。

8.2.1.4 监控中心应配备专职值班人员,应确保每周 7×24 h 有人员值守。

8.2.1.5 安全防范处警响应时间应不大于 3 min。

### 8.2.2 实体防范要求

8.2.2.1 实体防范应符合第6章的规定,并满足 JGJ 66 的要求。

8.2.2.2 藏品卸运交接区应设置具有防盗功能的实体防护设施。

8.2.2.3 藏品库区的总库门应安装防盗安全门,其防护能力应不低于 GB 17565—2007 规定的甲级防盗安全级别。

8.2.2.4 监控中心的门、窗和管道口应设置实体防范设施。监控中心应安装防盗安全门,防盗安全门的防护能力应不低于 GB 17565—2007 规定的乙级防盗安全级别。

### 8.2.3 技术防范要求

8.2.3.1 博物馆外周界的防护应满足下列要求:

a) 博物馆外周界应设置入侵探测装置,宜设置视频安防监控装置,可设置声音复核装置;

b) 博物馆外周界出入口应设置视频安防监控装置;

c) 博物馆外周界宜设置电子巡查装置。

8.2.3.2 公众服务区的防护应满足下列要求:

a) 公众服务区包括公共活动区、服务设施、教育用房、停车库(场)等区域;

b) 公众服务区应设置视频安防监控装置,对人流、物流、车流进行有效的视频探测与监视,可设置入侵报警装置或声音复核装置;

c) 停车库(场)可设置对车辆进行监控和管理的电子系统,并符合 GA/T 761 的相关要求;

d) 公共活动区、停车库(场)、公众服务区的主要通道及其他需安全保卫人员巡查的部位宜设置电子巡查装置。

8.2.3.3 陈列展览区的防护应满足下列要求:

a) 陈列展览区的防护应符合 8.1.3.3a)～f)、h)～i)的规定。

b) 出入口应设置视频安防监控装置。重要出入口宜设置出入口控制装置。

c) 展厅/展室内应根据展陈情况合理设置入侵探测、视频安防监控、有线紧急报警等装置,宜设置有线对讲和声音复核等装置。视频监控图像应能清晰地显示人员的活动情况。

d) 陈列展览区应设置有线紧急报警装置,宜设置有线对讲等装置。

8.2.3.4 藏/展品卸运交接区的防护应满足下列要求:

a) 可根据建筑物结构特点和藏/展品进出管理流程,设置藏/展品卸运交接区;

b) 藏/展品卸运交接区的防护应符合 8.1.3.4b)、c)的规定。

8.2.3.5 藏/展品运输通道的防护应满足下列要求:

a) 可根据博物馆建筑结构,结合藏品库房、藏/展品卸运交接区、陈列展览区的分布情况,设置藏/展品运输通道;

b) 藏/展品运输通道应设置视频安防监控装置,对藏/展品的运输过程进行跟踪监控。

8.2.3.6 藏品保护技术区的防护应满足下列要求:

a) 藏品保护技术区包括藏品整理、清洗、消毒、干燥、试验、修复、摄影、鉴赏等区域/部位;

b) 出入口宜设置视频安防监控装置;

c) 门、窗和管道口宜设置入侵探测装置;

d) 室内宜设置入侵探测和声音复核装置,重要部位应设置视频安防监控装置。

8.2.3.7 藏品库区/库房的防护应满足下列要求:

a) 藏品库区/库房防护应符合 8.1.3.7a)～c)的规定。

b) 藏品库区/库房通道内应设置视频安防监控装置,对藏品的运输过程进行跟踪监控。

c) 藏品库房内应设置入侵探测和声音复核装置,宜设置视频安防监控装置。

d) 出入口应设置视频安防监控、出入口控制等装置。藏品库区主出入口、存放珍贵藏品库房的出入口控制识读装置宜采用双向验证。

e) 藏品库房与外界相邻的墙体、天花板、地板等宜设置入侵探测装置。入侵探测装置应能对撬、挖、凿、砸、钻、爆破等行为进行有效探测。

f) 藏品库区/库房应设置有线紧急报警装置,宜设置有线对讲装置。

8.2.3.8 重要机房、强/弱电间的防护应满足下列要求:

a) 重要机房、强/弱电间宜设置入侵探测装置;

b) 重要机房出入口宜设置出入口控制装置和/或视频安防监控装置。强/弱电间出入口宜设置视频安防监控装置。

8.2.3.9 业务与科研区、行政管理区的防护应满足下列要求:

a) 可设置视频安防监控和/或入侵探测装置;

b) 重要区域/部位应设置视频安防监控和/或入侵探测装置,可设置出入口控制装置。

8.2.3.10 监控中心应满足下列要求:

a) 监控中心应符合7.10的规定;

b) 监控中心应设置出入口控制装置,可设置可视对讲装置;

c) 监控中心室内、室外通道应设置视频安防监控装置。

## 8.3 三级风险

### 8.3.1 人力防范要求

8.3.1.1 人力防范应符合第5章的规定。

8.3.1.2 博物馆应由安全保卫人员巡查,详细记录巡查情况,并对发现的隐患和问题及时处置。

8.3.1.3 重要部位应由专职安全保卫人员进行重点保护;藏品出/入库、展厅布展期间,应由安全保卫人员进行重点保护。

8.3.1.4 监控中心应配备值班人员,应确保每周7×24 h有人员值守。

### 8.3.2 实体防范要求

8.3.2.1 实体防范应符合第6章的规定,并满足JGJ 66的要求。

8.3.2.2 藏品库房的门、窗和管道口应设置实体防范设施。

8.3.2.3 监控中心的门、窗和管道口应设置实体防范设施。监控中心应安装防盗安全门,防盗安全门的防护能力应不低于GB 17565—2007规定的乙级防盗安全级别。

### 8.3.3 技术防范要求

8.3.3.1 博物馆外周界的防护应满足下列要求:

a) 博物馆外周界宜设置入侵探测装置,可设置视频安防监控装置;

b) 博物馆外周界出入口宜设置视频安防监控装置;

c) 博物馆外周界可设置电子巡查装置。

8.3.3.2 公众服务区的防护应满足下列要求:

a) 公众服务区包括公共活动区、服务设施等区域;

b) 公众服务区应设置视频安防监控装置,对人流、物流、车流进行有效的视频探测与监视;

c) 公众服务区内需安全保卫人员巡查的部位可设置电子巡查装置。

8.3.3.3 陈列展览区的防护应满足下列要求:

a) 陈列展览区包括常设展厅、临时展厅及室外展区等。

b) 陈列展览区建筑物外周界或室内周界宜设置入侵探测装置和/或视频安防监控装置。

c) 陈列展览区的出入口及参观通道应设置视频安防监控装置,应能对人员的活动情况进行有效的视频探测与监视。

d) 展厅/展室的门、窗、管道口、布展通道等应设置入侵探测装置;展厅/展室内应根据展陈情况合理设置入侵探测、视频安防监控、有线紧急报警等装置。视频监控图像应能清晰地显示人员的活动情况。

e) 室外重要展品应设置视频安防监控装置,宜设置声音复核装置。

8.3.3.4 藏品库房的防护应满足下列要求:

a) 藏品库房应设为禁区。

b) 藏品库房外周界、室内周界应设置入侵探测装置和/或视频安防监控装置。

c) 藏品库房的门、窗和管道口应设置入侵探测装置;藏品库房内应设置入侵探测装置,宜设置声

GB/T 16571—2012

音复核装置,重要部位应设置视频安防监控装置。

d) 重要库房宜设置出入口控制和视频安防监控装置。藏品库房通道应设置视频安防监控装置。

8.3.3.5 监控中心应满足下列要求:

a) 监控中心应符合7.10的规定;

b) 监控中心应设置出入口控制装置,室内应设置视频安防监控装置。

# 9 古建筑安全防范系统要求

## 9.1 一级风险

### 9.1.1 人力防范要求

9.1.1.1 人力防范应符合第5章的规定。

9.1.1.2 古建筑应由专职安全保卫人员巡查,详细记录巡查情况,并对发现的隐患和问题及时处置。

9.1.1.3 重要区域/部位应根据安全防范需要由专职安全保卫人员进行重点保护。

9.1.1.4 技术防范系统应配备专职系统管理人员。监控中心应配备专职值班人员,应确保每周7×24 h有人员值守。

9.1.1.5 安全防范处警响应时间由建设单位根据防范区域面积、现场环境、交通状况、人员配置等实际情况,在设计任务书中予以明确。

### 9.1.2 实体防范要求

9.1.2.1 实体防范应符合第6章的规定。

9.1.2.2 古建筑的周界应结合现场环境、防护对象、人力防范、技术防范的实际情况,设置实体防范设施。

9.1.2.3 古建筑的重要区域/部位应结合建筑物结构、现场环境条件及安全防范需要,设置实体防范设施。

### 9.1.3 技术防范要求

9.1.3.1 古建筑外周界防护应满足下列要求:

a) 古建筑外周界应设置入侵探测和视频安防监控装置,宜设置声音复核装置;

b) 周界出入口应设置视频安防监控装置;

c) 古建筑外周界应设置电子巡查装置。

9.1.3.2 古建筑本体防护应满足下列要求:

a) 应设置视频安防监控装置。视频安防监控装置应根据环境条件和建筑格局合理设置,应能有效对古建筑本体进行监视。

b) 古建筑对外的门、窗、管道口等应设置入侵探测装置,宜设置声音复核装置。

c) 可设置紧急广播系统。

9.1.3.3 区域/部位的防护应满足下列要求:

a) 古建筑作为博物馆使用时,技术防范系统应符合8.1.3.2～8.1.3.9的要求;

b) 有点灯、燃香等活动的区域,应设置视频安防监控装置和电子巡查装置;

c) 保存有壁画、塑像、碑刻及其他重要文物的区域,应设置入侵探测和视频安防监控装置,宜设置声音复核装置;

d) 古建筑作为配套服务用房使用时,应设置视频安防监控装置,除对古建筑本体进行监视外,还应对人员活动情况进行有效的视频探测与监视。

84

9.1.3.4 监控中心应满足下列要求：
   a) 监控中心应符合 7.10 的规定。
   b) 监控中心宜结合现场情况就近设立。通过远程控制中心进行管理时，应保证信号传输的有效性、安全性和抗干扰性能。
   c) 监控中心应设置出入口控制装置，室内、室外通道应设置视频安防监控装置。
   d) 监控中心出入口宜设置可视对讲装置。
   e) 监控中心宜设置专用的设备间、卫生间、休息间。
   f) 单独设置的安防专用设备间应设为禁区。应设置出入口控制装置，室内应设置视频安防监控装置。

## 9.2 二级风险

### 9.2.1 人力防范要求

9.2.1.1 人力防范应符合第 5 章的规定。

9.2.1.2 古建筑应由安全保卫人员巡查，详细记录巡查情况，并对发现的隐患和问题及时处置。

9.2.1.3 重要区域/部位应根据安全防范需要由专职安全保卫人员进行重点保护。

9.2.1.4 监控中心应配备专职值班人员，应确保每周 7×24 h 有人员值守。

9.2.1.5 安全防范处警响应时间由建设单位根据防范区域面积、现场环境、交通状况、人员配置等实际情况，在设计任务书中予以明确。

### 9.2.2 实体防范要求

9.2.2.1 实体防范应符合第 6 章的规定。

9.2.2.2 古建筑的周界宜结合现场环境、防护对象、人力防范、技术防范的实际情况，设置实体防范设施。

9.2.2.3 古建筑的重要区域/部位应结合建筑物结构、现场环境条件及安全防范需要，设置实体防范设施。

### 9.2.3 技术防范要求

9.2.3.1 古建筑外周界防护应满足下列要求：
   a) 古建筑外周界宜设置入侵探测装置和/或视频安防监控装置。周界同时设置入侵探测和视频安防监控装置时，应具备联动功能。
   b) 周界出入口应设置视频安防监控装置。
   c) 古建筑外周界宜设置电子巡查装置。

9.2.3.2 古建筑本体防护应满足下列要求：
   a) 应设置视频安防监控装置。视频安防监控装置应根据环境条件和建筑格局合理设置，应能有效对古建筑本体进行监视。
   b) 古建筑对外的门、窗、管道口等宜设置入侵探测装置。
   c) 可设置紧急广播系统。

9.2.3.3 区域/部位的防护应满足下列要求：
   a) 古建筑作为博物馆使用时，技术防范系统应符合 8.2.3.2～8.2.3.9 的要求；
   b) 有点灯、燃香等活动的区域，应设置视频安防监控装置，宜设置电子巡查装置；
   c) 保存有壁画、塑像、碑刻及其他重要文物的区域，应设置入侵探测和/或视频安防监控装置，可设置声音复核装置；
   d) 古建筑作为配套服务用房使用时，宜设置视频安防监控装置，除对古建筑本体进行监视外，还应对人员活动情况进行有效的视频探测与监视。

9.2.3.4 监控中心应满足下列要求:
  a) 监控中心应符合 9.1.3.4a)~c)的规定;
  b) 监控中心出入口可设置可视对讲装置。

## 9.3 三级风险

### 9.3.1 人力防范要求

9.3.1.1 人力防范应符合第 5 章的规定。

9.3.1.2 古建筑应由安全保卫人员巡查,详细记录巡查情况,并对发现的隐患和问题及时处置。

9.3.1.3 重要区域/部位应根据安全防范需要由安全保卫人员进行重点保护。

9.3.1.4 监控中心应配备值班人员,应确保每周 7×24 h 有人员值守。

9.3.1.5 安全防范处警响应时间由建设单位根据防范区域面积、现场环境、交通状况、人员配置等实际情况,在设计任务书中予以明确。

### 9.3.2 实体防范要求

9.3.2.1 实体防范应符合第 6 章的规定。

9.3.2.2 古建筑的重要区域/部位宜结合建筑物结构、现场环境条件及安全防范需要,设置实体防范设施。

### 9.3.3 技术防范要求

9.3.3.1 古建筑外周界防护应满足下列要求:
  a) 古建筑外周界可设置入侵探测装置和/或视频安防监控装置。周界同时设置入侵探测和视频安防监控装置时,应具备联动功能。
  b) 周界出入口宜设置视频安防监控装置。
  c) 古建筑外周界可设置电子巡查装置。

9.3.3.2 古建筑本体防护应满足下列要求:
  a) 应设置视频安防监控装置。视频安防监控装置应根据环境条件和建筑格局合理设置,应能有效对古建筑本体进行监视。
  b) 古建筑对外的门、窗、管道口等可设置入侵探测装置。

9.3.3.3 区域/部位的防护应满足下列要求:
  a) 古建筑作为博物馆使用时,技术防范系统应符合 8.3.3.2~8.3.3.4 的要求;
  b) 有点灯、燃香等活动的区域,应设置视频安防监控装置,可设置电子巡查装置;
  c) 保存有壁画、塑像、碑刻及其他重要文物的区域,宜设置入侵探测和/或视频安防监控装置;
  d) 古建筑作为配套服务用房使用时,宜设置视频安防监控装置,除对古建筑本体进行监视外,还应对人员活动情况进行有效的视频探测与监视。

9.3.3.4 监控中心应满足下列要求:
  a) 监控中心应符合 9.1.3.4a)、b)的规定;
  b) 监控中心应设置出入口控制装置,室内应设置视频安防监控装置。

## 10 石窟寺和石刻安全防范系统要求

### 10.1 一级风险

#### 10.1.1 人力防范要求

10.1.1.1 人力防范应符合第 5 章的规定。

10.1.1.2 石窟寺和石刻周界、公众服务区及陈列展示区应由专职安全保卫人员巡查,详细记录巡查情况,并对发现的隐患和问题及时处置。

10.1.1.3 重要区域/部位应由专职安全保卫人员进行重点保护。

10.1.1.4 技术防范系统应配备专职系统管理人员。监控中心应配备专职值班人员,应确保每周 7×24 h 有人员值守。

10.1.1.5 安全防范处警响应时间由建设单位根据防范区域面积、现场环境、交通状况、人员配置等实际情况,在设计任务书中予以明确。

### 10.1.2 实体防范要求

10.1.2.1 实体防范应符合第 6 章的规定。

10.1.2.2 石窟寺和石刻周界应结合现场环境、防护对象、人力防范、技术防范的实际情况,设置实体防范设施。

10.1.2.3 出入口应设置实体防范设施。

10.1.2.4 参观通道宜设置与防护对象分隔的实体隔离设施。

10.1.2.5 洞窟的门、窗户、通风口等应设置实体防范设施。对外开放洞窟内的塑像、壁画及其他展陈文物应设置实体防范设施。

10.1.2.6 田野石刻、小型摩崖石刻等室外石刻(群)宜设置实体防范设施。大型摩崖石刻(群)应在易于攀爬、易于接触到防护目标的区域或部位设置实体防范设施。

### 10.1.3 技术防范要求

10.1.3.1 石窟寺和石刻周界防护应满足下列要求:
　　a) 防护目标集中的石窟(石刻)群、重要的散存石窟(石刻)应设置周界入侵探测装置和视频安防监控装置;
　　b) 周界出入口应设置视频安防监控装置;
　　c) 石窟寺和石刻周界应设置电子巡查装置。

10.1.3.2 公众服务区的防护应满足下列要求:
　　a) 公众服务区的防护应符合 8.1.3.2 的规定;
　　b) 根据安全防范使用/管理需要,宜设置紧急广播装置;
　　c) 有点灯、燃香等活动的区域,应设置视频安防监控装置和电子巡查装置。

10.1.3.3 参观通道的防护应满足下列要求:
　　a) 参观通道应设置视频安防监控装置,应能对通道内人员的活动进行实时监控;
　　b) 参观通道宜设置声音复核装置,可设置紧急报警、紧急广播、对讲等装置。

10.1.3.4 洞窟的防护应满足下列要求:
　　a) 洞窟的门、窗户、通风口等应设置入侵探测装置。重要洞窟的门宜设置出入口控制装置。
　　b) 重要洞窟入口、甬道及重要区域/部位宜设置入侵探测、视频安防监控、声音复核等装置,但不得对防护对象造成损伤和破坏。
　　c) 对外开放的重要洞窟内应设置紧急报警和对讲装置。
　　d) 重要洞窟外应设置视频安防监控装置,宜设置入侵探测装置。

10.1.3.5 石刻的防护应满足下列要求:
　　a) 石刻宜设置入侵探测、视频安防监控或声音复核装置,但不得对防护对象造成损伤和破坏。视频图像宜能监视石刻的全貌。
　　b) 应在石刻周边易于攀爬、易于接触到防护对象的区域或部位设置入侵探测、视频安防监控装置,宜设置声音复核装置。

10.1.3.6 监控中心应符合9.1.3.4的规定。

## 10.2 二级风险

### 10.2.1 人力防范要求

10.2.1.1 人力防范应符合第5章的规定。

10.2.1.2 石窟寺和石刻周界、公众服务区及陈列展示区应由安全保卫人员巡查,应详细记录巡查情况,并对发现的隐患和问题及时处置。

10.2.1.3 重要区域/部位应由专职安全保卫人员进行重点保护。

10.2.1.4 监控中心应配备专职值班人员,应确保每周7×24 h有人员值守。

10.2.1.5 安全防范处警响应时间由建设单位根据防范区域面积、现场环境、交通状况、人员配置等实际情况,在设计任务书中予以明确。

### 10.2.2 实体防范要求

10.2.2.1 实体防范应符合第6章的规定。

10.2.2.2 石窟寺和石刻周界宜结合现场环境、防护对象、人力防范、技术防范的实际情况,设置实体防范设施。

10.2.2.3 出入口应设置实体防范设施。

10.2.2.4 参观通道宜设置与防护对象分隔的实体隔离设施。

10.2.2.5 洞窟的门、窗户、通风口等宜设置实体防范设施。对外开放洞窟内的塑像、壁画及其他展陈文物应设置实体防范设施。

10.2.2.6 田野石刻、小型摩崖石刻等室外石刻(群)宜设置实体防范设施。大型摩崖石刻(群)宜在易于攀爬、易于接触到防护目标的区域或部位设置实体防范设施。

### 10.2.3 技术防范要求

10.2.3.1 石窟寺和石刻周界防护应满足下列要求:
  a) 防护目标集中的石窟(石刻)群、重要的散存石窟(石刻)宜设置周界入侵探测装置和/或视频安防监控装置。周界同时设置入侵探测和视频安防监控装置时,应具备联动功能。
  b) 周界出入口应设置视频安防监控装置。
  c) 石窟寺和石刻周界宜设置电子巡查装置。

10.2.3.2 公众服务区的防护应满足下列要求:
  a) 公众服务区的防护应符合8.2.3.2的规定;
  b) 根据安全防范使用/管理需要,可设置紧急广播装置;
  c) 有点灯、燃香等活动的区域,应设置视频安防监控装置,宜设置电子巡查装置。

10.2.3.3 参观通道的防护应满足下列要求:
  a) 参观通道应设置视频安防监控装置,应能对通道内人员的活动进行实时监控;
  b) 参观通道可设置声音复核、紧急报警等装置。

10.2.3.4 洞窟的防护应满足下列要求:
  a) 重要洞窟的门、窗户、通风口等应设置入侵探测装置;
  b) 重要洞窟入口、甬道及重要区域/部位可设置入侵探测、声音复核或视频安防监控等装置,但不得对防护对象造成损伤和破坏;
  c) 对外开放的重要洞窟内应设置紧急报警装置,宜设置对讲装置;
  d) 重要洞窟外应设置视频安防监控装置,宜设置入侵探测装置。

10.2.3.5 石刻的防护应满足下列要求：

    a)  石刻可设置入侵探测、视频安防监控或声音复核装置,但不得对防护对象造成损伤和破坏。视频图像宜能监视石刻的全貌。

    b)  宜在石刻周边易于攀爬、易于接触到防护目标的区域或部位设置入侵探测、视频安防监控装置,可设置声音复核装置。

10.2.3.6 监控中心应符合9.2.3.4的规定。

## 10.3 三级风险

### 10.3.1 人力防范要求

10.3.1.1 人力防范应符合第5章的规定。

10.3.1.2 石窟寺和石刻周界及重要区域/部位应由安全保卫人员巡查,应详细记录巡查情况,并对发现的隐患和问题及时处置。

10.3.1.3 重要区域/部位应由安全保卫人员进行重点保护。

10.3.1.4 监控中心应配备值班人员,应确保每周7×24 h有人员值守。

10.3.1.5 安全防范处警响应时间由建设单位根据防范区域面积、现场环境、交通状况、人员配置等实际情况,在设计任务书中予以明确。

### 10.3.2 实体防范要求

10.3.2.1 实体防范应符合第6章的规定。

10.3.2.2 石窟寺和石刻周界可结合现场环境、防护对象、人力防范、技术防范的实际情况,设置实体防范设施。需要重点保护的洞窟、室外石刻宜设置周界实体防范设施。

10.3.2.3 洞窟的门、窗户、通风口等可设置实体防范设施。对外开放洞窟内的塑像、壁画及其他展陈文物宜设置实体防范设施。

10.3.2.4 田野石刻、小型摩崖石刻等室外石刻(群)可设置实体防范设施。大型摩崖石刻(群)可在易于攀爬、易于接触到防护目标的区域或部位设置实体防范设施。

### 10.3.3 技术防范要求

10.3.3.1 石窟寺和石刻周界防护应满足下列要求：

    a)  防护目标集中的石窟(石刻)群、重要的散存石窟(石刻)可设置周界入侵探测装置和/或视频安防监控装置。周界同时设置入侵探测和视频安防监控装置时,应具备联动功能。

    b)  周界出入口应设置视频安防监控装置。

    c)  石窟寺和石刻周界可设置电子巡查装置。

10.3.3.2 重要区域/部位防护应满足下列要求：

    a)  重要洞窟的门、窗户、通风口等宜设置入侵探测和/或声音复核装置,重要洞窟外应设置视频安防监控装置;

    b)  重要的室外石刻宜设置入侵探测和/或视频安防监控装置,可设置声音复核装置;

    c)  可设置电子巡查装置。

10.3.3.3 监控中心应符合9.3.3.4的规定。

## 11 古文化遗址、古墓葬安全防范系统要求

### 11.1 基本要求

11.1.1 古文化遗址、古墓葬应根据其保护范围、环境条件、重要程度等,配备相应的安全保卫人员,因

地制宜地建立实体防范设施,设置技术防范系统。

11.1.2 古文化遗址、古墓葬的周界应依据考古资料确定。实体防范设施的设立、技术防范系统的设置均应充分考虑古文化遗址、古墓葬本体的安全,不得对古文化遗址、古墓葬本体造成损伤和破坏。

## 11.2 人力防范要求

11.2.1 人力防范应符合第 5 章的规定。

11.2.2 古文化遗址、古墓葬应由安全保卫人员巡查,详细记录巡查情况,并对发现的隐患和问题及时处置。

11.2.3 重要区域/部位应由专职安全保卫人员进行重点保护。

11.2.4 技术防范系统宜配备系统管理人员。监控中心应配备值班人员,应确保每周 7×24 h 有人员值守。

11.2.5 安全防范处警响应时间由建设单位根据防范区域面积、现场环境、交通状况、人员配置等实际情况,在设计任务书中予以明确。

## 11.3 实体防范要求

11.3.1 实体防范应符合第 6 章的规定。

11.3.2 古文化遗址、古墓葬核心区域和库房及其他陈列、存放文物场所,应结合现场环境和人力防范、技术防范的条件,设置实体防范设施。

## 11.4 技术防范要求

11.4.1 古文化遗址、古墓葬核心区域和库房及其他陈列、存放文物场所的周界宜设置入侵探测、视频安防监控、声音复核、电子巡查等装置。

11.4.2 周界出入口应设置视频安防监控装置。

11.4.3 核心区域应设置视频安防监控装置,宜设置入侵探测、声音复核装置。用于地下文物保护的入侵探测装置应能可靠探测撬、挖、凿、砸、钻、爆破等盗窃、盗掘行为,并在不破坏、不影响防护对象的前提下尽可能隐蔽安装。

11.4.4 展陈区域应根据建(构)筑物特点、展品陈设情况等,参照8.2.3.3的规定设置技术防范系统。

11.4.5 文物库房及其他存放文物场所应根据建(构)筑物特点、藏品情况等,参照8.2.3.7的规定设置技术防范系统。

11.4.6 监控中心应符合9.2.3.4的规定。

## 12 考古发掘工地安全防范系统要求

### 12.1 基本要求

12.1.1 按计划进行的主动发掘工地,考古发掘单位应事先提出保证出土文物和重要遗迹安全的措施。

12.1.2 配合经济建设工程的考古发掘及抢救性发掘工地,应根据现场情况提出保证出土文物和重要遗迹安全的措施。

12.1.3 应根据现场环境条件和考古发掘区分布情况,确定周界的位置和范围,并设置明显的隔离警示标识。

### 12.2 人力防范要求

12.2.1 考古发掘工地应根据安全保卫工作的需要,设置与安全保卫任务相适应的安全保卫机构。

12.2.2 安全保卫人员的配备与管理应符合 5.3 的规定。

12.2.3 考古发掘工地的文物库房应配备专职的安全保卫人员。

## 12.3 实体防范要求

12.3.1 考古发掘工地宜结合现场实际情况设置实体防范设施,并符合第6章的规定。

12.3.2 设有参观通道的考古发掘工地,宜设置与发掘区完全分隔的实体隔离设施。

12.3.3 文物库房的门、窗应设置实体防范设施,库房门应安装防盗安全门。

## 12.4 技术防范要求

12.4.1 具有重要价值且发掘工作持续时间较长的重要考古发掘工地,周界应设置入侵探测和视频安防监控装置,宜设置现场声光警示装置。周界防护应完整封闭,不留盲区。

12.4.2 周界入侵探测装置应与视频安防监控、辅助照明装置以及现场声光警示装置联动。现场声光警示装置的声压应不小于100 dB(A),报警持续时间应保持到操作员确认警情后自动或手动解除。

12.4.3 考古发掘工地周界的出入口,应设置视频安防监控装置,并采取出入检查/验证措施。

12.4.4 考古发掘区外围应设置视频安防监控装置,对发掘区进行完整的视频监控和图像记录。

12.4.5 考古发掘区内重要的探方(沟)宜设置视频安防监控装置,对发掘作业过程、重要遗物的起取出土等情况进行完整的视频监控和图像记录。

12.4.6 重要的墓葬发掘现场,宜根据现场条件设置入侵探测和声音复核装置,宜在墓道(门)入口处设置视频安防监控装置。

12.4.7 考古发掘区与考古工地库房之间的出土遗物运送通道宜设置视频安防监控装置,对出土遗物的运送过程实施跟踪监控。

12.4.8 对外开放的考古发掘工地,参观通道出入口应设置视频安防监控装置,并采取出入检查/验证措施。参观通道宜设置视频安防监控装置。

12.4.9 考古发掘工地的文物库房出入口应设置视频安防监控装置,宜设置出入口控制装置。库房内应设置入侵探测和紧急报警装置,宜设置声音复核装置。库房内通道和重要部位应设置视频安防监控装置,应与入侵探测装置联动。

12.4.10 考古发掘工地、文物库房宜设置电子巡查装置。

12.4.11 考古发掘工地应设置监控室。具有重要价值且发掘工作持续时间较长的重要考古发掘工地,参照9.1.3.4的规定设置监控中心。

附 录 A

（资料性附录）

设计流程及设计文件编制

## A.1 设计流程

A.1.1 安全防范系统设计应按照"编制设计任务书 → 现场勘察 → 初步设计 → 方案论证 → 编制施工图设计（正式设计）文件"的流程进行。

A.1.2 建设单位应向安全防范系统设计单位提供有关建筑概况、电气和管槽路由等资料。

## A.2 设计任务书的编制

A.2.1 安全防范系统设计前，建设单位应根据安全防范需求，提出设计任务书。

A.2.2 设计任务书应包括以下内容：

 a) 任务来源；

 b) 政府部门的相关规定和管理要求（含防护对象的风险等级和防护级别）；

 c) 建设单位的安全管理现状与要求；

 d) 工程项目的内容和要求（包括功能需求、性能指标、监控中心要求、培训和维修服务等）；

 e) 建设工期；

 f) 工程投资控制数额及资金来源。

## A.3 现场勘察

A.3.1 安全防范系统设计前，设计单位与建设单位应进行现场勘察，并编制现场勘察报告。

A.3.2 现场勘察应符合 GB 50348—2004 中 3.2 的规定。

## A.4 初步设计文件的编制

A.4.1 初步设计的依据应包括以下内容：

 a) 相关法律法规和国家现行标准；

 b) 工程建设单位或其主管部门的有关管理规定；

 c) 设计任务书；

 d) 现场勘察报告、相关图纸及资料。

A.4.2 初步设计应包括以下内容：

 a) 建设单位的需求分析与工程设计的总体构思（含防护体系的构架和系统配置）；

 b) 防护区域的划分、前端设备的布设与选型；

 c) 中心设备（包括控制主机、显示设备、记录设备等）的选型；

 d) 信号的传输方式、路由及管线敷设说明；

 e) 监控中心的选址、面积、温湿度、照明等要求和设备布局；

 f) 系统安全性、可靠性、电磁兼容性、环境适应性等的说明；

 g) 系统供电、防雷与接地的说明；

h) 各子系统的接口关系（如联动、集成方式等）；

i) 系统建成后的预期效果说明和系统扩展性的考虑；

j) 对人防、物防的要求和建议；

k) 售后服务与技术培训的承诺。

A.4.3 初步设计文件应包括设计说明、设计图纸、主要设备材料清单、工程概算书及主要设备材料的检验报告或认证证书。

A.4.4 初步设计文件的编制应包括以下内容：

a) 设计说明应包括工程项目概述、布防策略、系统配置及其他必要的说明。

b) 设计图纸应包括系统图、平面图、监控中心布局示意图及必要说明。

c) 设计图纸应符合以下规定：

    1) 图纸应符合国家制图相关标准的规定，标题栏应完整，文字应准确、规范，应有相关人员签字，设计单位盖章；

    2) 图形符号应符合 GA/T 74 的规定；

    3) 在平面图应标明尺寸、比例和指北针；

    4) 在平面图中应包括设备名称、规格、数量和其他必要的说明。

d) 系统图应包括以下内容：

    1) 主要设备类型及配置数量；

    2) 信号传输方式、系统主干的管槽线缆走向和设备连接关系；

    3) 供电方式；

    4) 接口方式（含各子系统之间的接口关系）；

    5) 其他必要的说明。

e) 平面图应包括以下内容：

    1) 应标明监控中心的位置及面积；

    2) 应标明前端设备的布设位置、设备类型和数量等；

    3) 管线走向设计应对主干管路的路由等进行标注；

    4) 其他必要的说明。

f) 对安装部位有特殊要求的，宜提供安装示意图等工艺性图纸。

g) 监控中心布局示意图应包括以下内容：

    1) 平面布局和设备布置；

    2) 线缆敷设方式；

    3) 供电要求；

    4) 其他必要的说明。

h) 主要设备材料清单应包括设备材料名称、规格、数量等。

i) 按照工程内容，根据 GA/T 70 等国家现行相关标准的规定，编制工程概算书。

## A.5 方案论证

A.5.1 工程项目完成初步设计后，应由建设单位组织相关人员对安全防范系统工程初步设计进行方案论证。

A.5.2 方案论证应提交以下资料：

a) 设计任务书；

b) 现场勘察报告；

c) 初步设计文件；

d) 主要设备材料的型号、生产厂家、检验报告或认证证书。

**A.5.3** 方案论证应包括以下内容：

a) 系统设计内容是否符合风险等级、防护级别及设计任务书的要求；

b) 系统设计的总体构思是否合理；

c) 设备选型是否满足现场适应性、可靠性的要求；

d) 系统设备配置和监控中心的设置是否符合防护级别的要求；

e) 信号传输方式、路由和管线敷设方案是否合理；

f) 系统安全性、可靠性、电磁兼容性、环境适应性是否符合相关标准的规定；

g) 系统供电、防雷与接地是否满足相关规定和使用要求；

h) 系统的可扩展性、接口方式是否满足使用要求；

i) 初步设计文件是否符合 A.4.3 和 A.4.4 的规定；

j) 建设工期是否符合工程现场的实际情况和满足建设单位的要求；

k) 工程概算是否合理；

l) 售后服务承诺和技术培训内容是否可行。

**A.5.4** 方案论证应对 A.5.3 的内容做出评价,形成结论(通过、基本通过、不通过),提出整改意见,并经建设单位确认。

### A.6 施工图设计(正式设计)文件的编制

**A.6.1** 施工图设计文件编制的依据应包括以下内容：

a) 初步设计文件；

b) 方案论证中提出的整改意见和设计单位所做出的并经建设单位确认的整改措施。

**A.6.2** 施工图设计文件应包括设计说明、设计图纸、主要设备材料清单和工程预算书。

**A.6.3** 施工图设计文件的编制应符合以下规定：

a) 施工图设计说明应对初步设计说明进行修改、补充、完善,包括设备材料的施工工艺说明、管线敷设说明等,并落实整改措施；

b) 施工图纸应包括系统图、平面图、监控中心布局图及必要说明,应符合 A.4.4c)的规定；

c) 系统图应在 A.4.4d)的基础上,充实系统配置的详细内容(如立管图等),标注设备数量,补充设备接线图,完善系统内的供电设计等；

d) 平面图应包括以下内容：

1) 前端设备布防图应正确标明设备安装位置、安装方式和设备编号等,并列出设备统计表；

2) 前端设备布防图可根据需要提供安装说明和安装大样图；

3) 管线敷设图应标明管线的敷设安装方式、型号、路由、数量,末端出线盒的位置高度等；分线箱应根据需要,标明线缆的走向、端子号,并根据要求在主干线路上预留适当数量的备用线缆,并列出材料统计表；

4) 管线敷设图可根据需要提供管路敷设的局部大样图；

5) 其他必要的说明。

e) 监控中心布局图应包括以下内容：

1) 监控中心的平面图应标明控制台和显示设备柜(墙)的位置、外形尺寸、边界距离等；

2) 根据人机工程学原理,确定控制台、显示设备、机柜以及相应控制设备的位置、尺寸；

3) 根据控制台、显示设备柜(墙)、设备机柜及操作位置的布置,标明监控中心内管线走向、开孔位置；

4) 标明设备连线和线缆的编号；

    5)   说明对地板敷设、温湿度、风口、灯光等装修要求；

    6)   其他必要的说明。

  f)   按照施工内容,根据 GA/T 70 等国家现行相关标准的规定,编制工程预算书。

ICS 13.310
A 91

# 中华人民共和国国家标准

GB/T 16676—2010
代替 GB/T 16676—1996

# 银行安全防范报警监控联网系统
# 技术要求

Specification of alarm and monitoring network system
for bank security and protection

2010-11-10 发布

2011-05-01 实施

中华人民共和国国家质量监督检验检疫总局
中国国家标准化管理委员会    发布

GB/T 16676—2010

# 前　言

请注意：本标准的某些内容有可能涉及专利，本标准的发布机构不承担识别这些专利的责任。

本标准是对 GB/T 16676—1996《银行营业场所安全防范工程设计规范》的修订。

本标准代替 GB/T 16676—1996。

本标准与 GB/T 16676—1996 相比主要变化如下：

——标准名称修改为《银行安全防范报警监控联网系统技术要求》；

——删除了银行营业场所安全防范工程设计的内容；

——增加了：

a) 银行安全防范报警监控联网系统的架构、构建原则、功能要求、性能要求、安全性要求、可靠性要求、电磁兼容性要求、环境适应性要求、运行维护要求等内容；

b) 银行本地安全防范系统、监控中心、用户终端、传输网络等对象在联网系统构建中的基本要求；

c) 联网系统建设过程中报警和视音频监控联网的功能要求，及管理控制、用户权限管理、电子地图、统一编址管理、时钟同步等功能要求；

d) 联网系统传输网络、报警联动响应时间、视频图像质量等性能要求；

e) 联网系统建设过程中各系统及与其他系统联网的接口要求。

本标准的附录 A 为资料性附录。

本标准由中华人民共和国公安部提出。

本标准由全国安全防范报警系统标准化技术委员会（SAC/TC 100）归口。

本标准主要起草单位：北京声迅电子有限公司、上海天跃科技有限公司、广州浩云安防科技工程有限公司、北京中盾安全技术开发公司、广东志成冠军集团有限公司、上海迪堡安防设备有限公司、北京银河伟业数字有限公司、南京新索奇科技有限公司、中国工商银行、中国农业银行、中国银行、中国建设银行、汇丰银行（中国）有限公司。

本标准主要起草人：聂蓉、彭华、龙中胜、鲍世隆、崔云红、李民英、徐志伟、雷雨、邱求进、任骥、邓慕琼、冯勇智、熊自力、鲍宇杰、余和初。

本标准所代替标准的历次版本发布情况为：

——GB/T 16676—1996。

# 银行安全防范报警监控联网系统
# 技术要求

## 1 范围

本标准规定了银行安全防范报警监控联网系统(简称联网系统)的系统架构、构建基本要求、功能要求、性能要求、接口与协议要求、安全性要求、可靠性要求、电磁兼容性要求、环境适应性要求、运行维护要求等技术内容。

本标准适用于银行业金融机构营业场所、自助设备、自助银行、现金业务库及其他重要区域的联网系统建设,是联网系统设计、建设、检验和验收的依据。其他金融机构的联网系统的建设可参考实行。

## 2 规范性引用文件

下列文件中的条款通过本标准的引用而成为本标准的条款。凡是注日期的引用文件,其随后所有的修改单(不包括勘误的内容)或修订版均不适用于本标准,然而,鼓励根据本标准达成协议的各方研究是否可使用这些文件的最新版本。凡是不注日期的引用文件,其最新版本适用于本标准。

GB 20815—2006 视频安防监控数字录像设备

GB 50348—2004 安全防范工程技术规范

GB 50394 入侵报警系统工程设计规范

GB 50395 视频安防监控系统工程设计规范

GB 50396—2007 出入口控制系统工程设计规范

GA 38—2004 银行营业场所风险等级和安全防护级别的规定

GA/T 367—2001 视频安防监控系统技术要求

GA/T 368 入侵报警系统技术要求

GA/T 394 出入口控制系统技术要求

GA/T 669.1—2008 城市监控报警联网系统 技术标准 第1部分:通用技术要求

GA 745—2008 银行自助设备自助银行安全防范的规定

GA 858—2010 银行业务库安全防范的要求

YD/T 1171—2001 IP网络技术要求——网络性能参数与指标

## 3 术语和定义、缩略语

### 3.1 术语和定义

GB 50348—2004、GA 38—2004和GA 745—2008中确立的以及下列术语和定义适用于本标准。

#### 3.1.1

**银行安全防范报警监控联网系统** alarm and monitoring network system for bank security and protection

以维护银行安全为目的,基于银行本地安全防范系统,利用网络技术构建的具有信息采集/传输/控制/显示/存储/管理等功能,可对银行管辖范围内需要防范的目标实施报警、视音频监控和安全管理的专有网络系统。

#### 3.1.2

**本地安全防范系统** local security and protection system

银行营业场所、自助设备、自助银行、现金业务库以及其他重要区域建设的安全防范系统,一般由入侵报警、视音频安防监控、出入口控制等子系统组成。

3.1.3

**联网系统监控中心** **monitoring center of network systems**

联网系统中设备信息的汇集、处理、共享节点。

3.1.4

**传输网络** **transport network**

由光缆、电缆、交换设备、中继设备等组成,可提供数据传输、交换和控制等服务。

3.1.5

**用户终端** **user terminal**

经联网系统注册并授权的、对系统内的数据或/和设备有操作需求的客户端软件和设备。

3.1.6

**双路由** **double route**

由两条独立传输通道构成,同时传输同一信息。如:使用 PSTN 和 IP 网络同时向监控中心上传报警信息。

3.1.7

**双码流** **two data flow**

对同一视音频源编码时,同时形成两个独立的数据流。

3.1.8

**断点续传** **broken downloads resume**(or,resume)

在网络传输录像文件的过程中因故障(如断网、死机等)而中断传输,恢复传输该文件时,可以接着前次中断的位置继续传输后续内容而不需从文件头开始。

3.1.9

**前端设备** **front device**

安装在银行营业场所、自助设备、自助银行、现金业务库以及其他重要区域现场的视音频、报警信息采集/本地处理以及出入口控制等设备。

3.1.10

**管理平台** **management platform**

部署在各级监控中心,对联网系统内的视频、音频、报警等各种信息资源进行集成及处理,对联网系统的设备、用户、网络、安全、业务等进行综合管理,实现联网系统所规定的相关功能。一般由服务器组和核心系统软件构成。

3.2 **缩略语**

| CIF | 通用图像格式 | (Common Intermedia Format) |
|------|------|------|
| 4CIF | 四倍通用图像格式 | (4 Common Intermedia Format) |
| QCIF | 四分之一通用图像格式 | (Quarter Common Intermedia Format) |
| GIS | 地理信息系统 | (Geographic Information System) |
| IP | 互联网络协议 | (Internet Protocol) |
| MPEG | 运动图像专家组 | (Moving Picture Experts Group) |
| PSTN | 公用交换电话网 | (Public Switched Telephone Network) |
| TCP | 传输控制协议 | (Transmission Control Protocol) |

# 4 联网系统架构

## 4.1 系统组成

4.1.1 联网系统由本地安全防范系统、联网系统监控中心、用户终端和传输网络组成。

4.1.2 本地安全防范系统是联网系统构成的基础。

4.1.3 传输网络是联网系统图像、报警和控制等信息的传输、交换通道。

4.1.4 联网系统的监控中心可设置多级,同级监控中心可设置多个,联网系统监控中心对所辖的本地安全防范系统进行联网,实现对所辖安防系统的统一管理、远程控制、设备状态检测等;根据需要,可与上一级联网系统监控中心通信。

4.1.5 本标准未将公安接警中心列入联网系统的组成部分,但联网系统监控中心与公安接警中心的通信应符合国家和行业的相关规定。

4.1.6 根据安全管理需要,联网系统可在有关职能部门设置用户终端。有关职能部门人员根据安全管理权限通过用户终端可实现对联网系统资源的调用、控制和管理。

## 4.2 系统结构

联网系统的系统结构如图1所示。营业场所、自助设备、自助银行、现金业务库以及其他重要区域的安全防范系统可通过传输网络接入联网系统监控中心。联网系统监控中心可与上一级联网系统监控中心联网。

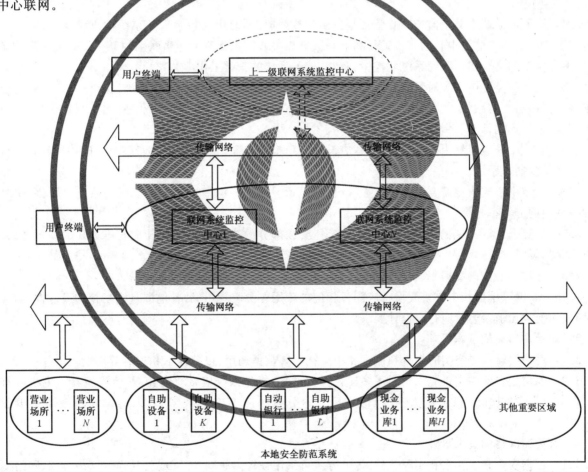

图 1 银行安全防范报警监控联网系统总体结构图

## 5 联网系统构建基本要求

### 5.1 对本地安全防范系统的基本要求

5.1.1 应根据银行机构的风险等级、规模大小及实际情况建设本地安全防范系统。

5.1.2 银行营业场所安全防范系统的建设应符合 GA 38、GB 50348 的要求。

5.1.3 银行自助设备、自助银行安全防范系统的建设应符合 GA 745 的要求。

5.1.4 银行现金业务库、其他重要区域安防系统的建设应符合银行安全管理的相关规定。

5.1.5 本地安全防范系统中入侵报警系统的建设应符合 GB 50394、GA/T 368 的要求。

5.1.6 本地安全防范系统中视音频监控系统的建设应符合 GB 50395、GA/T 367 的要求。

5.1.7 本地安全防范系统中出入口控制系统的建设应符合 GB 50396、GA/T 394 的要求。

5.1.8 本地安全防范系统应能与监控中心通信,可将本地报警、视音频、出入口状态及设备故障等信息传送到监控中心。

## 5.2 对监控中心的基本要求

5.2.1 监控中心的管理平台应能将入侵报警、视音频监控、出入口控制等子系统进行集成,并能兼容开放式协议的相关设备,实现不同设备或/和系统间的信息交换。

5.2.2 监控中心的管理平台应综合应用软硬件技术,能通过开放式协议进行联网,并在统一的操作平台上对所辖范围内的营业场所、自助设备、自助银行、现金业务库以及其他重要区域的安全防范系统实现集中的报警受理、报警联动、视音频调用、运行维护和管理等。

5.2.3 联网系统可支持多级多中心级联架构,应能支持客户端/服务器(C/S)和/或浏览器/服务器(B/S)结构。

5.2.4 当联网系统中某个监控中心管理平台出现故障时,不应影响各接入子系统的正常运行,同时也不应影响同级其他监控中心的正常工作和上一级监控中心的正常工作。当联网的某一子系统出现故障时,不应影响与之相接的联网系统监控中心和其他子系统的正常工作。

5.2.5 上一级监控中心应对管辖范围内所有监控中心及前端本地安全防范系统进行监督管理。应能支持对下一级联网系统监控中心的数据收集和转发,包括但不限于机构信息、设备信息、操作信息、音视频信息、电子地图信息、报表信息、日志信息等。

5.2.6 监控中心应设置为高度风险区,并应设置紧急报警装置。应有保证自身安全的防护措施和进行内外联络的通讯手段。

5.2.7 监控中心应根据需要合理选择显示设备,显示设备的分辨率指标不低于联网系统对采集、传输设备规定的分辨率指标。

5.2.8 应综合设计系统的防雷和接地。系统各组成部分的防雷和接地设计应符合 GB 50348—2004 中 3.9 的规定。

5.2.9 监控中心内的数据库、视频分发、安全认证等重要服务器宜采用双机备份。

5.2.10 联网系统监控中心重要设备应配备相应的备用电源装置,且后备电源自动切换的可靠性、切换时间、切换电压值及容量应符合设计要求。

## 5.3 对用户终端的基本要求

5.3.1 用户终端应具有实时视音频监视和历史视音频数据调用、报警提示和控制等功能。

5.3.2 固定用户终端主机应采用通用多任务操作系统,操作系统应带有通用 Web 浏览器。主机应有 USB 接口和 10 Mbps 以上以太网端口;主机显示分辨率应不小于 1 024×768,颜色位数应不少于 16 位。

## 5.4 对传输网络的基本要求

5.4.1 根据安全管理要求和实际条件,传输方式可采用银行内联网/专网或公共通信网络方式,网络类型可为 DDN、XDSL、3G 网络等。根据银行系统的特点,宜优先选择专网传输方式。

5.4.2 当选用银行内部业务网传输信息时,联网系统应符合银行内部业务网的管理与技术要求,不能影响内部业务网上业务数据的正常传输。无论采用何种网络,均应保证传输数据的安全。

## 5.5 现金业务库联网要求

5.5.1 应支持双路由方式上传报警信息。

5.5.2 重要出入口控制宜与联网系统监控中心联网,在保留原有出入口控制管理基础上,增加远程授权控制。

5.5.3 联网系统监控中心应具备对库区现场声音监听及与库区语音对讲的功能。

5.5.4 除满足第6章要求外,还应满足 GA 858—2010 的相关规定。

### 5.6 自助设备/自助银行联网要求

5.6.1 自助银行在加钞箱开启或/和现金装填区操作时,宜自动触发向联网系统监控中心上传监控图像。

5.6.2 在自助银行和自助设备场所发生撬、砸等异常行为时,应向联网系统监控中心报警,并上传监控图像、语音提示信息。

5.6.3 在特定时段内,当有人员进入自助银行时,宜向联网系统监控中心上传监控图像并提示相关信息。

5.6.4 联网系统监控中心应支持自助银行紧急求助,具备现场声音监听功能。

5.6.5 宜对自助设备/自助银行重要部位/区域的视频监控图像进行智能分析,出现异常情况时向监控中心报警。

5.6.6 除满足第6章要求外,还应满足 GA 745 的相关规定。

## 6 联网系统功能要求

### 6.1 报警功能

6.1.1 本地安全防范系统紧急报警信息宜同时报送公安接警中心和联网系统监控中心。

6.1.2 联网系统监控中心应能同时接收和处理多路报警信息,同时接收多路前端联动上传的报警图像。

6.1.3 应能自动区分紧急报警、入侵报警、设备故障报警等不同的报警类型,并能对报警事件进行分级,高级别报警应能优先处置。应能根据不同时间段自动调整各类报警事件等级。应能针对不同的报警等级触发显示相应的报警响应预案。

6.1.4 当发生报警时,应能上传并保存报警信息和相关的图像信息到联网系统监控中心,应能在联网系统监控中心管理平台显示报警图像,报警点区域及具体位置应能在电子地图上明确提示。

6.1.5 联网系统监控中心应能手动或自动转发报警信息到上一级监控中心,上级中心应能监督管理下级中心的报警事件处理情况,并应能自动接收下级中心逾期未处置的报警事件。

6.1.6 联网系统监控中心宜具有接收和转发无线短信报警或彩信报警的功能。

6.1.7 联网系统监控中心可对前端报警主机布撤防状态实时监控,宜在授权状态下支持对前端报警主机的布撤防等远程控制,可支持针对辖区批量布撤防控制,可以按照时间、机构类型进行自动或手动布撤防控制。

6.1.8 联网系统对银行重要监控区域的图像宜采用智能分析技术进行视频探测,探测到异常情况时应能触发报警,并将报警和图像信息上传到相应的联网系统监控中心。

### 6.2 视音频监控功能

#### 6.2.1 编解码

6.2.1.1 视音频编解码应优先采用安全防范监控数字视音频编解码相关标准的规定。视频编解码可采用 MPEG-4/H.264 标准;音频编解码可采用 G.711/G.729/AMR 标准。

6.2.1.2 视频编解码应能支持 4CIF(704×576)、CIF(352×288)、QCIF(176×144)等多种分辨率。

#### 6.2.2 视音频传输

6.2.2.1 前端视音频编码设备应具备双码流编码功能,以适应本地监控录像与网络视频传输的不同要求。

6.2.2.2 联网系统应具备视音频转发功能,支持多用户并发访问同一路图像,并发访问数量应满足用户使用要求。

6.2.2.3 应能根据带宽对视音频的传输进行码率调整和路数调整。

6.2.2.4 本地系统向联网系统监控中心传输数据的过程中,如果由于故障或失败(如 SIP 服务器不可连接)导致传输中断时,本地系统应具有自动重传功能。

### 6.2.3 实时音视频调阅与控制

6.2.3.1 应能根据权限设置,调阅视音频资源,可对联网系统内带有云台镜头解码器的摄像机进行控制。

6.2.3.2 应能按照指定通道进行单路视音频、分组视音频的实时调阅,自动或手动轮巡切换显示。应能根据时间段,自动切换不同类型的分组视音频。

6.2.3.3 应能支持对显示视频的缩放、抓拍和录像。

6.2.3.4 上下级监控中心之间应支持双向语音对讲,监控中心与前端、用户端之间宜支持双向语音对讲。系统宜支持网络对讲。

6.2.3.5 应能同时记录多个监控现场的音频信号,并能按照指定设备、指定监控现场监听任意一路音频信号。

6.2.3.6 应能支持语音广播功能。

### 6.2.4 文件检索、回放与下载

6.2.4.1 联网系统监控中心应能按监控现场、日期和时间、报警信息等检索条件对前端设备视音频数据进行检索。并能支持视音频数据的下载播放和在线播放,支持下载的断点续传。

6.2.4.2 支持多路的视音频数据网络回放,并能支持视频抓帧。

### 6.3 管理控制功能

6.3.1 联网系统应能对接入的前端设备进行注册,并形成统一的管理目录。

6.3.2 宜对前端控制设备进行远程控制。

6.3.3 联网系统监控中心宜支持重要出入口开启的授权功能,并能记录人员进出信息。

### 6.4 用户与权限管理功能

6.4.1 联网系统应能对用户进行分类、分级、授权和认证。

6.4.2 用户权限应包括操作权限和管理权限,不同类别的用户登录联网系统应能获得相应的用户权限。

6.4.3 对不同级别的操作员应设定不同的操作权限。联网系统应支持高级别用户抢占低级别用户操作权限(如云台镜头控制权限、视音频访问权限等)的功能。

6.4.4 经授权的操作员应能对授权范围内的事件记录依据其特征(如单位、时间、地点、类型或性质等)进行检索、显示或/和打印,并能进行统计分析,生成报表。

6.4.5 管理权限应分为多级。用户权限设置、联网系统参数设置、联网系统数据修改和删除等重要操作应配置相应权限等级,相关操作按照银行管理要求由经授权的用户完成。

6.4.6 管理用户的认证宜采用生物特征识别技术,如指纹、掌型、视网膜识别等。

6.4.7 涉及重大事件的视音频数据应设置独立用户,按照权限浏览或下载。

6.4.8 可预留与银行业务系统的接口,直接支持视音频与银行业务系统关联。

### 6.5 电子地图功能

6.5.1 联网系统应能提供分层电子地图。发生报警或故障时,可通过电子地图准确显示事发位置。电子地图应支持多级树状结构,并具有图层任意跳转等功能。

6.5.2 应在监控中心管理平台的电子地图上标注摄像机、报警探头等设备的位置。

6.5.3 联网系统宜预留与 GIS 的接口。

### 6.6 存储与备份存储功能

6.6.1 联网系统的前端数据应采用分布式存储和/或集中式存储、集中管理,重要数据宜能集中备份。

6.6.2 联网系统应能对重要的报警和视音频数据进行备份存储。

6.6.3 联网系统应建立报警信息、报警视音频等数据备份数据库,授权用户可检索并提取历史报警记录和回放相关重要历史视音频数据。

6.6.4 联网系统宜支持采用后端集中存储设备。

### 6.7 统一编址管理功能

6.7.1 可对联网系统内的营业场所、自助设备、自助银行、现金业务库及其他重要场所统一编址和管理。

6.7.2 宜对联网系统内的所涉及的视音频、报警、出入口控制、监控中心等的设备,进行统一编址,实现对联网系统内设备的寻址和统一管理。

6.7.3 各级中心的授权用户应能根据权限访问本级和下级中心的设备信息。

### 6.8 日志管理功能

6.8.1 联网系统日志应包括运行日志和操作日志,并具有日志信息查询和报表制作等功能。

6.8.2 运行日志应能记录联网系统内设备启动、自检、异常、故障、恢复、关闭等信息。

6.8.3 操作日志应能记录操作人员进入、退出联网系统的时间,以及布防、撤防、巡检、视音频数据回放等主要操作信息。

6.8.4 宜具有对日志、报表和设备运行状态汇总,进行趋势分析的功能。

### 6.9 设备检测功能

6.9.1 前端设备应具备向联网系统监控中心发送报告的功能,应可设置定时报告时间间隔。定时报告内容应包括设备状态信息及设备故障信息。

6.9.2 联网系统监控中心可对前端设备进行自动或手动巡检,巡检出的设备状态信息内容应与设备定时报告的内容相同。

6.9.3 视频编解码设备应具备故障检测功能,并可向联网系统监控中心发送故障报告;联网系统监控中心可接收视频编解码设备的故障报告并形成故障分类报表。故障监测内容包括:视频信息丢失、视频信号被遮挡、内置硬盘故障、设备复位等信息。

6.9.4 前端视频设备宜具备设备软硬件信息检测和远程传输功能,联网系统监控中心可接收前端视频设备软硬件信息并形成软硬件信息分类报表。

### 6.10 运行维护功能

6.10.1 联网系统应具备故障自恢复和状态自恢复功能。在出现死机或断电后恢复供电时,联网系统内的设备应能自动重新启动并恢复到原配置状态下正常运行。

6.10.2 应支持联网系统数据资料的导入导出,具备手动或自动导出备份功能。

6.10.3 宜支持通过联网系统进行维护,如:系统参数设置、下载数据等。

### 6.11 时钟同步功能

6.11.1 联网系统宜具有时钟同步设置功能和管理机制。

6.11.2 联网系统应能对录像设备和各级监控中心平台的时钟进行同步,系统内设备之间的时间误差应小于 10 s。联网系统与北京标准时间误差应小于 30 s。

### 6.12 手持移动终端监控功能

联网系统监控中心可支持报警信息发送到手持移动终端,宜预留手持移动设备查看视音频的接口。

## 7 联网系统性能要求

### 7.1 传输网络性能

#### 7.1.1 IP 网络带宽

联网系统网络带宽设计应满足前端设备接入、监控中心接入、用户终端接入和互联的带宽要求并留有余量。网络带宽可按照下列方法估算:

    a) 前端设备接入的网络带宽应不低于允许并发接入的视音频路数乘以单路视音频码率;

    b) 监控中心接入和互联的网络带宽应不低于并发访问或互联的视音频路数乘以单路视音频码率;

c) 用户终端接入的网络带宽应不低于并发显示视音频路数乘以单路视频码率；

d) 预留的网络带宽应根据银行联网系统的应用情况确定。

CIF 分辨率的单路视音频码率可采用 512 kbps 估算，4CIF 分辨率的单路视音频码率可采用 1 536 kbps 估算。

### 7.1.2 IP 网络性能指标

IP 网络的服务质量（QoS）等级应达到 YD/T 1171—2001 中所规定的交互式 1 级或 1 级以上服务质量等级。具体指标如下：

a) 网络时延上限应小于 400 ms；

b) 时延抖动上限应小于 50 ms；

c) 丢包率上限应小于 $1\times10^{-3}$。

### 7.1.3 IP 网络端到端的信息延迟时间

当信息（包括视音频信息、控制信息及报警信息等）经由 IP 网络传输时，端到端的信息延迟时间（包括发送端信息采集、编码、网络传输、信息接收端解码、显示等过程所经历的时间）应满足下列要求：

a) 信号从前端设备传输到监控中心显示终端的信息延迟时间应不大于 2 s；

b) 信号从前端设备传输到用户终端设备的信息延迟时间应不大于 4 s。

## 7.2 报警联动响应时间

7.2.1 从本地安防系统触发报警，到相关联的视音频信号经由 IP 网络传输至监控中心显示终端所需的响应时间应不大于 4 s。

7.2.2 经 PSTN 传输到监控中心的报警信息所需的响应时间应不大于 20 s。

## 7.3 视频图像质量

7.3.1 网络视频信号应符合以下规定：

a) 单路画面像素数量≥352×288(CIF)；

b) 单路显示基本帧率≥15 fps。

7.3.2 联网系统的最终显示图像画面不应有明显的缺损，物体移动时图像边缘不应有明显的锯齿、拉毛、断裂等现象。最终显示图像质量主观评价按照 GB 20815—2006 中 10.2.3 的表 2 或/和表 3 的规定进行 5 级评分，合格判据应按照 GB 20815—2006 中附录 B 的规定执行。

## 8 联网系统接口与协议要求

8.1 应对接入联网系统的设备的接口进行定义和规范，支持跨平台接入。

8.2 应能满足不同品牌、型号、编解码数据格式、通讯协议设备的接入。

8.3 应预留与公安监控报警联网系统联接的接口，联网协议符合 GA/T 669.1—2008 中第 8 章的相关要求，参见附录 A。

## 9 联网系统安全性要求

### 9.1 身份认证

应对接入系统的设备和用户进行身份认证。

### 9.2 访问控制

在身份鉴别的基础上，联网系统宜采用多种访问控制模型对用户进行访问控制。联网系统应设置操作密码，并区分控制权限，以保证系统运行数据的安全。

### 9.3 数据保密

应对需要保密的数据在存储和传输过程中进行加密。视音频数据宜采用数字摘要、数字时间戳及数字水印等技术防止信息完整性被破坏。

### 9.4 信息安全

9.4.1 联网系统的供电应安全、可靠。应设置备用电源，以防止由于突然断电而产生信息丢失。

9.4.2 信息传输应有防泄密措施。有线专线传输应有防信号泄露和/或加密措施，有线公网传输和无线传输应有加密措施。

9.4.3 应有防病毒和防网络入侵的措施。

## 10 联网系统可靠性要求

10.1 联网系统监控中心关键设备应采取冗余设计，以保障系统正常运行或快速恢复。联网系统数据服务器宜采用双机热备的方式，保障系统不间断运行。

10.2 对视音频数据采用集中式存储方式的联网系统，应提供完善的数据安全策略。

10.3 联网系统的设计应以结构化、规范化、模块化、集成化的方式实现，以提高系统的可靠性、可维修性和可维护性。

10.4 联网系统前端硬件设备宜采用支持在线升级的产品。当设备异常时应能自动重新启动或由监控中心控制其重新启动。

10.5 联网系统硬件设备的平均无故障时间（MTBF）最低应不小于 20 000 h。系统中的视音频存储备份硬盘可适当降低要求。

## 11 联网系统电磁兼容性要求

11.1 联网系统传输线路的抗干扰设计应符合 GB 50348—2004 中 3.6.2 的规定。

11.2 系统电磁辐射防护性能应满足 GA/T 367—2001 中 9.2 的要求。

## 12 联网系统环境适应性要求

联网系统设备的环境适应性应符合 GA/T 367—2001 中第 7 章的要求。

## 13 联网系统运行维护要求

13.1 应建立对联网系统硬件的日常监测、维护计划。当监测到前端设备发生故障后，维护机构应在 4 h 内做出响应和初步判断，并根据故障的严重程度制定维修计划。重要设备的故障应在 12 h 内予以排除。

13.2 当软件系统（包括操作系统和应用软件）出现错误时，应能进行软件升级。宜采用更新升级的维护机制，自动检查软件更新状态并提供更新部署。

13.3 应制定每日和每个数据更新周期（如 15 d）的数据备份计划，每日宜对前一天（即：1 d）的系统管理日志和用户管理数据做备份，每个数据更新周期宜对本周期内的有用数据做备份。系统出现故障时，应能进行数据恢复。

附 录 A

（资料性附录）

跨平台访问的通信协议要求

## A.1 通信协议结构

联网系统内部进行视频/音频/数据等信息传输时，通信协议的结构见图 A.1。

联网系统在进行视音频传输及控制时应建立两个传输通道：信令/控制通道和视音频流通道。信令和控制通道用于在设备之间建立会话并传输控制命令；视音频流通道用于传输视音频数据，经过压缩编码的视音频流采用流媒体协议 RTP/RTCP 传输。

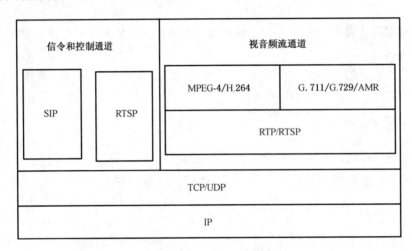

图 A.1 通信协议结构

## A.2 基于 SIP 的监控报警联网系统内部信息传输

### A.2.1 协议控制命令的传输

系统控制命令的传输采用 SIP 协议作会话控制，控制命令的传输流程见图 A.2。

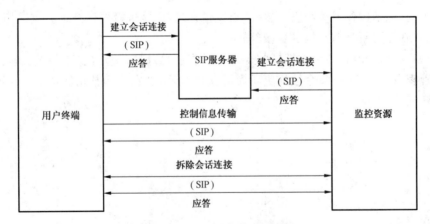

图 A.2 控制命令的传输

### A.2.2 报警信息的传输

当报警发生时，服务器接收来自报警源的报警请求，发送给相应的用户终端。报警信息的传输过程采用 SIP 协议作会话控制，传输流程见图 A.3。

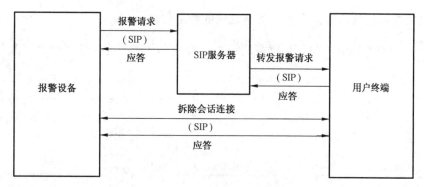

图 A.3　报警信息的传输

### A.2.3　实时监控图像的传输

实时监控图像的传输采用 SIP 协议作会话控制,RTP/RTCP 协议传输视频流。实时监控图像的传输流程见图 A.4。

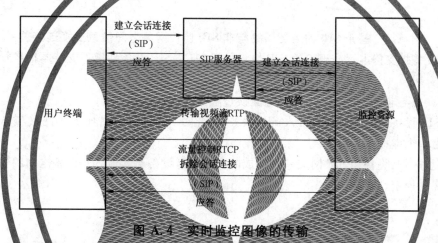

图 A.4　实时监控图像的传输

### A.2.4　历史图像的传输

历史图像的传输采用 RTSP 协议作控制,RTP/RTCP 协议传输视频流。历史图像的传输流程见图 A.5。

图 A.5　历史图像的传输

A.3 基于 SIP 的监控网络与非 SIP 监控网络之间的信息传输

A.3.1 基于 SIP 的监控网络与非 SIP 监控网络之间通过 SIP 网关进行信息交换。其信息交换连接关系见图 A.6。

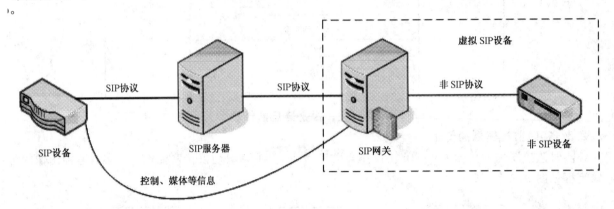

图 A.6 基于 SIP 的监控网络与非 SIP 监控网络之间信息交换连接关系

A.3.2 SIP 设备指支持本标准规定的 SIP 协议的设备;非 SIP 设备是指不支持本标准规定的 SIP 协议的设备。

A.3.3 SIP 设备与非 SIP 设备之间的信息交换过程是:

    a) 非 SIP 设备通过 SIP 网关接入 SIP 服务器,此时 SIP 服务器将此 SIP 网关与非 SIP 设备一起视为一个虚拟 SIP 设备;

    b) 上述非 SIP 设备和 SIP 网关一起构成的虚拟 SIP 设备与其他 SIP 设备之间的信息交换过程同 A.2 的规定。

ICS 13.310
A 91

# 中华人民共和国国家标准

GB 16796—2009
代替 GB 16796—1997

安全防范报警设备
安全要求和试验方法

Safety requirements and test methods for security alarm equipment

2009-09-30 发布

2010-06-01 实施

中华人民共和国国家质量监督检验检疫总局
中国国家标准化管理委员会 发布

# 前　言

**本标准的全部技术内容为强制性。**

本标准代替 GB 16796—1997《安全防范报警设备　安全要求和试验方法》。

本标准与 GB 16796—1997 的主要差异为：

——增加了一般试验条件；

——增加了设备在故障条件下的温升和着火技术要求；

——增加了防声压力的技术要求；

——增加了元器件、电池、监视器、显示器的技术要求；

——修改了可触及部分的描述；

——修改了爬电距离和电气间隙的技术要求和测量方法；

——修改了防雷击的技术要求和试验方法；

——修改了电源线的技术要求；

——修改了接触电阻的技术要求；

——修改了防激光辐射的技术要求；

——修改了防电离辐射的技术要求；

——修改了防微波辐射的技术要求；

——修改了防超声压力的技术要求。

本标准的附录 A、附录 B 和附录 C 为规范性附录。

本标准由中华人民共和国公安部提出。

本标准由全国安全防范报警系统标准化技术委员会(SAC/TC 100)归口。

本标准起草单位:国家安全防范报警系统产品质量监督检验中心(北京)、国家安全防范报警系统产品质量监督检验中心(上海)。

本标准主要起草人:滕旭、刘琳、卢玉华、李笃、胡志昂、任常青、牟晓生、戎玲。

本标准所代替标准的历次版本发布情况为:

——GB 16796—1997。

# 安全防范报警设备
# 安全要求和试验方法

## 1 范围

本标准规定了安全防范报警设备在标志、防电击、防雷击、防过热、防内爆和炸裂、防激光辐射、防电离辐射、防微波辐射、防超声压力、机械安全等方面应遵循的基本安全技术要求、试验方法和检验规则，是设计、制造、安装、使用、检验及制定各类安全防范报警设备时安全要求的基本依据。

本标准适应于各种安全防范报警设备。

## 2 规范性引用文件

下列文件中的条款通过本标准的引用而成为本标准的条款。凡是注日期的引用文件，其随后所有的修改单(不包括勘误的内容)或修订版均不适用于本标准，然而，鼓励根据本标准达成协议的各方研究是否可使用这些文件的最新版本。凡是不注日期的引用文件，其最新版本适用于本标准。

GB 4208—2008 外壳防护等级(IP 代码)(IEC 60529,2001,IDT)

GB 4793.1—2007 测量、控制和实验室用电气设备的安全要求 第1部分：通用要求(IEC 61010-1;2001,IDT)

GB 4943—2001 信息技术设备的安全(idt IEC 60950-1:1999)

GB 7247.1—2001 激光产品的安全 第1部分：设备分类、要求和用户指南(idt IEC 60825-1:1993)

GB 8898—2001 音频、视频及类似电子设备安全要求(eqv IEC 60065:1998)

GB/T 17626.5—2008 电磁兼容 试验和测量技术 浪涌(冲击)抗扰度试验(IEC 61000-4-5:2005,IDT)

## 3 术语和定义

下列术语和定义适用于本标准。

### 3.1

**可触及部分 accessible part**
当产品正常安装后，用铰接试验指(见附录 A)可以接触到的地方。

### 3.2

**基本绝缘 basic insulation**
对危险带电零部件所加的提供防触电基本保护的绝缘。
[见 GB 8898—2001 的 2.6.3]

### 3.3

**附加绝缘 supplementary insulation**
基本绝缘以外所使用的独立绝缘，以便在基本绝缘一旦失效时提供防触电保护。
[见 GB 8898—2001 的 2.6.5]

### 3.4

**加强绝缘 reinforced insulation**
对危险带电零部件所加的单一绝缘，其防触电等级相当于双重绝缘。
[见 GB 8898—2001 的 2.6.6]

3.5

**双重绝缘  double insulation**

同时具有基本绝缘和附加绝缘的绝缘。

[见 GB 8898—2001 的 2.6.4]

3.6

**爬电距离  creepage distance**

在两个导电零部件间沿绝缘材料表面的最短距离。

[见 GB 8898—2001 的 2.6.12]

3.7

**电气间隙  clearance**

在两个导电零部件间,在空气中的最短距离。

[见 GB 8898—2001 的 2.6.11]

3.8

**保护接地端子  protective earth terminal**

为了安全而与设备的导电件相连接的端子,它用来连接一个外保护系统。

3.9

**防电击  prevent electric beat**

防止产品的可触及部分携带危险电压。

3.10

**危险电压  hazardous voltage**

产品中任意两个导体之间或一个导体对地之间的交流有效值电压超过 36 V 或直流电压值超过 60 V 的电压。

3.11

**自动保护  automatic protect**

工作时电压超过规定值时能够非人工方式将其降低到安全值。

3.12

**激光辐射  laser radiation**

由激光产品的受控受激发射而产生的波长为 180 nm～1 mm 的所有电磁辐射。

[见 GB 7247.1—2001 的 3.4.2]

3.13

**可达发射极限(AEL)  accessible emission limit**

所定类别内允许的最大发射极限。

[见 GB 7247.1—2001 的 3.16]

3.14

**辐照度  irradiance**

投射到表面一点处的面元上的辐射通量 $\mathrm{d}\Phi$ 与该面元的面积 $\mathrm{d}A$ 之商。

符号:$E=\mathrm{d}\Phi/\mathrm{d}A$  计量单位:瓦特每平方米($\mathrm{W \cdot m^{-2}}$)

[见 GB 7247.1—2001 的 3.35]

3.15

**电离辐射  ionization radiation**

一种有足够能量使电子离开原子所产生的辐射。

### 3.16

**微波辐射　microwave radiation**

通常指 1 mm～30 cm 波长范围的辐射。

### 3.17

**超声压力　exceed sound press**

频率在 20 kHz～100 kHz 范围内的声强。

## 4　试验条件

### 4.1　试验导则

4.1.1　如果本标准规定的某项试验可能是破坏性的,则允许使用一个能代表被评定状态的模型样机。

4.1.2　试验应按下列顺序进行:

　　a)　电器部件的试验。

　　b)　设备不通电情况下试验。

　　c)　带电情况下的试验,其试验顺序是:

　　　　——正常工作条件下的试验;

　　　　——故障条件下的试验;

　　　　——可能会引起破坏性的试验。

4.1.3　试验时所使用的供电电源特性不应对试验结果有明显的影响。这种特性的例子有电源阻抗和波形。对于交直流两用的产品,两种电源要分别单独供给。

4.1.4　本标准给出的交流值为有效值。本标准给出的直流值为无纹波值。

### 4.2　正常工作条件

4.2.1　除非另有规定,试验应在如下工作环境下进行:

　　a)　环境温度:15 ℃～35 ℃;

　　b)　相对湿度:≤75%;

　　c)　大气压力:860 hPa～1 006 hPa。

注:在不影响正常通风条件下,设备试验可以在满足说明书要求的任何位置。

4.2.2　电源电压和频率应在设备的设计范围之内。

4.2.3　如果设备有保护接地端子,应与地可靠连接。其他接地端子也均应可靠接地。

4.2.4　如果设备有门、盖板或防护罩,应关闭或固定在其位置上。

4.2.5　设备在技术条件规定的任何输入和输出信号条件下工作。

### 4.3　故障条件

根据设备的结构和原理图,判断易于导致损坏的故障条件。按最方便的原则,依次施加如下故障条件时不应损坏设备、引起燃烧或发生电击:

　　a)　电源极性反接;

　　b)　输出端短路;

　　c)　手触摸输入端;

　　d)　引线间相互接错(受结构限制,不致接错的引线除外);

　　e)　停止电扇的强制冷却;

　　f)　变压器的次级绕组短路,初级绕组与次级绕组短路,如有铁芯和屏蔽,每一绕组与铁芯及屏蔽短路;

　　g)　电容器的两极短路,如有外壳,每个极与金属外壳短路;

　　h)　在上述试验中如有故障显示则试验 2 min,如无故障显示则试验 4 h,试验期间不应损坏设备、引起燃烧或发生电击。

注:熔断器断开或不能正常工作,被认为是故障显示。

## 5 技术要求和试验方法

### 5.1 设备安全分类

按设备提供的防电击保护措施的不同,可将设备分为三类:

Ⅰ类设备:防电击不仅依靠基本绝缘而且采取附加安全措施的设计,在基本绝缘失效时,有措施使可触及的导电零部件与设施中的固定线路中的保护(接地)导体相连接,从而使可触及的导电零部件不会产生危险带电的设备。

Ⅱ类设备:防电击不仅依靠基本绝缘而且采用诸如双重绝缘或加强绝缘之类的附加安全措施的设计。它不具有保护接地措施,也不依靠设施条件的设备。

Ⅲ类设备:防电击保护是依靠安全特低电压电路供电来实现的,且不会产生危险电压的设备。

具有激光光源的设备还应按 GB 7247.1—2001 分类。

### 5.2 一般要求

#### 5.2.1 元器件

与安全性相关的元器件应选用经安全认证合格的产品或符合相关国家标准、行业标准的要求并经检验合格的产品。如果元器件上的标记标出了其工作特性,则这些元器件在设备中的使用条件应符合这些标记的规定。

#### 5.2.2 安全设计准则

安全设计原则至少应符合以下条件:

a) 设备的设计应保证设备在按规定使用时不会发生任何危险。设备应能够承受在正常使用中可能出现的物理和化学作用的影响。同时应采用适当的安全技术措施,以防止由于过负载、材料缺陷或磨损而引起的危险。

b) 应选用能够承受在按规定使用时可能出现的物理和化学作用的材料。

c) 设计时应考虑各种可能会产生的对人员、环境的危害及危险因素。

#### 5.2.3 结构要求

安全防范报警设备的外壳防护等级,室内用应不低于 GB 4208—2008 中 IP20 的要求,室外用应不低于 GB 4208—2008 中 IP33 的要求。设备的机械结构应具有足够的强度,能满足使用环境的要求,并能防止由于振动、冲击、碰撞等原因所引起的机械部件的不稳定,以及钝边、倒角、凸出物等对人员的伤害。同时还要符合运输对结构要求。

### 5.3 标志

#### 5.3.1 标志的内容

设备至少应标明:

a) 制造厂的名称或注册商标;

b) 设备的型号及名称;

c) 电源的性质(交流、直流或交直流两用)及极性;

d) 供电电压的额定值或额定电压范围;

e) 保险丝管的额定电流值和型号;

f) 端子的性质及功能;

g) 安全类级别;

h) 安全警示符号。

如果无法在设备上标志上述内容,则应在说明书中给出。

试验方法:目视检查。

#### 5.3.2 标志的耐擦性

标志应不易被擦除。

试验方法:用棉花球沾水擦拭 15 s,再用浸过汽油的布擦拭 15 s。擦拭后标志应清晰可辨认。

## 5.4 防电击

### 5.4.1 可触及部分

设备结构应确保可触及部分不带电,带电部分应用被覆材料或绝缘材料保护。

Ⅰ类设备应装有保护接地端子或连接件,将可触及导电零部件与输出插座的接地端子或连接件可靠相连。

试验方法:通过检查可触及部分与输出接地端子应相连接。

Ⅱ类设备应采用双重绝缘或加强绝缘的办法将可触及部分与危险带电零部件隔离。

试验方法:用内阻不小于 50 kΩ 的电压表(或示波器)检测,电表的一端接大地,一端接可触及部分,若测得的结果符合如下条件,均认为不带电:

a) 电压不超过 50 V,天线端子的放电量不超过 4.5 $\mu$C。

b) 电压超过 50 V 时,测得流过 2 kΩ 非感性电阻的电流,其交流值不超过 0.7 mA,热带地区使用的设备不超过 0.3 mA,而且:

——对于低于 450 V(峰值)的电压,对地电容不超过 0.1 $\mu$F(额定值);

——对于 450 V～15 kV(峰值)的电压,放电量不超过 45 $\mu$C;

——对于超过 15 kV(峰值)的电压,放电量不超过 350 mJ。

对地的放电应在关机后立即测量。

频率超过 1 kHz 时,最大安全电流应为 0.7 mA(峰值)与千赫兹倍率的乘积,但最大值为 70 mA(峰值)。

在两个可触及件间的电流值或电压值,也应符合上述规定。

### 5.4.2 爬电距离和电气间隙

最小爬电距离和电气间隙应符合 GB 8898—2001 中第 13 章的技术要求。试验方法按 GB 8898—2001 中附录 E 的规定。

### 5.4.3 抗电强度

安全防范报警设备的电源插头或电源引入端与外壳裸露金属部件之间应能承受表 1 规定的 45 Hz～65 Hz 交流电压的抗电强度试验,历时 1 min 应无击穿和飞弧现象。

表 1 抗电强度

| 额定电压 $U_i$/V | | 试验电压/kV |
|---|---|---|
| 直流或正弦有效值 | 交流峰值或合成电压 | |
| 0～60 | 0～85 | 0.5 |
| 61～125 | 86～175 | 1 |
| 126～250 | 177～354 | 1.5 |
| 251～500 | 355～707 | 2 |
| ≥501 | ≥708 | $2U_i$+整千伏数 |

试验方法:受试设备在相对湿度为 91%～95%、温度为 40 ℃、48 h 的受潮预处理后,立即从潮湿箱中取出,在电源插头不插入电源、电源开关接通的情况下,在电源插头或电源引入端与外壳或外壳裸露金属部件之间以 200 V/min 的速率逐渐施加试验电压,测试设备的最大输出电流不小于 5 mA,在规定值上保持 1 min,不应出现飞弧和击穿现象,然后平稳地下降到零。如外壳无导电性,则在设备的外壳包一层金属导体,在金属导体与电源引入端间施加试验电压应符合上述要求。

采用开关电源工作的设备,抗电强度用如下方法进行试验:

a) 对于不接地的可触及部件应假定与接地端子或保护接地端子相连接;

b) 对于变压器绕组或其他零部件是浮地的情况,则应假定该变压器或其他零部件与保护接地端

子相连,来获得最高工作电压;

    c)   对于变压器的一个绕组与其他零部件间的绝缘,应采用该绕组任一点与其他零部件之间的最高电压。

### 5.4.4 绝缘电阻

5.4.4.1 安全防范报警设备的电源插头或电源引入端与外壳裸露金属部件之间的绝缘电阻,经相对湿度为 91%～95%、温度为 40 ℃、48 h 的受潮预处理后,加强绝缘的设备不小于 5 MΩ,基本绝缘的设备不小于 2 MΩ,Ⅲ类设备不小于 1 MΩ。

工作电压超过 500 V 的设备,上述绝缘电阻的阻值数应乘以一个系数,该系数等于工作电压除以 500 V。

试验方法:在电源插头不插入电源、电源开关接通的情况下,在电源插头或电源引入端与外壳裸露金属部件之间,施加 500 V(Ⅲ类设备为 100 V)直流电压稳定 5 s 后,立即测量绝缘电阻。如外壳无导电件,则设备的外壳包一层金属导体,测量金属导体与电源引入端间的绝缘电阻。

5.4.4.2 按 GB 8898—2001 中 10.1 的规定进行电涌试验后的绝缘电阻不应小于 2 MΩ。

试验方法:按 GB 8898—2001 中 10.1 的规定进行。

### 5.4.5 保护接地端子

Ⅰ类设备的保护接地端与可触及导电件间应有导电良好的直接连接,其阻值不大于 0.1 Ω。Ⅰ类设备还应具有电源保护接地端子,对于带有可拆卸电源软线的设备,设备插座上的接地端子可以认为是电源保护接地端子。

保护接地电路中不应安装开关或熔断器;保护接地可以是裸露的也可以是绝缘的,如果是绝缘的,则绝缘应是绿色或黄色。与保护接地连接件接触的导电零部件不应由于电化学作用而遭到严重腐蚀。

试验方法:用目测法检查并测量可触及导电件与保护接地端子间的电阻值,测量时电流应为 10 A,通电持续时间为 1 min,用电压表测量两端的压降不应超过 1.0 V。

接地电阻测量时不应包括电源线的保护接地导线的电阻值。

### 5.4.6 泄漏电流

Ⅰ、Ⅱ类设备工作时的泄漏电流应符合表 2 的规定,Ⅲ类设备不做泄漏电流检验。

#### 表 2 漏电流

| 类 别 | | 泄漏电流 $I_1$ | 泄漏电流 $I_2$ | 测量电路 |
|---|---|---|---|---|
| Ⅰ类设备 | 直接连接保护接地端 | AC≤5 mA(P-P)<br>DC≤5 mA | | 按附录 B 中 B.1 连接 |
| | 间接连接保护接地端 | AC≤5 mA(P-P)<br>DC≤5 mA | AC≤0.7 mA(P-P)<br>DC≤0.7 mA | 按附录 B 中 B.2 连接 |
| Ⅱ类设备 | | | AC≤0.7 mA(P-P)<br>DC≤2 mA | 按附录 B 中 B.3 连接 |
| 注:测量电路图见附录 B。 | | | | |

试验方法:受试设备置于绝缘台面上,用 1.1 倍的最高额定电源电压供电,直到温度趋于平衡。测量转换开关与电源开关可任意组合,读取电流表的示数。

### 5.4.7 自动保护

设备工作时可触及部分电压超过 5.4.1 所规定的高压电路,应有自动放电回路,当切断高压时,应在 2 s 内放电至 24 V 以下。

对采用电源插头与电网连接时,应保证在插头从电源插座拔出后,当接触插头的插脚时,不应因电容器贮存的电荷而产生触电危险。

试验方法:设备工作 30 min 后切断高压或拔出电源插头,用数字式秒表测量时间,2 s 立即使用电压表测量该点电压或插头座两脚之间的电压。

### 5.4.8 电源线

Ⅰ类安全防范报警设备的电源线应使用三芯电源线,其中地线应与设备的保护接地端连接牢固。

对电源线不可拆卸的设备,应采用能提供可靠的电气和机械连接,保证引线固定点不会松动,而且供电导线和保护接地线不应直接焊接在印制板的导体上,应采用钎焊、压接或类似的方法。交流电源引线应能承受 20 N 的拉力作用 60 s 而不损伤和松脱。

电源引线最小和最大横截面积要求见表3,对额定电流超过 16 A 时电源引线最小和最大横截面积按照 GB 4943—2001 中表 3D 规定选用。

表 3  电源引线最小和最大横截面积

| 设备的额定消耗电流小于或等于/A | 标称横截面积/mm² |
|---|---|
| 3 | 0.5～0.75 |
| 6 | 0.75～1 |
| 10 | 1～1.5 |
| 16 | 1.5～2.5 |
| 注:额定消耗电流包括能对其他设备提供电源的输出插座所输出的电流。 | |

试验方法:目视检查;横截面积测算;拉力计测量。

### 5.4.9 熔断器

安全防范报警设备应有熔断器或限制输入电流的措施。熔断器熔断时,不应使保护接地断开;熔断器的额定电流应确保到达预定温度时,能安全地切断电路。

试验方法:按 4.3 故障条件进行试验。

### 5.4.10 高压标志

安全防范报警设备内如有接通瞬间的电压大于 1.5 kV、电流大于 2.0 mA 以上的高压,则应在适当位置标明高压符号(见附录 C)并注明数值。

检验方法:目视检查。

## 5.5 防雷击

5.5.1 设备应安装在有防雷保护的范围内,以防止直接雷击。

5.5.2 凡配有天线的设备,室内天线插座与地之间应有 5.1 MΩ 电阻或避雷装置。

5.5.3 在市电电源线,天线馈线,遥控线及连接探头、控制器等长线的引入端,应采取保护措施并有保护接地端。

试验方法:目视检查。并按 GB/T 17626.5—2008 的试验方法进行试验,严酷等级应符合 GB/T 17626.5—2008 规定的 3 级要求。

## 5.6 防过热

### 5.6.1 安全

设备在正常工作条件下应能安全工作,受热后不应起火,点燃时不应蔓延,操作人员接触到可触及件时不应有烫伤的危险。

### 5.6.2 温升

5.6.2.1 可触及零部件的温度不应超过 GB 8898—2001 表 2 中正常工作条件下的规定值。

试验方法:测量时在正常工作条件下,工作 4 h 后用点温度计或任何合适的方法测量表面温度。

5.6.2.2 设备在故障条件下工作时,任何零部件的温度不应产生下列情况:

a) 使设备周围存在着火现象;

b) 设备内产生异常热损害。

试验期间,设备内的任何火焰应在 10 s 内熄灭,焊锡可以软化。

可触及部件的温度不应超过 GB 8898—2001 表 2 中故障条件下的规定值。

试验方法:每项故障试验持续 1 h,如设备有电击、着火或人身危害的迹象,则应继续试验 4 h;用任何合适的方法测量可触及零部件的温度。

### 5.6.3 阻燃

非金属外壳的设备,其外壳应能阻燃。经火焰烧 5 次,每次 5 s,不应烧着起火。

试验方法:采用本生灯或其他燃烧器,燃烧气体为甲烷或天然气,火焰直径 9.5 mm,其中蓝色火焰高度 20 mm,用此火焰对样品烧 5 次(火焰与样品表面的夹角为 45°时烧 3 次,为 90°时烧 2 次)。每次烧 5 s,均不应烧着起火。

### 5.7 防内爆和炸裂

#### 5.7.1 元器件

如果因过热或过载易于引起爆炸的元器件,未装有压力释放装置,则在设备中应当装有保护操作人员的防护装置。

压力释放装置的位置应当确保在卸荷时不会给操作者带来危险,其结构应保证任何压力释放装置不会被阻塞。

试验方法:目视检查。

#### 5.7.2 电池和电池的充电

电池不得由于过度充电、放电或由于电池安装时极性不正确而引起爆炸或出现着火危险。如果有必要,设备中应当提供防护,除非制造厂的说明书规定,该设备只使用具有内部保护的电池。

如果由于装上错误型号的电池(例如:如果规定要装具有内部保护的电池)可能会引起爆炸或着火的危险,则应当在电池舱、安装支架上或旁边标上警告标记,而且还应在制造厂说明书中给出警告语句。

如果设备具有能对可充电电池充电的装置,且如果不可充电电池有可能被安装和连接在电池舱内,则应当在电池舱内或其近旁标上标志。该标志应当给出警告,防止对不可充电电池充电,同时还应当标出能与充电电路一起使用的可充电电池的型号。

电池舱的设计应做到不可能因可燃性气体的积聚而引起爆炸和着火。

试验方法:用目测法检查,包括检查电池数据已确定是否合格,如有必要,在其失效有可能导致这种危险的任何一个元器件上(电池本身除外)进行短路或开路试验。

对预定要由操作人员来更换的电池,试着反极性安装一块电池,应当无危险发生。

### 5.8 防激光辐射

含有激光系统的设备的结构在正常工作条件下和故障条件下应能提供对激光辐射的人身防护。

设备在工作、维护、维修和故障的所有条件下可达发射极限不会超过 GB 7247.1—2001 中 1 类激光产品的可达发射极限;本标准时间基准采用 100 s。

试验方法:根据光源辐射波段,选用相应的辐射照度计、激光功率计,对非通光工作区在人员可能接触的空间各点,测泄露光辐照度值不得超过允许值;对通光工作区,距离设备不小于 100 mm 处测量,如超过时,应采取如下保护措施:

    a) 应有良好的光防护罩,以避免散射光辐射泄露超过允许值;
    b) 应配有发射指示器,以便在工作时发出指示;
    c) 0.5 W 以上激光光源通光口应装有光阀;
    d) 在说明书上提供必要的资料:波长或波长范围,光束直径和发散角,最大平均输出功率,最大光束发射强度,安全使用指导。

试验方法:目视检查。

### 5.9 防电离辐射

设备的结构应能防止电离辐射对人体的伤害。

除另有规定外,距设备外表面5 cm的任何位置的照射量率不超过0.5 mR/h。

试验方法:用辐射计量仪测量。在正常工作状态下,距设备外表面5 cm处,用有效面积为10 cm² 的辐射计量仪测量任何一点的照射量率。

## 5.10　防微波辐射

设备的微波辐射应符合GB 4793.1—2007中12.4的技术要求。

试验方法:参照GB 4793.1—2007中的12.4。

## 5.11　防声压力和超声压力

设备的声压力和超声压力应符合GB 4793.1—2007中12.5的技术要求。

试验方法:参照GB 4793.1—2007中的12.5。

## 5.12　机械安全

### 5.12.1　机械冲击强度试验

对于内部有高压电路的设备,将设备平放,用一直径为50.8 mm(质量540 g)的钢球,从1.3 m的高度垂直自由落下,冲击在外壳表面上;对于内部仅有低压电路的设备,将设备平放,用一直径为50.8 mm(质量540 g)的钢球,从0.5 m的高度垂直自由落下,冲击在外壳表面上,试验后不应产生永久的变形和损坏。

### 5.12.2　振动试验

将设备按正常使用位置固定在振动台上,设备应能承受如下振动条件规定范围内的振动。

振动条件:垂直方向;

幅度:0.35 mm;

扫描频率范围:10 Hz~55 Hz~10 Hz;

轴向数:3;

每个轴向循环扫频次数:3次;

试验时间:每次循环5 min。

### 5.12.3　跌落试验

手持设备应不带外包装从1 m高处落向50 mm厚的硬木板上,不应产生损坏或零件松动。非手持设备按正常使用位置至于光滑坚硬的混凝土或钢表面,然后以一个底边为轴翘起另一个底边的边缘,使翘起的底边的边缘与试验表面的距离为25 mm±2.5 mm或抬到其能够自由落回试验表面的最高点进行跌落,不应产生损坏或零件松动。

<br>

附 录 A

（规范性附录）

铰接式试验指

铰接式试验指见图 A.1 和图 A.2。

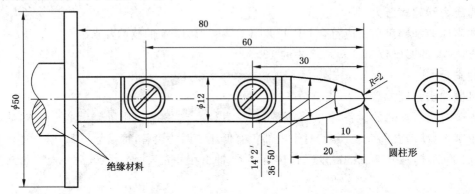

图 A.1

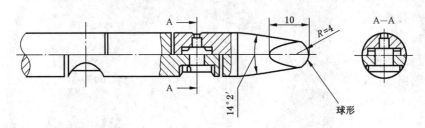

图 A.2

以上图中：

尺寸单位：mm

公差：

　　角度±5′

　　直线尺寸

　　小于 25 mm　 −0.05

　　大于 25 mm　 ±0.2

附　录　B

（规范性附录）

泄漏电流测量装置

**B.1** Ⅰ类设备直接连接保护接地端测量电路见图 B.1。

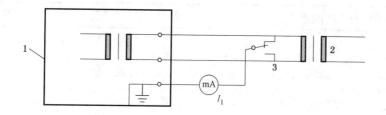

**图 B.1**

**B.2** Ⅰ类设备间接连接保护接地端测量电路见图 B.2。

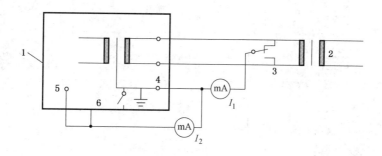

**图 B.2**

**B.3** Ⅱ类设备测量电路见图 B.3。

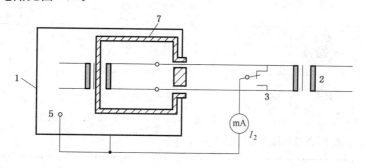

**图 B.3**

以上图中：

1——可触及导电件或缠绕在设备上的金属箔；

2——电网电源；

3——转换开关；

4——保护接地端子；

5——测量接地端子；

6——开关；

7——保护性绝缘。

123

附　录　C

（规范性附录）

安全标志符号

安全标志符号见表C.1。

表 C.1　安全标志符号

| 序号 | 标　志 | 含　义 | 备　注 |
|---|---|---|---|
| 1 | | 警告 | 红色 |
| 2 | — | 直流 | 黑色 |
| 3 | ∼ | 交流 | 黑色 |
| 4 | ≈ | 交直流 | 黑色 |
| 5 | 1A | 1A 保险丝管 | 黑色 |
| 6 | | 保护接地端子 | 黑色 |
| 7 | ⊥ | 测量接地端子 | 黑色 |
| 8 | ⚡ | 高压 | 红色 |
| 9 | | 电离辐射 | 黄色 |
| 10 | | 强光或激光 | 边框符号黑色<br>背底　黄色 |
| 注：上述标志可组合使用,亦可加注文字,如⚡1 kV。 | | | |

ICS 13.310
A 91

# 中华人民共和国国家标准

GB/T 21741—2008

## 住宅小区安全防范系统通用技术要求

General specifications of security and protection system for residential area

2008-05-20 发布

2008-12-01 实施

中华人民共和国国家质量监督检验检疫总局
中国国家标准化管理委员会 发布

# 前　言

本标准由全国安全防范报警系统标准化技术委员会提出并归口。

本标准的起草单位：厦门市万安实业有限公司、厦门立林科技有限公司、上海石先信息科技有限公司、湖北东润科技有限公司、深圳市视得安罗格朗电子股份有限公司、中国建筑标准设计研究院、公安部第一研究所。

本标准主要起草人：杨柱石、杨柱勇、施巨岭、汤光耀、赵嘉斌、张达勇、孙兰。

# 住宅小区安全防范系统通用技术要求

## 1 范围

本标准规定了住宅小区安全防范系统的通用技术要求,是住宅小区安全防范系统设计、施工的基本依据。

本标准适用于新建、改建、扩建的住宅小区安全防范系统。单幢、多幢住宅楼、公寓、别墅群的安全防范系统可参照执行。

## 2 规范性引用文件

下列文件中的条款通过本标准的引用而成为本标准的条款。凡是注日期的引用文件,其随后所有的修改单(不包括勘误的内容)或修订版均不适用于本标准,然而,鼓励根据本标准达成协议的各方研究是否可使用这些文件的最新版本。凡是不注日期的引用文件,其最新版本适用于本标准。

GB/T 7401 彩色电视图像质量主观评价方法

GB 12663 防盗报警控制器通用技术条件

GB 17565 防盗安全门通用技术条件

GB 50303 建筑电气工程施工质量验收规范

GB 50348—2004 安全防范工程技术规范

GB 50394 入侵报警系统工程设计规范

GB 50395 视频安防监控系统工程设计规范

GB 50396—2007 出入口控制系统工程设计规范

GA/T 72 楼寓对讲系统及电控防盗门通用技术条件

GA/T 644 电子巡查系统技术要求

GA/T 669.1 城市监控报警联网系统 技术标准 第一部分:通用技术要求

GA/T 678 联网型可视对讲系统技术要求

## 3 术语和定义

GB 50348—2004 中确立的以及下列术语和定义适用于本标准。

### 3.1

**住宅小区 residential area**

被城市道路或自然分界线围合,并与居住人口规模相适应、配套有能满足该区居民物质与文化生活所需的公共服务设施的居民生活聚集地。又称"居住小区"。

### 3.2

**公共区域 public area**

除私人住宅以外的小区周界包围内的空间区域。

### 3.3

**安防中继箱/中继间 relay box/room of security system**

用于连接安全防范传输的路由和安装安全防范信号传输设备的装置/房间。

### 3.4

**住户安防控制箱 control box of residential security system**

对住户内设置的安全防范终端器进行连接、控制,并与小区监控中心连接的设备。

GB/T 21741—2008

## 4 系统分类与构成

### 4.1 系统分类

住宅小区安全防范系统根据各地区经济发展状况、社会人文状况、小区建设投资规模和安防系统功能、规模以及安全管理要求等因素,分为基本型、提高型、先进型三类。

### 4.2 系统构成

住宅小区安全防范系统一般由周界防护、公共区域安全防范、住户安全防范及小区监控中心(安全管理系统)四部分组成。系统基本架构见图1。

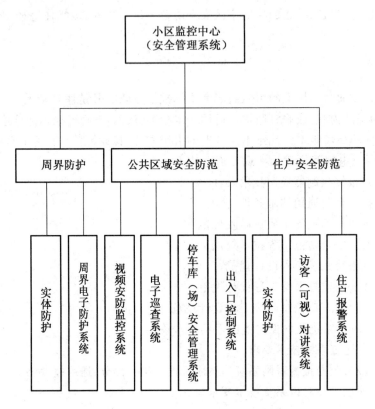

图 1 住宅小区安全防范系统基本架构图

## 5 系统技术要求

### 5.1 基本要求

5.1.1 系统设计应满足住宅小区建设与发展的需要,应以保障居民生命财产安全,推进平安城市建设,构建和谐社区为目标。

5.1.2 系统设计应符合人防、物防、技防相结合的原则。人防的重点是加强小区物业保安队伍的建设和管理;物防的重点是加强周界围墙或栅栏、楼栋口与分户防盗门等实体的防护;人防、物防是小区安全防范建设的基础,技防是小区安全防范建设的发展方向。

5.1.3 住宅小区安全防范系统的设计原则、设计要素、系统传输与布线以及供电、防雷与接地设计应符合 GB 50348—2004 第 3 章的相关规定。

5.1.4 住宅小区安全防范系统的设计宜同所在城市监控报警联网系统的建设相协调、配套;作为社会监控报警接入资源时,其网络接口、性能要求应符合 GA/T 669.1 等相关标准要求。

5.1.5 系统设计应与小区建设统一设计、同步施工,独立验收。

5.1.6 系统设计应采用先进而成熟的技术、可靠而适用的设备。

5.1.7 住宅小区安全防范系统中使用的设备应符合国家法规和现行相关标准的要求,并经法定机构检

128

验或认证合格。

## 5.2 各类安全防范系统的配置要求

住宅小区基本型、提高型、先进型安全防范系统的配置、布防及要求应符合表1。

### 表 1 住宅小区基本型、提高型、先进型安全防范系统配置表

| 系统组成与相关子系统 | | 防范区域 | 配置要求 | | |
|---|---|---|---|---|---|
| | | | 基本型 | 提高型 | 先进型 |
| 周界防护 | 实体防护 | 小区周界 | ● | ● | ● |
| | 周界入侵报警系统 | 小区周界围墙、栅栏等 | ○ | ● | ● |
| 公共区域安全防范 | 视频安防监控系统 | 小区出入口、停车库(场)出入口等 | ● | ● | ● |
| | | 电梯、重要公共场所、自行车集中停放区 | ○ | ● | ● |
| | | 周界、楼栋出入口、停车场区 | △ | ○ | ● |
| | 电子巡查系统 | 住宅楼、重要公共建筑、设备房外围、自行车集中停放区、周界等 | ● | ● | ● |
| | 停车库(场)安全管理系统 | 小区出入口道闸 | ● | ● | ● |
| | | 停车库及其出入口、停车场区 | △ | ○ | ● |
| | 出入口控制系统 | 小区主要出入口 | △ | ○ | ● |
| | | 住宅楼层通道门、重要活动场所、电梯出入等 | △ | △ | ○ |
| 住户安全防范 | 访客(可视)对讲系统 | 楼栋出入口、住户厅(含别墅单元) | ● | ● | ● |
| | | 监控中心或小区出入口门卫 | ○ | ● | ● |
| | 实体防护 | 一层、连通商铺顶住宅、别墅设内置式防护窗/高强度防护玻璃,设分户防盗安全门 | ● | ● | ● |
| | | 紧急报警(求助)装置 | ○ | ● | ● |
| | 住户报警系统 | 一、二层和连通商铺顶住宅或别墅单元的门窗、通道 | ● | ● | ● |
| | | 其他层 | △ | ○ | ● |
| 小区监控中心 | 监控中心 | | ● | ● | ● |
| | 安全管理系统 | | ○ | ● | ● |

注:● 应配置 ○ 宜配置 △ 可配置

## 5.3 周界防护

### 5.3.1 实体防护要求

住宅小区的周界应设置围墙、栅栏等屏障进行封闭式防护。围墙、栅栏的高度不低于1.8 m,栅栏的竖杆间距不应大于15 cm。屏障应不易翻越。

### 5.3.2 周界电子防护系统要求

5.3.2.1 系统配置应符合表1要求。

5.3.2.2 周界入侵报警系统应符合 GB 50394 的规定。

5.3.2.3 周界入侵报警系统应设防应无盲区和死角。

5.3.2.4 防区划分应有利于报警时准确定位。

5.3.2.5 小区监控中心通过显示屏、报警控制主机或电子地图能准确识别报警区域。

5.3.2.6 小区监控中心在收到警情时应能同时发出声光报警信号,并具有记录、储存、打印功能。

5.3.2.7 系统应 24 h 设防。

5.3.2.8 在小区周界设置视频监控系统的,系统应具有联动功能,当周界入侵探测器发出警报信号时,监控中心图像显示装置应能立即自动切换出与报警相关的摄像机图像(晚间报警区域的灯光自动开启)。

5.3.2.9 入侵探测器的选用与安装应充分考虑环境气候、各种干扰因素引起的误报以及对有效探测距离的影响等,宜选用抗干扰能力强的产品。

## 5.4 公共区域安全防范

### 5.4.1 视频安防监控系统要求

5.4.1.1 系统配置应符合表 1 要求。

5.4.1.2 系统应符合 GB 50395 的相关规定。

5.4.1.3 室外应选用动态范围大、具有低照度特性的摄像机和自动光圈镜头,大范围监控宜选用带有云台和变焦镜头的摄像机,并配置室外防护罩。

5.4.1.4 系统应能在小区监控中心显示、记录监控图像,并具有时间、日期、位置等识别符;能自动、手动切换图像,遥控云台、镜头等摄像机辅助设备。

5.4.1.5 设置在出入口的摄像机安装应定向定焦,系统应能清楚地识别出入人员的面部特征和车辆牌号,晚间应采取相应的措施,保证监控图像的有效。

5.4.1.6 电梯轿厢内的摄像机应安装在电梯厢门上方的左或右侧,并能有效监视乘员面部特征,应配置楼层显示器。

5.4.1.7 图像质量要求:在系统正常工作条件下,图像质量主观评价按 GB/T 7401 相关规定,监视图像不低于 4 级要求,回放录像不低于 3 级要求。其余量化指标应符合:

    a) 复合视频信号幅度:    1 V(pp)±3 dB;

    b) 监视图像水平清晰度(黑白:)    ≥400 TVL;

       监视图像水平清晰度(彩色):    ≥270 TVL;

    c) 回放图像水平清晰度 模拟格式:≥220 TVL,数字格式:≥352×288 像素(相当于 CIF);

    d) 灰度等级:    ≥8 级。

5.4.1.8 图像录像保存时间不宜少于 15 d。

5.4.1.9 系统其他功能、性能以及录像方式等要求,应符合建设单位设计任务书和系统安全管理的要求。

### 5.4.2 电子巡查系统要求

5.4.2.1 系统配置应符合表 1 要求。

5.4.2.2 系统应符合 GA/T 644 等相关标准的规定。

5.4.2.3 系统应根据小区安全防范的需要合理选择离线式和在线式两种类型。

5.4.2.4 系统应根据小区安全防范的需要设置巡查点,设定保安人员巡查路线。并对巡查点、巡查路线、时间根据需要进行调整和修改。

5.4.2.5 小区监控中心应具有巡查时间、地点、人员、路线等数据的显示、查询、打印等功能,对保安人员实施有效管理。

### 5.4.3 停车库(场)安全管理系统要求

5.4.3.1 系统配置应符合表 1 要求。

5.4.3.2 系统应符合国家现行相关标准的规定。

5.4.3.3 系统应重点对小区出入口、停车库(场)出入口及其车辆通行道口实施控制、监视、行车信号指示、停车管理及车辆防盗等综合管理。

5.4.3.4 系统安装应符合 GB 50348—2004 第 6 章相关规定。

5.4.3.5 对小区内自行车集中存放区宜封闭管理。

#### 5.4.4 出入口控制系统要求

5.4.4.1 系统配置应符合表 1 要求。

5.4.4.2 系统应符合 GB 50396 的相关规定。

5.4.4.3 根据小区安全防范管理的需要，出入口的控制应按不同的通行对象及其准入级别进行控制与管理。

5.4.4.4 对人员逃生疏散口的出入口控制应符合 GB 50396—2007 第 9.0.1 条第 2 款的相关规定。

### 5.5 住户安全防范

#### 5.5.1 访客(可视)对讲系统要求

5.5.1.1 系统配置应符合表 1 要求。

5.5.1.2 系统应符合 GA/T 72、GA/T 678 等的相关规定。

5.5.1.3 带有住户报警功能的访客(可视)对讲系统，其报警部分应符合 GB 12663 的相关规定。

5.5.1.4 应优先配置联网型访客(可视)对讲系统，实现住宅小区出入口、楼栋口和监控中心、住户之间双向通话；根据安全管理要求，当电控门开启超过设定时间(不超过 120 s)，应向监控中心报警。可视对讲系统图像应清晰，至少能分辨访客的面部特征。

5.5.1.5 对讲系统振铃声应不影响相邻住户，电控防盗门应采用静音处理，不应影响住户的生活。

5.5.1.6 楼栋口进出门电控开锁除由用户分机操作外，应能通过钥匙或感应卡等方式实现。

5.5.1.7 系统的管理主机管理容量不宜大于 500 户，当单机容量大于 500 户或多片区需要联网时，应采取相应技术措施，避免音(视)频信号堵塞。

#### 5.5.2 实体防护要求

5.5.2.1 系统配置应符合表 1 要求。

5.5.2.2 住户防盗安全门应符合 GB 17565 的要求。

5.5.2.3 别墅单元的阳台、门窗以及连通室内的私家车库通道、别墅四周等宜进行实体防护。

#### 5.5.3 住户报警系统要求

5.5.3.1 系统配置应符合表 1 要求。

5.5.3.2 系统应符合 GB 50394 的规定。

5.5.3.3 紧急报警(求助)装置应符合以下要求：

a) 人工启动后能立即发出紧急报警(求助)信号；

b) 应在客厅、主卧室的隐蔽、可靠、便于操作部位安装，宜在卫生间预留安装位置；

c) 具有防误触发措施，触发报警后能自锁，复位需采用人工操作方式。

5.5.3.4 报警控制器除符合 GB 12663 的相关规定外，还应符合以下要求：

a) 应能接收入侵探测器和紧急报警(求助)装置发出的报警及故障信号，具有按时间、区域部位独立布防和撤防、外出与进入延迟的编程和设置等功能；

b) 防区数应满足前端设备设置的需求；

c) 报警控制器与小区监控中心应有联网功能。

5.5.3.5 监控中心报警控制主机(计算机)应符合以下要求：

a) 有编程和联网功能，系统应留有与属地区域性安全防范报警网络的联网接口；

b) 具有显示、存储住户报警控制器发送的报警、布撤防、求助、故障、自检等信息，以及声光报警、打印、统计、巡检、查询和记录报警发生的日期、时间、地点、报警种类等各种信息的功能；

c) 支持多路报警接入，具备同时处理多处或多种类型报警的功能；

d) 有密码操作保护和用户分级管理的功能；

e) 能至少存储 30 d 报警信息；

f) 配置备用电源，备用电源应满足正常工作 8 h；

g) 接警(总线制)响应时间≤2 s。

### 5.6 小区监控中心

#### 5.6.1 监控中心要求

5.6.1.1 监控中心设计应符合 GB 50348—2004 第 3 章的相关规定。

5.6.1.2 根据小区安全防范系统的集成要求,对应各类安全防范系统配置相应的接收、显示、记录、控制、管理等硬件设备和操作管理软件。

5.6.1.3 小区监控中心应具有不少于两种对外有线、无线通信联络手段,具备自身防范(如防盗安全门、内置式防护窗、探测器、紧急报警装置、门禁)和防火等安全措施。

5.6.1.4 具备与城市监控报警联网系统的接入能力与联网接口。

5.6.1.5 选址及环境应符合以下要求:

a) 住宅小区宜独立设置监控中心,位置应远离震动源、噪声源、污染源、电器干扰源和易燃易爆品集中的地方(如住宅小区的锅炉房、配变电站(室)等);

b) 地面应采用防静电材料,吊顶后机房净高应能满足设备安装的要求;

c) 室内温度宜控制在 17℃～27℃,相对湿度宜控制在 30%～65%,工作面照度不低于 300 lx。

5.6.1.6 设备布置应符合以下要求:

a) 各系统设备在机房内的布置应符合"强弱电分排布放、系统设备各自集中、同类型机架集中"的原则;

b) 机柜(架)设备排列与安放应便于维护和操作,装机容量应留有扩展余地,机柜(架)排列和间距应符合 GB 50348—2004 中 3.13 的相关规定。

5.6.1.7 小区监控中心面积不宜小于 20 m²。大型住宅小区应根据设备数量、安装要求、预留空间及值班操作、维修、生活等需求,确定住宅小区监控中心面积。

5.6.1.8 机房布线应符合以下要求:

a) 便于各类管线的引入;

b) 管线宜敷设在吊顶内、地板下或墙内,应采用金属管、金属槽做防护;

c) 地下室的小区监控中心管线引入时应做防水处理;

d) 金属护套电缆引入小区监控中心前,应先作接地后引入;

e) 小区监控中心的缆线应分系统配线整齐,线端应压接线号标识。

5.6.1.9 安全防范系统的供电宜采用集中供电方式。

#### 5.6.2 安全管理系统要求

5.6.2.1 住宅小区安全防范管理系统的集成模式根据系统的集成要求、规模大小和复杂程度可分为分散式、组合式、集成式三种类型,各类安全管理系统的主要区别应符合 GB 50348—2004 中 3.3 要求。

5.6.2.2 住宅小区安全管理系统由多媒体计算机及相应的应用软件构成,实现对系统的管理和监控。

5.6.2.3 系统的应用软件应先进、成熟、稳定,能在人机交互的操作环境下运行;应使用中文图形界面;简化操作。

5.6.2.4 系统发生故障,各子系统应仍能单独运行;某一子系统出现故障,不应影响其他子系统的正常工作。

5.6.2.5 应用软件应至少具有以下功能:

a) 设定操作员的登录名和操作密码,划分操作级别和控制权限等;

b) 以声光和/或文字图形显示系统状况;

c) 能对视频图像的切换、处理、存储、检索和回放,云台、镜头等的预置和遥控。对防护目标的设防与撤防,执行机构及其他设备的控制等;

d) 入侵报警发生时入侵部位、图像和/或声音应自动同时显示,并显示可能的对策或处警预案;

e) 操作员的管理、系统状态的显示等应有记录,需要时能简单快速地检索和/或回放;

f) 可根据管理需要生成和打印各种类型的报表。其中报警报告应包括报警发生的时间、地点、警情类别、操作员、警情响应情况等。

### 5.7 系统安全性、电磁兼容性、可靠性、环境适应性和防雷接地要求

5.7.1 根据小区安全防范与管理要求,系统的安全性、电磁兼容性、可靠性和环境适应性要求设计,应符合 GB 50348—2004 的 3.5～3.8 相关规定。

5.7.2 系统的安全性、电磁兼容性、可靠性和环境适应性要求应由设计、安装、选用设备的技术参数以及对监控中心进行的相关项目检验来保障。

5.7.3 防雷接地与交流工作接地、直流工作接地、安全保护接地共用接地装置时,接地装置的接地电阻值必须按接入设备中要求的最小值确定。

### 5.8 系统管网与配线设备

#### 5.8.1 管网

5.8.1.1 系统管槽、线缆敷设和设备安装,应符合 GB 50303 中的相关规定。

5.8.1.2 住宅小区内的管网宜设置在建筑物内。

#### 5.8.2 配线设备

5.8.2.1 安防中继箱/中继间的设置宜符合下列要求:

    a) 连接室内、外管网和分室内管网的安防中继箱,可分系统配置,也可以和其他系统配合设置;

    b) 安防中继间内应保持干燥,应设置照明、单相三孔电源插座及保护接地线(或接地端子)。安防中继间应便于维修操作并有防撬的实体防护装置;安防中继间可独立设置,也可与电信间、弱电间合用。

    c) 由安防中继箱/中继间至各住宅安防控制箱的管线,多层建筑宜采用暗管敷设,高层建筑宜采用竖间缆线明装在弱电竖井内、水平缆线暗管敷设相结合的方式;

    d) 室外的中继箱/中继间应有防水、防潮、防晒、防破坏等措施。

5.8.2.2 住户安防控制箱的设置宜符合下列要求:

    a) 每户可独立设置,也可与家庭控制箱合用;

    b) 当箱内需要交流电源时,应设置带剩余电流保护的电源端口。

## 6 系统检验、验收与维护保养

### 6.1 系统检验

住宅小区安全防范系统经试运行、初验合格后,应根据 GB 50348—2004 第 7 章要求进行系统检验,并根据建设单位设计任务书的要求和本标准相关条款调整个别检验项目及其内容、要求。

### 6.2 系统验收

住宅小区安全防范系统竣工后,应根据 GB 50348—2004 第 8 章要求进行系统验收。并根据系统建设单位设计任务书的要求和本标准相关条款调整个别验收项目及其内容、要求。

### 6.3 系统维护保养

住宅小区安全防范系统应保持良好的运行状态,应定期进行设备的检查、更换和维护保养。

ICS 13.310
A 91

# 中华人民共和国国家标准

GB/T 29315—2012

## 中小学、幼儿园安全技术防范系统要求

Requirements for security system in
medium and primary school and kindergarten

2012-12-31 发布

2013-06-01 实施

中华人民共和国国家质量监督检验检疫总局
中国国家标准化管理委员会 发布

# 前　言

本标准按照 GB/T 1.1—2009 给出的规则起草。

本标准由中华人民共和国公安部提出。

本标准由全国安全防范报警系统标准化技术委员会(SAC/TC 100)归口。

本标准起草单位:公安部科技信息化局、公安部治安管理局、教育部基础教育一司、北京市公安局、公安部第一研究所、北京富盛星电子有限公司、北京赛尔汇力安全科技有限公司、北京欣卓越技术开发有限责任公司、浙江省公安厅、北京市质量技术监督局、杭州华三通信技术有限公司、浙江金盾楼宇科技工程有限公司。

本标准主要起草人:施巨岭、段建英、周群、李明甫、高任、俞伟跃、娄健、张凤波、屠连生、杨志明、盖田力、蒋乐中、宋国建、张盛、许克。

# 中小学、幼儿园安全技术防范系统要求

## 1 范围

本标准规定了中小学校和幼儿园安全技术防范系统基本要求、重点部位和区域及其防护要求、系统技术要求、保障措施等。

本标准适用于各类中小学、幼儿园(以下统称学校),其他未成年人集中教育培训机构或场所参照执行。

## 2 规范性引用文件

下列文件对于本文件的应用是必不可少的。凡是注日期的引用文件,仅注日期的版本适用于本文件。凡是不注日期的引用文件,其最新版本(包括所有的修改单)适用于本文件。

GB/T 7401 彩色电视图像质量主观评价方法

GB/T 15408—2011 安全防范系统供电技术要求

GB 50348 安全防范工程技术规范

GB 50394 入侵报警系统工程设计规范

GB 50395 视频安防监控系统工程设计规范

GB 50396 出入口控制系统工程设计规范

GA/T 644 电子巡查系统技术要求

GA/T 678 联网型可视对讲系统技术要求

## 3 术语和定义

GB 50348、GB 50394、GB 50395、GB 50396 界定的术语和定义适用于本文件。

## 4 基本要求

4.1 学校安全技术防范系统建设,应符合国家现行相关法律、法规的规定。

4.2 安全技术防范系统建设应统筹规划,坚持人防、物防、技防相结合的原则,以保障学生和教职员工的人身安全为重点。

4.3 学校安全技术防范系统中使用的产品应符合国家现行相关标准的要求,经检验或认证合格,并防止造成对人员的伤害。

4.4 学校安全技术防范系统应留有联网接口。

## 5 防护要求

### 5.1 重点部位和区域

下列部位和区域确定为学校安全技术防范系统的重点部位和区域:

a) 学校大门外一定区域;

b) 学校周界;

c) 学校大门口;

d) 门卫室(传达室);

e) 室外人员集中活动区域;

f) 教学区域主要通道和出入口;

g) 学生宿舍楼(区)主要出入口和值班室;

h) 食堂操作间和储藏室及其出入口、就餐区域;

i) 易燃易爆等危险品储存室、实验室;

j) 贵重物品存放处;

k) 水电气热等设备间;

l) 安防监控室。

注:学校大门外一定区域是指学生上下学时段,校门外人员密集集中的区域。

## 5.2 防护要求

5.2.1 学校大门外一定区域应设置视频监控装置,监视及回放图像应能清晰显示监视区域内学生出入校园、人员活动和治安秩序情况。

5.2.2 学校周界应设置实体屏障,宜设置周界入侵报警装置。

5.2.3 学校大门口应设置视频监控装置,监视及回放图像应能清楚辨别进出人员的体貌特征和进出车辆的车型及车牌号。

5.2.4 学校大门口宜配置隔离装置,用于在学生上学、放学的人流高峰时段,大门内外一定区域内通过隔离装置设置临时隔离区,作为学生接送区。

5.2.5 学校大门口宜设置对学生、教职员工、访客等人员进行身份识别的出入口控制通道装置。

5.2.6 幼儿园大门口宜安装访客可视对讲装置。

5.2.7 学校门卫室(传达室)应设置紧急报警装置。

5.2.8 室外人员集中活动区域(操场等)宜设置视频监控装置,监视及回放图像应能清晰显示监视区域内人员活动情况。

5.2.9 教学区域内学生集中出入的主要通道和出入口宜设置视频监控装置。

5.2.10 学生宿舍楼(区)的出入口应设置视频监控装置,监视及回放图像应清楚辨别进出人员的体貌特征;可设置出入口控制装置。

5.2.11 学生宿舍楼(区)的值班室应设置紧急报警装置。

5.2.12 食堂操作间和储藏室的出入口应设置视频监控装置,操作间、储藏室和就餐区域宜设置视频监控装置,监视及回放图像应能辨别人员活动情况。

5.2.13 易燃易爆等危险品储存室、实验室应有实体防护措施,应设置入侵报警装置,宜设置视频监控装置。

5.2.14 贵重物品存放处(财务室等)应有实体防护措施,应设置入侵报警装置,宜设置视频监控装置。

5.2.15 水电气热等设备间(配电室、锅炉房、水泵房等)应有实体防护措施,宜设置入侵报警装置。

5.2.16 安防监控室应有实体防护措施,应设置紧急报警装置,并配置通讯工具;应设置广播装置接入校园广播系统,用于突发事件时的人员疏散及应急指挥;宜设置视频监控装置。

5.2.17 重点部位和区域宜设置电子巡查装置。

5.2.18 其他部位和区域根据实际需要设置相应防范措施。

## 5.3 设施配置要求

学校重点部位和区域安全技术防范设施配置要求见附录A。

## 6 系统技术要求

### 6.1 计时校时要求

学校安全技术防范系统中具有计时功能的设备与北京时间的偏差应保持不大于 20 s。

### 6.2 入侵报警系统

6.2.1 入侵报警系统应满足 GB 50394 的相关要求。

6.2.2 入侵探测器、紧急报警装置发出的报警信号应传送至安防监控室,紧急报警装置应与属地接警中心联网。

6.2.3 入侵报警系统布防、撤防、报警、故障等信息的保存时间应不少于 30 d。

6.2.4 入侵报警系统宜与视频监控系统联动。

### 6.3 视频监控系统

6.3.1 视频监控系统应满足 GB 50395 的相关要求。

6.3.2 视频图像应传送至安防监控室,宜与上级监控中心联网。

6.3.3 视频监视图像分辨率应不低于 380 TVL,回放图像分辨率应不低于 240 TVL;数字视频格式分辨率应不低于 352 * 288 像素。

6.3.4 视频图像质量按照 GB/T 7401 按主观评价,采用五级损伤制评价,评价结果应不低于 4 级。回放图像应保证人员和物体的标志性特征可辨识。

6.3.5 视频图像应实时记录,保存时间应不少于 30 d。

### 6.4 出入口控制系统

6.4.1 出入口控制系统应符合 GB 50396 的相关要求。

6.4.2 出入口控制事件记录保存时间应不少于 180 d。

6.4.3 出入口控制系统宜与视频监控系统联动,在事件查询的同时,能回放与该出入口相关联的视频图像。

6.4.4 出入口控制系统应满足人员逃生时的相关要求,当需要紧急疏散时,各闭锁通道应开启,保障人员迅速安全通过。

### 6.5 访客可视对讲系统

访客可视对讲系统应满足 GA/T 678 的相关要求。

### 6.6 电子巡查系统

电子巡查系统应符合 GA/T 644 的相关要求。

### 6.7 供电、防雷和接地

6.7.1 安全技术防范系统的供电应符合 GB/T 15408—2011 的相关要求。

6.7.2 安全技术防范系统主电源应从学校主配电室通过独立回路直接接入。

6.7.3 入侵报警系统和视频监控系统宜采用集中供电方式,并根据实际情况配置备用电源。主备电源应能不间断切换。

6.7.4 备用电源应在断电后保证入侵报警系统正常工作不少于 8 h,保证视频监控系统的摄像机、录像设备和主要控制显示设备正常工作不少于 1 h,保证出入口控制系统在主要出入口的电控装置正常开启不少于 24 h。

6.7.5 安全技术防范系统的防雷接地应符合 GB 50348 的相关要求。

## 6.8 安防监控室

学校宜设置独立的安防监控室,对安全技术防范系统进行统一管理。

## 7 保障措施

7.1 学校安全技术防范系统建设完工后应进行验收,并建立运行维护保障的长效机制,应设专人负责系统日常管理工作并制定应急处置预案。

7.2 安防监控室应保证有人员值班,值班人员应培训上岗,掌握系统运行维护的基本技能。

7.3 学校安全技术防范系统出现故障时,应在 24 h 内恢复功能,在系统恢复前应采取有效的应急防范措施。

附　录　A

（规范性附录）

学校重点部位和区域安全技术防范设施配置要求

表 A.1 列出了学校的重点部位和区域以及需要配置的安全防范设施。

表 A.1　学校重点部位和区域安全技术防范设施配置表

| 序号 | 重点部位和区域 | 技防设施 | 配置要求 |
|---|---|---|---|
| 1 | 学校大门外一定区域 | 视频监控装置 | 应 |
| 2 | 学校周界 | 实体屏障 | 应 |
| | | 入侵报警装置 | 宜 |
| 3 | 学校大门口 | 视频监控装置 | 应 |
| | | 隔离装置 | 宜 |
| | | 出入口控制通道装置 | 宜 |
| | 幼儿园大门口 | 访客可视对讲装置 | 宜 |
| 4 | 门卫室（传达室） | 紧急报警装置 | 应 |
| 5 | 室外人员集中活动区域 | 视频监控装置 | 宜 |
| 6 | 教学区域主要通道和出入口 | 视频监控装置 | 宜 |
| 7 | 学生宿舍楼（区）主要出入口 | 视频监控装置 | 应 |
| | | 出入口控制装置 | 可 |
| | 学生宿舍楼（区）值班室 | 紧急报警装置 | 应 |
| 8 | 食堂操作间和储藏室的出入口 | 视频监控装置 | 应 |
| | 食堂操作间、储藏室和就餐区域 | 视频监控装置 | 宜 |
| 9 | 易燃易爆等危险品储存室、实验室 | 实体防护措施 | 应 |
| | | 入侵报警装置 | 应 |
| | | 视频监控装置 | 宜 |
| 10 | 贵重物品存放处 | 实体防护措施 | 应 |
| | | 入侵报警装置 | 应 |
| | | 视频监控装置 | 宜 |
| 11 | 水电气热等设备间 | 实体防护措施 | 应 |
| | | 入侵报警装置 | 宜 |
| 12 | 安防监控室 | 实体防护措施 | 应 |
| | | 紧急报警装置 | 应 |
| | | 通讯工具 | 应 |
| | | 广播装置 | 应 |
| | | 视频监控装置 | 宜 |
| 13 | 重点部位和区域 | 电子巡查装置 | 宜 |

ICS 13.310
A 91

# 中华人民共和国国家标准

GB/T 31068—2014

# 普通高等学校安全技术防范系统要求

Requirements for security systems in regular higher education institutions

2014-12-22 发布

2015-06-01 实施

中华人民共和国国家质量监督检验检疫总局
中国国家标准化管理委员会　发布

# 前　言

本标准按照 GB/T 1.1—2009 给出的规则起草。

本标准由中华人民共和国公安部提出。

本标准由全国安全防范报警系统标准化技术委员会(SAC/TC 100)归口。

本标准主要起草单位:公安部第一研究所、北京市公安局、浙江省公安厅、上海三盾智能系统有限公司、北京赛尔汇力安全科技有限公司、上海天跃科技股份有限公司、上海广拓信息技术有限公司。

本标准主要起草人:沈伟斌、施巨岭、段建英、周群、蒋乐中、彭华、张凤波、王雷、杨志明、盖田力。

# 普通高等学校安全技术防范系统要求

## 1 范围

本标准规定了普通高等学校安全技术防范系统的基本要求、防护要求、系统技术要求和检验、验收、维护要求。

本标准适用于按照国家规定的设置标准和审批程序批准设立的全日制普通高等学校(含民办,以下统称学校)新建、改建、扩建的安全技术防范系统。其他高等教育机构(学校)可参照执行。

## 2 规范性引用文件

下列文件对于本文件的应用是必不可少的。凡是注日期的引用文件,仅注日期的版本适用于本文件。凡是不注日期的引用文件,其最新版本(包括所有的修改单)适用于本文件。

GB/T 15408  安全防范系统供电技术要求

GB/T 28181  安全防范视频监控联网系统信息传输、交换、控制技术要求

GB 50198  民用闭路监视电视系统工程技术规范

GB 50348  安全防范工程技术规范

GB 50394  入侵报警系统工程设计规范

GB 50395  视频安防监控系统工程设计规范

GB 50396  出入口控制系统工程设计规范

GA/T 644  电子巡查系统技术要求

## 3 术语和定义

GB 50348 中界定的术语和定义适用于本文件。

## 4 基本要求

4.1  学校安全技术防范系统建设应纳入学校总体建设规划,应综合设计、同步实施、独立验收。

4.2  学校安全技术防范系统设计应遵循技防、物防、人防相结合的原则,充分考虑学校自身特点和防护对象的重要程度,采用相应的防护措施,构建技术先进、经济合理、实用可靠的安全技术防范系统。

4.3  学校安全技术防范系统联网宜采用专用网络。利用校园网作为传输网络时,应保证信息传输的安全。

4.4  学校安全技术防范视频监控系统联网应符合 GB/T 28181 的相关要求。

4.5  学校安全技术防范系统中使用的产品和设备应符合国家现行相关标准的要求,并经法定机构检验或认证合格。

4.6  学校应有针对安全技术防范系统信息保密和保护人员隐私的措施。

4.7  校园内其他行业的营业机构或场所的安全技术防范系统建设应符合国家现行相关标准的规定。

## 5 防护要求

### 5.1 重点要害部位

下列部位确定为学校安全技术防范系统的重点要害部位：
a) 承担涉及国家机密项目(课题)的研究机构场所；
b) 机要室、档案馆、国家实验室、国家重点实验室、高价值教学与科研设备存放场所；
c) 核、生、化、爆等实验室及危险品生产、使用、储藏场所；
d) 管制物品、贵重物品集中存放或生产、制作及销毁场所；
e) 财务中心、资金结算中心场所；
f) 信息中心、监控中心、有线广播(电视)中心机房及校园网络中心机房；
g) 燃气站、水泵站、变电站；
h) 其他自行确定的重点要害部位。

### 5.2 重点公共区域

下列区域确定为学校安全技术防范系统的重点公共区域：
a) 校园周界、校园出入口、校园主干道交叉口；
b) 图书馆和办公、教学、科研场所；
c) 校园制高点、中心广场、体育场馆、会议中心、学生活动中心等大型活动场所；
d) 学校医院、食堂、宿舍、宾馆、招待所等场所；
e) 机动车停车库(场)、非机动车集中存放场所；
f) 其他自行确定的重点公共区域。

### 5.3 防护要求

5.3.1 重点要害部位的出入口,应安装视频监控装置。燃气站、水泵站、变电站的出入口宜安装出入口控制装置,其他重点要害部位的出入口应安装出入口控制装置。

5.3.2 燃气站、水泵站、变电站的内部,宜安装视频监控装置,其他重点要害部位内部应安装视频监控装置。

5.3.3 监控中心内部、财务中心和资金结算中心的现金柜台,应安装紧急报警装置。

5.3.4 除监控中心外的其他重点要害部位内部,应安装入侵探测装置。

5.3.5 重点要害部位的周边应安装电子巡查装置。

5.3.6 重点要害部位安全技术防范系统建设有其他现行标准的,应同时遵照执行。

5.3.7 校园出入口应安装视频监控装置；校园周界(围墙、栅栏等)宜安装入侵探测装置、视频监控装置和电子巡查装置。

5.3.8 校园主干道的交叉口应安装视频监控装置。

5.3.9 图书馆和办公、教学、科研场所的出入口应安装视频监控装置；主通道、楼梯口和电梯轿厢宜安装视频监控装置；门卫室宜安装紧急报警装置；办公室宜安装出入口控制装置；周边宜安装电子巡查装置。

5.3.10 校园制高点及其出入口、中心广场、体育场应安装视频监控装置。校园制高点及其出入口应采取封闭管理措施。

5.3.11 体育馆、会议中心、学生活动中心的出入口应安装视频监控装置；内部宜安装视频监控装置。

5.3.12 校医院门、急诊部的出入口及内部重点区域应安装视频监控装置。

5.3.13 食堂膳食厅、储藏间及操作间出入口应安装视频监控装置；内部宜安装视频监控装置。

5.3.14 宿舍的出入口应安装视频监控装置,宜安装出入口控制装置;主通道、楼梯口和电梯轿厢宜安装视频监控装置;门卫室宜安装紧急报警装置;周边宜安装电子巡查装置。

5.3.15 学校宾馆和招待所的出入口、客房通道、楼梯口、电梯轿厢应安装视频监控装置。

5.3.16 机动车停车库(场)的出入口和内部应安装视频监控装置;非机动车集中存放场所宜安装视频监控装置。

5.3.17 视频监控系统针对出入口部位的回放图像应能清晰辨别进出人员的面部特征和机动车号牌,其他部位和区域的回放图像应能辨别监控区域内人员的基本体貌特征;较大公共区域安装的摄像机宜具有镜头变焦、云台控制功能,实现多角度、全方位监控,回放图像应能辨别监控区域内人员的活动情况。

5.3.18 摄像机安装应考虑环境光照因素对监视图像的影响,应选用适应环境照度要求的摄像机或采取相应的补光措施。

5.3.19 学校重点要害部位安全技术防范设施配置表,见附录A的A.1。

5.3.20 学校重点公共区域安全技术防范设施配置表,见附录A的A.2。

## 6 系统技术要求

### 6.1 入侵报警系统

6.1.1 系统应具有与视频监控系统、出入口控制系统联动的功能。

6.1.2 系统布防、撤防、报警、故障等信息的存储应大于或等于 30 d。

6.1.3 系统其他要求应符合 GB 50394 的相关规定。

### 6.2 视频监控系统

6.2.1 系统应具有报警联动功能,报警信息与图像联动响应时间应小于或等于 4 s。

6.2.2 当报警发生时,系统应能进行图像复核,并可设置报警预录功能,记录报警触发前图像信息,预录时间大于或等于 5 s。

6.2.3 监视图像水平分辨力应大于或等于 400 TVL,监视图像分辨率应大于或等于 704×576,信噪比应大于或等于 35 dB;单路监视图像显示基本帧率应大于或等于 25 fps;回放图像水平分辨力应大于或等于 300 TVL,回放图像帧率应大于或等于 25 fps;监视图像质量主观评价按 GB 50198 的五级损伤制评价,应大于或等于 4 级要求,回放图像质量主观评价应大于或等于 3 级要求。

6.2.4 视频图像保存时间应大于或等于 30 d,经复核后的报警视频图像应长期保存,重要视频图像宜备份存储。

6.2.5 系统其他要求应符合 GB 50395 的相关规定。

### 6.3 出入口控制系统

6.3.1 系统应满足紧急逃生时人员疏散的相关要求。当通向疏散通道方向为防护面时,系统应与火灾报警系统及其他紧急疏散系统联动,当发生火警或需紧急疏散时,人员不使用钥匙应能迅速安全通过。

6.3.2 系统应对不同进出对象进行权限管理,控制人员进出相关重点部位和区域。

6.3.3 系统应具有对时间、地点、人员等信息的显示、记录、查询、打印等功能,记录存储时间应大于或等于 180 d。

6.3.4 系统其他要求应符合 GB 50396 的相关规定。

### 6.4 电子巡查系统

6.4.1 电子巡查系统应能查阅、打印各巡查人员的到位时间,应具有对巡查时间、地点、人员和顺序等数据的显示、归档、查询和打印等功能。

6.4.2 采集装置在更换电池或掉电时,所存储的巡查信息不应丢失。

6.4.3 采集装置或识读装置的识读响应时间应小于或等于1 s。

6.4.4 采集装置存贮的巡查信息应大于或等于4 000条。

6.4.5 巡查信息在管理中心的存储时间应大于或等于30 d。

6.4.6 系统其他要求应符合GA/T 644的相关规定。

## 6.5 管理平台

6.5.1 安全技术防范系统应通过管理平台实现入侵报警、视频监控、出入口控制等子系统的综合应用管理,管理平台的故障不应影响各安防子系统的独立运行。

6.5.2 管理平台应具有电子地图、信息共享、系统联动、预案设置、权限分配、系统管理等功能。

## 6.6 监控中心

6.6.1 学校应建立集中管理的监控中心,可根据实际需要设立分控中心。监控中心和分控中心应有保证自身安全的防护措施和进行内外联络的通讯手段。

6.6.2 有多个校区的学校,各校区应分别建立监控中心,宜通过管理平台与集中管理的监控中心联网。

6.6.3 监控中心应具有向上级管理部门(含公安机关)联网的接口。

6.6.4 监控中心内,设备间与值守操作区宜分开设置。

6.6.5 监控中心其他要求应符合GB 50348的相关规定。

## 6.7 计时校时要求

学校安全技术防范系统中具有计时功能的设备与北京时间的偏差应小于或等于5 s。

## 6.8 系统供电

6.8.1 学校安全技术防范系统供电应根据实际情况配置备用电源,备用电源应保证入侵报警系统正常工作时间大于或等于8 h,保证视频监控系统的摄像机、录像设备和主要控制显示设备正常工作时间大于或等于1 h,保证出入口控制系统正常工作时间大于或等于8 h。

6.8.2 学校安全技术防范系统其他供电要求应符合GB/T 15408相关规定。

## 7 检验、验收、维护要求

7.1 安全技术防范系统竣工后,应按GB 50348的有关规定进行系统检验和验收。

7.2 学校应建立安全技术防范系统运行维护保障的长效机制,制定突发事件应急处置预案。

7.3 学校应定期对安全技术防范系统进行维护、保养,保持系统良好的运行状态。

7.4 学校应根据安全技术防范系统运行情况和安全防范工作需要,对系统进行必要的升级改造,使系统持续发挥应有的安全防范效能。

7.5 学校应设专人负责安全技术防范系统日常管理工作。监控中心应保证有人值班,值班人员应培训上岗,掌握系统运行、维护的基本技能。

7.6 安全技术防范系统出现故障后,应在48 h内修复,在系统恢复前应采取有效的应急防范措施。

# 附　录　A

（规范性附录）

## 学校重点要害部位和公共区域安全技术防范设施配置

A.1　学校重点要害部位安全技术防范设施配置见表 A.1。

表 A.1　学校重点要害部位安全技术防范设施配置表

| 序号 | 重点要害部位 | | 技防设施 | 配置要求 |
|---|---|---|---|---|
| 1 | 承担涉及国家机密项目（课题）的研究机构场所；<br>机要室、档案室、国家实验室、国家重点实验室、高价值教学与科研设备存放场所；<br>核、生、化、爆等实验室及危险品生产、使用、储藏场所；<br>管制物品、贵重物品集中存放或生产、制作及销毁场所 | 出入口 | 视频监控装置 | 应 |
| | | | 出入口控制装置 | 应 |
| | | 内部 | 视频监控装置 | 应 |
| | | | 入侵探测装置 | 应 |
| | | 周边 | 电子巡查装置 | 应 |
| 2 | 财务中心、资金结算中心 | 出入口 | 视频监控装置 | 应 |
| | | | 出入口控制装置 | 应 |
| | | 内部 | 视频监控装置 | 应 |
| | | | 入侵探测装置 | 应 |
| | | 现金柜台 | 紧急报警装置 | 应 |
| | | 周边 | 电子巡查装置 | 应 |
| 3 | 信息中心、有线广播（电视）中心机房及校园网络中心机房 | 出入口 | 视频监控装置 | 应 |
| | | | 出入口控制装置 | 应 |
| | | 内部 | 视频监控装置 | 应 |
| | | | 入侵探测装置 | 应 |
| | | 周边 | 电子巡查装置 | 应 |
| 4 | 监控中心 | 出入口 | 视频监控装置 | 应 |
| | | | 出入口控制装置 | 应 |
| | | 内部 | 视频监控装置 | 应 |
| | | | 紧急报警装置 | 应 |
| | | 周边 | 电子巡查装置 | 应 |
| 5 | 燃气站、水泵站、变电站 | 出入口 | 视频监控装置 | 应 |
| | | | 出入口控制装置 | 宜 |
| | | 内部 | 视频监控装置 | 宜 |
| | | | 入侵探测装置 | 应 |
| | | 周边 | 电子巡查装置 | 应 |

A.2　学校重点公共区域安全技术防范设施配置见表 A.2。

表 A.2 学校重点公共区域安全技术防范设施配置表

| 序号 | 重点公共区域 | | 技防设施 | 配置要求 |
|---|---|---|---|---|
| 1 | 校园周界 | 出入口 | 视频监控装置 | 应 |
| | | 围墙、栅栏等 | 视频监控装置 | 宜 |
| | | | 入侵探测装置 | 宜 |
| | | | 电子巡查装置 | 宜 |
| 2 | 校园主干道 | 交叉口 | 视频监控装置 | 应 |
| 3 | 图书馆和办公、教学、科研场所 | 出入口 | 视频监控装置 | 应 |
| | | 主通道、楼梯口和电梯轿厢 | 视频监控装置 | 宜 |
| | | 门卫室 | 紧急报警装置 | 宜 |
| | | 办公室 | 出入口控制装置 | 宜 |
| | | 周边 | 电子巡查装置 | 宜 |
| 4 | 校园制高点及其出入口、中心广场、体育场 | | 视频监控装置 | 应 |
| 5 | 体育馆、会议中心、学生活动中心 | 出入口 | 视频监控装置 | 应 |
| | | 内部 | 视频监控装置 | 宜 |
| 6 | 校医院门、急诊部 | 出入口 | 视频监控装置 | 应 |
| | | 内部 | 视频监控装置 | 应 |
| 7 | 食堂膳食厅、储藏间及操作间 | 出入口 | 视频监控装置 | 应 |
| | | 内部 | 视频监控装置 | 宜 |
| 8 | 宿舍 | 出入口 | 视频监控装置 | 应 |
| | | | 出入口控制装置 | 宜 |
| | | 主通道、楼梯口和电梯轿厢 | 视频监控装置 | 宜 |
| | | 门卫室 | 紧急报警装置 | 宜 |
| | | 周边 | 电子巡查装置 | 宜 |
| 9 | 学校宾馆、招待所 | 出入口 | 视频监控装置 | 应 |
| | | 客房通道、楼梯口、电梯轿厢 | 视频监控装置 | 应 |
| 10 | 机动车停车库（场） | 出入口 | 视频监控装置 | 应 |
| | | 内部 | | |
| 11 | 非机动车集中存放场所 | | 视频监控装置 | 宜 |

ICS 13.310
A 91

# 中华人民共和国国家标准

GB/T 31458—2015

# 医院安全技术防范系统要求

Technical requirements for security systems of hospital

2015-05-15 发布　　　　　　　　　　　　　2015-12-01 实施

中华人民共和国国家质量监督检验检疫总局
中国国家标准化管理委员会　发布

# 前　言

本标准按照 GB/T 1.1—2009 给出的规则起草。

本标准由中华人民共和国公安部提出。

本标准由全国安全防范报警系统标准化技术委员会(SAC/TC 100)归口。

本标准起草单位：北京市公安局、公安部第一研究所、广东省公安厅、北京声迅电子股份有限公司、北京明望杰富仕智能系统工程有限公司、英格索兰安防技术研究院。

本标准主要起草人：段建英、施巨岭、周群、聂蓉、季景林、盖田力、杨志明、董刚、王华、黄伟群。

# 医院安全技术防范系统要求

## 1 范围

本标准规定了医院安全技术防范系统的基本要求、防护对象及防护要求、系统技术要求和检验、验收、运行、维护要求。

本标准适用于二级（含）以上医院（包括综合医院、中医医院、中西医结合医院、民族医院、专科医院、康复医院、妇幼保健院等）新建、改建和扩建的安全技术防范系统。疾控中心、急救中心等其他医疗机构参照执行。

## 2 规范性引用文件

下列文件对于本文件的应用是必不可少的。凡是注日期的引用文件，仅注日期的版本适用于本文件。凡是不注日期的引用文件，其最新版本（包括所有的修改单）适用于本文件。

GB/T 15408　安全防范系统供电技术要求

GB/T 25724　安全防范监控数字视音频编解码技术要求

GB/T 28181　安全防范视频监控联网系统信息传输、交换、控制技术要求

GB 50198—2011　民用闭路监视电视系统工程技术规范

GB 50348　安全防范工程技术规范

GB 50394　入侵报警系统工程设计规范

GB 50395　视频安防监控系统工程设计规范

GB 50396　出入口控制系统工程设计规范

GA/T 75　安全防范工程程序与要求

GA/T 644　电子巡查系统技术要求

GA/T 761　停车库（场）安全管理系统技术要求

GA 1002　剧毒化学品、放射源存放场所治安防范要求

GA 1081　安全防范系统维护保养规范

## 3 术语和定义

GB 50348 界定的术语和定义适用于本文件。

## 4 基本要求

4.1 医院安全技术防范系统建设应纳入医院总体建设规划，应综合设计、同步实施、独立验收。建设的程序应符合 GA/T 75 的相关规定。

4.2 医院安全技术防范系统设计应符合 GB 50348 的相关要求，应遵循人防、物防、技防相结合的原则，充分考虑医院自身特点和防护对象的重要程度，采用相应的防护措施，构建实用可靠、技术成熟、经济合理的安全技术防范系统。

4.3 医院安全技术防范系统中使用的产品和设备应符合国家现行相关标准的规定,并经法定机构检验或认证合格。

4.4 医院应有对安全技术防范系统中的信息进行保密的措施。

4.5 医院内其他行业的营业机构或场所的安全技术防范系统建设应符合国家现行相关标准的规定。

## 5 防护对象及防护要求

### 5.1 重点部位

下列部位确定为医院安全技术防范的重点部位:

a) 实验室、化验室、手术室、重症监护室、放疗室、隔离病房;

b) 致病微生物、血液、"毒、麻、精、放"等管制药(物)品、易燃易爆物品、贵重金属等存储场所;

c) 收费处、财务室;

d) 运钞交接区域及路线;

e) 儿童住院区、新生儿住院区;

f) 医患纠纷投诉、调解场所;

g) 药房、药库;

h) 膳食加工操作间;

i) 计算机中心、档案室(含病案室);

j) 大中型医疗设备存放场所;

k) 供水、供电、供气(含医用气体)、供热、供氧等设备间;

l) 医疗废物集中存放场所;

m) 安防监控中心;

n) 其他自行确定的重点部位。

### 5.2 重点公共区域

下列区域确定为医院安全技术防范的重点公共区域:

a) 医院周界;

b) 医院室外主要通道、人员密集区域;

c) 门诊部、急诊部、隔离门诊部、住院部;

d) 挂号处;

e) 行政办公区域;

f) 电梯轿厢内和各楼层电梯厅、自动扶梯区域;

g) 太平间门外区域;

h) 机动车停车库(场);

i) 非机动车集中存放处;

j) 其他自行确定的重点公共区域。

### 5.3 防护要求

5.3.1 实验室、化验室、手术室、重症监护室、放疗室、隔离病房的出入口应安装出入口控制装置和视频监控装置,对人员进出实施管理和监控;其周边应安装电子巡查装置。

5.3.2 致病微生物、血液、"毒、麻、精、放"等管制药(物)品、易燃易爆物品、贵重金属等存储场所的出入口应安装出入口控制装置和视频监控装置;其外部主要通道应安装视频监控装置;其内部应安装入侵报警装置和视频监控装置;其周边应安装电子巡查装置。剧毒化学品和放射性物品存储场所的防护要求还应符合 GA 1002 的相关规定。

5.3.3 收费处、财务室的出入口应安装出入口控制装置和视频监控装置;其外部主要通道应安装视频监控装置;其内部应安装入侵报警装置、视频监控装置、紧急报警装置和与安防监控中心的对讲装置;其周边应安装电子巡查装置。收费窗口应安装视频监控装置、紧急报警装置和与安防监控中心的对讲装置。

5.3.4 运钞交接区域及路线应安装视频监控装置,对运钞交接全过程进行监控、记录,回放图像应能辨识运钞交接期间的人员活动情况和基本体貌特征。

5.3.5 儿童住院区、新生儿住院区的出入口应安装双向出入口控制装置和视频监控装置,对人员进出实施双向管理和监控;其周边应安装电子巡查装置。新生婴儿室应安装视频监控装置。

5.3.6 医患纠纷投诉、调解场所应安装视频监控装置和声音采集装置,对医患纠纷调解过程进行监控和视音频同步记录,并设置提示标志;该场所还应安装紧急报警装置和与安防监控中心的对讲装置,用于紧急情况下的求助和报警。

5.3.7 药房和药库的出入口应安装出入口控制装置和视频监控装置;其外部主要通道应安装视频监控装置;其周边应安装电子巡查装置。取药窗口应安装视频监控装置。

5.3.8 膳食加工操作间的出入口应安装视频监控装置,宜安装出入口控制装置;其内部宜安装视频监控装置。

5.3.9 计算机中心、档案室(含病案室)的出入口应安装出入口控制装置和视频监控装置;其外部主要通道应安装视频监控装置;其内部应安装入侵报警装置和视频监控装置;其周边应安装电子巡查装置。

5.3.10 大中型医疗设备存放场所的出入口应安装出入口控制装置和视频监控装置;其外部主要通道应安装视频监控装置;其周边应安装电子巡查装置。

5.3.11 供水、供电、供气(含医用气体)、供热、供氧等设备间的出入口和外部主要通道应安装视频监控装置;其内部应安装入侵报警装置和视频监控装置;其周边应安装电子巡查装置。

5.3.12 医疗废物集中存放场所的出入口应安装视频监控装置,宜安装出入口控制装置。

5.3.13 安防监控中心的出入口应安装出入口控制装置和视频监控装置;其外部主要通道应安装视频监控装置;其内部应安装紧急报警装置和视频监控装置。安防监控中心的紧急报警装置应与当地公安机关联网。

5.3.14 医院出入口应安装视频监控装置和电子巡查装置,视频监控装置的回放图像应能辨别进出人员的体貌特征和机动车号牌;医院门卫室应安装紧急报警装置和与安防监控中心的对讲装置;医院围墙、栅栏等周界宜安装视频监控装置。

5.3.15 医院室外主要通道和人员密集区域应安装视频监控装置。

5.3.16 门诊部、急诊部、隔离门诊部、住院部的主出入口、楼道、通往楼顶的出入口、各楼层对外出入口、候诊区、分诊台、护士站应安装视频监控装置;分诊台、护士站、门(急)诊室应安装紧急报警装置和与安防监控中心的对讲装置;候诊区、分诊台、护士站等人员密集场所应安装电子巡查装置。门诊部、急诊部、隔离门诊部、住院部的主出入口可安装安全检查设备,且视频监控装置应监控和记录安全检查全过程。

5.3.17 挂号处应安装视频监控装置。

5.3.18 行政办公区域的出入口应安装视频监控装置,宜安装出入口控制装置。

5.3.19 医院电梯轿厢内和各楼层电梯厅、自动扶梯区域应安装视频监控装置。

5.3.20 太平间门外区域应安装视频监控装置。

5.3.21 机动车停车库(场)应安装停车库(场)安全管理系统,其出入口和内部应安装视频监控装置,对车辆通行状况进行监控;停车库(场)内应安装电子巡查装置。

5.3.22 非机动车集中存放处宜安装视频监控装置。

5.3.23 视频监控系统中室内出入口部位的回放图像应能清晰辨别进出人员的面部特征,室内区域的回放图像应能辨别监控区域内人员的基本体貌特征和活动情况,室外公共区域的回放图像应能辨别监控区域内人员的活动情况。收费、取药窗口的回放图像应能清晰显示收费、取药的全过程,且收费时不应看到操作密码。

5.3.24 摄像机安装应考虑环境光照因素对监视图像的影响,应选用适应环境照度要求的摄像机或采取相应的措施。

5.3.25 医院重点部位的安全技术防范设施配置见附录 A 中的表 A.1。

5.3.26 医院重点公共区域的安全技术防范设施配置见附录 A 中的表 A.2。

## 6 系统技术要求

### 6.1 入侵报警系统

6.1.1 医院的紧急报警装置和入侵报警装置被触发后,应在安防监控中心产生声光报警提示并启动报警处置预案。

6.1.2 入侵报警系统应具有与视频监控系统、出入口控制系统联动的功能。

6.1.3 入侵报警系统布防、撤防、报警、故障等信息的存储时间应大于或等于 30 d。

6.1.4 探测器类型应与现场环境相适应。

6.1.5 入侵报警系统其他要求应符合 GB 50394 的相关规定。

### 6.2 视频监控系统

6.2.1 视频监控系统应具有报警联动功能,报警信息与图像联动响应时间大于或等于 4 s。

6.2.2 当报警发生时,视频监控系统应能进行图像复核,并可设置报警预录功能,记录报警触发前图像信息,预录时间大于或等于 5 s,报警图像存储帧率应大于或等于 25 fps。

6.2.3 监视图像水平分辨率应大于或等于 400 TVL,监视图像像素应大于或等于 704×576,信噪比应大于或等于 35 dB;单路监视图像显示基本帧率应大于或等于 15 fps;回放图像水平分辨率应大于或等于 300 TVL,回放图像像素应大于或等于 704×576;监视图像质量主观评价按 GB 50198—2011 的五级损伤制评价,应大于或等于 4 级要求,回放图像质量主观评价应大于或等于 3 级要求。

6.2.4 视频图像保存时间应大于或等于 30 d,经复核后的报警图像应长期保存,重要图像宜备份存储。

6.2.5 视频监控系统联网宜符合 GB/T 28181 的相关要求。

6.2.6 医院安全技术防范视频监控系统与城市监控报警联网平台联网接口应符合 GB/T 28181 的相关要求。

6.2.7 系统选用的视音频编解码产品宜满足 GB/T 25724 的相关要求。

6.2.8 视频监控系统其他要求应符合 GB 50395 的相关规定。

### 6.3 出入口控制系统

6.3.1 出入口控制系统应满足紧急逃生时人员疏散的相关要求。当通向疏散通道方向为防护面时,系统应与火灾报警系统及其他紧急疏散系统联动,当发生火警或需紧急疏散时,人员不使用钥匙应能迅速安全通过。

6.3.2　出入口控制系统应对不同进出对象进行权限管理,控制人员进出相关重点部位和区域。

6.3.3　出入口控制系统应具有对时间、地点、进出人员等信息的显示、记录、查询、打印等功能,记录存储时间应大于或等于 180 d。

6.3.4　出入口控制系统其他要求应符合 GB 50396 的相关规定。

## 6.4　电子巡查系统

6.4.1　电子巡查系统应能查阅、打印各巡查人员的到位时间,应具有对巡查时间、地点、人员和顺序等数据的显示、归档、查询和打印等功能。

6.4.2　电子巡查系统采集装置在更换电池或掉电时,所存储的巡查信息不应丢失。

6.4.3　电子巡查系统采集装置或识读装置的识读响应时间应小于或等于 1 s。

6.4.4　电子巡查系统采集装置存贮的巡查信息应大于或等于 4 000 条。

6.4.5　巡查信息在管理中心的存储时间应大于或等于 30 d。

6.4.6　电子巡查系统其他要求应符合 GA/T 644 的相关规定。

## 6.5　停车库(场)安全管理系统

停车库(场)安全管理系统应符合 GA/T 761 的相关规定。

## 6.6　安防监控中心

6.6.1　医院应建立集中管理的安防监控中心,可根据实际需要设立安防分控中心。安防监控中心和安防分控中心应有保证自身安全的防护措施和进行内外联络的通讯手段。

6.6.2　安防监控中心应设置安全管理平台,实现入侵报警、视频监控、出入口控制、电子巡查等子系统的综合应用管理,管理平台的故障不应影响各安防子系统的独立运行。

6.6.3　管理平台应具有系统管理、权限分配、电子地图、信息共享、系统联动、预案设置等功能,并具有向上一级管理中心联网的接口。

6.6.4　有多个院区的医院,各独立院区应分别建立安防监控中心,宜通过管理平台与集中管理的安防监控中心联网。

6.6.5　安防监控中心应设定视频监控图像监视查看权限,应有设置内部视屏和医患隐私图像遮挡功能。

6.6.6　安防监控中心内,设备间与值守操作区宜分开设置。

6.6.7　安防监控中心的其他要求应符合 GB 50348 的相关规定。

## 6.7　计时校时要求

医院安全技术防范系统中具有计时功能的设备之间的时间偏差应小于或等于 5 s,与北京时间的偏差应小于或等于 10 s。

## 6.8　系统供电

6.8.1　医院安全技术防范系统宜采用双路供电电源供电,并应配置备用电源。备用电源应保证断电后入侵报警系统正常工作大于或等于 8 h,视频监控系统的摄像机、录像设备和主要控制显示设备正常工作大于或等于 1 h,出入口控制系统正常工作大于或等于 48 h。

6.8.2　医院安全技术防范系统其他供电要求应符合 GB/T 15408 的相关规定。

## 7 检验、验收、运行、维护要求

7.1 安全技术防范系统竣工后,应按 GB 50348 的相关规定进行系统检验和验收。

7.2 医院应建立安全技术防范系统运行、维护保障的长效机制,应定期对安全技术防范系统进行维护、保养,保障系统正常的运行状态。系统维护保养应符合 GA 1081 的相关规定。

7.3 医院应制定突发事件应急处置预案,明确组织机构、人员职责、处置原则及措施。包括安全技术防范各子系统的联动策略、人员指挥调度和快速响应机制等。处置预案应定期演练。

7.4 医院应根据安全技术防范系统运行情况和安全防范工作需要,对系统进行必要的升级改造,使系统持续发挥应有的安全防范效能。

7.5 医院应设专人负责安全技术防范系统日常管理工作。安防监控中心值班人员应培训上岗,掌握系统运行、维护的基本技能。

7.6 安全技术防范设施出现故障时,应在 24 h 内修复,在系统恢复前应采取有效的应急防范措施。

附 录 A
（规范性附录）
重点部位和重点公共区域的技术防范设施配置表

A.1 医院重点部位需要配置的技术防范设施见表 A.1。

表 A.1 医院重点部位技术防范设施配置表

| 序号 | 重点部位 | | 技防设施 | 配置要求 |
|---|---|---|---|---|
| 1 | 实验室、化验室、手术室、重症监护室、放疗室、隔离病房 | 出入口 | 出入口控制装置 | 应 |
| | | | 视频监控装置 | 应 |
| | | 周边 | 电子巡查装置 | 应 |
| 2 | 致病微生物、血液、"毒、麻、精、放"等管制药（物）品、易燃易爆物品、贵重金属等存储场所 | 出入口 | 出入口控制装置 | 应 |
| | | | 视频监控装置 | 应 |
| | | 外部主要通道 | 视频监控装置 | 应 |
| | | 内部 | 入侵报警装置 | 应 |
| | | | 视频监控装置 | 应 |
| | | 周边 | 电子巡查装置 | 应 |
| 3 | 收费处、财务室 | 出入口 | 出入口控制装置 | 应 |
| | | | 视频监控装置 | 应 |
| | | 外部主要通道 | 视频监控装置 | 应 |
| | | 内部 | 入侵报警装置 | 应 |
| | | | 视频监控装置 | 应 |
| | | | 紧急报警装置 | 应 |
| | | | 对讲装置 | 应 |
| | | 收费窗口 | 视频监控装置 | 应 |
| | | | 紧急报警装置 | 应 |
| | | | 对讲装置 | 应 |
| | | 周边 | 电子巡查装置 | 应 |
| 4 | 运钞交接区域及路线 | | 视频监控装置 | 应 |
| 5 | 儿童住院区、新生儿住院区 | 出入口 | 双向出入口控制装置 | 应 |
| | | | 视频监控装置 | 应 |
| | | 新生婴儿室 | 视频监控装置 | 应 |
| | | 周边 | 电子巡查装置 | 应 |
| 6 | 医患纠纷投诉、调解场所 | | 视频监控装置 | 应 |
| | | | 声音采集装置 | 应 |
| | | | 紧急报警装置 | 应 |
| | | | 对讲装置 | 应 |

表 A.1（续）

| 序号 | 重点部位 | | 技防设施 | 配置要求 |
|---|---|---|---|---|
| 7 | 药房、药库 | 出入口 | 出入口控制装置 | 应 |
| | | | 视频监控装置 | 应 |
| | | 外部主要通道 | 视频监控装置 | 应 |
| | | 周边 | 电子巡查装置 | 应 |
| | | 取药窗口 | 视频监控装置 | 应 |
| 8 | 膳食加工操作间 | 出入口 | 出入口控制装置 | 宜 |
| | | | 视频监控装置 | 应 |
| | | 内部 | 视频监控装置 | 宜 |
| 9 | 计算机中心、档案室（含病案室） | 出入口 | 出入口控制装置 | 应 |
| | | | 视频监控装置 | 应 |
| | | 外部主要通道 | 视频监控装置 | 应 |
| | | 内部 | 入侵报警装置 | 应 |
| | | | 视频监控装置 | 应 |
| | | 周边 | 电子巡查装置 | 应 |
| 10 | 大中型医疗设备存放场所 | 出入口 | 出入口控制装置 | 应 |
| | | | 视频监控装置 | 应 |
| | | 外部主要通道 | 视频监控装置 | 应 |
| | | 周边 | 电子巡查装置 | 应 |
| 11 | 供水、供电、供气（含医用气体）、供热、供氧等设备间 | 出入口 | 视频监控装置 | 应 |
| | | 外部主要通道 | 视频监控装置 | 应 |
| | | 内部 | 入侵报警装置 | 应 |
| | | | 视频监控装置 | 应 |
| | | 周边 | 电子巡查装置 | 应 |
| 12 | 医疗废物集中存放场所 | 出入口 | 出入口控制装置 | 宜 |
| | | | 视频监控装置 | 应 |
| 13 | 安防监控中心 | 出入口 | 出入口控制装置 | 应 |
| | | | 视频监控装置 | 应 |
| | | 外部主要通道 | 视频监控装置 | 应 |
| | | 内部 | 视频监控装置 | 应 |
| | | | 紧急报警装置 | 应 |

**A.2** 医院重点公共区域需要配置的技术防范设施见表 A.2。

表 A.2　医院重点公共区域技术防范设施配置表

| 序号 | 重点公共区域 | | 技防设施 | 配置要求 |
|---|---|---|---|---|
| 1 | 医院周界 | 医院出入口 | 视频监控装置 | 应 |
| | | | 电子巡查装置 | 应 |
| | | 围墙、栅栏等 | 视频监控装置 | 宜 |
| | | 门卫室 | 紧急报警装置 | 应 |
| | | | 对讲装置 | 应 |
| 2 | 医院室外主要通道、人员密集区域 | | 视频监控装置 | 应 |
| 3 | 门诊部、急诊部、隔离门诊部、住院部 | 主出入口 | 视频监控装置 | 应 |
| | | | 安全检查设备 | 可 |
| | | 楼道、通往楼顶的出入口各楼层对外出入口 | 视频监控装置 | 应 |
| | | 候诊区 | 视频监控装置 | 应 |
| | | | 电子巡查装置 | 应 |
| | | 分诊台、护士站 | 视频监控装置 | 应 |
| | | | 紧急报警装置 | 应 |
| | | | 对讲装置 | 应 |
| | | | 电子巡查装置 | 应 |
| | | 门(急)诊室 | 紧急报警装置 | 应 |
| | | | 对讲装置 | 应 |
| 4 | 挂号处 | | 视频监控装置 | 应 |
| 5 | 行政办公区域 | 出入口 | 出入口控制装置 | 宜 |
| | | | 视频监控装置 | 应 |
| 6 | 电梯轿厢内和各楼层电梯厅、自动扶梯区域 | | 视频监控装置 | 应 |
| 7 | 太平间门外区域 | | 视频监控装置 | 应 |
| 8 | 机动车停车库(场) | 出入口 | 视频监控装置 | 应 |
| | | 内部 | 视频监控装置 | 应 |
| | | | 电子巡查装置 | 应 |
| | | 停车库(场)安全管理系统 | | 应 |
| 9 | 非机动车集中存放处 | | 视频监控装置 | 宜 |

ICS 13.310
A 91

# 中华人民共和国公共安全行业标准

GA 38—2015
代替 GA 38—2004

# 银行营业场所安全防范要求

Security requirements for bank commercial premises

2015-05-18 发布

2015-06-01 实施

中华人民共和国公安部    发 布

# 前　言

**本标准的 4.1.5、4.3.2.7、4.3.3.1f)、4.3.5.3 为推荐性条款**，其他为强制性条款。

请注意，本文件的某些内容有可能涉及专利。本文件的发布机构不承担识别这些专利的责任。

本标准按照 GB/T 1.1—2009 给出的规则起草。

本标准代替 GA 38—2004《银行营业场所风险等级和防护级别的规定》，与 GA 38—2004 相比，除编辑性修改外，主要技术变化如下：

——修改了标准名称；

——修改了部分强制条款为推荐性条款［见 4.1.5、4.3.2.7、4.3.3.1f)、4.3.5.3］；

——删除了银行营业场所的风险等级和防护级别（2004 年版的第 4 章、第 5 章）；

——增加了对在行式自助银行、保管箱库、设备间以及远程柜员系统等重点部位的安全防范要求（见 4.4）。

本标准由中华人民共和国公安部治安管理局提出。

本标准由全国安全防范报警系统标准化技术委员会（SAC/TC 100）归口。

本标准起草单位：公安部治安管理局、银监会安全保卫局、中国工商银行、中国农业银行、中国银行、中国建设银行。

本标准起草人：刘威、袁鹤、鲍世隆、杨建华、任骥、谢华春、边三平、王健力、刘旭、邢伟东、邱日祥。

本标准所代替标准的历次版本发布情况为：

——GA 38—1992、GA 38—2004。

# 银行营业场所安全防范要求

## 1 范围

本标准规定了银行业金融机构营业场所(以下简称银行营业场所)安全防范要求,是银行营业场所安全防范设施建设、审批验收、日常检查、安全评估的依据。

本标准适用于银行营业场所,其他金融机构营业场所可参照执行。

## 2 规范性引用文件

下列文件对于本文件的应用是必不可少的。凡是注日期的引用文件,仅注日期的版本适用于本文件。凡是不注日期的引用文件,其最新版本(包括所有的修改单)适用于本文件。

GB 1499.2 钢筋混凝土用钢 第2部分:热轧带肋钢筋

GB 10409—2001 防盗保险柜

GB/T 16676—2010 银行安全防范报警监控联网系统技术要求

GB 17565—2007 防盗安全门通用技术条件

GB/T 28181 安全防范视频监控联网系统信息传输、交换、控制技术要求

GB 50198 民用闭路监视电视系统工程技术规范

GB 50348 安全防范工程技术规范

GB 50394 入侵报警系统工程设计规范

GB 50395 视频安防监控系统工程设计规范

GB 50396 出入口控制系统工程设计规范

GA/T 73—2015 机械防盗锁

GA/T 75 安全防范工程程序与要求

GA/T 143—1996 金库门通用技术条件

GA 165—1997 防弹复合玻璃

GA 576 防尾随联动互锁安全门通用技术条件

GA 745 银行自助设备 自助银行安全防范的规定

GA 844—2009 防砸复合玻璃通用技术要求

GA 858 银行业务库安全防范的要求

## 3 术语和定义

GA 745、GA 858 中界定的以及下列术语和定义适用于本文件。

3.1

**银行营业场所 bank commercial premises**

银行向公众提供现金存取、有价证券和贵金属交易、支付结算等服务的物理区域以及与之相连的办公区、库房、通道等。

3.2

**现金业务区 cash area**

银行营业场所内办理现金、有价证券、贵金属展示和交易等业务的物理区域。

3.3

**非现金业务区** non cash area

银行营业场所内办理非现金业务的物理区域。

3.4

**客户活动区** customer servicing area

客户在银行营业场所内等候和办理业务的物理区域。

3.5

**设备间** equipment room

银行营业场所内集中放置技术防范设备主机、网络设备及其他电子设备的物理区域。

3.6

**加钞间** cash replenishment room

银行用于自助设备现金装填、日常维护等的独立封闭的物理区域。

3.7

**保管箱库** safe-deposit box vault

银行放置保管箱的库房。

3.8

**数字录像设备** digital video record;DVR

利用标准接口的数字存储介质,采用数字压缩算法,实现视(音)频信息的数字记录、监视与回放的视频设备。

3.9

**联网监控中心** networking monitoring center

以维护银行安全为目的,基于银行本地技术防范系统,利用网络技术构建的具有信息采集/传输/控制/显示/存储/管理等功能,可对银行管辖范围内需要防范的目标实施报警、视音频监控和安全管理的处所。

3.10

**接处警中心** alarm responding center

接收报警信息并处置警情的处所。

3.11

**安全管理系统** security management system;SMS

对入侵报警、安防视频监控、出入口控制等子系统进行组合或集成,实现对各子系统的有效联动、管理和/或监控的电子系统。

3.12

**远程柜员系统** remote teller system

银行与客户间采用网络、音视频、机电传输等技术手段办理现金、有价证券和贵金属交易等业务的设施。

## 4 安全防范要求

### 4.1 基本要求

4.1.1 银行营业场所安全防范设施建设应贯彻坚持标准、因地制宜、科学合理、保障安全的原则。

4.1.2 银行营业场所各部位应按照附录A中表A.1所列相关要求及现场实际情况合理配置安全防范设施。

4.1.3 银行营业场所安全防范设施建设中采用的材料、设备和施工工艺应符合相关国家法规和标准的要求。

**4.1.4** 银行营业场所应配置消防器材和自动应急照明装置,现金业务区内应配置橡胶棒等防卫器材。客户活动区应配备保安员,保安员应着防护装备并配备防卫器材。

**4.1.5** 银行营业场所现金业务区内宜设置卫生间。

**4.1.6** 报警系统的设防、撤防、报警及视频监控图像、声音复核等信息的存储时间应不小于 30 天,出入口控制信息存储时间应不小于 180 天。

**4.1.7** 技术防范系统的设计应符合本标准及 GB 50348 的有关规定,设计、施工程序与要求应符合GA/T 75 的规定,并应综合设计、同步施工、独立验收。

**4.1.8** 银行营业场所技术防范系统应实现报警、视音频联网功能。联网技术要求应符合 GB/T 16676—2010、GB/T 28181 的相关要求。

**4.1.9** 银行营业场所现金业务区以外展示的贵金属样品应为仿真品,并明确标注。

## 4.2 实体防范要求

### 4.2.1 墙体要求

#### 4.2.1.1 外围围墙要求

银行营业场所外围有围墙的,高度应不小于 2 m,并应设置防止爬越的障碍物或周界报警装置。

#### 4.2.1.2 与外界相邻墙体的要求

银行营业场所与外界相邻的墙体应符合建筑设计相关标准要求。与外界地面、平台或走道高差3.5 m 以下墙体为玻璃幕墙的,除应安装报警探测器外,还应至少采取以下一种防护措施:

    a) 使用防弹复合玻璃或防砸复合玻璃作幕墙;

    b) 内侧安装金属防护栏,栏杆钢筋直径应不小于 14 mm,间距应不大于 100 mm×250 mm;

    c) 安装卷帘窗,窗体强度应不低于 GB 17565—2007 规定的乙级,应加装防盗锁,防盗锁应符合GA/T 73—2015 中 B 级的要求;

    d) 玻璃幕墙内侧应粘贴增强防爆膜,膜厚应不小于 0.275 mm。

#### 4.2.1.3 现金业务区墙体要求

**4.2.1.3.1** 现金业务区四周墙体应与建筑楼板相接,或在顶部采用钢筋网防护,钢筋直径应不小于14 mm,网格应不大于 150 mm×150 mm,并与四周墙体可靠连接,确保现金业务区相对封闭;

**4.2.1.3.2** 现金业务区与外界相邻的墙体应为钢筋混凝土结构,墙体厚度应不小于 160 mm;非钢筋混凝土结构的应采取以下措施之一加强防护:

    a) 采用钢板防护,应在墙体内侧加装不小于 4 mm 厚钢板,钢板抗拉屈服强度标准值应不小于235 MPa;

    b) 采用钢筋网防护,钢筋直径应不小于 14 mm,网格应不大于 150 mm×150 mm,并与建筑主体可靠连接;

    c) 采用钢筋网抹灰防护,钢筋直径应不小于 6 mm,网格应不大于 150 mm×150 mm,抹灰厚度应不小于 40 mm,水泥砂浆强度应不小于 M5。

### 4.2.2 门、窗要求

**4.2.2.1** 银行营业场所与外界相通的出入口应安装防盗安全门,门体强度应不低于 GB 17565—2007 规定的乙级,防盗锁应符合 GA/T 73—2015 中 B 级的要求。供客户进出的出入口门体采用其他材质(旋转门、普通玻璃门等)达不到以上标准的,应加装卷帘门,门体上应加装防盗锁。卷帘门门体强度应不低于 GB 17565—2007 规定的乙级,防盗锁应符合 GA/T 73—2015 中 B 级的要求。

4.2.2.2 银行营业场所与外界地面、平台或走道高差 5 m 以下的窗户应在内侧安装金属防护栏或在窗户玻璃内侧粘贴增强防爆膜(已安装防弹玻璃或防砸玻璃的除外),并应安装入侵报警探测器。金属防护栏钢筋直径应不小于 14 mm,网格间距应不大于 100 mm×250 mm;膜厚应不小于 0.275 mm;窗户开启的洞口宽度应不大于 150 mm。

4.2.2.3 现金业务区墙体上不应设置窗户。对需设置通风口的,通风口应不大于 200 mm×200 mm(或直径不大于 200 mm),并应在通风口内外加装金属防护栏。防护栏钢筋直径应不小于 14 mm,网格间距应不大于 50 mm×50 mm,相邻通风口中心间距应不小于 600 mm。

### 4.2.3 现金柜台要求

4.2.3.1 柜台主体(以下简称柜体)结构形式要求:

   a) 柜体采用钢筋混凝土结构的,选用的混凝土强度等级应在 C20 或以上,中间应用公称直径应不小于 12 mm 热轧带肋钢筋加强,相邻钢筋中心间距应不大于 150 mm。热轧带肋钢筋应符合 GB 1499.2 的相关规定。柜体厚度应不小于 240 mm,高度应不小于 800 mm,柜体钢筋网应与地面或墙面牢固连接。

   b) 柜体采用钢板结构的,柜体前后两面应采用厚度不小于 8 mm 钢板,钢板抗拉屈服强度标准值应不小于 235 MPa,钢板中间应用钢结构加强支撑(在高度及宽度方向不大于 400 mm 的间隔上应有直径不小于 10 mm 的热轧带肋钢筋或厚度不小于 5 mm 的角钢支撑)并联接成柜体。柜体的长度应不小于 1 500 mm,高度应不小于 800 mm,厚度应不小于 240 mm。柜体与地面或墙面应采用连接螺栓的方式在其内部牢固连接,所有螺栓连接的位置应隐藏不易被拆卸。柜体每个连接面的螺栓数量应不小于 4 个,螺栓直径应不小于 12 mm。

   c) 采用其他结构形式的,防护能力应满足附录 B 中 B.1 的要求。

   d) 柜体的检验和验收,应满足附录 B 中 B.2、B.3 的要求。

4.2.3.2 透明防护板及安装要求:

   a) 透明防护板的防弹性能应达到 GA 165—1997 中 F79 型 B 级的要求;防砸性能应达到 GA 844—2009 中 A 级的要求。

   b) 单块透明防护板宽度应不大于 1.8 m,高度应不小于 1.2 m,单块面积应不大于 4 m²。透明防护板以上未及顶部分应安装金属防护栏封至顶部,防护栏应采用热轧带肋钢筋,直径应不小于 14 mm,间距应不大于 100 mm×100 mm。

   c) 透明防护板应采用整片式安装方式,不得采用多块拼接或错位安装方式。

   d) 透明防护板着弹面应朝向客户活动区,透明防护板应至少三面嵌入框架,嵌入深度应不小于 40 mm,其下边与柜台台面平齐或嵌入台面;框架立柱应与地面和房顶牢固连接,框架应采用规格不小于[10 槽钢或采用∟63×5 角钢。采用其他型材做框架时,强度不应低于上述型材。

   e) 透明防护板上不应开孔。

4.2.3.3 收银槽要求:

   a) 收银槽长度应不大于 300 mm,宽度应不大于 200 mm,深度应不大于 150 mm(以槽底计算);

   b) 收银槽底部为方形的,其上部应安装推拉盖板;

   c) 收银槽朝向柜员侧应加装不小于 6 mm 钢板加强防护。

4.2.3.4 与柜体联结的其他附属部件应在现金柜台设计时统筹安排,保证柜台的整体安全性。

### 4.2.4 防尾随联动互锁安全门要求

4.2.4.1 现金业务区出入口应安装防尾随联动互锁安全门。防尾随联动互锁安全门应符合 GA 576 的有关要求。

4.2.4.2 防尾随联动互锁安全门电控装置发生故障时,应能手动开启。发生紧急情况时,应有双开应急开启和双开强制复位功能。

4.2.4.3 防尾随联动互锁安全门两道门之间的纵深应不小于 1 m。

## 4.3 技术防范要求

### 4.3.1 基本要求

技术防范系统中任何一个子系统出现故障时都不应影响其他子系统的正常工作。

### 4.3.2 报警子系统要求

4.3.2.1 银行营业场所与外界相通的出入口、与外界地面、平台或走道高差 5 m 以下的窗户、在行式自助银行、自助设备加钞间、设备间等部位应安装入侵报警探测装置。

4.3.2.2 银行营业场所入侵报警探测装置应能与相应部位的辅助照明、安防视频监控及声音复核等设备联动。系统报警后,应及时准确地将报警位置等信息发送到联网监控中心或接处警中心。

4.3.2.3 周界入侵报警探测装置应有连续的警戒线,不得有盲区。

4.3.2.4 现金业务区每个柜台均应安装紧急报警按钮。紧急报警按钮应安装在隐蔽、便于操作的位置,应具有防误操作功能。紧急报警装置应设置不少于 2 路的独立防区,每路防区上串联的紧急报警按钮不得多于 4 个。

4.3.2.5 紧急报警防区应 24 h 不可撤防。

4.3.2.6 启动紧急报警装置时,应在将紧急报警信号发送到接处警中心的同时,将紧急报警信号及相应部位的视音频信号发送到联网监控中心。

4.3.2.7 启动紧急报警装置时,可启动现场声、光报警装置。

4.3.2.8 不同类型的报警探测装置不应串接同一防区,不同功能的物理区域应接入不同防区。

4.3.2.9 报警系统应采取 2 种(含 2 种)以上向外报警的传输方式,采用公共电话网作为向外报警的一条传输通道时,不应在公共电话网通讯线路上挂接其他通信设施。

4.3.2.10 报警系统应具有断电、断线、故障等报警功能,线路铺设应有护线保护措施防止线缆外露。

4.3.2.11 报警系统应有备用电源,并应能自动切换,切换时不应改变系统工作状态,其容量应能保证系统连续正常工作不小于 8 h。

4.3.2.12 其他应符合 GB 50394 的有关要求。

### 4.3.3 安防视频监控子系统要求

4.3.3.1 系统监视、记录、回放图像应根据不同部位的要求确定:

    a) 银行营业场所与外界相通的出入口应安装摄像机,系统应能实时监视、记录出入营业场所人员情况和营业场所出入口 20 m 监控范围内情况,回放图像应能清晰显示往来人员的面部特征、车辆号牌等。同时,应能实时监视、记录银行营业场所出入口 50 m 监控范围内情况,回放图像应能清晰显示往来人员体貌特征、车辆颜色、车型等。

    b) 应实时监视、记录运钞车停靠区及运钞交接全过程,回放图像应能清晰显示整个区域内人员的活动情况。

    c) 现金业务区应安装摄像机,系统应能实时监视、记录现金、贵金属等交易全过程,回放图像应能清晰显示每个现金柜台柜员操作全过程及客户的面部特征。

    d) 非现金业务区、客户活动区应安装摄像机,系统应能实时监视、记录人员活动情况,回放图像应能清晰辨别人员的体貌特征,显示整个区域内人员的活动情况。

    e) 防尾随联动互锁安全门连接通道内、在行式自助银行、自助设备加钞区应安装摄像机,系统应能实时监视、记录人员出入与加钞活动情况,回放图像应能清晰显示人员体貌特征。

f) 其他区域可根据现场情况安装摄像机,并满足相应的监视、记录、回放图像要求。

**4.3.3.2** 系统功能要求:

a) 系统应保持 24 h 运行状态,营业期间采取连续录像,非营业期间采取报警事件触发录像,并应有报警预录像功能,预录像时间应不小于 10 s;

b) 应具有字符叠加、记录功能。字符叠加不应影响图像记录效果;

c) 应具有视频信号丢失侦测识别并报警功能;

d) 在环境光照条件不能满足监控要求的区域应增加照明装置,保证回放图像清晰可见;

e) 数字录像设备应具备硬盘故障及图像丢失报警功能,重启后所有设置及保存信息不应丢失。

**4.3.3.3** 系统图像质量要求:

a) 应保证图像信息的原始完整性。

b) 应保证对目标监视的有效性。对现金业务区、运钞交接区、业务库、保管箱库、在行式自助银行、自助设备加钞区、设备间等重要部位的图像存储、回放的单路图像分辨率应不小于 $704 \times 576$;单路显示帧率应不小于 25 fps。传输到联网监控中心的图像帧率应不小于 15 fps,图像分辨率应不小于 $352 \times 288$。

**4.3.3.4** 系统应有备用电源,在主电源断电后对摄录像装置持续供电时间应不小于 2 h。

**4.3.3.5** 其他应符合 GB 50198、GB 50395 的有关要求。

### 4.3.4 出入口控制子系统要求

**4.3.4.1** 在行式自助银行、自助设备加钞间、设备间、保管箱库等重要部位的出入口控制装置非营业期间应能与安防视频监控子系统联动。

**4.3.4.2** 应有备用电源,主电源断电后持续供电时间应不小于 48 h。当供电不正常、断电时,系统的密钥(钥匙)信息及记录信息不得丢失。

**4.3.4.3** 系统必须满足紧急逃生时人员疏散的相关要求。当通向疏散通道方向为防护面时,系统必须与火灾报警系统及其他紧急疏散系统联动,当发生火警或需紧急疏散时,人员不使用钥匙应能迅速安全通过。

**4.3.4.4** 其他应符合 GB 50396 的有关要求。

### 4.3.5 声音复核/对讲子系统要求

**4.3.5.1** 现金业务区、非现金业务区、远程柜员系统应安装声音复核装置,应能连续记录交易过程的对话内容。

**4.3.5.2** 现金业务区应安装对讲装置,对讲子系统应采用全双工模式,声音应清晰可辨,应能记录交易过程的对话内容。

**4.3.5.3** 在行式自助银行、自助设备加钞区、客户活动区等部位宜安装声音复核装置。

### 4.3.6 安全管理系统要求

安全管理系统应符合 GB 50348 的有关要求。

## 4.4 重要部位防范要求

### 4.4.1 在行式自助银行防范要求

除应符合 GA 745 有关要求外,对夜间提供服务的自助设备、自助银行还应符合以下要求:

a) 在行式自助银行与其他客户活动区相通的出入口应安装防盗安全门或卷帘门,门体上应加装防盗锁,门体强度应不低于 GB 17565—2007 规定的乙级,防盗锁应符合 GA/T 73—2015 中 B 级的要求;

b) 应在在行式自助银行与其他客户活动区相通的出入口安装入侵报警探测器,报警应与灯光、安防视频监控联动;

c) 在行式自助银行、自助设备加钞间的出入口应设置防盗安全门,门体强度应不低于 GB 17565—2007规定的乙级,防盗锁应符合 GA/T 73—2015 中 B 级的要求。

### 4.4.2 保管箱库防范要求

4.4.2.1 库房墙体不应与公共场所相邻。库房的底部、顶部及内墙不应有给水、排水、空调冷凝水管道、燃气管道等。库房建设应进行防水处理,不应有渗水、潮湿等现象。

4.4.2.2 保管箱库客户等待区、与外界相通的出入口、库房内应安装摄像机。回放图像应能清晰显示进出人员的体貌特征。库区内安防视频监控应全覆盖(看物间除外)。安防视频监控不得监视和记录到用户的操作密码等隐私。

4.4.2.3 库房应安装振动、红外等 2 种以上探测原理(含 2 种)的入侵报警探测装置。

4.4.2.4 保管箱库看物间应安装对讲等紧急求助装置。

4.4.2.5 以墙体为实体防护主体的保管箱库,库房应参照 GA 858 对四类库的实体防范要求建设。

4.4.2.6 使用复合材料作外箱板的保管箱,其外箱板、门体防破坏极限应符合 GA/T 143—1996 中 B 级或以上的要求。放置此类保管箱的房间墙体应符合建筑标准的相关要求。

### 4.4.3 设备间防范要求

4.4.3.1 营业场所独立设置的设备间,出入口应安装防护强度不低于 GB 17565—2007 规定的乙级标准的防盗安全门,防盗锁应符合 GA/T 73—2015 中 B 级的要求。

4.4.3.2 设备间窗户内侧应安装金属防护栏,金属防护栏钢筋的直径应不小于 14 mm,网格间距应不大于 100 mm×250 mm。

4.4.3.3 设备间内、外应安装摄像机,回放图像应能清晰显示设备间内、外的情况。

4.4.3.4 设备间内应安装空调或通风设施,以保证设备的正常运行。

### 4.4.4 远程柜员系统防范要求

4.4.4.1 远程柜员系统安装在银行营业场所所属区域内,传输管道应采用厚度不小于 4 mm 的不锈钢或强度相当的材料,并隐蔽安装;当安装在银行营业场所所属区域之外的公共区域时,传输管道应采用厚度不小于 6 mm 的不锈钢或强度相当的材料,管道外应采取隐蔽措施。

4.4.4.2 远程柜员系统的收发控制装置、传输装置应具有锁闭功能,在运行及非工作状态时均应锁闭。

4.4.4.3 远程柜员系统应安装摄像机,应能记录柜员和客户间交易全过程,回放图像应清晰可辨。

4.4.4.4 远程柜员系统服务端由客户自行操作的,应为客户提供相对独立的操作空间。

# 附　录　A

## （规范性附录）

## 银行营业场所安全防范设施配置要求

A.1　银行营业场所安全防范设施配置要求见表 A.1。

表 A.1　银行营业场所安全防范设施配置表

| 部位 | 序号 | 设施 | 安装方式或目标要求 | 配置要求 | 参见条款 |
|---|---|---|---|---|---|
| 运钞车停靠区 | 1 | 摄像机 | 实时监视、记录运钞交接全过程，回放图像应能清晰显示整个区域内人员的活动情况 | 应配置 | 4.3.3.1 b) |
| 与外界相通的出入口 | 2 | 摄像机 | 实时监视、记录出入营业场所人员情况和营业场所出入口 20 m 监控范围内情况。同时，应能够实时监视、记录营业场所出入口 50 m 监控范围内人员往来情况、体貌特征、车辆颜色、车型等情况 | 应配置 | 4.3.3.1 a) |
| | 3 | 入侵报警探测装置 | 有非法入侵时即时报警 | 应配置 | 4.3.2.1 |
| | 4 | 防盗安全门 | 门体强度应不低于 GB 17565—2007 规定的乙级，防盗锁应符合 GA/T 73—2015 中 B 级的要求。供客户进出的出入口门体采用其他材质(旋转门、普通玻璃门等)达不到以上标准的，应加装卷帘门，卷帘门门体强度应不低于 GB 17565—2007 规定的乙级，加装防盗锁，防盗锁应符合 GA/T 73—2015 中 B 级的要求 | 应配置 | 4.2.2.1 |
| 客户活动区 | 5 | 摄像机 | 实时监视、记录人员活动情况 | 应配置 | 4.3.3.1 d) |
| | 6 | 声音复核 | 记录活动区声音 | 宜配置 | 4.3.5.3 |
| | 7 | 防护装备、防卫器材、保安 | 应急防卫 | 应配置 | 4.1.4 |
| 非现金业务区 | 8 | 摄像机 | 实时监视、记录人员活动情况 | 应配置 | 4.3.3.1 d) |
| | 9 | 声音复核 | 记录交易过程声音 | 应配置 | 4.3.5.1 |
| 现金业务区 | 10 | 摄像机 | 实时监视、记录现金、贵金属等交易全过程 | 应配置 | 4.3.3.1 c) |
| | 11 | 紧急报警装置 | 每个柜台均应安装，报警装置安装在隐蔽、便于操作的部位，设置不少于 2 路的独立防区，每路防区上串联的紧急报警按钮不得多于 4 个 | 应配置 | 4.3.2.4 |
| | 12 | 声音复核/对讲 | 连续记录交易过程对话内容，声音应清晰可辨 | 应配置 | 4.3.5.1 4.3.5.2 |

表 A.1（续）

| 部位 | 序号 | 设施 | 安装方式或目标要求 | 配置要求 | 参见条款 |
|---|---|---|---|---|---|
| 现金业务区 | 13 | 防尾随联动门 | 发生故障时，应能手动开启。发生紧急情况时，应有双开应急开启和双开强制复位功能。 | 应配置 | 4.2.4.2 |
| | | | 两道门之间的纵深应不小于 1 m | 应配置 | 4.2.4.3 |
| | | | 通道内应安装摄像机实时监视、记录人员出入情况 | 应配置 | 4.3.3.1 e) |
| | 14 | 现金柜台主体 | 采用钢筋混凝土结构或钢板结构，采用其他结构形式的，防护能力应满足附录 B 中 B.1 的要求 | 应配置 | 4.2.3.1 |
| | 15 | 橡胶棒等防卫器材 | 应急防卫 | 应配置 | 4.1.4 |
| | 16 | 透明防护板 | 防弹性能应达到 GA 165—1997 中 F79 型 B 级的要求；防砸性能应达到 GA 844—2009 中 A 级要求；宽度应不大于 1.8 m，高度应不小于 1.2 m，单块面积应不大于 4 m²，采用整片式安装方式，着弹面应朝向客户活动区；透明防护板上不应开孔。透明防护板以上未及顶部分应安装金属防护栏封至顶部，防护栏应采用热轧带肋钢筋，直径应不小于 14 mm，间距应不大于 100 mm×100 mm，应采用整片式安装方式，不得采用多块拼接或错位安装方式。着弹面应朝向客户活动区，并应至少 3 面嵌入框架，嵌入深度应不小于 40 mm，其下边与柜台面平齐或嵌入台面；框架立柱应与地面和房顶牢固连接，框架应采用规格不小于 [10 槽钢或采用 ∟ 63×5 角钢，采用其他型材做框架时，强度不应低于上述型材 | 应配置 | 4.2.3.2 |
| | 17 | 收银槽 | 长度应不大于 300 mm，宽度应不大于 200 mm，深度应不大于 150 mm（以槽底计算）。底部为方形的，其上部应安装推拉盖板朝向柜员侧应加装不小于 6 mm 钢板加强防护 | 应配置 | 4.2.3.3 |
| | 18 | 通风口 | 通风口应不大于 200 mm×200 mm（或直径不大于 200 mm），并应在通风口内外加装金属防护栏。栅栏钢筋直径应不小于 14 mm，间距应不大于 50 mm×50 mm，相邻通风口中心间距应不小于 600 mm | 应配置 | 4.2.2.3 |

表 A.1（续）

| 部位 | 序号 | 设施 | 安装方式或目标要求 | 配置要求 | 参见条款 |
|------|------|------|------------------|---------|---------|
| 设备间 | 19 | 摄像机 | 内外均应安装,清晰记录、回放内、外情况 | 应配置 | 4.3.3.3 b)<br>4.4.3.3 |
| | 20 | 出入口控制 | 应能与安防视频监控系统联动 | 应配置 | 4.3.4.1 |
| | 21 | 入侵报警探测装置 | 有非法入侵时即时报警 | 应配置 | 4.3.2.1 |
| | 22 | 防盗安全门 | 防护强度不低于 GB 17565—2007 规定的乙级标准,防盗锁应符合 GA/T 73—2015 中 B 级的要求 | 应配置 | 4.4.3.1 |
| | 23 | 金属防护栏 | 窗户内侧应安装金属防护栏,金属防护栏钢筋的直径应不小于 14 mm,间距应不大于 100 mm×250 mm | 应配置 | 4.4.3.2 |
| | 24 | 空调或通风设施 | 保证安防设施正常运行 | 应配置 | 4.4.3.4 |
| 自助银行、自助设备加钞间、加钞区 | 25 | 摄像机 | 实时监视、记录人员出入与加钞活动情况 | 应配置 | 4.3.3.1 e)<br>4.3.3.3 b) |
| | 26 | 入侵报警探测装置 | 有非法入侵时即时报警 | 应配置 | 4.3.2.1 |
| | 27 | 声音复核装置 | 记录加钞区声音 | 宜配置 | 4.3.5.3 |
| | 28 | 防盗安全门 | 门体强度不低于 GB 17565—2007 的乙级,防盗锁应符合 GA/T 73—2015 中 B 级的要求 | 应配置 | 4.4.1 c) |
| 在行式自助银行 | 29 | 摄像机 | 实时监视、记录人员出入与加钞活动情况 | 应配置 | 4.3.3.1 e) |
| | 30 | 出入口控制装置 | 非营业期间应能与安防视频监控系统联动 | 应配置 | 4.3.4.1 |
| | 31 | 声音复核装置 | 记录服务区声音 | 宜配置 | 4.3.5.3 |
| | 32 | 入侵报警探测装置 | 在与其他客户活动区相通的出入口安装,报警应与灯光、安防视频监控联动 | 应配置 | 4.4.1 b) |
| | 33 | 防盗安全门或卷帘门 | 与其他客户活动区相通的出入口安装防盗安全门或卷帘门,门体上加装防盗锁,门体强度不低于 GB 17565—2007 的乙级,防盗锁应符合 GA/T 73—2015 中 B 级的要求 | 应配置 | 4.4.1 a) |
| 保管箱库区 | 34 | 摄像机 | 安装在客户等待区、与外界相通的出入口、库房内。库区内安防视频监控应全覆盖(看物间除外) | 应配置 | 4.4.2.2 |
| | 35 | 紧急求助装置 | 看物间内求助信息应及时传输至监控中心 | 应配置 | 4.4.2.4 |
| | 36 | 振动、红外等报警装置 | 有非法入侵时即时报警 | 应配置 | 4.4.2.3 |
| | 37 | 墙体 | GA 858 对四类库的实体防范要求。复合材料作外箱板的保管箱,其外箱板、门体防破坏极限应符合 GA/T 143—1996 中 B 级或以上的要求 | 应配置 | 4.4.2.5<br>4.4.2.6 |

表 A.1（续）

| 部位 | 序号 | 设施 | 安装方式或目标要求 | 配置要求 | 参见条款 |
|---|---|---|---|---|---|
| 远程柜员系统 | 38 | 传输管道 | 不锈钢或强度相当的材料。<br>安装在场所内时,不锈钢厚度应不小于4 mm。<br>安装在场所外时,不锈钢厚度应不小于6mm。 | 应配置 | 4.4.4.1 |
| | 39 | 收发控制装置、传输装置 | 运行及非工作状态时均应锁闭 | 应配置 | 4.4.4.2 |
| | 40 | 摄像机 | 能够记录柜员和客户交易全过程,回放图像应清晰可辨 | 应配置 | 4.4.4.3 |
| | 41 | 相对独立操作空间 | 由客户自行操作的,应为客户提供相对独立的操作空间 | 应配置 | 4.4.4.4 |
| 与外界地面或平台、走道高差5 m下的窗户 | 42 | 金属防护栏 | 应在内侧安装金属防护栏或在窗户玻璃内侧粘贴增强防爆膜(已安装防弹玻璃或防砸玻璃的除外) | 应配置 | 4.2.2.2 |
| | 43 | 入侵报警探测装置 | 有非法入侵时即时报警 | 应配置 | 4.3.2.1 |
| 营业场所墙体 | 44 | 围墙 | 高度应不小于2 m,并应设置防止爬越的障碍物或周界报警装置 | 应配置 | 4.2.1.1 |
| | 45 | 与外界相邻的墙体 | 应符合建筑设计相关标准要求。<br>与外界地面或平台、走道高差3.5 m以下墙体为玻璃幕墙的,除应安装报警探测器外,还应至少采取以下一种防护措施:<br>a) 使用防弹复合玻璃或防砸复合玻璃作幕墙;<br>b) 内侧安装金属防护栏,栏杆钢筋直径应不小于14 mm,间距应不大于100 mm×250 mm;<br>c) 安装卷帘窗,强度应不低于GB 17565—2007规定的乙级,窗体上应加装防盗锁,防盗锁应符合GA/T 73—2015规定的B级;<br>d) 玻璃幕墙内侧粘贴增强防爆膜,膜厚应不小于0.275 mm | 应配置 | 4.2.1.2 |

表 A.1（续）

| 部位 | 序号 | 设施 | 安装方式或目标要求 | 配置要求 | 参见条款 |
|---|---|---|---|---|---|
| 营业场所墙体 | 46 | 现金业务区墙体 | 四周墙体应与建筑楼板相接,不得与外界相通,或在顶部采用钢筋网防护,钢筋直径应不小于 14 mm,网格应不大于 150 mm×150 mm,应确保现金业务区相对封闭;<br>现金业务区与外界相邻的墙体应为钢筋混凝土结构,墙体厚度应不小于 160 mm;非钢筋混凝土结构的应采取以下措施之一加强防护:<br>a) 采用钢板防护,在墙体内侧加装不小于 4 mm 厚钢板,钢板抗拉屈服强度标准值应不小于 235 MPa;<br>b) 采用钢筋网防护,钢筋直径应不小于 14 mm,网格不大于 150 mm×150 mm,并与建筑主体可靠连接;<br>c) 采用钢筋网抹灰防护,钢筋直径应不小于 6 mm,网格应不大于 150 mm×150 mm,抹灰厚度应不小于 40 mm,水泥砂浆强度应不小于 M5 | 应配置 | 4.2.1.3 |

附　录　B
（规范性附录）
柜体检验和验收要求

**B.1**　其他结构形式的柜体的防护能力至少应达到：

a)　能够承受 150 gTNT(1.55 g/cm³～1.60 g/cm³)炸药贴面爆炸,柜体不应产生穿透性孔洞,背面应无飞溅物；

b)　能够有效防护 79 式轻型冲锋枪在距离枪口 5 m 处发射 51B 式 7.62 mm 手枪弹（钢芯）的射击,子弹及其破片不应穿透柜体；

c)　使用 GB 10409—2001 中 A1 级规定的工具,在 15 min 净工作时间内不能打开一个 38 cm² 的洞口。

**B.2**　柜体验收前,施工方应提供柜体施工过程中的加工图纸、材料清单、施工过程照片、材料采购证明等资料。

**B.3**　验收时应用精度 1 mm 的卷尺测量柜体台面的外形尺寸并与图纸比对。若柜体采用其他结构,除提供上述资料外,还应提供法定检验机构出具的通过合格检验的柜体型式检验报告,检验报告中柜体结构应与上述资料比对一致。

ICS 13.310
A 91

# 中华人民共和国公共安全行业标准

GA/T 70—2014
代替 GA/T 70—2004

安全防范工程建设与维护保养
费用预算编制办法

Compiling methods of expense budget for security engineering
construction and maintaining service

2014-08-05 发布

2014-10-01 实施

中华人民共和国公安部    发 布

# 前　言

本标准按照 GB/T 1.1—2009 给出的规则起草。

本标准是对 GA/T 70—2004《安全防范工程费用预算编制办法》的修订,并将标准名称更改为《安全防范工程建设与维护保养费用预算编制办法》。

本标准与 GA/T 70—2004 相比,主要技术变化如下:

——扩大了标准的适用范围;

——更新了相关的引用文件;

——根据标准内容的需要,增加、修订了部分术语和定义(3.1,3.2,3.9,3.18,3.20~3.23,3.25,3.26,
  2004 版 3.2,3.3~3.5,3.7,3.10~3.12,3.14,3.15);

——增加了工程量清单计价的计算方式(4.2.3);

——对建设单位管理费计算进行了修订(4.3.2);

——对招标代理服务费的计算进行了修订(4.3.4);

——对工程勘察费、工程设计费的计算进行了修订(4.3.5,4.3.6);

——对建设工程监理费的计算进行了修订(4.3.7);

——增加了可行性研究费、维护保养费的计算方法(4.3.5,第 5 章)。

本标准由全国安全防范报警系统标准化技术委员会(SAC/TC 100)提出并归口。

本标准起草单位:公安部第一研究所、北京联视神盾安防技术有限公司、北京声迅电子股份有限公司、北京富盛星电子有限公司。

本标准主要起草人:史彦林、王永升、李颖、蔡韶华、聂蓉、娄健、季景林。

本标准自实施之日起代替 GA/T 70—2004。

本标准所代替标准的历次版本发布情况为:

——GA/T 70—1994、GA/T 70—2004。

# 安全防范工程建设与维护保养
# 费用预算编制办法

## 1 范围

本标准规定了安全防范工程建设费用与维护保养费用的构成和计算方法,是编制安全防范工程建设及维护保养费用概算、预算和决算的依据。

本标准适用于新建、扩建和改建安全防范工程的建设和维护保养服务。

## 2 规范性引用文件

下列文件对于本文件的应用是必不可少的。凡是注日期的引用文件,仅注日期的版本适用于本文件。凡是不注日期的引用文件,其最新版本(包括所有的修改单)适用于本文件。

GB 50500—2013 建设工程工程量清单计价规范

## 3 术语和定义

下列术语和定义适用于本文件。

### 3.1

定额 ration

在安全防范工程建设中单位产品上人工、材料、机械、资金消耗的规定额度。

### 3.2

预算定额 budget ration

以安全防范各个分项工程(即在工程实体上可以划分开的)为测定对象,规定消耗在单位工程上的人工(工日)、材料、机械(仪器)台班的数量标准。

### 3.3

人工费 labor expense

按工资总额构成规定,支付给从事建筑安装工程施工的生产工人和附属生产单位工人的各项费用。

### 3.4

材料和工程设备费 material expense

施工过程中耗费的原材料、辅助材料、构配件、零件、半成品或成品、工程设备的费用。

### 3.5

施工机具使用费 construction equipment expense

施工作业所发生的施工机械、仪器仪表使用费或其租赁费。

### 3.6

企业管理费 enterprise administration expense

建筑安装企业组织施工生产和经营管理所需的费用。

### 3.7

规费 fees

按国家法律、法规规定,由省级政府和省级有关权力部门规定必须缴纳或计取的费用。

3.8

**税金** tax and duty

国家税法规定的应计入建筑安装工程造价内的营业税、城市维护建设税及教育费附加等。

3.9

**运杂费** transportation miscellaneous expense

工程设备、材料等由供货地点运至施工地点所发生的运输、装卸、搬运等费用。

3.10

**工程量清单** bill of quantities

建设工程分部分项工程项目、措施项目、其他项目的名称和相应数量以及规费、税金项目等内容的明细清单。

[GB 50500—2013,定义 2.0.1]

3.11

**分部分项工程** work sections and trades

分部工程是单项或单位工程的组成部分,是按结构部位及施工特点或施工任务将单项或单位工程划分为若干分部的工程;分项工程是分部工程的组成部分,是按不同施工方法、材料、工序等将分部工程划分为若干个分项或项目的工程。

[GB 50500—2013,定义 2.0.4]

3.12

**措施项目** preliminaries

为完成工程项目施工,发生于该工程施工准备和施工过程中的技术、生活、安全、环境保护等方面的项目。

[GB 50500—2013,定义 2.0.5]

3.13

**综合单价** all-in unit rate

完成一个规定清单项目所需的人工费、材料和工程设备费、施工机具使用费和企业管理费、利润以及一定范围内的风险费用。

[GB 50500—2013,定义 2.0.8]

3.14

**暂列金额** provisional sum

招标人在工程量清单中暂定并包括在合同价款中的一笔款项。用于工程合同签订时尚未确定或者不可预见的所需材料、工程设备、服务的采购,施工中可能发生的工程变更、合同约定调整因素出现时的合同价款调整以及发生的索赔、现场签证等确认的费用。

[GB 50500—2013,定义 2.0.18]

3.15

**暂估价** prime cost sum

招标人在工程量清单中提供的用于支付必然发生但暂时不能确定价格的材料、工程设备的单价以及专业工程的金额。

[GB 50500—2013,定义 2.0.19]

3.16

**计日工** day works

在施工过程中,承包人完成发包人提出的工程合同范围以外的零星项目或工作,按合同中约定的单价计价的一种方式。

[GB 50500—2013,定义 2.0.20]

3.17

**总承包服务费** main contractor's attendance

总承包人为配合协调发包人进行的专业工程发包,对发包人自行采购的材料、工程设备等进行保管以及施工现场管理、竣工资料汇总整理等服务所需的费用。

[GB 50500—2013,定义2.0.21]

3.18

**建设单位管理费** administrative expense for foundation organization

建设单位从项目筹建开始直至办理竣工决算为止发生的项目建设管理费用,主要用于工资性支出、社会保障费支出、公用经费、房屋租赁费等。

3.19

**可行性研究费** expense for feasibility study

在建设项目前期工作中,编制和评估项目建议书(或预可行性研究报告)、可行性研究报告所需的费用。

3.20

**招标代理服务费** service fee forbidding agent

招标代理机构接受招标人委托,从事编制招标文件,审查投标人资格,组织投标人踏勘现场并答疑,组织开标、评标、定标,以及提供招标前期咨询、协调合同的签订等业务所收取的费用。

3.21

**工程勘察费** expense for engineering survey

勘察人根据发包人的委托,收集相关资料、制订现场踏勘大纲、进行现场勘察作业,编制现场勘察文件等收取的费用。

3.22

**工程设计费** expense for engineering design

设计人根据发包人的委托,提供编制建设项目初步设计文件、施工图设计文件、非标准设备设计文件、施工图预算文件、竣工图文件等服务所收取的费用。

3.23

**建设工程监理费** supervision expense for engineering foundation

建设单位委托工程监理单位实施工程监理的费用。

3.24

**工程检测费** testing expense for engineering system

项目建设单位在工程完工系统试运行后,按有关规定委托法定检测机构实施系统检测应支付的费用。

3.25

**工程保险费** expense for engineering insurance

建设项目在建设期间根据需要对建筑工程、安装工程及机器设备进行投保而发生的保险费用。包括建筑工程一切险和人身意外伤害险、引进设备国内安装保险等。

3.26

**预备费** budget reserve

在初步设计文件和概算中难以事先预料,而在建设期间发生的工程费用。

3.27

**维护保养勘察设计费** expense for maintaining service and survey

系统勘察、分析及评估费和维护保养方案编制费的总称。

3.28

**维护保养服务费** service fee for engineering maintaining

开展日常维护保养工作、承担维护保养责任和义务所需的费用。

3.29

**维护保养其他费** other fee for maintaining service

为确保安全防范系统正常工作而发生的、除维护保养勘察设计费、维护保养服务费以外的费用(如设备维修/更新费、备品备件购置费、系统或设备检测费、重大节假日/重大活动及其他特殊原因需运行保障而产生的费用等)。

## 4 安全防范工程建设费用

### 4.1 建设费用组成

安全防范工程建设费用包括:工程费用、工程建设其他费用、预备费、专项费用。

### 4.2 工程费用

#### 4.2.1 计价方式

工程费用计算方式可以采用定额计价或工程量清单计价。

#### 4.2.2 定额计价

##### 4.2.2.1 工程费用组成

工程费用由人工费、材料和工程设备费、施工机具使用费、企业管理费、利润、规费和税金组成。

##### 4.2.2.2 工程费用计算

采用相关行业、地方的《建设工程概(预)算定额》计取人工费、材料费、施工机具使用费,并依据相应费用标准计算出企业管理费、利润、规费、税金。

$$工程设备费 = \sum(工程设备量 \times 工程设备单价)$$
$$工程设备单价 = (设备原价 + 运杂费) \times [1 + 采购保管费率(\%)]$$

##### 4.2.2.3 定额计价方式预算文件组成及示例

定额计价方式预算文件组成及示例参见附录 A。

#### 4.2.3 工程量清单计价

##### 4.2.3.1 分部分项工程费

分部分项工程费应采用综合单价计价。

##### 4.2.3.2 措施项目费

措施项目费应根据拟建工程的施工组织设计,可以计算工程量的措施项目,应按分部分项工程量清单的方式采用综合单价计价;其余的措施项目可以"项"为单位的方式计价。

##### 4.2.3.3 其他项目费

其他项目应按下列规定报价:

a) 暂列金额应按招标工程量清单中列出的金额填写；

b) 材料、工程设备暂估价应按招标工程量清单中列出的单价计入综合单价；

c) 专业工程暂估价应按招标工程量清单中列出的金额填写；

d) 计日应工按招标工程量清单中列出的项目和数量，自主确定综合单价并计算计日工金额；

e) 总承包服务费应根据招标工程量清单中列出的内容和提出的要求自主确定。

#### 4.2.3.4 规费和税金

规费和税金应按国家或省级、行业建设主管部门的规定计算，不得作为竞争性费用。

#### 4.2.3.5 工程量清单计价方式预算文件组成及示例

工程量清单计价方式预算文件组成及示例参见附录 B。

注：工程量清单计价方式预算文件组成及示例参照了 GB 50500—2013 相关内容编写。

### 4.3 工程建设其他费用

#### 4.3.1 工程建设其他费用组成

工程建设其他费用通常包括建设单位管理费、可行性研究费、招标代理服务费、工程勘察费、工程设计费、建设工程监理费、工程保险费、工程检测费等。

#### 4.3.2 建设单位管理费

建设单位管理费采用差额定率累进法计算，费率按表 1 计取。

表 1　建设单位管理费费率表

| 序号 | 工程总概算/万元 | 费率/% |
|------|----------------|--------|
| 1 | 1 000（含）以下 | 1.5 |
| 2 | 1 000～5 000（含） | 1.2 |
| 3 | 5 000～10 000（含） | 1.0 |
| 4 | 10 000～50 000（含） | 0.8 |
| 5 | 50 000～100 000（含） | 0.5 |
| 6 | 100 000～200 000（含） | 0.2 |
| 7 | 200 000 以上 | 0.1 |

注：本表按照《基本建设财务管理规定》[财建（2002）394 号文]规定编制。如该文件更新，按新文件相关规定执行。

示例：某建设工程总概算金额为 6 000 万元，计算建设单位管理费如下：

1 000 万元×1.5％＝15 万元

（5 000－1 000）万元×1.2％＝48 万元

（6 000－5 000）万元×1.0％＝10 万元

建设单位管理费＝15＋48＋10＝73（万元）

#### 4.3.3 可行性研究费

可行性研究费根据建设项目估算投资额在相对应的区间内用直线内插法计算，计费标准见表 2。

表 2  建设项目估算投资额分档取费标准
单位为万元

| 咨询评估项目 | 估算投资 | | | | |
|---|---|---|---|---|---|
| | 3 000 万～1 亿元 | 1 亿～5 亿元 | 5 亿～10 亿元 | 10 亿元～50 亿元 | 50 亿元以上 |
| 编制项目建议书 | 6～14 | 14～37 | 37～55 | 55～100 | 100～125 |
| 编制可行性研究报告 | 12～28 | 28～75 | 75～110 | 110～200 | 200～250 |

注 1：本表按照《国家计委关于印发〈建设项目前期工作咨询收费暂行规定〉的通知》(计投资[1999]1283 号)规定编制。如该文件更新，按新文件相关规定执行。

注 2：建设项目估算投资额是指项目建议书或者可行性研究报告的估算投资额。

注 3：建设项目投资额在 3 000 万以下的和除编制项目建议书或者可行性研究报告以外的其他建设项目前期工作咨询服务的收费标准，由建设单位和编制单位协商确定。

示例：某建设项目估算投资额 5 000 万，计算可行性研究费如下：

可行性研究费 $=12$ 万元 $+(28-12)$ 万元 $\div(10\,000-3\,000)$ 万元 $\times(5\,000-3\,000)$ 万元 $=16.57$ 万元

### 4.3.4  招标代理服务费

招标代理服务费采用差额定率累进法计算，费率按表 3 计取。

表 3  招标代理服务取费标准

| 中标金额/万元 | 不同服务类型的费率/% | | |
|---|---|---|---|
| | 货物招标 | 服务招标 | 工程招标 |
| 100(含)以下 | 1.50 | 1.50 | 1.00 |
| 100～500(含) | 1.10 | 0.80 | 0.70 |
| 500～1 000(含) | 0.80 | 0.45 | 0.55 |
| 1 000～5 000(含) | 0.50 | 0.25 | 0.35 |
| 5 000～10 000(含) | 0.25 | 0.10 | 0.20 |
| 10 000～100 000(含) | 0.05 | 0.05 | 0.05 |
| 100 000 以上 | 0.01 | 0.01 | 0.01 |

注 1：本表按照《国家计委关于印发〈招标代理服务收费管理暂行办法〉的通知》(计价格[2002]1980 号)规定编制。如该文件更新，按新文件相关规定执行。

注 2：按本表费率计算的收费为招标代理服务全过程的收费基础价格，单独提供编制招标文件(有标底的含标底)服务的，可按规定标准的 30% 计取。

示例：某工程招标代理业务中标金额为 1 000 万元，计算招标代理服务收费如下：

100 万元 $\times1.0\%=1$ 万元

$(500-100)$ 万元 $\times0.7\%=2.8$ 万元

$(1\,000-500)$ 万元 $\times0.55\%=2.75$ 万元

招标代理服务费 $=1+2.8+2.75=6.55$ (万元)

### 4.3.5  工程勘察费

工程勘察费采用差额定率累进法计算，费率按表 4 计取。

表 4　工程勘察费费率表

| 序　号 | 投资规模/万元 | 费率/% |
|---|---|---|
| 1 | 100(含)以下 | 1.00 |
| 2 | 100～500(含) | 0.80 |
| 3 | 500～1 000(含) | 0.60 |
| 4 | 1 000～5 000(含) | 0.50 |
| 5 | 5 000～10 000(含) | 0.40 |
| 6 | 10 000 以上 | 0.30 |

注：本表按照国家发展改革委、建设部《关于发布〈工程勘察设计收费管理规定〉的通知》(计价格[2002]10 号)规定编制。如该文件更新,按新文件相关规定执行。

示例：某安全防范工程的投资规模为 1 000 万元,计算现场勘察费如下：

100 万元×1.0％＝1 万元

(500－100)万元×0.8％＝3.2 万元

(1 000－500)万元×0.6％＝3.0 万元

现场勘察费＝1＋3.2＋3.0＝7.2 万元

### 4.3.6　工程设计费

工程设计费采用差额定率累进法计算,费率按表 5 计取。

表 5　安全防范工程设计费费率表

| 工程费用/万元 | 总费率/% | 其中 | |
|---|---|---|---|
| | | 初步设计<br>(%) | 施工图设计<br>(%) |
| 10(含)以内 | 6.50 | 2.60 | 3.90 |
| 10～50(含) | 6.20 | 2.48 | 3.72 |
| 50～100(含) | 6.00 | 2.40 | 3.60 |
| 100～200(含) | 5.80 | 2.32 | 3.48 |
| 200～500(含) | 5.40 | 2.16 | 3.24 |
| 500～1 000(含) | 5.00 | 2.00 | 3.00 |
| 1 000～5 000(含) | 4.50 | 1.80 | 2.70 |
| 5 000～10 000(含) | 4.00 | 1.60 | 2.40 |
| 10 000 以上 | 3.50 | 1.40 | 2.10 |

注 1：本表按照国家发展改革委、建设部《关于发布〈工程勘察设计收费管理规定〉的通知》(计价格[2002]10 号)规定编制。如该文件更新,按新文件相关规定执行。

注 2：工程设计通常包括初步设计和施工图设计两个阶段。一次性设计直接输出施工图设计文件,设计费率按总费率计取。

示例：某工程工程费用为 200 万元,计算工程设计费如下：

10 万元×6.5％＝0.65 万元

$$(50-10)万元×6.2\%=2.48万元$$
$$(100-50)万元×6.0\%=3.00万元$$
$$(200-100)万元×5.8\%=5.8万元$$
$$工程设计费=0.65+2.48+3.00+5.8+=11.93万元$$

### 4.3.7 建设工程监理费

4.3.7.1 建设工程监理费包括施工监理服务费和勘察、设计、保修等阶段的相关监理服务费。

4.3.7.2 施工监理服务费按照下列公式计算：

$$施工监理服务收费=施工监理服务收费基准价×(1±20\%)$$
$$施工监理服务收费基准价=施工监理服务收费基价×高程调整系数$$

4.3.7.3 施工监理服务费基价根据工程费用在相对应的区间内用直线内插法计算，计费标准见表6，高程调整系数按表7确定。

表 6　施工监理服务收费基价表

单位为万元

| 序号 | 工程费用 | 收费基价 |
|---|---|---|
| 1 | 500 | 16.5 |
| 2 | 1 000 | 30.1 |
| 3 | 3 000 | 78.1 |
| 4 | 5 000 | 120.8 |
| 5 | 8 000 | 181.0 |
| 6 | 10 000 | 218.6 |
| 7 | 20 000 | 393.4 |
| 8 | 40 000 | 708.2 |
| 9 | 60 000 | 991.4 |

表 7　高程调整系数表

| 序号 | 海拔高程/m | 调整系数 |
|---|---|---|
| 1 | 2 001 以下 | 1 |
| 2 | 2 001～3 000 | 1.1 |
| 3 | 3 001～3 500 | 1.2 |
| 4 | 3 501～4 000 | 1.3 |
| 5 | 4 001 以上 | 由发包人和监理人协商确定 |

示例：某工程工程费用为 2 500 万元，计算施工监理服务费如下：

施工监理服务费=30.1万元+(78.1-30.1)万元÷(3 000-1 000)万元×(2 500-1 000)万元=66.1万元

4.3.7.4 勘察、设计、保修等阶段的相关监理服务费一般按相关服务工作所需工日和表8的规定收费。

表 8 建设工程监理与相关服务人员人工日费用标准

| 建设工程监理与相关服务人员职级 | 工日费用标准/元 |
| --- | --- |
| 高级专家 | 1 000～2 000 |
| 高级专业技术职称的监理与相关服务人员 | 800～1 000 |
| 中级专业技术职称的监理与相关服务人员 | 600～800 |
| 初级及以下专业技术职称监理与相关服务人员 | 300～600 |
| 注：施工监理服务费按照国家发展改革委、建设部关于印发《建设工程监理与相关服务收费管理规定》的通知(发改价格[2007]670号)规定编制。如该文件更新,按新文件相关规定执行。 | |

### 4.3.8 工程保险费

可根据工程特点选择投保险种,根据投保合同计列保险费用。不投保的工程不计取此项费用。

### 4.3.9 工程检测费

工程检测费根据相关检测机构的收费标准计算。

## 4.4 预备费

### 4.4.1 基本预备费

基本预备费包括设计及工程量变更增加费、一般性自然灾害损失和预防费、竣工验收隐蔽工程开挖和修复费等。

基本预备费按照表9的费率计算。

表 9 基本预备费费率

| 序号 | 设 计 阶 段 | 费率/% |
| --- | --- | --- |
| 1 | 可行性研究 | 10～15 |
| 2 | 初步设计 | 7～8 |
| 3 | 施工图设计 | 2～4 |
| 注：费用计算基数=设备材料购置费+安装工程费+工程建设其他费用,具体费率由设计单位和建设单位协商确定。 | | |

### 4.4.2 价差预备费

价差预备费包括人工、设备、材料、施工机械、仪器仪表的价差费,建筑安装工程费及工程建设其他费用调整,利率、汇率调整等增加的费用。

价差预备费一般根据国家规定的投资总额和价格指数,按估算年份价格水平的投资额为基数,采用复利方法计算。

## 4.5 专项费用

建设期贷款利息、铺底流动资金等专项费用根据项目建设需要,按照相关规定计算。

## 5 维护保养费

### 5.1 费用组成

安全防范系统维护保养费用包括维护保养勘察设计费、维护保养服务费和其他费。

维护保养勘察设计费是系统勘察、分析及评估费和维护保养方案编制费的总称。

维护保养服务费指开展日常维护保养工作、承担维护保养责任和义务所需的费用,包括直接费(含直接服务费、措施费等)、间接费(含企业管理费、规费等)、利润、税金等。

维护保养其他费指为确保安全防范系统正常工作而发生的、除维护保养勘察设计费、维护保养服务费以外的费用(如设备维修/更新费、备品备件购置费、系统或设备检测费、重大节假日/重大活动及其他特殊原因需运行保障而产生的费用等)。

### 5.2 维护保养勘察设计费

维护保养勘察设计费采用差额定率累进法计算,费率按本标准工程勘察费和工程设计费总和的30%计取,详见表10。

**表 10 维护保养勘察设计费费率**

| 序号 | 计费额/万元 | 费率/% |
|---|---|---|
| 1 | 10(含)以内 | 2.25 |
| 2 | 10～50(含) | 2.16 |
| 3 | 50～100(含) | 2.10 |
| 4 | 100～200(含) | 1.98 |
| 5 | 200～500(含) | 1.86 |
| 6 | 500～1 000(含) | 1.68 |
| 7 | 1 000 以上 | 1.50 |
| 注:计费额为工程建设项目设备材料购置费。 | | |

**示例**:某安全防范系统工程建设项目设备材料购置费为 600 万,计算维护保养勘察设计费如下:

10 万元×2.25%=0.225 万元

(50−10)万元×2.16%=0.864 万元

(100−50)万元×2.10%=1.050 万元

(200−100)万元×1.98%=1.980 万元

(500−200)万元×1.86%=5.580 万元

(600−500)万元×1.68%=1.680 万元

维护保养勘察设计费=0.864+1.050+1.980+5.580+1.680=11.154 万元

### 5.3 维护保养服务费

#### 5.3.1 工作量法

维护保养服务费按照安装工程费的取费方式进行计算,按下列方式计算人工费、材料费、施工机具使用费后,采用相关的国家、地方或行业费用定额计取企业管理费、利润、规费、税金后,汇总算出维护保养服务费。

a) 人工费

人工费按照工作量法进行计算。

应依据所属地区劳动部门颁布的《职工历年平均工资》《管理人员及专业技术人员部分职业工资指导价位》等,并结合维护保养人才市场实际情况,确定不同类型不同级别的维护保养技术人员的年工资标准。

应根据不同维护保养任务的资质要求,以及不同级别技术人员的年工资范围,确定完成该项任务该级别维护保养人员的年工资额。

应进行工资转换,确定各级别维护保养人员的小时工资和月工资标准,按照表 11 计算每项任务的人工费,最后累计得出总人工费。

表 11 人工费计算一览表

| 序号 | 项目分类 | 维护保养任务 | 人员级别 | 周期 | 维保次数 | 要求作业时间 | 总工日 | 工日单价元 | 人工费元 | 备注 |
|---|---|---|---|---|---|---|---|---|---|---|
| 1 | | | | | | | | | | |
| 2 | | | | | | | | | | |
| ...... | | | | | | | | | | |
| 总人工费 | | | | | | | | | | |

b) 材料费

材料费＝材料预算价格×维护保养材料用量

c) 施工机具使用费

施工机具使用费＝施工机具台班基价×施工机具台班用量

### 5.3.2 比例法

维护保养服务费按照工程系统验收保质期后运行年限计取,费率按表 12 计取。

表 12 工程维护费收费标准

| 序号 | 保质期后运行年限 | 费率/% |
|---|---|---|
| 1 | 3 年以内 | 4.0 |
| 2 | 3～5 年 | 5.0 |
| 3 | 5 年以后 | 6.0 |
| 注 1：计费额基础为工程建设项目设备材料购置费。 | | |
| 注 2：设备器材的维修更换费按实际发生另行计取。 | | |

### 5.4 维护保养其他费用

维护保养其他费用由建设/使用单位和维护保养单位根据国家现行的相关取费标准协商计取。由于人为因素造成系统故障,所发生的维护、维修费用应根据实际发生另行计取。

附 录 A

（资料性附录）

定额计价方式预算文件的组成及示例

## A.1 定额计价方式预算文件的组成

### A.1.1 封面

封面中有关项目如：编制单位、编制人、审核人、批准人等应盖章或签字。

### A.1.2 编制说明

编制说明的内容包括工程概况、编制依据等。工程概况中，应说明工程项目的内容、建设地点、地理环境及施工条件等；编制依据中，应说明编制工程项目预算所依据的法规、文件、预算定额、取费标准、相应的价差调整以及其他有关未尽事宜的说明等。

### A.1.3 设备器材购置费

设备器材购置费的计算包括设备器材报价清单、运杂费、采保费和运保费等。应标明设备器材名称、单位、数量、单价、运杂费费率、采购及保管费费率、运输保险费费率及合计金额等。

### A.1.4 单位工程费用表

工程费用包括人工费、材料费、机械费、设备器材费、措施费、企业管理费、利润、规费、税金，应标明各项费用名称、计算公式、费率、金额等。

### A.1.5 单位工程预算表

单位工程预算表应标明定额编号、子目名称、单位、数量、单价、合价等，单价由人工费、材料费、机械费组成。

### A.1.6 工程建设其他费用

工程建设其他费用包括建设单位管理费、可行性研究费、招标代理服务费、勘察费、设计费、建设工程监理费、工程保险费、工程（系统）检测验收费等。应标明各项费用名称、计算基数、费率及金额等。

## A.2 定额计价方式预算文件示例

### A.2.1 封面格式参见图 A.1。

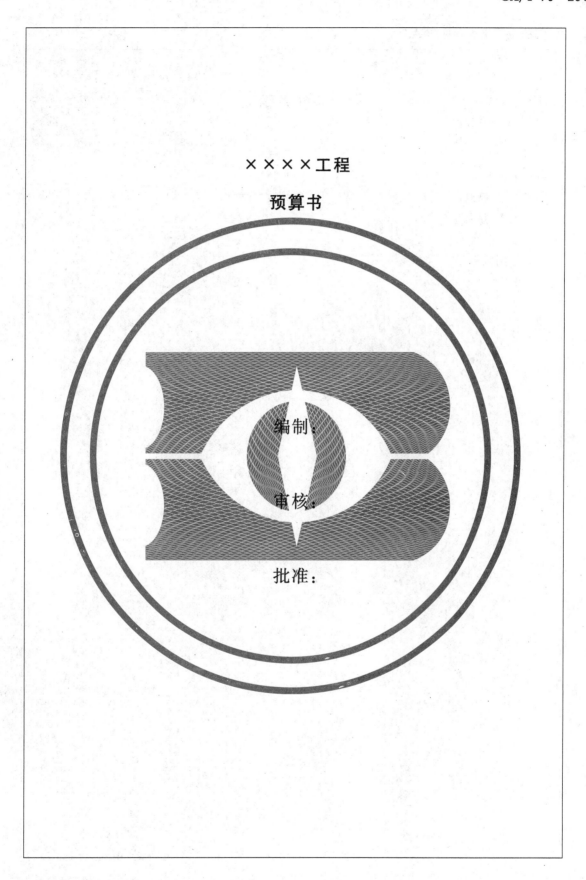

图 A.1　封面格式

**A.2.2** 编制说明格式参见图 A.2。

## 编制说明

一、工程概况
　　1. 工程地点：
　　2. 工程内容：
　　3.
二、编制依据
　　1.
　　2.
　　3.
　　4.

图 A.2　编制说明格式

A.2.3 设备器材购置费用计算表格式参见图 A.3。

## 设备器材购置费用计算表

工程名称：

| 序号 | 设备（主材）名称 | 设备器材型号 | 生产厂家 | 单位 | 数量 | 原价元 | 运杂费费率% | 采购及保管费费率% | 运输保险费费率% | 金额元 |
|---|---|---|---|---|---|---|---|---|---|---|
| | | | | | | | | | | |
| | | | | | | | | | | |
| | | | | | | | | | | |
| | | | | | | | | | | |
| | | | | | | | | | | |
| | | | | | | | | | | |
| | | | | | | | | | | |
| | | | | | | | | | | |
| | | | | | | | | | | |
| | | | | | | | | | | |
| | | | | | | | | | | |
| | | | | | | | | | | |
| | | | | | | | | | | |
| | | | | | | | | | | |
| | | | | | | | | | | |
| | | | | | | | | | | |
| | | | | | | | | | | |
| | | | | | | | | | | |
| | | | | | | | | | | |
| | | | | | | | | | | |
| | | | | | | | | | | |
| | | | | | | | | 合计/元 | | |

图 A.3 设备器材购置费用计算表格式

195

A.2.4 单位工程费用表格式参见图 A.4。

# 单位工程费用表

工程名称：

| 序号 | 费用项目 | 计算公式 | 费率 | 金额 |
|---|---|---|---|---|
| 一 | 预算价 | 人工费＋材料费＋机械费 | | |
| | 其中人工费 | | | |
| 二 | 设备器材费 | | | |
| 三 | 措施费 | | | |
| | 其中人工费 | | | |
| | 其中:安全文明施工费 | 人工费×费率 | | |
| | | 其中人工费占 10% | | |
| 四 | 人工费合计 | 预算人工费＋措施人工费 | | |
| 五 | 企业管理费 | 人工费合计×费率 | | |
| 六 | 利润 | (人工费合计＋企业管理费)×费率 | | |
| 七 | 规费 | (人工费合计－安全文明施工人工费)×费率 | | |
| 八 | 税金 | (预算价＋设备器材费＋企业管理费＋利润＋规费)×税率 | | |
| 九 | 安装工程总价 | 预算价＋设备器材费＋企业管理费＋利润＋规费＋税金 | | |

**图 A.4 单位工程费用表格式**

A.2.5 单位工程预算表格式参见图 A.5。

# 单位工程预算表

工程名称：

| 序号 | 定额编号 | 子目名称 | 单位 | 数量 | 价值/元 | | 其中/元 | |
|---|---|---|---|---|---|---|---|---|
| | | | | | 单价 | 合价 | 人工费 | 材料费 |
| | | | | | | | | |
| | | | | | | | | |
| | | | | | | | | |
| | | | | | | | | |
| | | | | | | | | |
| | | | | | | | | |
| | | | | | | | | |
| | | | | | | | | |
| | | | | | | | | |
| | | | | | | | | |
| | | | | | | | | |
| | | | | | | | | |
| | | | | | | | | |
| | | | | | | | | |
| | | | | | | | | |
| | | | | | | | | |
| | | | | | | | | |
| | | | | | | | | |
| | | | | | | | | |
| | | | | | | | | |
| | | | | | | | | |
| | | | | | | | | |
| | | | | 合计 | | | | |

图 A.5 单位工程预算表格式

A.2.6 建设工程其他费用汇总表格式参见图 A.6。

# 建设工程其他费用汇总表

工程名称：

| 序号 | 费用名称 | 金额/元 |
|------|---------|---------|
| 1 | 建设单位管理费 | |
| 2 | 可行性研究费 | |
| 3 | 招标代理服务费 | |
| 4 | 研究试验费 | |
| 5 | 勘察费 | |
| 6 | 设计费 | |
| 7 | 环境影响咨询费 | |
| 8 | 劳动、安全、卫生评价费 | |
| 9 | 场地准备及临时设施费 | |
| 10 | 引进技术和引进设备其他费 | |
| 11 | 建设工程监理费 | |
| 12 | 工程保险费 | |
| 13 | 联合试运转费 | |
| 14 | 特殊设备安全监督检验费 | |
| 15 | 市政公用设施建设及绿化补偿费 | |
| 16 | 施工承包费 | |
| 17 | 建设用地费 | |
| 18 | 专利及专有技术使用费 | |
| 19 | 生产准备及开办费 | |
| 合计/元 | | |

图 A.6 建设工程其他费用汇总表格式

附　录　B
（资料性附录）
工程量清单计价方式预算文件组成及示例

### B.1　工程量清单计价方式预算文件组成

#### B.1.1　封面

封面包括：招标人、工程名称、招标控制价或投标总价（大、小写）、投标人、法定代表人或其授权人、编制人、编制时间。

#### B.1.2　总说明

总说明包括：工程概况、编制依据等。

#### B.1.3　单项工程招标控制价/投标报价汇总表

单项工程招标控制价/投标报价汇总表应标明单位工程名称、金额，及其中暂估价、安全文明施工费、规费的金额及合计。

#### B.1.4　单位工程招标控制价/投标报价汇总表

单位工程招标控制价/投标报价汇总表应标明分部分项工程、措施项目、其他项目、规费、税金的金额及单位工程招标控制价或投标价合计。

#### B.1.5　分部分项工程量清单与计价表

分部分项工程量清单与计价表应标明各分部分项工程的项目编码、项目名称、项目特征描述、计量单位、工程量、综合单价、合价、暂估价。

#### B.1.6　工程量清单综合单价分析表

工程量清单综合单价分析表应标明各分部分项工程的项目编码、项目名称、计量单位，清单综合单价组成明细，包括：定额编号、定额名称、定额单位、数量、人工费、材料费、机械费、管理费和利润的单价及合价，清单项目综合单价及主要材料名称、规格型号、单位、数量、单价、合价、暂估价。

#### B.1.7　措施项目清单与计价表

措施项目清单与计价表应标明措施项目名称、计算基础、费率、金额。

#### B.1.8　其他项目清单与计价表

其他项目包括暂列金额、暂估价、计日工、总承包服务费等。应标明项目名称、计量单位、金额。

#### B.1.9　规费、税金项目清单与计价表

规费、税金项目清单与计价表应标明项目名称、计算基础、费率、金额。

**B.2 工程量清单计价方式预算文件示例**

**B.2.1** 封面格式参见图 B.1、图 B.2。

## 工程招标控制价

招标控制价(小写)：

（大写）：

招标人：                              造价咨询人：

（单位盖章）                              （单位资质专用章）

法定代表人                              法定代表人

或其授权人：                              或其授权人：

（签字或盖章）                              （签字或盖章）

编制人：                              复核人：

（造价人员签字盖专用章）                        （造价工程师签字盖专用章）

编制时间：年  月  日                    复核时间：年  月  日

图 B.1  封面格式（一）

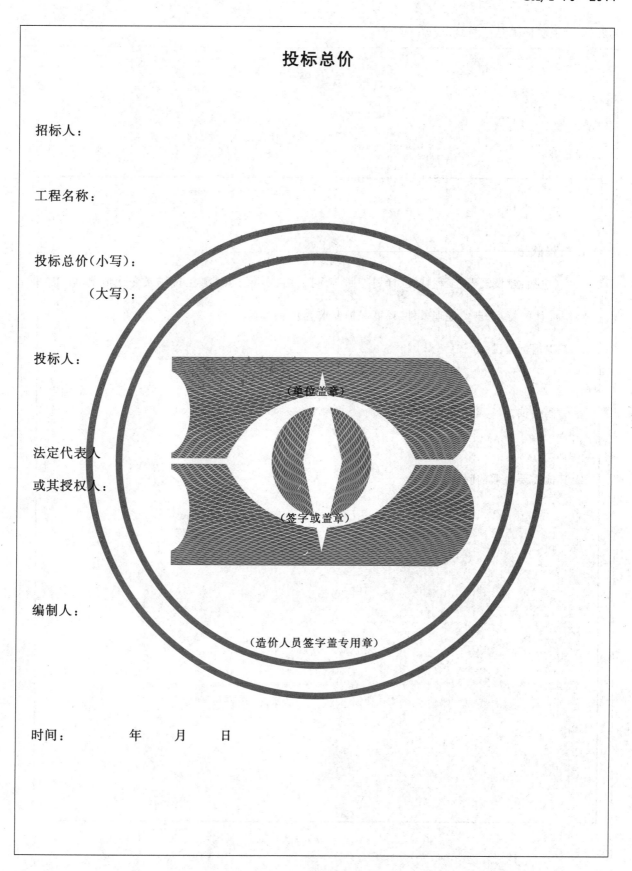

B.2.2 总说明格式参见图 B.3。

# 总说明

工程名称：　　　　　　　　　　　　　　　　　　　　　　第　页,共　页

1. 工程概况：

　　（包括：建设规模、工程特征、计划工期、合同工期、实际工期、施工现场及变化情况、施工组织设计的特点、自然地理条件、环境保护要求等）

2. 工程招标范围：

3. 编制依据：

4. 其他需要说明的问题：

图 B.3　总说明格式

B.2.3 工程项目招标控制价/投标报价汇总表格式参见图 B.4。

# 建设项目投标报价汇总表

工程名称：                                                        第　　页,共　　页

| 序号 | 单项工程名称 | 金额元 | 其中:(元) | | |
|---|---|---|---|---|---|
| | | | 暂估价元 | 安全文明施工费元 | 规费元 |
| | | | | | |
| | 合计 | | | | |

注：本表适用于建设项目招标控制价或投标报价的汇总。

图 B.4　工程项目招标控制价/投标报价汇总表格式

**B.2.4** 单位工程投标报价汇总表格式参见图 B.5。

# 单位工程投标报价汇总表

工程名称：　　　　　　　　　　　　　　　　　　　　　第　　页,共　　页

| 序号 | 汇总内容 | 金额/元 | 其中:暂估价/元 |
|------|----------|---------|----------------|
| 1 | 分部分项工程 | | |
| | | | |
| | | | |
| | | | |
| | | | |
| | | | |
| | | | |
| 2 | 措施项目 | | |
| | 其中:安全文明施工费 | | |
| 3 | 其他项目 | | |
| | 其中:暂列金额 | | |
| | 其中:专业工程暂估价 | | |
| | 其中:计日工 | | |
| | 其中:总承包服务费 | | |
| 4 | 规费 | | |
| 5 | 税金 | | |
| | 合计＝1＋2＋3＋4＋5 | | |

注:本表适用于工程单位控制价或投标报价的汇总,如无单位工程划分,单项工程也使用本表汇总。

图 B.5 单位工程投标报价汇总表格式

B.2.5 分部分项工程和单价措施项目清单与计价表格式参见图 B.6。

## 分部分项工程和单价措施项目清单与计价表

工程名称：                                                                第 页，共 页

| 序号 | 项目编码 | 项目名称 | 项目特征 | 计量单位 | 工程量 | 金额/元 | | |
| | | | | | | 综合单价 | 合价 | 其中 |
| | | | | | | | | 暂估价 |
| | | | | | | | | |
| | | | | | | | | |
| | | | | | | | | |
| | | | | | | | | |
| | | | | | | | | |
| | | | | | | | | |
| | | | | | | | | |
| | | | | | | | | |
| | | | | | | | | |
| 本页小计 | | | | | | | | |
| 合计 | | | | | | | | |

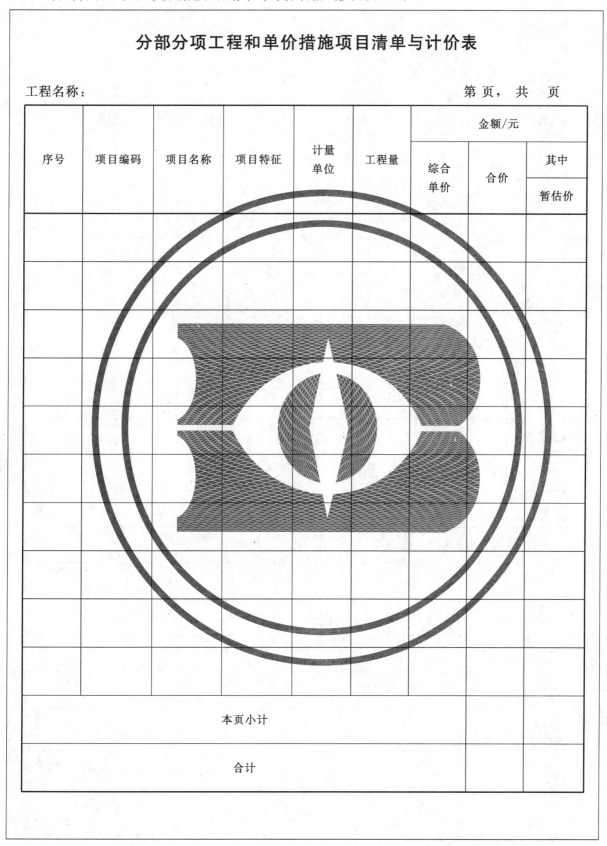

图 B.6 分部分项工程和单价措施项目清单与计价表格式

B.2.6 综合单价分析表格式参见图 B.7。

# 综合单价分析表

工程名称：　　　　　　　　　　　　　　　　　　　　　　　第　　页,共　　页

| 项目编码 | | | | 项目名称 | | | 计量单位 | | 工程量 | |
|---|---|---|---|---|---|---|---|---|---|---|
| 清单综合单价组成明细 | | | | | | | | | | |
| 定额编号 | 定额名称 | 定额单位 | 数量 | 单价 | | | | 合价 | | | |

| 定额编号 | 定额名称 | 定额单位 | 数量 | 人工费 | 材料费 | 机械费 | 管理费和利润 | 人工费 | 材料费 | 机械费 | 管理费和利润 |
|---|---|---|---|---|---|---|---|---|---|---|---|
| | | | | | | | | | | | |
| | | | | | | | | | | | |
| | | | | | | | | | | | |
| | | | | | | | | | | | |
| | | | | | | | | | | | |
| 人工单价 | | | 小计 | | | | | | | | |
| | | 未计价材料费 | | | | | | | | | |
| | | 清单项目综合单价 | | | | | | | | | |

| | 主要材料名称、规格、型号 | 单位 | 数量 | 单价元 | 合价元 | 暂估单价元 | 暂估合价元 |
|---|---|---|---|---|---|---|---|
| 材料费明细 | | | | | | | |
| | | | | | | | |
| | | | | | | | |
| | 其他材料费 | | | | | | |
| | 材料费小计 | | | | | | |

图 B.7　综合单价分析表格式

**B.2.7** 总价措施项目清单与计价表格式参见图 B.8。

# 总价措施项目清单与计价表

工程名称：　　　　　　　　　　　　　　　　　　　　第　页,共　页

| 序号 | 项目编码 | 项目名称 | 计算基础 | 费率% | 金额元 | 调整费率% | 调整后金额元 | 备注 |
|---|---|---|---|---|---|---|---|---|
|  |  | 安全文明施工费 |  |  |  |  |  |  |
|  |  | 夜间施工增加费 |  |  |  |  |  |  |
|  |  | 二次搬运费 |  |  |  |  |  |  |
|  |  | 冬雨季施工增加费 |  |  |  |  |  |  |
|  |  | 已完工程及设备保护费 |  |  |  |  |  |  |
|  |  |  |  |  |  |  |  |  |
|  |  |  |  |  |  |  |  |  |
|  |  |  |  |  |  |  |  |  |
|  |  |  |  |  |  |  |  |  |
|  |  |  |  |  |  |  |  |  |
|  |  |  |  |  |  |  |  |  |
|  |  |  |  |  |  |  |  |  |
| 合计 |  |  |  |  |  |  |  |  |

**图 B.8　总价措施项目清单与计价表格式**

**B.2.8** 其他项目清单与计价汇总表格式参见图 B.9。

## 其他项目清单与计价汇总表

工程名称：                                            第　页,共　页

| 序号 | 项目名称 | 计量单位 | 金额<br>元 | 结算金额<br>元 | 备注 |
|---|---|---|---|---|---|
| 1 | 暂列金额 | | | | |
| 2 | 暂估价 | | | | |
| 2.1 | 材料暂估价 | | | | |
| 2.2 | 专业工程暂估价 | | | | |
| 3 | 计日工 | | | | |
| 4 | 总承包服务费 | | | | |
| 5 | | | | | |
| | | | | | |
| | | | | | |
| | | | | | |
| | | | | | |
| 合　计 | | | | | |

**图 B.9　其他项目清单与计价汇总表格式**

**B.2.9** 规费、税金项目计价表格式参见图 B.10。

## 规费、税金项目计价表

工程名称：　　　　　　　　　　　　　　　　　　　　　　　　第　页,共　页

| 序号 | 项目名称 | 计算基础 | 计算基数 | 计算费率 % | 金额 元 |
|------|----------|----------|----------|-----------|---------|
| 1 | 规费 | | | | |
| 1.1 | 社会保障费 | | | | |
| (1) | 养老保险费 | | | | |
| (2) | 失业保险费 | | | | |
| (3) | 医疗保险费 | | | | |
| (4) | 工伤保险费 | | | | |
| (5) | 生育保险费 | | | | |
| 1.2 | 住房公积金 | | | | |
| 1.3 | 工程排污费 | | | | |
| | | | | | |
| 2 | 税金 | | | | |
| | | 分部分项工程费＋<br>措施项目费＋<br>其他项目费＋<br>规费－按规定不计税的<br>工程设备金额 | | | |
| 合计 | | | | | |

图 B.10　规费、税金项目计价表格式

## 参 考 文 献

[1]　基本建设财务管理规定(国家财政部　财建[2002]394号)

[2]　工程勘察设计收费管理规定(国家发展计划委员会、建设部　计价格[2002]10号)

[3]　招标代理服务收费管理暂行办法(国家发展计划委员会　计价格[2002]1980号)

[4]　建设工程监理与相关服务收费管理规定(国家发展和改革委员会、建设部　发改价格[2007]670号)

ICS 13.310
A 91

中华人民共和国公共安全行业标准

GA/T 74—2017
代替 GA/T 74—2000

# 安全防范系统通用图形符号

General graphical symbols in security system

2017-06-23 分布

2017-06-23 实施

中华人民共和国公安部    发布

# 前　言

本标准按照 GB/T 1.1—2009 给出的规则起草。

本标准代替 GA/T 74—2000《安全防范系统通用图形符号》。与 GA/T 74—2000 相比,除编辑性修改,主要技术变化如下:

——修改了标准的适用范围(见第 1 章,2000 年版的第 1 章);

——增加了术语和定义(见第 3 章);

——修改了原标准中图形符号的归类和编号,增加了 142 个新符号,删除了 71 个原有的符号(见第 4 章,2000 年版的第 3 章);

——增加了图形符号的应用要求(见第 5 章);

——删除了原标准中的附录 A,电线图形符号全面修订后纳入"传输系统设备图形符号",管线标注符号全面修订后纳入"管线敷设部位、线缆敷设方式的标注符号"(见 4.8、4.9,2000 年版的附录 A)。

本标准由全国安全防范报警系统标准化技术委员会(SAC/TC 100)提出并归口。

本标准起草单位:公安部第一研究所、北京声迅电子股份有限公司。

本标准主要起草人:史彦林、王永升、邢更力、尹萍、聂蓉、夏宇、刘静、段凯。

本标准所代替标准的历次版本发布情况为:

——GA/T 74—1994、GA/T 74—2000。

# 安全防范系统通用图形符号

## 1 范围

本标准规定了安全防范系统工程中常用的图形符号及应用要求。

本标准适用于安全防范系统设计、施工等技术文件中图形符号的绘制和标注,其他行业也可参照使用。

## 2 规范性引用文件

下列文件对于本文件的应用是必不可少的。凡是注日期的引用文件,仅注日期的版本适用于本文件。凡是不注日期的引用文件,其最新版本(包括所有的修改单)适用于本文件。

GB/T 4728.9—2008 电气简图用图形符号 第9部分:电信:交换和外围设备

GB/T 4728.10—2008 电气简图用图形符号 第10部分:电信:传输

GB/T 4728.11—2008 电气简图用图形符号 第11部分:建筑安装平面布置图

GB/T 5465.2—2008 电气设备用图形符号 第2部分:图形符号

GB/T 15565.1 图形符号 术语 第1部分:通用

GB/T 20063.15—2009 简图用图形符号 第15部分:安装图和网络图

GB/T 28424—2012 交通电视监控系统设备用图形符号及图例

GB/T 50786—2012 建筑电气制图标准

## 3 术语和定义

GB/T 15565.1界定的术语和定义适用于本文件。

## 4 图形符号

### 4.1 防护区域边界图形符号

防护区域边界图形符号见表1。

表1 防护区域边界图形符号

| 序号 | 名称 | 英语名称 | 图形符号 | 说明 |
|------|------|----------|----------|------|
| 4101 | 防护周界 | protective perimeter | | |
| 4102 | 监视区边界 | monitored zone | | |
| 4103 | 防护区边界 | protected zone | | |
| 4104 | 禁区边界 | forbidden zone | | |

## 4.2 入侵和紧急报警系统设备图形符号

入侵和紧急报警系统设备图形符号见表2。

### 表2 入侵和紧急报警系统设备图形符号

| 序号 | 设备名称 | 英语名称 | 图形符号 | 说明 |
|---|---|---|---|---|
| 4201 | 主动红外入侵探测器 | active infrared intrusion detector | Tx ---IR--- Rx | Tx 代表发射机 Rx 代表接收机 |
| 4202 | 遮挡式微波入侵探测器 | microwave interruption intrusion detector | Tx ---M--- Rx | Tx 代表发射机 Rx 代表接收机 |
| 4203 | 激光对射入侵探测器 | thru-beam laser intrusion detector | Tx ---LD--- Rx | Tx 代表发射机 Rx 代表接收机 |
| 4204 | 光纤振动入侵探测器 | optical fiber vibration intrusion detector | T/R ---OF--- | |
| 4205 | 振动电缆入侵探测器 | vibration cable intrusion detector | T/R ---CV--- | |
| 4206 | 张力式电子围栏 | taut electronic fence | T/R ---TF--- | |
| 4207 | 脉冲电子围栏 | pulse electronic fence | T/R ---EF--- | |
| 4208 | 周界防范高压电网装置 | perimeter protection high-voltage device | T/R ---HV--- | |
| 4209 | 泄漏电缆入侵探测装置 | leaky cable intrusion detecting device | T/R ---LC--- | |
| 4210 | 甚低频感应入侵探测器 | VLF inductive intrusion detector | T/R ---VLF--- | |
| 4211 | 被动红外探测器 | passive infrared detector | ◁ IR | |

表 2（续）

| 序号 | 设备名称 | 英语名称 | 图形符号 | 说明 |
|---|---|---|---|---|
| 4212 | 微波多普勒探测器 | microwave Doppler detector | | |
| 4213 | 超声波多普勒探测器 | ultrasonic Doppler detector | | |
| 4214 | 微波和被动红外复合入侵探测器 | combined microwave and passive infrared intrusion detector | | |
| 4215 | 振动入侵探测器 | vibration intrusion detector | | |
| 4216 | 声波探测器 | acoustic detector (airborne vibration) | | |
| 4217 | 振动声波复合探测器 | combined vibration and airborne detector | | |
| 4218 | 被动式玻璃破碎探测器 | passive glass-break detector | | |
| 4219 | 压敏探测器 | pressure-sensitive detector | | |
| 4220 | 商品防盗探测器 | EAS detector | | |
| 4221 | 磁开关入侵探测器 | magnetic switch intrusion detector | | |
| 4222 | 紧急按钮开关 | panic button switch | | |

GA/T 74—2017

表2（续）

| 序号 | 设备名称 | 英语名称 | 图形符号 | 说明 |
|------|----------|----------|----------|------|
| 4223 | 钞票夹开关 | money clip switch | | |
| 4224 | 紧急脚挑开关 | emergency foot switch | | |
| 4225 | 压力垫开关 | pressure pad switch | | |
| 4226 | 扬声器 | loudspeaker | | 见 GB/T 4728.9—2008 中的 S01059（在此标准中的序号,下同） |
| 4227 | 报警灯 | warning light | | |
| 4228 | 警号 | siren | | |
| 4229 | 声光报警器 | audible and visual alarm | | |
| 4230 | 警铃 | bell | | |
| 4231 | 保安电话 | security telephone | | |
| 4232 | 模拟显示屏 | analog display panel | | 入侵和紧急报警系统中用于报警地图的模拟显示 |

216

表 2（续）

| 序号 | 设备名称 | 英语名称 | 图形符号 | 说明 |
|------|---------|---------|---------|------|
| 4233 | 辅助控制设备 | ancillary control equipment | ACE | 入侵和紧急报警系统用 |
| 4234 | 防护区域收发器 | supervised premises transceiver | SPT | 入侵和紧急报警系统用 |
| 4235 | 报警控制键盘 | alarm control keyboard | ACK | |
| 4236 | 控制指示设备 | control and indicating equipment | CIE | 防盗报警控制器 |
| 4237 | 报警信息打印设备 | alarm information printer | | |
| 4238 | 电话报警联网适配器 | network adaptor for alarm by telephone | | |
| 4239 | 入侵和紧急报警系统控制计算机 | computer for intrusion and hold up alarm system control | I&HAS | |

**4.3 安全防范视频监控系统设备图形符号**

安全防范视频监控系统设备图形符号见表3。

表 3 安全防范视频监控系统设备图形符号

| 序号 | 设备名称 | 英语名称 | 图形符号 | 说明 |
|------|---------|---------|---------|------|
| 4301 | 室内防护罩 | indoor housing | | |
| 4302 | 室外防护罩 | outdoor housing | | |

表 3（续）

| 序号 | 设备名称 | 英语名称 | 图形符号 | 说明 |
|------|---------|---------|---------|------|
| 4303 | 云台 | pan/tilt | | |
| 4304 | 黑白摄像机 | camera | | |
| 4305 | 网络（数字）摄像机 | network (digital) camera | IP | 见 GB/T 50786—2012 中的表 4.1.3-5 |
| 4306 | 彩色摄像机 | color camera | | 见 GB/T 28424—2012 中的 4102 |
| 4307 | 彩色转黑白摄像机 | color to black and white camera | | |
| 4308 | 半球黑白摄像机 | hemispherical camera | | |
| 4309 | 半球彩色摄像机 | hemispherical color camera | | |
| 4310 | 云台黑白摄像机 | PTZ camera | | 见 GB/T 28424—2012 中的 4103 |
| 4311 | 云台彩色摄像机 | PTZ color camera | | 见 GB/T 28424—2012 中的 4104 |
| 4312 | 一体化球形黑白摄像机 | integrated dome camera | | 见 GB/T 28424—2012 中的 4106 |

表 3（续）

| 序号 | 设备名称 | 英语名称 | 图形符号 | 说明 |
|------|---------|---------|---------|------|
| 4313 | 一体化球形彩色摄像机 | integrated color dome camera | | 见 GB/T 28424—2012 中的 4107 |
| 4314 | 180°全景摄像机 | panoramic camera covering 180 degree visual angle | | |
| 4315 | 360°全景摄像机 | panoramic camera covering 360 degree visual angle | | |
| 4316 | 云台解码器 | receiver/driver | R/D | 见 GB/T 28424—2012 中的 4109 |
| 4317 | 视频编码器 | video encoder | VENC | |
| 4318 | 辅助照明灯 | ancillary lamp | | 见 GB/T 4728.11—2008 中的 S00483 如果需要指示照明灯的类型,则要在符号旁标出下列代码: IR——红外线的 LED——发光二极管 IN——白炽灯 FL——荧光的 Na——钠气 Ne——氖 Hg——汞 Xe——氙 |
| 4319 | 视频切换矩阵 | video switching matrix | | x 代表视频输入路数 y 代表视频输出路数 |

表 3（续）

| 序号 | 设备名称 | 英语名称 | 图形符号 | 说明 |
|------|----------|----------|----------|------|
| 4320 | 视频分配放大器 | video amplifier distributor | | 见 GB/T 28424—2012 中的 4202 |
| 4321 | 字符叠加器 | VDM | VDM | 见 GB/T 28424—2012 中的 4203 |
| 4322 | 画面分割器 | screen division fixture | (n) | 见 GB/T 28424—2012 中的 4204 n 代表画面数 |
| 4323 | 视频操作键盘 | video operation keyboard | | 见 GB/T 28424—2012 中的 4205 |
| 4324 | 视频控制计算机 | video control computer | VC | 见 GB/T 28424—2012 中的 4206 |
| 4325 | 视频解码器 | video decoder | VDEC | |
| 4326 | CRT 监视器 | cathode ray tube TV display | (n) CRT | n 代表监视器规格 |
| 4327 | 液晶显示器 | liquid crystal display | (n) LCD | n 代表显示器规格 |
| 4328 | 背投显示器 | digital light processor | (n) DLP | n 代表显示器规格 |

表 3（续）

| 序号 | 设备名称 | 英语名称 | 图形符号 | 说明 |
|---|---|---|---|---|
| 4329 | 等离子显示器 | plasma display panel | PDP (n) | n 代表显示器规格 |
| 4330 | LED 显示器 | LED monitor | LED (n) | n 代表显示器规格 |
| 4331 | 拼接显示屏 | splicing display screen (digital information display) | m×n | m 代表拼接显示屏行数 n 代表拼接显示屏列数 |
| 4332 | 多屏幕拼接控制器 | multi-screen splicing controller | MCC (x/y) | x 代表视频输入路数 y 代表拼接输出路数 |
| 4333 | 投影仪 | video projection | | 见 GB/T 28424—2012 中的 4305 |
| 4334 | 投影屏幕 | projection screen | | 见 GB/T 28424—2012 中的 4308 |
| 4335 | 数字硬盘录像机 | digital hard disk video recorder | DVR | 见 GB/T 28424—2012 中的 4401 |
| 4336 | 网络硬盘录像机 | network hard disk video recorder | NVR | |
| 4337 | 磁盘阵列 | disk array | | 见 GB/T 28424—2012 中的 4403 |
| 4338 | 光盘刻录机 | CD writer | | 见 GB/T 28424—2012 中的 4404 |

GA/T 74—2017

## 4.4 出入口控制系统设备图形符号

出入口控制系统设备图形符号见表4。

表4 出入口控制系统设备图形符号

| 序号 | 设备名称 | 英语名称 | 图形符号 | 说明 |
|------|----------|----------|----------|------|
| 4401 | 读卡器 | card reader | | |
| 4402 | 键盘读卡器 | card reader with keypad | KP | |
| 4403 | 指纹识别器 | finger print identifier | | |
| 4404 | 指静脉识别器 | finger vein identifier | | |
| 4405 | 掌纹识别器 | palm print identifier | | |
| 4406 | 掌形识别器 | hand identifier | | |
| 4407 | 人脸识别器 | face identifier | | |
| 4408 | 虹膜识别器 | iris identifier | | |
| 4409 | 声纹识别器 | voiceprint identifier | | |

222

表4（续）

| 序号 | 设备名称 | 英语名称 | 图形符号 | 说明 |
|------|---------|---------|---------|------|
| 4410 | 电控锁 | electronic control lock | | |
| 4411 | 卡控旋转栅门 | turnstile | | |
| 4412 | 卡控旋转门 | revolving door | | |
| 4413 | 卡控叉形转栏 | rotary gate | | |
| 4414 | 电控通道闸 | turnstile gate | | |
| 4415 | 开门按钮 | open button | | |
| 4416 | 应急开启装置 | emergency open device | | |
| 4417 | 出入口控制器 | access control unit | | n代表出入口控制点数量 |
| 4418 | 信息装置 | message device | | 离线式电子巡查系统用 |

表 4（续）

| 序号 | 设备名称 | 英语名称 | 图形符号 | 说明 |
|------|---------|---------|---------|------|
| 4419 | 信息转换装置 | message conversion device | | 离线式电子巡查系统用 |
| 4420 | 识读装置 | reading device | | 在线式电子巡查系统用 |
| 4421 | 电子巡查系统管理终端 | management terminal for electronic patrol system | EPS | |
| 4422 | 访客呼叫机 | visitor call unit | | |
| 4423 | 访客接收机 | user receiver unit | | |
| 4424 | 可视门口机 | outdoor video unit | | |
| 4425 | 可视室内机 | indoor video unit | | |
| 4426 | 辅助装置 | auxiliary device | AD | 楼寓对讲系统用 |
| 4427 | 管理机 | management unit | MU | 楼寓对讲系统用 |

表4（续）

| 序号 | 设备名称 | 英语名称 | 图形符号 | 说明 |
|---|---|---|---|---|
| 4428 | 车辆信息识别装置（读卡器） | vehicle information identificating device (card reader) | | 停车场（库）安全管理系统用 |
| 4429 | 车辆信息识别装置（摄像机） | vehicle information identificating device(camera) | | 停车场（库）安全管理系统用 |
| 4430 | 车辆检测器 | vehicle detector | | 停车场（库）安全管理系统用 |
| 4431 | 声光提示装置 | audio and light indicating device | | 停车场（库）安全管理系统用 |
| 4432 | 车辆引导装置 | vehicle guiding device | | 停车场（库）安全管理系统用 |
| 4433 | 车位信息显示装置 | parking information display device | | 停车场（库）安全管理系统用 |
| 4434 | 车位探测器 | parking lot detector | | 停车场（库）安全管理系统用 |
| 4435 | 自动出卡/出票、收卡/验票装置 | automatic card/ticket device | | 停车场（库）安全管理系统用 |
| 4436 | 收费指示装置 | charge indicating device | | 停车场（库）安全管理系统用 |

GA/T 74—2017

表4（续）

| 序号 | 设备名称 | 英语名称 | 图形符号 | 说明 |
|---|---|---|---|---|
| 4437 | 升降式路障 | automatic lifting roadblock | | 停车场（库）安全管理系统用 |
| 4438 | 翻板式路障 | automatic brake roadblock | | 停车场（库）安全管理系统用 |
| 4439 | 挡车器 | barrier gate | | 停车场（库）安全管理系统用 |
| 4440 | 中央管理单元 | central management unit | CMU | 停车场（库）安全管理系统用 |

## 4.5 防爆与安全检查系统设备图形符号

防爆与安全检查系统设备图形符号见表5。

表5 防爆与安全检查系统设备图形符号

| 序号 | 设备名称 | 英语名称 | 图形符号 | 说明 |
|---|---|---|---|---|
| 4501 | X射线安全检查设备 | X-ray security inspection equipment | | |
| 4502 | 中子射线安全设备 | neutron ray security inspection equipment | | |
| 4503 | 通过式金属探测器 | walk-through metal detector | | |

226

表5（续）

| 序号 | 设备名称 | 英语名称 | 图形符号 | 说明 |
|---|---|---|---|---|
| 4504 | 通过式核辐射检测仪 | walk-through nuclear radiation detector | | |
| 4505 | 信件炸弹检测器 | letter bomb detector | | |
| 4506 | 炸药探测仪 | explosive detector | | |
| 4507 | 液体检查仪 | liquid detector | | |
| 4508 | 毒气探测器 | gas detector | | |
| 4509 | 人体检测仪 | human body detector | | |
| 4510 | 防爆球 | explosion proof ball | | |
| 4511 | 防爆毯 | explosion proof blanket | | |
| 4512 | 防爆罐 | explosion proof tank | | |

表 5（续）

| 序号 | 设备名称 | 英语名称 | 图形符号 | 说明 |
|------|----------|----------|----------|------|
| 4513 | 防爆车 | explosion-proof vehicle | E-P | |
| 4514 | 排爆机器人 | explosive-ordnance disposal robot | | |

### 4.6 实体防护系统设备图形符号

实体防护系统设备图形符号见表6。

#### 表 6 实体防护系统设备图形符号

| 序号 | 设备名称 | 英语名称 | 图形符号 | 说明 |
|------|----------|----------|----------|------|
| 4601 | 防盗安全门 | burglary-resistant safety door | X | X代表防盗安全级别，共分为4级。其中中文代号分别为"甲""乙""丙""丁"，拼音字母代号分别为"J""Y""B""D" |
| 4602 | 金库门 | vault door | ⊕ | |
| 4603 | 防尾随联动互锁安全门 | anti-trailing interlock safety door | A -- B | |
| 4604 | 机械防盗锁 | mechanical burglary-resistant lock | TRL | |

表6（续）

| 序号 | 设备名称 | 英语名称 | 图形符号 | 说明 |
|------|---------|---------|---------|------|
| 4605 | 防砸复合玻璃 | smashing-resistant composited glass | FR | |
| 4606 | 防弹复合玻璃 | bullet-resistant composited glass | BR | |
| 4607 | 防爆炸复合玻璃 | blast-resistant composited glass | BC | |
| 4608 | 防盗保险箱（柜） | burglary-resistant safe | | |

## 4.7 供配电系统设备图形符号

供配电系统设备图形符号见表7。

表7 供配电系统设备图形符号

| 序号 | 设备名称 | 英语名称 | 图形符号 | 说明 |
|------|---------|---------|---------|------|
| 4701 | 变压器 | transformer | | 见 GB/T 5465.2—2008 中的 5156 |
| 4702 | 电池 | battery | | 见 GB/T 5465.2—2008 中的 5001A |
| 4703 | 交流/直流变换器 | AC/DC-converter | | 见 GB/T 5465.2—2008 中的 5003 |

表7（续）

| 序号 | 设备名称 | 英语名称 | 图形符号 | 说明 |
|---|---|---|---|---|
| 4704 | 直流/交流变换器 | DC/AC-converter | | 见 GB/T 5465.2—2008 中的 5194 |
| 4705 | 双电源切换电器 | automatic transfer switching equipment | TSE | |
| 4706 | 交流不间断电源 | uninterrupted power supply | UPS | |
| 4707 | 发电机 | generator | G | |

### 4.8 传输系统设备图形符号

传输系统设备图形符号见表8。

表8 传输系统设备图形符号

| 序号 | 设备名称 | 英语名称 | 图形符号 | 说明 |
|---|---|---|---|---|
| 4801 | 地下线路 | underground line | | 见 GB/T 20063.15—2009 中的 4.3.1 |
| 4802 | 水下线路 | submarine line | | 见 GB/T 20063.15—2009 中的 4.3.2 |
| 4803 | 架空线路 | overhead line | | 见 GB/T 20063.15—2009 中的 4.3.3 |
| 4804 | 套管线路 | casing line | | 见 GB/T 20063.15—2009 中的 4.3.4 |

表 8（续）

| 序号 | 设备名称 | 英语名称 | 图形符号 | 说明 |
|---|---|---|---|---|
| 4805 | 电缆梯架、托盘和槽盒线路 | line of cable ladder, cable tray, cable trunking | | 见 GB/T 50786—2012 中的表 4.1.2 |
| 4806 | 电缆沟线路 | line of cable trench | | 见 GB/T 50786—2012 中的表 4.1.2 |
| 4807 | 向上配线或布线 | wiring up | | 见 GB/T 50786—2012 中的表 4.1.2 |
| 4808 | 向下配线或布线 | wiring down | | 见 GB/T 50786—2012 中的表 4.1.2 |
| 4809 | 垂直通过配线或布线 | wiring vertically | | 见 GB/T 50786—2012 中的表 4.1.2 |
| 4810 | 由下引来配线或布线 | wiring from the below | | 见 GB/T 50786—2012 中的表 4.1.2 |
| 4811 | 由上引来配线或布线 | wiring from the above | | 见 GB/T 50786—2012 中的表 4.1.2 |
| 4812 | 视频线路 | video line | V 或 V | |
| 4813 | 信号线路 | signal line | S 或 S | |

表 8（续）

| 序号 | 设备名称 | 英语名称 | 图形符号 | 说明 |
|------|---------|---------|---------|------|
| 4814 | 控制线路 | control line | C 或 C | |
| 4815 | 数据线路 | data line | TD 或 TD | |
| 4816 | 广播线路 | broadcasting line | BC 或 BC | |
| 4817 | 50 V 以下的电源线路 | low voltage power line | D 或 D | |
| 4818 | 直流电源线路 | DC power line | DC 或 DC | |
| 4819 | 接地线 | earth line | E 或 E | |
| 4820 | 光纤/光缆 | optical fibre/ optical fibre cable | | |
| 4821 | 光、电信号转换器 | optical-electro converter | O E | |
| 4822 | 电、光信号转换器 | electro-optical converter | E O | |

表 8（续）

| 序号 | 设备名称 | 英语名称 | 图形符号 | 说明 |
|------|----------|----------|----------|------|
| 4823 | 光发射机 | optical transmitter | | 见 GB/T 4728.10—2008 中的 S01326 |
| 4824 | 光接收机 | optical receiver | | 见 GB/T 4728.10—2008 中的 S01327 |
| 4825 | 模拟/数字变换器 | A/D converter | A/D | |
| 4826 | 数字/模拟变换器 | D/A converter | D/A | |
| 4827 | 电信发送装置 | telecommunication transmitting device | | 见 GB/T 4728.9—2008 中的 S01029 |
| 4828 | 天线 | antenna | | 见 GB/T 4728.10—2008 中的 S01102 |
| 4829 | 无线发送装置 | radio transmitter | Tx | 如果需要指示无线发送装置的应用系统，则要在符号的矩形框内标出下列代码：<br>I&HAS——入侵和紧急报警系统<br>VSCS——安全防范视频监控系统<br>ACS——出入口控制系统<br>GTS——电子巡查系统<br>PLMS——停车库（场）管理系统<br>SIS——防爆安全检查系统 |

表8（续）

| 序号 | 设备名称 | 英语名称 | 图形符号 | 说明 |
|------|----------|----------|----------|------|
| 4830 | 无线接收装置 | radio receiver | **Rx** | 如果需要指示无线接收装置的应用系统,则要在符号的矩形框内标出下列代码:<br>I&HAS——入侵和紧急报警系统<br>VSCS——安全防范视频监控系统<br>ACS——出入口控制系统<br>GTS——电子巡查系统<br>PLMS——停车库(场)管理系统<br>SIS——防爆安全检查系统 |
| 4831 | 总配线架(柜) | main distribution frame | **MDF** | 见 GB/T 50786—2012中的表4.1.3-1 |
| 4832 | 光纤配线架(柜) | fiber distribution frame | **ODF** | 见 GB/T 50786—2012中的表4.1.3-1 |
| 4833 | 中间配线架(柜) | intermediate distribution frame | **IDF** | 见 GB/T 50786—2012中的表4.1.3-1 |
| 4834 | 建筑群配线架(柜) | campus distributor | CD 或 CD | |
| 4835 | 建筑物配线架(柜) | building distributor | BD 或 BD | 见 GB/T 50786—2012中的表4.1.3-1 |
| 4836 | 楼层配线架(柜) | floor distributor | FD 或 FD | 见 GB/T 50786—2012中的表4.1.3-1 |

表 8（续）

| 序号 | 设备名称 | 英语名称 | 图形符号 | 说明 |
|------|----------|----------|----------|------|
| 4837 | 集线器 | hub | HUB | 见 GB/T 50786—2012 中的表 4.1.3-1 |
| 4838 | 交换机 | switchboard | SW | 见 GB/T 50786—2012 中的表 4.1.3-1 |
| 4839 | 路由器 | router | Router | |
| 4840 | 光纤连接盘 | line interface unit | LIU | 见 GB/T 50786—2012 中的表 4.1.3-1 |
| 4841 | 集合点 | consolidation point | CP | 见 GB/T 50786—2012 中的表 4.1.3-1 |
| 4842 | 连接盒/接线盒 | connection box/ junction box | ⊙ | 见 GB/T 50786—2012 中的表 4.1.2 |
| 4843 | 手孔 | hand hole for underground chamber | | 见 GB/T 50786—2012 中的表 4.1.2 |
| 4844 | 方形检查井 | square manhole for underground chamber | | 见 GB/T 20063.15—2009 中的 5.1.6 |
| 4845 | 圆形检查井 | round manhole for underground chamber | | 见 GB/T 20063.15—2009 中的 5.1.7 |

## 4.9 管线敷设部位、线缆敷设方式的标注符号

### 4.9.1 管线敷设部位的标注符号

管线敷设部位的标注符号见表 9。

表9 管线敷设部位的标注符号

| 序号 | 名称 | 英语名称 | 标注文字符号 | 说明 |
|---|---|---|---|---|
| 4901 | 沿或跨梁（屋架）敷设 | along or across beam | AB | |
| 4902 | 沿或跨柱敷设 | along or across column | AC | |
| 4903 | 沿吊顶或顶板面敷设 | along ceiling or slab surface | CE | |
| 4904 | 吊顶内敷设 | recessed in ceiling | SCE | |
| 4905 | 沿墙面敷设 | on wall surface | WS | |
| 4906 | 沿屋面敷设 | on roof surface | RS | |
| 4907 | 暗敷设在顶板内 | concealed in ceiling or slab | CC | |
| 4908 | 暗敷设在梁内 | concealed in beam | BC | |
| 4909 | 暗敷设在柱内 | concealed in column | CLC | |
| 4910 | 暗敷设在墙内 | concealed in wall | WC | |
| 4911 | 暗敷设在地板或地面下 | concealed under floor or ground | FC | |

### 4.9.2 线缆敷设方式的标注符号

线缆敷设方式的标注符号见表10。

表10 线缆敷设方式的标注符号

| 序号 | 名称 | 英语名称 | 标注文字符号 | 说明 |
|---|---|---|---|---|
| 4912 | 穿低压流体输送用焊接钢管（钢导管）敷设 | run in welded steel conduit | SC | |
| 4913 | 穿普通碳素钢电线套管敷设 | run in electrical metal tubing | MT | |
| 4914 | 穿可挠金属电线保护套管敷设 | run in flexible metal tubing | CP | |
| 4915 | 穿硬塑料导管敷设 | run in rigid PVC conduit | PC | |
| 4916 | 穿阻燃半硬塑料导管敷设 | run in flame retardant semiflexible PVC conduit | FPC | |
| 4917 | 穿塑料波纹电线管敷设 | run in corrugated PVC conduit | KPC | |

表 10（续）

| 序号 | 名称 | 英语名称 | 标注文字符号 | 说明 |
|------|------|----------|--------------|------|
| 4918 | 电缆托盘敷设 | installed in cable tray | CT | |
| 4919 | 电缆梯架敷设 | installed in cable ladder | CL | |
| 4920 | 金属槽盒敷设 | installed in metal trunking | MR | |
| 4921 | 塑料槽盒敷设 | installed in PVC trunking | PR | |
| 4922 | 钢索敷设 | supported by messenger wire | M | |
| 4923 | 直接埋设 | direct burial | DB | |
| 4924 | 电缆沟敷设 | installed in cable trench | TC | |
| 4925 | 电缆排管敷设 | installed in concrete encasement | CE | |

## 5 应用要求

### 5.1 图形符号比例的调整

本标准中规定的图形符号的比例为标准比例。在应用图形符号时，如果符号比例调整后仍能够传递与原符号相同的信息，则可根据需要调整符号的比例。

### 5.2 图形符号的组合

两个或多个图形符号可组合成一个新的图形符号，新组合成的图形符号的含义应与其各组成部分所表示的含义相协调。

### 5.3 图形符号的指向

具有指向性图形符号的指向应与其监视、防护方向相适应。

ICS 13.310
A 91

# 中华人民共和国公共安全行业标准

GA 745—2017
代替 GA 745—2008

# 银行自助设备、自助银行安全防范要求

Requirements for security of self-service bank devices and self-service banks

2017-02-20 发布　　　　　　　　　　　　　2017-03-01 实施

中华人民共和国公安部　　发 布

# 前　言

**本标准全部内容均为强制性。**

本标准按照 GB/T 1.1—2009 给出的规则起草。

本标准代替 GA 745—2008《银行自助设备、自助银行安全防范的规定》。

本标准自实施之日起 GA 745—2008 即行废止。

本标准与 GA 745—2008 相比,除编辑性修改外,主要技术内容变化如下:

——修改了标准名称;

——删除了部分术语(见 2008 年版中的 3.9);

——修改了部分术语(见 3.1、3.2、3.3、3.4、3.5、3.6、3.7、3.14,2008 年版的 3.1、3.2、3.3、3.6、3.7、3.4、3.5、3.8);

——增加了相关术语(见 3.8、3.9、3.10、3.11、3.12、3.13);

——修改了应用模式分类(见第 4 章);

——修改了基本要求、实体防范要求和技术防范要求;

——增加了规范性附录 A。

本标准由公安部治安管理局提出。

本标准由全国安全防范报警系统标准化技术委员会(SAC/TC 100)归口。

本标准主要起草单位:公安部治安管理局、银监会安全保卫局、公安部安全与警用电子产品质量检测中心、北京市公安局、中国工商银行、中国建设银行、华夏银行、中国银行、北京声迅电子股份有限公司。

本标准主要起草人:袁鹤、杨建华、邱日祥、刘旭、任骥、王健力、姜慎威、边三平、聂蓉、邢伟东。

本标准所代替标准的历次版本发布情况为:

——GA 745—2008。

# 银行自助设备、自助银行安全防范要求

## 1 范围

本标准规定了银行自助设备、自助银行的应用模式分类、基本要求、实体防范要求和技术防范要求，是开展银行自助设备和自助银行安全防范设施建设、审批验收、日常检查和安全评估的依据。

本标准适用于现金类银行自助设备、自助银行的安全防范设施建设。非现金类银行自助设备以及其他金融机构自助设备的安全防范设施建设可参照执行。

## 2 规范性引用文件

下列文件对于本文件的应用是必不可少的。凡是注日期的引用文件，仅注日期的版本适用于本文件。凡是不注日期的引用文件，其最新版本（包括所有的修改单）适用于本文件。

GB/T 15408 安全防范系统供电技术要求

GB/T 16676 银行安全防范报警监控联网系统技术要求

GB 17565—2007 防盗安全门通用技术条件

GB/T 28181 公共安全视频监控联网系统信息传输、交换、控制技术要求

GB 50348 安全防范工程技术规范

GB 50394 入侵报警系统工程设计规范

GB 50395 视频安防监控系统工程设计规范

GB 50396 出入口控制系统工程设计规范

GA 38 银行营业场所安全防范要求

GA/T 73—2015 机械防盗锁

GA/T 75 安全防范工程程序与要求

GA 1003 银行自助服务亭技术要求

GA 1081 安全防范系统维护保养规范

GA 1280 自动柜员机安全性要求

GA/T 1337 银行自助设备防护舱安全性要求

## 3 术语和定义

下列术语和定义适应于本文件。

### 3.1

**银行自助设备 self-service bank device**

银行提供给客户自行完成存款、取款、转账、缴费、信息查询等业务的专用设备，包括现金类银行自助设备（如自动取款机、自动存款机、自动存取款一体机、外币兑换机等）和非现金类银行自助设备（如查询机、票据打印机、开卡机等）。

### 3.2

**自助银行 self-service bank**

由银行自助设备、客户活动区和加钞间等组成，供客户自行完成存款、取款、转账、缴费、信息查询等

业务,具有独立物理区域的场所。

3.3

**应用模式  application mode**

根据银行自助设备与建筑实体、银行营业场所之间位置关系以及自助设备安装方式、加钞方式的不同而形成的自助设备和自助银行设置模式。

3.4

**大堂式  in-hall mode**

银行自助设备设置在银行营业场所客户活动区或在银行营业场所以外的建筑物公共区域内的应用模式。

3.5

**穿墙式  through-the-wall mode**

银行自助设备设置在建筑实体内,客户操作面穿出墙体的应用模式。

3.6

**在行式  in-bank mode**

银行自助设备、自助银行设置在银行营业场所区域内的应用模式。

3.7

**离行式  off-bank mode**

银行自助设备、自助银行设置在银行营业场所区域以外的应用模式。

3.8

**前加钞式  front-loading mode**

银行自助设备钞箱开启面与设备的操作面同向的应用模式。

3.9

**后加钞式  rear-loading mode**

银行自助设备的钞箱开启面与客户操作面反向的应用模式。

3.10

**加钞间  cash replenishment room**

用于银行自助设备现金装填、日常维护等独立封闭的物理区域。

3.11

**加钞区  cash replenishment area**

为无独立加钞间的银行自助设备装填现金或开展日常维护时形成的临时作业区。

3.12

**客户操作区  customer operating area**

客户操作银行自助设备时所处的区域。

3.13

**客户活动区  customer servicing area**

客户在自助银行等候和办理业务的区域。

3.14

**银行自助服务亭  bank self-service house**

由底座、顶板、侧板等组成的一种不依附于任何建筑的独立装置,客户使用设置在其中的银行自助设备自行完成存款、取款、转账、缴费、信息查询等业务,是离行式自助银行的一种特殊应用模式。

## 4 应用模式分类

### 4.1 银行自助设备的应用模式

根据银行自助设备与银行营业场所之间位置关系、安装方式以及加钞方式等不同,银行自助设备的应用模式分为七类,具体见表1。

**表 1 银行自助设备的应用模式分类**

| 与银行的位置关系 | 在行式 | | | 离行式 | | | |
|---|---|---|---|---|---|---|---|
| 安装方式 | 大堂 | 穿墙 | | 大堂 | | 穿墙 | |
| 加钞方式 | 前加钞 | 后加钞 | | 前加钞 | 后加钞 | 后加钞 | |
| 与建筑物的关系及营业时间 | 设在银行营业场所的客户活动区,与银行营业场所的营业时间同步 | 设备的操作面在银行营业场所内,与银行营业时间同步 | 设备的操作面朝向银行营业场所外公共区域,提供 24 h 服务或与所处建筑物开放时间同步 | 设在银行营业场所以外的建筑物公共区域内,与所处建筑物开放时间同步 | 设备的操作面在建筑物内,提供 24 h 服务或与所处建筑物开放时间同步 | 设备的操作面朝向建筑物外公共区域的,提供 24 h 服务或与所处建筑物开放时间同步 | |
| 加钞间 | 无 | 有(设备设置在现金区内除外) | | 无 | 有 | 有 | |

### 4.2 自助银行应用模式

根据自助银行与银行营业场所之间位置关系,自助银行的应用模式分为在行式和离行式两种。

## 5 基本要求

5.1 银行自助设备、自助银行选址,应充分考虑周边治安环境,且符合安全防范基础设施建设条件。

5.2 银行自助设备、自助银行安全技术防范系统设计应符合 GB 50348 的相关规定,供电设计应符合 GB/T 15408 的规定,设计、施工程序应符合 GA/T 75、GA 38 的规定。

5.3 银行自助设备安全性应符合 GA 1280 的相关要求。

5.4 安全提示和 24 h 服务电话应通过银行自助设备的电子屏幕显示或播放,不得在银行自助设备机身、周围墙体上粘贴、喷涂各类告示。

5.5 银行自助设备、自助银行的安全技术防范系统应配备不间断备用电源,备用电源应保证市电断电后视频监控系统正常工作时间不少于 2 h;报警系统正常工作时间应不少于 8 h;出入口控制系统锁具采用断电开启方式的,正常工作时间应不少于 48 h。当市电断电后,系统应向联网监控中心发送断电报警信息。

5.6 银行自助设备、自助银行的电源总开关应设在客户活动区以外的隐蔽位置,客户活动区不得设置电源插座。银行自助设备的各种外接线缆应有防护措施,接插件应置于封闭的刚性防护体内。

5.7 银行自助设备、自助银行的消防设施配置应符合消防管理的有关规定。加钞间、自助银行客户操作区应安装应急照明灯。

5.8 银行自助设备、自助银行安全防范系统建设中采用的材料、设备和施工工艺应符合相关国家标准的规定。

5.9 银行自助设备、自助银行配备的入侵报警、视频监控、出入口控制、语音对讲等子系统应与银行监控中心联网,并应符合 GB/T 16676 的相关规定;与公共安全视频监控联网系统联网时,应符合 GB/T 28181 的相关规定。

5.10 银行自助设备、自助银行安全技术防范系统的维护保养应符合 GA 1081 的相关规定。

5.11 银行自助设备、自助银行的安全防范设施配置详见附录 A。

## 6 实体防范要求

### 6.1 加钞间实体防范要求

6.1.1 加钞间的墙体应采用符合建筑设计相关标准要求的钢筋混凝土结构,墙体厚度应不小于 160 mm。非钢筋混凝土结构的墙体应采取以下措施之一加强防护:

    a) 采用钢板防护,在墙体内侧加装大于等于 4 mm 厚的钢板,钢板抗拉屈服强度标准值大于等于 235 MPa,钢板与建筑主体牢固连接;

    b) 采用钢筋网防护,钢筋直径大于等于 14 mm,网格小于等于 150 mm×150 mm,并与建筑主体牢固连接;

    c) 采用钢筋网抹灰防护,钢筋直径大于等于 6 mm,网格小于等于 150 mm×150 mm,抹灰厚度大于等于 40 mm,水泥砂浆强度大于等于 M5,并与建筑主体牢固连接。

6.1.2 加钞间四周墙体与建筑楼板相接,或在顶部采用钢筋网防护,钢筋直径不小于 14 mm,网格不大于 150 mm×150 mm,并与四周墙体可靠连接,确保加钞间相对封闭。

6.1.3 加钞间不应设窗户和通风口。加钞间的门体强度不低于 GB 17565—2007 规定的乙级,锁具应符合 GA/T 73—2015 B 级以上的要求。

### 6.2 自助设备实体防范要求

6.2.1 银行自助设备应加装防窥视功能的装置,设置相对独立的客户操作区,可采用一米线、加装挡板、防护舱等方式。

6.2.2 大堂式银行自助设备在现金装填和设备维护时,应设置临时警戒线,配备安保力量进行现场警戒。

6.2.3 穿墙式后加钞银行自助设备客户操作面朝向室外公共区域的,应符合下列要求:

    a) 为客户提供独立封闭操作空间或加装符合 GA/T 1337 要求的银行自助设备防护舱;

    b) 自助设备与地面或墙体牢固连接,自助设备与安装墙体的缝隙不得大于 5 mm;

    c) 自助设备安装墙体应与加钞间的墙体可靠连接,确保加钞间封闭。

6.2.4 穿墙式后加钞自助设备应配置加钞间(设备设置在现金业务区的除外)。

6.2.5 安全技术防范系统的控制设备如数字录像机、报警控制器、UPS 电源等应放置在刚性防护体内并锁闭。

### 6.3 自助银行实体防范要求

除应符合 6.1、6.2.1、6.2.3、6.2.5 的要求外,还应符合下列要求:

    a) 自助银行应使用穿墙式后加钞自助设备;

    b) 在行式自助银行客户活动区与其他区域相通的出入口应安装防盗安全门或卷帘门,门体强度不低于 GB 17565—2007 规定的乙级,锁具应符合 GA/T 73—2015 B 级以上的要求;

　　c) 自助银行应配置加钞间(设备设置在现金业务区的除外)。

## 7 技术防范要求

### 7.1 入侵和紧急报警系统要求

7.1.1 现金类银行自助设备的上、下箱体均应安装报警探测装置,对撬、砸等暴力破坏事件进行探测报警。

7.1.2 设置在车站、码头、市场等复杂环境的未与地面或墙体固定连接的银行自助设备,应安装位移探测报警装置,对自助设备的非正常移动探测报警。

7.1.3 加钞间应安装入侵报警装置,对发生的非法入侵事件进行探测报警。

7.1.4 加钞区在银行营业场所现金业务区内的,现金业务区应安装入侵报警装置。

7.1.5 入侵报警探测装置应能与相应部位的辅助照明、安防视频监控及声音复核等设备联动,触发报警后,系统应及时准确地将报警位置、视频图像等信息发送到联网监控中心或接处警中心。

7.1.6 加钞间内应安装紧急报警装置,紧急报警装置应设置为 24 h 独立防区。当触发紧急报警装置时,应将紧急报警信号发送到接处警中心和联网监控中心,同时将相应区域的视音频信号发送到联网监控中心或接处警中心。

7.1.7 自助设备的客户操作区应安装紧急求助按钮,与联网监控中心或接处警中心联网。

7.1.8 入侵和紧急报警系统应具备防破坏和故障检测报警功能,能实现入侵探测器和报警控制器的防拆报警,能对报警信号传输线路故障进行报警。

7.1.9 入侵和紧急报警系统应有两种及以上向外报警的传输方式。采用公共电话网作为向外报警的传输通道时,不应在公共电话网通讯线路上挂接其他通信设施。

7.1.10 系统其他要求应符合 GB 50394 的相关规定。

### 7.2 视频监控系统要求

7.2.1 应安装视频监控装置对交易时客户的正面图像、进/出钞图像、自助设备使用环境进行实时监视和录像,回放图像应能清晰辨别客户的面部特征、清晰显示进/出钞过程、客户交易操作过程人员活动状况。

7.2.2 加钞区和加钞间应安装视频监控装置,对现金装填、日常维护及人员活动情况进行实时录像,回放图像应能清晰可辨人员的面部特征和操作情况。

7.2.3 所有监控画面和回放图像均不应显示客户和工作人员操作的密码。

7.2.4 自助银行出入口应安装视频监控装置实时监视并记录出入人员情况、自助银行出入口外周边区域的情况,回放图像应能清晰显示出入自助银行人员的面部特征、出入口外 20 m 监控范围内车辆号牌、以及出入口外 50 m 监控范围内往来人员的体貌特征和车辆类型等。

7.2.5 应安装视频监控装置实时监视运钞车停靠和款箱装卸情况,回放图像应能清晰显示运钞车停靠和款箱装卸全过程。

7.2.6 视频图像数据的记录、存储、回放的单路图像分辨率应大于等于 1 280×720,单路显示帧率应大于等于 25 fps。联网传输的图像分辨率应大于等于 352×288,图像帧率应大于等于 15 fps。

7.2.7 视频图像应叠加时间、日期、自助银行名称等信息,字符叠加不应影响图像记录效果。图像数据的保存时间应大于等于 30 d。

7.2.8 系统应校时,系统内的时间误差应小于等于 5 s,与北京时间误差小于等于 30 s。

7.2.9 系统应保持连续运行状态,事件触发录像应有预录像功能,预录像时间应大于等于 10 s。

7.2.10 数字录像设备应具备硬盘故障及图像丢失、视频遮挡报警功能,重启后所有设置及保存信息不应丢失。

7.2.11 在环境光照条件不能满足监控要求的区域应增加照明装置,保证图像回放清晰可见。

7.2.12 系统其他要求应符合 GB 50395 的相关规定。

## 7.3 出入口控制系统要求

7.3.1 应安装出入口控制装置,对进出加钞间的人员进行控制和记录。

7.3.2 当供电不正常、断电时,系统的密钥信息及记录信息不得丢失。

7.3.3 系统应具有对时间、地点、人员等信息的记录、查询等功能,记录存储时间应大于等于 180 d。

7.3.4 其他应符合 GB 50396 的有关要求。

## 7.4 语音对讲、声音复核系统

7.4.1 银行自助设备(在行大堂式自助设备除外)的客户操作区应安装具有双向对讲功能的语音对讲装置,触发紧急求助按钮应能启动语音对讲装置与联网监控中心进行双向语音通话,通话应清晰。联网监控中心能连续记录通话内容,通话内容的保存时间应大于等于 30 d。

7.4.2 客户操作区应安装声音复核装置,声音复核系统能连续记录现场声音,保存时间应大于等于 30 d。

7.4.3 加钞间应安装声音复核装置,声音复核装置应能清晰采集现场的声音。

7.4.4 声音复核系统采集的音频信息应与相对应视频图像信息同步记录。

## 7.5 银行自助服务亭技术防范要求

除应符合本标准的有关要求外,还应符合 GA 1003 的相关规定。

## 附　录　A

（规范性附录）

### 银行自助设备、自助银行安全防范设施配置表

A.1　银行自助设备、自助银行安全防范设施配置见表 A.1。

表 A.1　银行自助设备、自助银行安全防范设施配置表

| 序号 | 防范区域和部位 | 配置项目 | 条款号 | 要求说明 |
|---|---|---|---|---|
| 1 | 自助设备 | 防窥罩 | 5.3 | 在密码键盘安装防窥罩 |
| 2 | | 防窥视镜 | 5.3 | 正面安装防窥后视镜 |
| 3 | | 防窥显示屏 | 5.3 | 在30°～90°视角范围内不应看到显示屏上的内容 |
| 4 | | 视频监控装置 | 7.2.1<br>7.2.3 | 安装存取款钞口摄像机<br>操作密码进行遮挡处理 |
| 5 | | | 7.2.1 | 箱体正面安装面部摄像机 |
| 6 | | 入侵报警装置 | 7.1.1 | 上、下箱体均应安装报警探测装置,对撬、砸等暴力破坏事件进行探测报警 |
| 7 | 客户操作区 | 实体防范设施 | 6.2.1 | 一米线、加装挡板、防护舱等,使客户操作区相对独立 |
| 8 | | 语音对讲装置 | 7.4.1 | 与联网中心双向对讲 |
| 9 | | 紧急求助按钮 | 7.1.7 | 紧急情况下求救 |
| 10 | | 声音复核装置 | 7.4.2 | 现场声音采集 |
| 11 | 使用环境 | 视频监控装置 | 7.2.1 | 监控周围环境 |
| 12 | 加钞区 | 实体防范设施 | 6.2.2 | 加钞和设备维护过程应设置临时警戒线,配备安保力量进行现场警戒 |
| 13 | | 视频监控装置 | 7.2.2<br>7.2.3 | 监控加钞、维护过程<br>操作密码进行遮挡处理 |
| 14 | | 入侵报警装置 | 7.1.4 | 在现金业务区加钞时设置入侵报警探测 |
| 15 | 加钞间 | 实体防范设施 | 6.1 | 加钞间墙体、门体、锁具等要求 |
| 16 | | 紧急报警装置 | 7.1.6 | 设为 24 h 防区 |
| 17 | | 出入口控制装置 | 7.3.1 | 控制人员进出 |
| 18 | | 入侵报警装置 | 7.1.3 | 入侵报警探测 |
| 19 | | 视频监控装置 | 7.2.2<br>7.2.3 | 监控加钞、维护过程<br>操作密码进行遮挡处理 |
| 20 | | 声音复核装置 | 7.4.3 | 现场声音采集 |
| 21 | 操作面朝向室外公共区域的穿墙式自助设备 | 实体防护设施 | 6.2.3 | 设置实体防护舱或独立操作空间装置 |
| 22 | | | | 自助设备应与地面、安装墙体牢固连接 |
| 23 | 技术防范系统设备 | 实体防护设施 | 6.2.5 | 设备放置在刚性防护体并锁闭 |

表 A.1（续）

| 序号 | 防范区域和部位 | 配置项目 | 条款号 | 要求说明 |
|------|---------------|---------|--------|----------|
| 24 | 离行式自助设备 | 按照本表序号 1～23 配置 | | |
| 25 | | 箱体底部位移探测装置 | 7.1.2 | 设置在车站、码头、市场等复杂环境未固定的银行自助设备 |
| 26 | 自助银行 | 按照本表序号 1～11、15～20、23 配置 | | |
| 27 | | 后加钞式自助设备 | 6.3a) | 设备类型要求 |
| 28 | | 实体防护 | 6.3b) | 门体及锁具要求 |
| 29 | | 视频监控装置 | 7.2.4 | 对出入口及外部周边监控 |
| 30 | | | 7.2.5 | 对运钞车停靠、钞箱装卸过程监控 |
| 31 | 银行自助服务亭 | 除符合以上要求外,还应符合 GA 1003 的有关要求。 | | |

ICS 13.310
A 91

# 中华人民共和国公共安全行业标准

GA 858—2010

# 银行业务库安全防范的要求

Security requirements for bank vaults

2010-02-09 发布

2010-04-01 实施

中华人民共和国公安部　　发　布

# 前　　言

本标准第 5 章的 5.1.5、5.2.1.2 及表 A.1 中的第 20、28 项为推荐性条款，其他为强制性条款。

本标准的附录 A 为规范性附录。

本标准由公安部治安管理局提出。

本标准由全国安全防范报警系统标准化技术委员会(SAC/TC 100)归口。

本标准起草单位：公安部治安管理局、银监会案件稽查局(安全保卫局)、中国工商银行、中国农业银行、中国银行、中国建设银行、中国邮政集团公司。

本标准主要起草人：张少军、袁鹤、朱玉国、任骥、邓慕琼、边三平、熊自力、肖达、吴宏、鲍世隆。

本标准为首次发布。

# 银行业务库安全防范的要求

## 1 范围

本标准规定了银行业务库安全防范的要求,是银行业务库安全防范设施建设设计、验收、评估的依据。

本标准适用于银行业金融机构及从事武装守护押运服务的保安服务公司业务库。其他金融机构业务库可参照执行。

## 2 规范性引用文件

下列文件中的条款通过本标准的引用而成为本标准的条款。凡是注日期的引用文件,其随后所有的修改单(不包括勘误的内容)或修订版均不适用于本标准,然而,鼓励根据本标准达成协议的各方研究是否可使用这些文件的最新版本。凡是不注日期的引用文件,其最新版本适用于本标准。

GB 1499.2—2007　钢筋混凝土用钢　第2部分:热轧带肋钢筋(ISO 6935-2:1991,NEQ)

GB 17565—2007　防盗安全门通用技术条件

GB 20815—2006　视频安防监控数字录像设备

GB 50198—1994　民用闭路监视电视系统工程技术规范

GB 50348—2004　安全防范工程技术规范

GB 50394—2007　入侵报警系统工程设计规范

GB 50395—2007　视频安防监控系统工程设计规范

GB 50396—2007　出入口控制系统工程设计规范

GA 38—2004　银行营业场所风险等级和防护级别的规定

GA/T 73—1994　机械防盗锁

GA/T 75　安全防范工程程序与要求

GA/T 143—1996　金库门通用技术条件

GA 308—2001　安全防范系统验收规则

GA/T 367—2001　视频安防监控系统技术要求

JR/T 0001—2000　金库门(neq ANSI/UL608—1992)

JR/T 0002—2000　组合锁[eqv ANSI/UL768—1984(R1989)]

JR/T 0003—2000　银行金库(neq ANSL/UL608—1992)

## 3 术语和定义

GA 38—2004、JR/T 0003—2000中确立的以及下列术语和定义适用于本标准。

### 3.1

**业务库　commercial vaults**

存放本外币现金、贵金属、有价单证以及其他有价值品等实物的库房。

### 3.2

**库区　vault area**

以业务库房为核心及与之相关联的出入库交接场地、清分整点场地、本地守库室、主要通道、装卸区及库区周界等的区域。

4 业务库分类

4.1 核定库存现金在 5 000 万元(含)以上的为一类库。

4.2 核定库存现金在 1 000 万元(含)～5 000 万元的为二类库。

4.3 核定库存现金在 80 万元(含)～1 000 万元的为三类库。

4.4 核定库存现金在 80 万元以下的为四类库。

5 安全防范要求

5.1 一般要求

5.1.1 业务库的安全防范应贯彻坚持标准、安全适用、科学经济的原则。

5.1.2 业务库的设计、施工图纸等相关资料的保存应符合保密规定。

5.1.3 业务库建设的地形、地质、水文条件,占地面积及周围环境、交通状况等应符合建设及安全要求。

5.1.4 库区的照明供电系统总闸装置应有保护措施,并置于有效监控范围内。

5.1.5 库区供电可采用单路或双回路供电,单路供电时应自备应急电源。

5.1.6 库区内的载货电梯与楼梯应建于库门之外。

5.1.7 库区应根据消防法规的规定,配置消防设施。

5.1.8 库房不得临街或直接对外建筑,应避开高压输电线路和城市其他有碍库房管理的公共设施。

5.1.9 库房建设应进行防水处理,防止渗水潮湿现象发生。

5.1.10 出入库房门的通道应单一设置,应无观察盲区、便于警戒与监控。

5.2 实体防范要求

5.2.1 一类库实体防范要求

5.2.1.1 库房的墙、顶板、底板应为六面钢筋混凝土整体现浇结构。

5.2.1.2 库房墙体宜选用 c50 以上的商品混凝土。

5.2.1.3 墙体厚度应大于等于 240 mm,墙内应配符合 GB 1499.2—2007,公称直径 $d$ 大于等于 14 mm 的热轧带肋钢筋,双层双向网状排列,钢筋中心间距应小于等于 150 mm。

5.2.1.4 库房排风装置应在墙内作外低内高的"S"型转弯,通过墙体出口处离地面距离不应低于 2 500 mm,直径应小于等于 200 mm,出口应设钢筋网保护。

5.2.1.5 地下库建筑时应设置双墙回廊式,回廊净宽大于等于 600 mm,四面应贯通,转角处应设折射或/和摄像装置。回廊外墙应为钢筋混凝土或砖混结构,厚度应大于等于 240 mm。

5.2.1.6 库房为二层以上多层库体结构时,其柱子纵向与横向中心轴线的间距,库房落地层的单位负荷能力,非落地层的单位负荷能力,每层梁下净高等应符合建筑设计和使用要求。

5.2.1.7 业务库门应选用防护等级不低于 GA/T 143—1996 中规定的 B 级或 JR/T 0001—2000 中规定的 2 级金库门。

5.2.1.8 业务库门锁应选用 GA/T 73—94 中规定的 B 级或 JR/T 0002—2000 中规定的 1 类或 1R 类组合锁具。

5.2.1.9 应急库门应与安装的业务库门具有相同的防护等级。

5.2.1.10 通往金库门的唯一通道应设置防控隔离门,防控隔离门的防护等级应不低于 GB 17565—2007 中乙级的要求。

5.2.2 二类库实体防范要求

5.2.2.1 应符合 5.2.1.1、5.2.1.3、5.2.1.4、5.2.1.6～5.2.1.10 的要求。

5.2.2.2 库房墙体应选用 c40 以上的商品混凝土。

5.2.3 三类库实体防范要求

5.2.3.1 应符合 5.2.1.1、5.2.1.4、5.2.1.6、5.2.1.9、5.2.1.10 的要求。

5.2.3.2 库房墙体应选用 c30 以上的混凝土结构。厚度应大于等于 240 mm,墙内应配符合 GB 1499.2—2007,公称直径 $d$ 大于等于 12 mm 的热轧带肋钢筋,双层双向网状排列,钢筋中心间距应小于等于 150 mm。

5.2.3.3 业务库门应选用不低于 GA/T 143—1996 中规定的 A 级或 JR/T 0001—2000 中规定的 1 级或以上级别的金库门。

5.2.3.4 金库门锁应选用不低于 GA/T 73—1994 中规定的 A 级或 JR/T 0002—2000 中规定的 1R 类或 2 类组合锁具。

### 5.2.4 四类库实体防范要求

5.2.4.1 库房的墙、顶板、底板应为六面钢筋混凝土结构。

5.2.4.2 应符合 5.2.1.4、5.2.3.2~5.2.3.4 的要求。

### 5.3 技术防范要求

#### 5.3.1 一般要求

5.3.1.1 技术防范系统应选用先进、成熟的技术,并应综合设计、同步施工。

5.3.1.2 技术防范系统的设计应符合 GB 50348—2004 等规定,设计、施工程序应符合 GA/T 75 等规定。

5.3.1.3 技术防范系统应按表 A.1 所列相关要求设置相应的技术防范设施。

#### 5.3.2 入侵报警子系统要求

5.3.2.1 报警系统应能准确探测报警区域内门、窗、通道等重点部位的入侵事件,系统报警后,中心控制室应有声光显示,并能准确指示发出警报的位置。

5.3.2.2 库房内应安装 2 种以上探测原理的入侵探测器,振动报警防区应 24 h 不可撤防。

5.3.2.3 启动紧急报警装置时应同时启动现场声、光报警装置。

5.3.2.4 周界防入侵报警装置应有连续的警戒线,不应有盲区。

5.3.2.5 紧急报警装置应安装在隐蔽、便于操作的部位,应具有防误操作措施。

5.3.2.6 报警控制主机和线路应安装在防护区域的隐蔽位置,便于维修,且具有防破坏报警功能。

5.3.2.7 系统应采取 2 种以上向外报警的传输方式,如采用公共电话网作为向外报警的一条传输通道时,不应在公共电话网通讯线路上挂接其他通信设施。

5.3.2.8 报警装置应有备用电源,应能保证在市电断电后系统供电时间不少于 8 h。

5.3.2.9 报警系统的布防、撤防、报警等信息的存储时间应不少于 30 d。

5.3.2.10 其他应符合 GB 50394—2007 的有关要求。

#### 5.3.3 视频安防监控子系统要求

5.3.3.1 系统应采用符合 GB 20815—2006 的数字录像设备,在作业期间进行实时不间断录像、录音,非作业期间应能在接受报警信号的同时,自动启动照明、录音、录像,图像记录回放帧率应不少于 25 fps。

5.3.3.2 库房内监控图像的浏览与回放应有权限限制。

5.3.3.3 库房内的回放图像应能清晰显示人员库内活动的全过程和库内所有存放物品。

5.3.3.4 库房外的回放图像应能清晰显示出入库人员开启库门、进出库房的过程及面部特征。且应避免库门开启密码的显示和泄密。

5.3.3.5 守库室的回放图像应能清晰显示守库人员的活动情况。

5.3.3.6 清分整点场地每个清分台都应有摄像机进行独立监控和录像,回放图像应能清晰显示交接、清点、打捆等操作的全过程。

5.3.3.7 装卸区及出入库交接场地的回放图像应能清晰显示运钞车停放、护卫及提款箱等交接、进出库区的全过程。

5.3.3.8 主要通道的回放图像应能清晰显示人员活动的情况。

**5.3.3.9** 视频安防监控子系统应保证 24 h 开启,非作业期间可采用移动侦测或报警触发自动录像方式。

**5.3.3.10** 系统图像质量应满足以下要求:

a) 应保证图像信息的原始完整性,即在色彩还原性、图像轮廓还原性(灰度级)、事件后继性等方面均应与现场场景保持最大相似性(主观评价)。系统的最终显示图像(主观评价)应达到四级(含四级)以上图像质量等级,对电磁环境特别恶劣的现场,图像质量应不低于三级。图像质量的主观评价见 GB 50198—1994 中的 4.3。

b) 应保证对目标监视的有效性。重要监控点图像存储、回放的图像分辨率宜满足 GA/T 367—2001 中 4.4.7 系统分级规定的一级(甲级)要求。系统分级参见 GA/T 367—2001 的附录 B。

c) 经智能化处理的图像,其质量不受上述等级划分要求的限制。但对指定目标的智能化处理,其处理前后的主要图像特征信息应保持一致。

d) 应具有时间、日期的字符叠加、记录功能。字符叠加不应影响图像记录效果。

**5.3.3.11** 视频图像资料保存时间应不少于 30 d。

**5.3.3.12** 系统应有备用电源,在市电断电后能对重要部位摄像装置供电时间不少于 2 h。

**5.3.3.13** 其他要求应符合 GB 50395—2007 的有关条款。

### 5.3.4 出入口控制子系统要求

**5.3.4.1** 系统设置必须满足消防规定的紧急逃生时人员疏散的相关要求。

**5.3.4.2** 实行远程监控的,业务库房隔离门的出入口控制装置应具有能接受远程控制和实时授权的功能。

**5.3.4.3** 系统出现出入口非授权开启、出入口胁迫开启、断电、出入口控制主机被破坏等异常情况时,应能及时将异常信息报送业务库报警监控联网中心。

**5.3.4.4** 应能对入库日期、入库时间段和入库时间长度进行设置。

**5.3.4.5** 应有备用电源,并能在市电断电后保证该子系统正常运行时间不少于 48 h。当供电不正常、断电时,系统的密钥(钥匙)信息及各记录信息不得丢失。

**5.3.4.6** 其他要求应符合 GB 50396—2007 的有关条款。

### 5.3.5 声音复核/对讲子系统要求

**5.3.5.1** 声音复核装置应能清晰探测和记录现场的话音和撬、挖、凿、锯等动作发出的声音。

**5.3.5.2** 对讲音质应清晰可辨。

**5.3.5.3** 声音资料保存时间应不少于 30 d。

### 5.3.6 业务库报警监控联网中心要求

**5.3.6.1** 实行异地值守的业务库应全方位防护,并将入侵报警、视频安防监控及出入口控制、广播对讲等各子系统接入业务库报警监控联网中心,实施远程管理、控制。

**5.3.6.2** 业务库报警监控联网中心应具备以下功能:

a) 应能同时接入下辖各业务库的入侵报警子系统、出入口控制子系统及视频安防监控子系统,实现报警、图像、出入、声音等信息的集中传输、处理、显示、控制。

b) 应能任意切换库区监控图像,并能进行远程监听和录像资料调阅回放。当库区报警布防后,有人员进入库区时,应具有声光报警信号。

c) 监视图像应能清楚显示库区内人员活动情况,显示图像帧率应不少于 15 fps,监视图像应有库区名称、日期及时间等字符叠加,字符叠加不应影响图像显示、记录效果。

d) 业务库房内部图像的监视与回放应有权限限制。

**5.3.6.3** 业务库报警监控联网中心的自身防范应参照 5.4.2~5.4.6 的要求。

### 5.4 本地守库室防范要求

**5.4.1** 守库室应临近库房,使库房隔离门置于守库员的有效监控之下。

5.4.2 守库室门应安装防盗安全门，设置可视对讲装置。

5.4.3 守库室的窗应有防护措施，如：安装金属防护栏或防弹复合玻璃等。

5.4.4 守库室外应装照明灯，开关应设在守库室内，并配有应急照明设备和自卫器材。

5.4.5 守库室内应设置给排风设备、温控设施、消防设施等。

5.4.6 守库室应配备对外联络的通讯设备，安装紧急报警按钮。

## 6 检验、验收、维护

6.1 安全防范系统竣工后应进行检验，系统检验应按 GB 50348—2004 的规定进行。

6.2 安全防范系统竣工后应按照本标准第 5 章和 GB 50348—2004、GA 308—2001 的规定进行验收。

6.3 安全防范系统应定期进行检查、维护、保养，保持良好的运行状态。系统出现故障，应及时修复。

附　录　A
（规范性附录）
业务库技术防范设施配置

业务库技术防范设施配置如表 A.1 所示。

表 A.1　业务库技术防范设施配置

| 序号 | 名称与设备 | | | 设备安装区域 | 配置要求 |
|---|---|---|---|---|---|
| 1 | 视频安防监控 | 彩色摄像机 | | 库区周界 | 应设 |
| 2 | | | | 库区与外界相通的出入口、业务库房出入口、防控隔离门外 | 应设 |
| 3 | | | | 装卸区 | 应设 |
| 4 | | | | 库区内部主要通道 | 应设 |
| 5 | | | | 出入库交接场地、清分整点场地、库房内 | 应设 |
| 6 | | | | 地下回廊 | 应设 |
| 7 | | | | 出入口控制识读装置处 | 应设 |
| 8 | | | | 消防楼梯出入口处、电梯厅、电梯轿厢内 | 应设 |
| 9 | | | | 业务库报警监控联网中心、本地守库室、枪柜存放处 | 应设 |
| 10 | | 控制、记录、显示装置 | | 业务库报警监控联网中心或本地守库室 | 应设 |
| 11 | 入侵报警 | 入侵探测器 | | 库区与外界相通的出入口 | 应设 |
| 12 | | | | 库区二层（含二层）以下与外界相通的窗户、玻璃幕墙处 | 应设 |
| 13 | | | | 库区内部主要通道、地下回廊 | 应设 |
| 14 | | | | 库房出入口 | 应设 |
| 15 | | | | 库房内 | 应设 |
| 16 | | | | 库房与外界相邻的墙体（振动） | 应设 |
| 17 | | | | 库区周界 | 应设 |
| 18 | | 紧急报警装置 | | 清分整点场地 | 应设 |
| 19 | | | | 业务库报警监控联网中心、本地守库室 | 应设 |
| 20 | | | | 库房内 | 宜设 |
| 21 | | 防盗报警控制器 | | 业务库报警监控联网中心或本地守库室 | 应设 |
| 22 | 出入口控制 | 识读装置 | | 库区与外界相通的出入口、防控隔离门 | 应设 |
| 23 | | | | 业务库报警监控联网中心 | 应设 |
| 24 | | 可视/对讲装置 | 门口机 | 库区与外界相通的出入口 | 应设 |
| 25 | | | 主机 | 守库室、业务库报警监控联网中心 | 应设 |
| 26 | | 控制、记录与显示装置 | | 业务库报警监控联网中心、本地守库室 | 应设 |
| 27 | 声音复核/对讲 | | | 库房内、本地守库室、业务库报警监控联网中心、清分整点场地 | 应设 |
| 28 | 电话来电显示 | | | 库区、本地守库室、业务库报警监控联网中心与市话相通的电话 | 宜设 |

ICS 13.310
A 91

# 中华人民共和国公共安全行业标准

GA 873—2010

## 冶金钢铁企业治安保卫重要部位
## 风险等级和安全防护要求

Requirements on level of risk and security protection for important parts of
public security and protection in metallurgy and steel enterprises

2010-06-07 发布

2010-09-01 实施

中华人民共和国公安部　　发 布

# 前　言

**本标准** 5.2.4、5.2.5、5.2.7、5.2.8、5.3.1、5.3.2、5.3.4、5.3.5、5.4.2、5.4.4、5.4.5、5.5.1、5.5.3、6.1、6.2、6.3 内容为强制性。

本标准按照 GB/T 1.1—2009 给出的规则起草。

本标准由公安部治安管理局提出。

本标准由全国安全防范报警系统标准化技术委员会(SAC/TC 100)归口。

本标准主要起草单位:公安部治安管理局、鞍山钢铁集团公司、武汉钢铁(集团)公司、首钢总公司、攀枝花钢铁(集团)公司、马钢集团控股有限公司。

本标准主要起草人:董训则、刘爱斌、孙帆、谭玮、彭喜东、马文斌、李勇、张勇、朱文可、郭书敏。

本标准 2010 年 6 月 7 日首次发布。

# 冶金钢铁企业治安保卫重要部位
# 风险等级和安全防护要求

## 1 范围

本标准规定了冶金钢铁企业内部治安保卫重要部位的风险等级和安全防护级别,是冶金钢铁企业设计和建设安全防范工程/设施的依据。

本标准适用于冶金钢铁企业新建、改建和扩建安全防范工程/设施。其他冶金企业新建、改建和扩建安全防范工程/设施可参照执行。

## 2 规范性引用文件

下列文件对于本文件的应用是必不可少的。凡是注日期的引用文件,仅所注日期的版本适用于本文件。凡是不注日期的引用文件,其最新版本(包括所有的修改单)适用于本文件。

GBJ 16　建筑设计防火规范

GB 12663—2001　防盗报警控制器通用技术条件

GB 17565—2007　防盗安全门通用技术条件

GB 50057　建筑物防雷设计规范

GB 50058　爆炸和火灾危险环境电力装置设计规范

GB 50198—1994　民用闭路监视电视系统工程技术规范

GB 50343　建筑物电子信息系统防雷技术规范

GB 50348—2004　安全防范工程技术规范

GB 50394　入侵报警系统工程设计规范

GB 50395　视频安防监控系统工程设计规范

GB 50396　出入口控制系统工程设计规范

GA/T 75　安全防范工程程序与要求

GA/T 644　电子巡查系统技术要求

GA/T 670　安全防范系统雷电浪涌防护技术要求

## 3 术语和定义

GB 50348—2004界定的以及下列术语和定义适用于本文件。

### 3.1
**重要部位风险等级** level of risk for important parts

冶金钢铁企业重要部位面临安全风险的程度。

### 3.2
**防护级别** level of protection

为保护冶金钢铁企业重要部位的安全所采取的技防、物防、人防等防范措施的水平。

## 4 部位风险等级

### 4.1 部位风险等级的确定

根据冶金钢铁企业重要部位一旦遭受侵害,可能危害公共安全和造成人员、财产损失的程度,由高到低分别确定为一级风险部位、二级风险部位和三级风险部位。

### 4.2 部位风险等级的确定程序

冶金钢铁企业依据本标准的规定,结合单位治安保卫工作实际需要,确定重要部位的风险等级,并报主管公安机关备案。

### 4.3 部位风险等级的划分

#### 4.3.1 一级风险部位

一旦发生侵害,可能危害所在地区公共安全或造成企业内部大量人员伤亡、特大财产损失,并可能导致次生灾害和/或引起公众恐慌的部位。下列部位应列为一级风险部位:
- a) 储存、生产易燃易爆物品的部位;
- b) 储存放射性、毒害性、传染性、腐蚀性等危险物品和传染性菌种、毒种的部位;
- c) 储存武器弹药的部位;
- d) 供应生活用水的厂或站;
- e) 发电厂、总变电所;
- f) 其他需要确定为一级风险的部位。

#### 4.3.2 二级风险部位

一旦发生侵害,可能造成企业大面积停产或重大人员伤亡、财产损失的部位。下列部位应列为二级风险部位:
- a) 生产调度指挥中心、网络信息中心、主控机房等;
- b) 二级变电所;
- c) 重要电缆隧道;
- d) 集中存放重要档案、资料的部位;
- e) 重要产品研发、试验、生产、储存的部位;
- f) 其他需要确定为二级风险的部位。

#### 4.3.3 三级风险部位

易发生刑事、治安案件的部位。下列部位应列为三级风险部位:
- a) 进出企业的主要出入口;
- b) 企业周界易受侵害部位;
- c) 物品储存库;
- d) 财务结算中心、财务出纳室;
- e) 其他需要确定为三级风险的部位。

## 5 安全防护级别

### 5.1 安全防护级别的确定

安全防护级别与部位风险等级相对应。安全防护级别由高到低分为一级安全防护、二级安全防护、三级安全防护。一级风险部位的安全防范措施应不低于一级安全防护,二级风险部位的安全防范措施应不低于二级安全防护,三级风险部位的安全防范措施应不低于三级安全防护。

## 5.2 安全防护的总体要求

5.2.1 应制定门卫、值班、巡查等内部治安保卫制度,坚持技防、物防、人防相结合,探测、延迟、反应相协调。

5.2.2 入侵报警系统设计应符合 GB 50394;视频监控系统设计应符合 GB 50395;出入口控制系统设计应符合 GB 50396;其他子系统设计应符合相应的国家标准要求。

5.2.3 根据治安保卫工作实际需要设置电子巡查信息点,建立电子巡查系统。电子巡查系统设计应符合 GB 50348—2004 中 3.4.5 和 GA/T 644 的规定。巡查记录信息保存时间应不少于 30 d。

5.2.4 安全防范工程/设施中使用的设备应符合国家法规和现行相关标准的要求,并经检验或认证合格。

5.2.5 技防设备应尽可能安装在易燃易爆物品危险区以外,当设备不得不安装在危险区内时,应选用与危险介质相适应的防爆产品,并符合 GB 50058 和 GBJ 16 的要求。

5.2.6 技防系统应有防雷设施,应符合 GB 50343、GB 50057 和 GA/T 670 的要求。

5.2.7 技防系统的监控中心建设应符合 GB 50348—2004 中 3.13 的要求。监控中心应有保障值班人员正常工作的辅助设施,并由掌握安全防范技术专业知识的人员 24 h 值守。

5.2.8 防盗安全门的安全级别应不低于 GB 17565—2007 中 5.6.1 表 4 规定的甲级。

## 5.3 一级安全防护

5.3.1 周界应设置封闭式实体防护设施。封闭式实体防护设施应有防翻越功能和/或周界报警装置。封闭式实体防护设施应满足紧急逃生时人员疏散的要求。

储存、生产易燃易爆物品的部位主要道路出入口应设置防冲撞设施。

5.3.2 房屋出入口应安装防盗安全门,窗户等易入侵部位应加装实体防护设施;主要出入口应安装出入口控制装置/系统,出入口控制系统应至少保存 1 000 条事件记录,并应配备专职或兼职治安保卫人员值守。

5.3.3 无人 24 h 值守的部位应安装入侵报警装置。入侵报警系统功能应不低于 GB 12663—2001 中 C 级防盗报警控制器的功能。应设置两种不同原理探测器,对设防部位的非法入侵行为实施有效探测与报警。系统应能独立运行,不得有漏报警,误报警应符合工程合同书要求。

5.3.4 主要通道和出入口应安装视频安防监控装置。视频安防监控系统的画面显示应能任意编程,能自动或手动切换,画面上应有摄像机编号、地址、时间、日期显示和前端设备控制等功能。系统应能独立运行,应能与入侵报警系统联动;应能对所监控的区域进行有效的视频探测、视频监视,图像显示、记录与回放,显示图像质量主观评价不应低于 GB 50198—1994 中表 4.3.1-1 规定的四级,回放图像质量不应低于三级,或至少能辨别人的体貌特征。图像资料保存时间不少于 14 d。

5.3.5 应制定一级风险部位治安突发事件处置预案,处置预案每年至少组织演练一次。

## 5.4 二级安全防护

5.4.1 周界应设置实体防护设施,实体防护设施应满足紧急逃生时人员疏散的要求。

5.4.2 房屋出入口应安装防盗安全门,窗户等易入侵部位应加装实体防护设施。根据治安保卫工作实际需要,主要出入口应安装出入口控制装置/系统,出入口控制系统应至少保存 1 000 条事件记录,并配备专职或兼职治安保卫人员值守。

5.4.3 无人 24 h 值守的部位应安装入侵报警装置。入侵报警系统功能应不低于 GB 12663—2001 中 B 级防盗报警控制器的功能。应对设防部位的非法入侵行为实施有效探测与报警。系统应能独立运行,不得有漏报警,误报警应符合工程合同书的要求。

5.4.4 应符合 5.3.4 的规定。

5.4.5 应制定二级风险部位治安突发事件处置预案,根据治安保卫工作实际需要组织演练。

## 5.5 三级安全防护

5.5.1 进出企业的主要出入口应有治安保卫人员 24 h 值守。

5.5.2 进出企业的主要出入口宜安装出入口控制系统,出入口控制系统应能保存不少于 180 d 的事件记录。

5.5.3 物品储存库、财务结算中心、财务出纳室等部位的出入口应安装防盗安全门,窗户等易入侵部位应加装实体防护设施。

5.5.4 企业周界易受侵害部位、物品储存库、财务结算中心、财务出纳室等部位应安装入侵报警装置。入侵报警系统功能应不低于 GB 12663—2001 中 A 级防盗报警控制器所要求的功能。应对设防部位的非法入侵行为实施有效探测与报警。系统不得有漏报警,误报警应符合工程合同书的要求。

5.5.5 企业周界易受侵害部位和三级风险部位的主要出入口应安装视频安防监控装置。视频安防监控系统的画面显示应能编程设置,能自动或手动切换,画面上应有摄像机编号、地址、时间、日期显示。应能对所监控的区域进行有效的视频探测、视频监视、图像显示、记录与回放。显示图像质量主观评价不应低于 GB 50198—1994 中表 4.3.1-1 规定的四级,回放图像质量不应低于三级,或至少能辨别人的体貌特征。图像资料保存时间不少于 10 d。

5.5.6 无人值守和不宜安装入侵报警装置、视频安防监控装置的部位,应安装电子巡查装置。

## 6 保障措施

6.1 冶金钢铁企业的主要负责人对本单位治安保卫重要部位的安全防护工作负责,并组织领导本标准的实施。

6.2 冶金钢铁企业新建、改建、扩建安全防范工程的设计、施工与验收程序应符合 GA/T 75 的规定。

6.3 冶金钢铁企业的安全防范系统出现故障,一级风险部位应在 48 h 内、二级风险部位应在 72 h 内、三级风险部位应在 96 h 内恢复完毕。系统修复期应有应急措施。

ICS 13.320
A 91

# 中华人民共和国公共安全行业标准

GA 1002—2012

# 剧毒化学品、放射源存放场所<br>治安防范要求

Public security protection requirements for hypertoxic chemicals and
radioactive sources storage site

2012-06-29 发布
2012-09-01 实施

中华人民共和国公安部　　发布

# 前　言

本标准第4章、第5章、第6章为强制性的,其余为推荐性的。

本标准按照GB/T 1.1—2009给出的规则起草。

本标准由公安部治安管理局提出。

本标准由全国安全防范报警系统标准化技术委员会(SAC/TC 100)归口。

本标准主要起草单位:公安部治安管理局、北京市公安局治安管理总队、浙江省公安厅治安管理总队,北京声迅电子股份有限公司、国家安全生产监督管理总局化学品登记中心、中国黄金集团总公司安全环保部、原子高科股份有限公司、北京协和医院、浙江立元通信技术有限公司、浙江中安电子工程有限公司。

本标准主要起草人:马维亚、李军刚、殷杰、于连伟、黄宁、韩丰平、孟华伟、聂蓉、季景林、郭志亮、李运才、张继安、尹卫、巴建涛、赵向道、陈家龙。

# 剧毒化学品、放射源存放场所
# 治安防范要求

## 1 范围

本标准规定了剧毒化学品、放射源存放场所(部位)风险等级划分与治安防范级别、治安防范要求和管理要求。

本标准适用于剧毒化学品、放射源存放场所(部位)治安防范系统设计、建设、验收和管理。

本标准不适用于豁免放射源存放场所(部位)。

## 2 规范性引用文件

下列文件对于本文件的应用是必不可少的。凡是注日期的引用文件,仅注日期的版本适用于本文件。凡是不注日期的引用文件,其最新版本(包括所有的修改单)适用于本文件。

GB 2894 安全标志及其使用导则

GB 10409 防盗保险柜

GB 15603 常用化学危险品贮存通则

GB 17565 防盗安全门通用技术条件

GB 18218 危险化学品重大危险源辨识

GB 18871 电离辐射防护与辐射源安全基本标准

GB 50348 安全防范工程技术规范

GB 50394 入侵报警系统工程设计规范

GB 50395 视频安防监控系统工程设计规范

GB 50396 出入口控制系统工程设计规范

GA/T 73 机械防盗锁

GA 308 安全防范系统验收规则

GA/T 644 电子巡查系统技术要求

## 3 术语和定义

GB 50348 中界定的以及下列术语和定义适用于本文件。

### 3.1

**剧毒化学品 hypertoxic chemicals**

列入国务院安全生产监督管理部门会同国务院工业和信息化、公安等部门确定并公布的危险化学品目录、符合剧毒物品毒性判定标准、标注为剧毒化学品的化学品。

### 3.2

**放射源 radioactive sources**

除研究堆和动力堆核燃料循环范畴的材料以外,永久密封在容器中或者有严密包层并呈固态的放射性材料,又称密封放射源。

## 3.3

**剧毒化学品、放射源存放场所** storage site of hypertoxic chemicals & radioactive sources

储存、放置剧毒化学品、放射源的库房、库区或场地。

## 3.4

**剧毒化学品、放射源存放部位** storage place of hypertoxic chemicals & radioactive sources

储存、放置剧毒化学品、放射源的具体位置,包括在生产、实验及医疗等场所中单独设置的防盗保险柜。

## 3.5

**治安防范** public security protection

为有效预防违法犯罪行为,综合运用人力、实体、技术等防范手段及相应管理措施的活动。

## 3.6

**风险等级** level of risk

剧毒化学品、放射源在其存放场所(部位)被盗抢、破坏以及流失等对社会治安的危害程度。

## 3.7

**治安防范级别** classification of public security protection

为有效预防剧毒化学品、放射源在其存放场所(部位)被盗抢、破坏以及流失等,所采取人力、实体、技术等防范措施的强弱程度。

## 3.8

**保卫值班室** guarding room

值守人员用来履行看护、防卫职责的房间。

## 4 风险等级划分与治安防范级别

### 4.1 风险等级划分

剧毒化学品、放射源存放场所(部位)的风险等级应根据其品种、数量、常温常压下物态及流失后对治安潜在危害等因素划分为三级,从高至低依次为一级、二级、三级。

### 4.2 风险等级

#### 4.2.1 一级风险等级

具备下列条件之一的,为一级风险等级:
a) 剧毒化学品构成重大危险源(重大危险源辨识应按 GB 18218 执行)的;
b) 固态剧毒化学品总量在 1 000 kg(含)以上的;
c) 液态剧毒化学品总量在 1 000 L(含)以上的;
d) 气态剧毒化学品总量在 500 kg(含)以上的;
e) Ⅰ类放射源,但医疗单位使用的Ⅰ类放射源除外。

#### 4.2.2 二级风险等级

具备下列条件之一的,为二级风险等级:
a) 固态剧毒化学品总量在 200 kg(含)至 1 000 kg 的;
b) 液态剧毒化学品总量在 200 L(含)至 1 000 L 的;
c) 气态剧毒化学品总量在 50 kg(含)至 500 kg 的;
d) Ⅱ、Ⅲ类放射源;

e) 医疗单位使用的Ⅰ类放射源。

### 4.2.3 三级风险等级

具备下列条件之一的,为三级风险等级:
a) 固态剧毒化学品总量在 200 kg 以下的;
b) 液态剧毒化学品总量在 200 L 以下的;
c) 气态剧毒化学品总量在 50 kg 以下的;
d) Ⅳ、Ⅴ类放射源;
e) 医疗单位使用的Ⅱ、Ⅲ、Ⅳ类放射源。

## 4.3 治安防范级别

**4.3.1** 治安防范级别(含技术防范级别)应与存放场所(部位)风险等级相对应,分为三级,从高至低依次为一级、二级、三级。一级治安防范要求适用于一级(含)以下风险等级,二级治安防范要求适用于二级(含)以下风险等级,三级治安防范要求适用于三级风险等级。

**4.3.2** 根据存放场所(部位)周边地区治安复杂程度、当地公安(武警)和单位自身应急处置能力大小等因素,可对其治安防范级别进行高配。

## 5 治安防范要求

### 5.1 人力防范要求

**5.1.1** 值守人员应符合以下条件:
a) 年龄 18 周岁(含)以上,不宜超过 60 周岁;
b) 应具有完全民事行为能力,身体健康,无精神病等不能控制自己行为能力的疾病病史,无酗酒、赌博等不良嗜好;
c) 应品行良好,无收容教育、强制戒毒、收容教养、劳动教养、刑事处罚和开除公职、开除军籍的记录;
d) 应具有初中以上文化程度,经过培训考核能掌握值守岗位所需要的化学、辐射防护、技术防范等知识,能熟练操作技术防范设备和自卫器具。

**5.1.2** 值守人员应认真履行岗位职责,对进出存放场所人员进行检查,制止非法侵入;应严格执行交接班制度,并有记录。

**5.1.3** 保卫值班室应 24 h 有专人值守。值守人员应每两小时对存放场所周围进行一次巡查,巡查时携带自卫器具。

**5.1.4** 敞开式存放场所(部位)等不宜单独设置保卫值班室的,单位总值班室等其他房间可兼用为保卫值班室,其监控中心宜设在保卫值班室内。

**5.1.5** 应设置治安保卫机构或者配备专人,对治安防范措施开展日常检查,及时发现、整改治安隐患,并保存检查、整改记录。

**5.1.6** 应建立剧毒化学品、放射源防盗、防抢、防破坏及技术防范系统发生故障等状态下的应急处置预案,并每年开展一次针对性的应急演习。

**5.1.7** 剧毒化学品应单独存放,不得与易燃、易爆、腐蚀性物品等一起存放。应由专人负责管理,按照剧毒化学品性能分类、分区存放,并做好贮存、领取、发放情况登记。登记资料至少保存 1 年。

**5.1.8** 放射源应单独存放,不得与易燃、易爆、腐蚀性物品等一起存放。应由专人保管,并做好贮存、领取、使用、归还情况的登记,登记资料至少保存 1 年。含放射源装置暂停使用期间,应存放在专用仓库内。

5.1.9 应每天核对、检查剧毒化学品、放射源存放情况。发现剧毒化学品、放射源的包装、标签、标识等不符合安全要求的,应及时整改;账物不符的,应及时查找;查找不到下落的,应立即报告单位主管部门和所在地公安机关。

## 5.2 实体防范要求

5.2.1 存放场所的建筑结构、配电设施、通风设施应符合 GB 15603 的要求。

5.2.2 存放场所(部位)的防盗安全门应符合 GB 17565 的要求,其防盗安全级别为乙级(含)以上;防盗锁应符合 GA/T 73 的要求;防盗保险柜应符合 GB 10409 的要求。

5.2.3 存放场所(部位)应设置明显的剧毒、电离辐射警告标志。警告标志应符合 GB 2894、GB 18871 的要求。

5.2.4 一、二级风险的库房墙壁应采用混凝土墙或实心砖墙建造,墙壁厚度应不小于 250 mm;顶部应采用现浇钢筋混凝土或钢筋混凝土楼板建造,厚度应不小于 160 mm。

5.2.5 库房出入口、保卫值班室出入口和监控中心出入口应设置防盗安全门。

5.2.6 库房、保卫值班室、监控中心的窗口、通风口应设置防盗栅栏。钢筋栅栏应采用直径不小于 12mm 的实心钢筋;钢管栅栏应采用直径不小于 20 mm、壁厚不小于 2mm 的钢管;钢板栅栏应采用单根横截面不小于 8mm×20 mm 的钢板。相邻钢筋(钢管、钢板)间隔应小于 100 mm,高度每超过 800 mm 的应在中点处再加一道横向钢筋(钢管、钢板)。防盗栅栏应采用直径不小于 12 mm 的膨胀螺栓固定,安装应牢固可靠。

5.2.7 敞开式存放的剧毒化学品大型槽罐阀门应加装防破坏装置;料位仪等含放射源装置应加装防盗保护罩。

## 5.3 技术防范要求

### 5.3.1 技术防范重点部位和区域

下列部位和区域确定为技术防范的重点部位和区域:
a) 库区周界;
b) 库区出入口;
c) 库区内主要通道;
d) 装卸区域;
e) 库房出入口;
f) 库房窗口、通风口;
g) 存放场所(部位);
h) 保卫值班室;
i) 监控中心。

### 5.3.2 一般要求

技术防范一般包含以下要求:
a) 技术防范由视频监控系统、入侵报警系统、出入口控制系统、电子巡查系统等组成,其设计应符合 GB 50348 的要求;
b) 技术防范所使用的产品和设备应符合国家法规和现行相关标准;
c) 技术防范系统应由具有相应资质的单位设计和施工;
d) 技术防范系统应预留与有关部门远程监控中心报警联网的接口;
e) 入侵报警系统、视频监控系统和出入口控制系统应具备联动功能;

f) 安装在有爆炸性质的剧毒化学品场所(部位)的设备应符合防爆要求；

g) 系统应校时,系统的时间误差应小于等于 5 s,与北京时间误差小于等于 30 s。

### 5.3.3 三级技术防范要求

三级技术防范应符合以下要求：

a) 库房出入口应设置入侵报警装置和视频监控装置,监视及回放图像应能清楚辨别进出人员的体貌特征；

b) 存放场所(部位)应设置入侵报警装置和视频监控装置,监视及回放图像应能清晰显示人员的活动状况；

c) 保卫值班室应配备通讯工具并保持 24 h 畅通,安装紧急报警装置,出现紧急情况时能人工触发报警；

d) 应设置监控中心,可设在保卫值班室内,监控中心应配备通讯工具,安装紧急报警装置和监控中心设备,出现紧急情况时能人工触发报警,监视及回放图像应能清楚辨别人员的体貌特征。

### 5.3.4 二级技术防范要求

除符合 5.3.3 的要求外,还应符合下列要求：

a) 库房出入口应设置出入口控制装置；

b) 库房窗口、通风口应设置入侵报警装置和视频监控装置,监视及回放图像应能清楚辨别人员的体貌特征；

c) 监控中心和保卫值班室宜合用,应为专用工作间。

### 5.3.5 一级技术防范要求

除符合 5.3.4 的要求外,还应符合下列要求：

a) 库区周界应设置入侵报警装置和视频监控装置,监视及回放图像应能清晰显示人员的活动状况；

b) 库区出入口应设置视频监控装置,监视及回放图像应能清楚辨别进出人员的体貌特征和进出车辆的车型及车牌号；

c) 库区内主要通道应设置视频监控装置,监视及回放图像应能清晰显示人员的活动状况；

d) 装卸区域应设置视频监控装置,监视及回放图像应能清晰显示人员及车辆的状况；

e) 巡查部位和区域应设置电子巡查装置；

f) 监控中心应独立设置,面积应与治安防范系统的规模相适应,不宜小于 20 m²。

## 5.4 技术防范系统的功能、性能要求

### 5.4.1 视频监控系统

5.4.1.1 视频监控系统应符合 GB 50395 的相关要求。

5.4.1.2 模拟视频监视图像分辨率应不低于 420 TVL,回放图像分辨率应不低于 270 TVL;数字视频格式分辨率应不低于 352×288 像素。

5.4.1.3 视频图像应实时记录,记录保存时间应不少于 30 天。

5.4.1.4 当报警发生时,视频监控系统应能对报警现场进行图像复核,记录报警触发前图像信息,预录时间可设定且不少于 5 s。

5.4.1.5 视频监控系统应设置备用电源,断电时应保证对视频监控设备供电不少于 1 h。

### 5.4.2 入侵报警系统

5.4.2.1 入侵报警系统应符合 GB 50394 的相关要求。

5.4.2.2 入侵报警系统布防、撤防、报警、故障等信息的保存时间应不少于 30 天。

5.4.2.3 紧急报警装置应设置独立防区,应有防误触发措施且 24 h 处于设防状态。

5.4.2.4 应能按时间、区域、部位等因素灵活编程设防或撤防。

5.4.2.5 应具有防破坏功能,可对设备运行状态进行检测,能显示和记录报警发生的位置、区域、地点及警情数据。

5.4.2.6 声光报警装置安装在防盗报警控制器外,报警声级应不小于 100 dB。

5.4.2.7 入侵报警系统报警响应时间应小于等于 2 s。

5.4.2.8 入侵报警系统应设置备用电源,断电时应保证对报警系统供电不少于 8 h。

### 5.4.3 出入口控制系统

5.4.3.1 出入口控制系统应符合 GB 50396 的相关要求。

5.4.3.2 应具有对时间、地点、人员等信息的显示、记录、查询、打印等功能,时间误差应在±30 s 以内,记录存储时间应不少于 30 天。

5.4.3.3 不同的出入口应设置不同的出入权限,应采用双人双锁的管理模式。

5.4.3.4 出入口控制系统应满足人员逃生时的相关要求,当需要紧急疏散时,各闭锁通道应开启,保障人员迅速安全通过。

5.4.3.5 出入口控制系统应设置备用电源,断电时应保证对出入口控制设备供电不少于 48 h。

### 5.4.4 电子巡查系统

5.4.4.1 电子巡查系统应符合 GA/T 644 的相关要求。

5.4.4.2 宜采用离线式电子巡查系统,通过信号转换装置将巡查信息输出到本地管理终端上并能打印。

### 5.5 重点部位和区域技术防范设施配置

重点部位和区域技术防范设施配置要求见附录 A。

## 6 管理要求

6.1 存放场所(部位)所属单位负责落实本标准,所在地公安机关负责监督检查本标准的落实情况。

6.2 技术防范系统应经建设单位、行业主管部门、公安机关根据 GB 50348、GA 308 的有关规定组织验收合格后,方可投入使用。

6.3 值守人员应每天使用、检查技术防范系统。技术防范系统出现故障后,应在 48 h 内恢复功能,维修期间应启动应急预案,存放场所(部位)所属单位应在 24 h 内报所属行业主管部门;超出 48 h 不能恢复功能的,应报告所在地公安机关。

附　录　A

（规范性附录）

重点部位和区域的技术防范设施配置

A.1　表A.1列出了重点部位和区域需要配置的技术防范设施。

表A.1　重点部位和区域的技术防范设施配置表

| 序号 | 重点部位和区域 | 防范设施 | 配置要求 | | |
|---|---|---|---|---|---|
| | | | 一级 | 二级 | 三级 |
| 1 | 库区周界 | 入侵报警装置 | ▲ | △ | △ |
| | | 视频监控装置 | ▲ | △ | △ |
| 2 | 库区出入口 | 视频监控装置 | ▲ | △ | △ |
| 3 | 库区内主要通道 | 视频监控装置 | ▲ | △ | △ |
| 4 | 装卸区域 | 视频监控装置 | ▲ | △ | △ |
| 5 | 库房出入口 | 入侵报警装置 | ▲ | ▲ | ▲ |
| | | 视频监控装置 | ▲ | ▲ | ▲ |
| | | 出入口控制装置 | ▲ | ▲ | △ |
| 6 | 库房窗口、通风口 | 入侵报警装置 | ▲ | ▲ | △ |
| | | 视频监控装置 | ▲ | ▲ | △ |
| 7 | 存放场所（部位） | 入侵报警装置 | ▲ | ▲ | ▲ |
| | | 视频监控装置 | ▲ | ▲ | ▲ |
| 8 | 保卫值班室 | 紧急报警装置 | ▲ | ▲ | ▲ |
| | | 通讯工具 | ▲ | ▲ | ▲ |
| 9 | 监控中心 | 紧急报警装置 | ▲ | ▲ | ▲ |
| | | 监控中心设备 | ▲ | ▲ | ▲ |
| | | 通讯工具 | ▲ | ▲ | ▲ |
| 10 | 巡查部位和区域 | 电子巡查装置 | ▲ | △ | △ |

注：配置要求中"▲"表示应配置，"△"表示选配。

参 考 文 献

[1]  危险化学品安全管理条例(国务院令第591号)

[2]  放射性同位素与射线装置安全和防护条例(国务院令第449号)

[3]  企业事业单位内部治安保卫条例(国务院令第421号)

[4]  危险化学品目录(国家安全生产监督管理总局、工业和信息化部、公安部、环境保护部、卫生部、国家质量监督检验检疫总局、交通运输部、铁道部、中国民用航空局、农业部公告)

[5]  放射源分类办法(国家环境保护总局公告2005年 第62号)

ICS 13.310
A 91

# 中华人民共和国公共安全行业标准

GA 1003—2012

# 银行自助服务亭技术要求

Technical requirements for self-service bank house

2012-07-10 发布　　　　　　　　　　　2012-09-01 实施

中华人民共和国公安部　　发 布

# 前　言

**本标准第5～7章为强制性条款。**

本标准按照 GB/T 1.1—2009 给出的规则起草。

本标准由公安部治安管理局提出。

本标准由全国安全防范报警系统标准化技术委员会(SAC/TC 100)归口。

本标准主要起草单位:公安部治安管理局、中国银行业监督管理委员会安全保卫局、公安部安全与警用电子产品质量检测中心、中国工商银行、中国农业银行、中国银行、中国建设银行、上海七百集团九思科技发展有限公司、青岛融汇通网络服务有限公司。

本标准主要起草人:袁鹤、蒋文跃、郝文起、胡志昂、任骥、邓慕琼、高维中、熊自力、余强、李毅。

# 银行自助服务亭技术要求

## 1 范围

本标准规定了银行自助服务亭的结构、系统组成与标记、技术要求、试验方法、验收维护。

本标准适用于新建或改建的银行自助服务亭的设计、制造、检验及验收,其他金融机构的自助服务亭可参照执行。

## 2 规范性引用文件

下列文件对于本文件的应用是必不可少的。凡是注日期的引用文件,仅注日期的版本适用于本文件。凡是不注日期的引用文件,其最新版本(包括所有的修改单)适用于本文件。

GB/T 16676—2010 银行安全防范报警监控联网系统技术要求

GB 17565—2007 防盗安全门通用技术条件

GB/T 18789—2002 自动柜员机(ATM)通用规范

GB 50057—2010 建筑物防雷设计规范

GB 50198—1994 民用闭路监视电视系统工程技术规范

GB 50343—2004 建筑物电子信息系统防雷技术规范

GB 50348—2004 安全防范工程技术规范

GA/T 73—1994 机械防盗锁

GA 165—1997 防弹复合玻璃通用技术要求

GA 745—2008 银行自助设备、自助银行安全防范的规定

GA 844—2009 防砸复合玻璃通用技术要求

## 3 术语和定义

GB/T 18789—2002、GB/T 16676—2010界定的以及下列术语和定义适用于本文件。

### 3.1

**银行自助服务亭** self-service bank house

自助银行的一种应用模式。它不依附于任何建筑,具有安全防范系统、设备防护区、清机加钞区和客户操作区等,用于客户自助完成存取款、缴费等业务。

### 3.2

**银行自助服务亭地基** self-service bank house base

连接、支撑银行自助服务亭整体结构的预制钢筋混凝土构件。

### 3.3

**银行自助服务亭底座** self-service bank house base foundation

一种金属结构框架,与地基牢固连接,是银行自助设备等主要设备的承重构件。

### 3.4

**银行自助服务亭顶板** self-service bank house coping

一种金属结构框架与建筑防护板材的组合构件,用来组成银行自助服务亭的亭顶。

3.5

**银行自助服务亭防护墙板** self-service bank house protective wall board

一种具有一定防护能力的墙板,主要由金属和/或其他材料组合而成。

3.6

**银行自助服务亭框架** self-service bank house frame

一种金属结构框架,与底座和顶板相连接,用于固定防护墙板、玻璃等结构材料。

3.7

**客户操作区** service area

客户用于自助银行业务操作的空间。

3.8

**清机加钞区** cash cleaning and loading area

工作人员进行现金清理、加钞操作的空间。

3.9

**设备防护区** equipment protective area

用于保护信号存储、控制、电源等装置及自助设备不受破坏的空间。

3.10

**防护门** security door

出入客户操作区使用的自动或手动门。

## 4 安全防范系统组成与产品标记

### 4.1 安全防范系统组成

银行自助服务亭(以下简称银亭)的安全防范系统应包括报警、视频监控和实体防护等部分。

### 4.2 产品标记

产品标记如下:

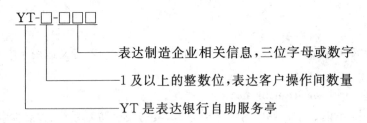

示例:YT-2-DFⅠ

东方公司Ⅰ型银行自助服务亭,双客户操作间。

## 5 技术要求

### 5.1 安全防范一般要求

#### 5.1.1 选址要求

根据银亭占地面积需求,对银亭设置地点的水文、地质、面积、网络环境、周围环境、供电、消防、交通状况等情况进行调研,由设计施工方出具调研结果,选址应符合当地安全和相关建设要求。

### 5.1.2 设计原则

银亭的安全防范系统设计原则应符合 GB 50348—2004、GA 745—2008 中的相关要求,设计、施工图纸等相关资料的保管应符合保密规定。

### 5.1.3 设备选型

银亭选用的安全防范设备应符合国家或行业相关标准的要求。使用的监控、存储、传输等设备应有产品合格检测报告或 3C 认证报告。

### 5.1.4 照明要求

设备防护区、客户操作区、清机加钞区均应有灯光照明,操作区照明亮度应大于或等于 300 lx,当光照度低于 40 lx 时,灯光应自动开启。

### 5.1.5 空调要求

银亭内应安装空调装置,空调效果应可覆盖客户操作区和设备区,银亭内环境温度一般宜在15 ℃~30 ℃范围内。

## 5.2 外观与标识

### 5.2.1 外观

银亭各部件表面应光滑、平整,与人体可能接触的部位不应有尖棱、毛刺、突出物。焊接部位不应有明显的焊渣、棱角,外表面平面度不应大于 2 mm。喷漆(烤漆、喷塑)部件表面应色泽均匀,不应有流挂、气泡现象。玻璃或其他透明体材料的可见光透光率不应小于 75%,不应有明显的划痕、气泡和光畸变等缺陷。使用胶液粘接的部位,涂抹应均匀、平滑,不应有残余胶体。

### 5.2.2 标识

各种产品标牌、警示标识、图案和文字应清晰,安装位置合理且牢固。

## 5.3 实体防范要求

### 5.3.1 银亭底座

底座主要框架结构应使用壁厚大于或等于 4 mm 的钢质或其他等效金属型材制作,辅助金属型材的厚度大于或等于 30 mm,主要框架结构要采用焊接方式连接,焊接后框架结构表面不平度不应大于2 mm。底座应有与地基牢固连接的固定孔,其孔径小于或等于 2 倍连接螺栓直径。

### 5.3.2 银亭防护墙板

设备防护区、后加钞工作方式的清机加钞区防护墙板应是一种以金属材料为主的复合材料板,墙板应具有防破坏能力,墙板内层应具有良好的防腐蚀能力。整体墙板应具有阻燃功能,其厚度应大于或等于 30 mm。使用氧乙炔火焰切割焊枪,在 10 min 时间内,墙板上不能切割出一个 615 cm² 的穿透性洞口。客户操作区两侧的防护墙板使用透明材料时,其防砸强度应符合 GA 844—2009 中 B 级要求,使用非透明材料时应与设备防护区、清机加钞区防护墙板相一致。

### 5.3.3 银亭顶板

顶板结构强度应与防护墙板相当,顶板应固定在银亭上面,顶板与亭体框架采用焊接或机械方式固定连接。顶板要求具有防雨水渗漏、积水、隔热、阻燃和防腐蚀功能。

### 5.3.4 银亭框架

框架应使用壁厚大于或等于 4 mm 的钢质或其他等效金属型材制作,其宽度应大于或等于 40 mm,金属型材要插入底座型材 10 mm 深,再进行焊接。框架及客户操作区的门框应采用壁厚大于或等于 4 mm 的矩形金属管制作。

### 5.3.5 客户操作区

后加钞单客户操作区客户占有的活动面积不应小于 1.0 m²,多客户操作区相互之间要采用非透明复合材料板隔离。

### 5.3.6 清机加钞区

在执行现金填充工作时,清机加钞区应是一个封闭的安全区域,前加钞清机加钞区应安装防护门,后加钞清机加钞区应安装防盗安全门,前、后加钞工作方式的清机加钞区占有的活动面积均不应小于 1.5 m²。

### 5.3.7 设备防护区

所有安全防范设备均应固定安装,安装位置应便于使用和维修,信号显示部位应便于观察。相关线缆应走线整齐、采用金属外壳防护线缆,并局部固定。

### 5.3.8 防护门

5.3.8.1 门扇使用的透明材料应符合 GA 844—2009 中 B 级要求,透明材料四周应有金属防护框架,处于关闭状态的门扇与门框周边间隙应保持一致,多个客户独立操作区应对应多个独立的防护门。

5.3.8.2 使用自动门时,运行装置应按规定位置安装,采取减震措施减少机械震动噪声,系统启闭时噪声不应大于 60 dB(A)。

5.3.8.3 客户距离自动门 0.5 m 时,自动门应在 1 s 内自动开启,客户进入客户操作区后 2 s 内,门应自动关闭,门扇开启速度小于或等于 500 mm/s,门扇闭合速度小于或等于 350 mm/s。客户操作期间,门不应自动开启,客户在门内应可手动开启自动锁。

5.3.8.4 使用手动门应安装电控锁及闭门器,门外启动按钮或刷卡后电控锁开启,门扇开启力应小于或等于 49 N。客户进入操作区关闭门扇后,电控锁应自动锁定,客户操作期间,门外其他客户不应再次成功开启手动门,断电时客户在门内应能开启电控锁。

5.3.8.5 客户操作区的自动门或手动门的电控锁应具有远程遥控启、闭功能。

### 5.3.9 防盗安全门

进入设备防护区的门,除应符合 GB 17565—2007 中甲级防盗安全门的要求外,还应具有防火焰切割能力,防破坏时间大于或等于 10 min。门上应安装符合 GA/T 73—1994 要求的 B 级防盗锁和出入控制装置,记录人员进出及门的开启情况。门的启、闭信息应传输到远程联网监控报警中心。

### 5.3.10 吊装耳环

银亭顶部框架结构上的不同位置应焊接吊装用的耳环,耳环的耳孔直径应大于或等于 50 mm,耳环材料直径应大于或等于 20 mm,连接强度应保证吊装安全。设备安装后,吊装耳环应拆除。

### 5.3.11 组装结构

组装后的银亭结构部件应有在亭外不被普通工具拆卸的功能。

#### 5.3.12 银亭地基

银亭与地面应连接牢固,安装地面应采用 c25 以上的钢筋混凝土浇筑,钢筋应采用直径不小于 14 mm 的螺纹钢双向双层错位排列,间距应在 150 mm～250 mm,地基厚度应大于或等于 400 mm,地基面积大于或等于占地面积的 1.2 倍,连接件应不少于 4 件,埋入地面深度应大于或等于 300 mm。与银亭连接螺栓应大于或等于 M30。

### 5.4 报警技术要求

#### 5.4.1 周界报警

银亭四周墙体应安装周界入侵探测系统,对亭体进行撬、挖、砸、冲击等破坏时应能够产生声或光报警信号。

#### 5.4.2 区域报警

银亭客户操作区应安装紧急报警按钮、求助电话或对讲装置,安装自动录音装置。后加钞工作方式的清机加钞区应安装紧急报警按钮,触发紧急报警按钮后应可自动开启声音复核系统。应对火焰切割提款机保险柜和破坏安全防范设备的事件进行探测和报警,并且联动声音复核装置。所有报警信号均应上传到远程联网监控报警中心。

#### 5.4.3 感烟、浸水报警

银行自助服务亭设备区内应设置感烟、浸水报警探测器,发烟浓度达到烟感探测器的报警门限值时,当地面浸水超过 5 mm 时,应发出报警信号。

#### 5.4.4 信号传输与存储

银亭安全防范系统应采取双路由传输报警信号到远程联网监控报警中心,一路主用,一路备用。在现场应对报警信号进行实时记录和存储,报警信息存储时间应不少于 30 d。

### 5.5 视频监控技术要求

#### 5.5.1 基本功能要求

银亭视频监控系统除应符合 GA 745—2008 中 5.1.1～5.1.2、5.1.4～5.1.9 的要求外,还应符合以下条款的要求。

#### 5.5.2 银亭外周界视频监控

银亭外侧四周应建立视频监控周界系统,监控到接近亭体 1 m 距离范围内的人体移动目标时,应启动视频录像,视频监控范围应覆盖银亭四周 5 m 内区域。

#### 5.5.3 银亭视频监控

应对款箱进出银亭、现金装填、客户操作、设备维护全过程进行实时监控,应具有事件触发前的预录功能,预录时间不低于 5 s,视频存储设备应具有死机后自动重启功能。

#### 5.5.4 图像信号传输方式

应有将图像信号传输到远程联网监控报警中心的功能,网络传输方式应符合 GB/T 16676—2010 中 5.4.1 的要求。

### 5.5.5 图像显示

显示画面上应叠加银亭、图像编号/地址、摄像机位置、时间、日期等信息,字符叠加不应影响图像显示效果。

### 5.5.6 图像质量

在正常工作照明条件下,应保证图像信息的原始完整性,即在色彩还原性、图像轮廓还原性(灰度级)、事件后继性等方面均应与现场场景保持最大相似性(主观评价)。本地图像质量(主观评价)应达到GB 50198—1994 中表 4.3.1-1 中 4 级(含 4 级)以上等级,对于电磁环境特别恶劣的现场,图像质量不应低于 3 级。本地录像的图像回放分辨率不应低于 704×576 像素数,图像帧率大于等于 25 帧/s,灰度等级不低于 8 级。

### 5.5.7 视频故障报警

视频监控应具有故障检测和视频丢失报警功能,当摄像机、视频存储设备(含硬盘)出现故障时,应中止自助设备的服务功能,故障报警信号应上传到远程联网监控报警中心。

### 5.6 电源与电气安全

#### 5.6.1 供电

银亭应选用交流 220 V 或 380 V 供电,主电源电压在额定值的 85%～110%范围变化时,不需调整应能正常工作。当主电源断电时,应自动切换到备用电源,保证自助设备正常运行时间不少于 10 min,10 min 后客户操作区防护门自动强行关闭;安全防范系统正常使用时间不少于 8 h,同时亭体发出灯光告警,显示营业暂停的相关信息。断电报警信息应能上传到远程联网监控报警中心。

#### 5.6.2 配电箱

银亭设备防护区内应设置配电箱,外界不能直接接触电源接线端,配电箱应带锁。各种熔断器、分合开关、输入、输出插座等均应有标识,标识内容应可引导正确使用。

#### 5.6.3 布线

银亭内部布线应安全、可靠、牢固,强、弱电应分开设立线槽,线缆接线端不应松动或产生过应力,各种外接线缆均应有防护措施,接插件应置于封闭的刚性体内。不应在亭顶上敷设线缆,架空线缆吊线两端和架空线缆线路中的金属管应接地。进入银亭的各种地下线缆均应有金属或非金属套管防护,使用套管保护的导线,两端应夹紧,不应滑脱。

#### 5.6.4 绝缘电阻

在正常工作条件下,银亭内安防设备电源引入端与金属壳体之间的绝缘电阻不应小于 20 MΩ。

#### 5.6.5 泄漏电流

银亭内采用交流电源供电的各种安防设备的泄漏电流不应大于 5 mA。

#### 5.6.6 过流保护

银亭内采用交流电源供电的各种安防设备,在变压器的初级应安装断路器或保险丝,其规格不大于产品额定工作电流的 2 倍,通讯线缆入口应设有数据线保护器,其接地线的截面积应不小于 2.5 mm²。

#### 5.6.7 抗电强度

银亭内采用交流电源供电的各种电子设备的电源引入端与外壳裸露金属之间应能承受 50 Hz,交流 1 500 V 历时 1 min 的耐压试验,应无击穿和飞弧现象。

### 5.7 防雷

#### 5.7.1 设计原则

应综合设计系统的防雷和接地,防雷和接地设计应符合 GB 50348—2004 中 3.9 的要求。银亭外部应按 GB 50057—2010 的要求设置避雷保护装置。银亭内部应按 GB 50343—2004 中 1.0.5 的要求进行设计。

#### 5.7.2 接地端

电涌保护器接地端和防雷接地装置应作等电位连接,接地电阻不大于 4 Ω,重要设备应安装电涌保护器,等电位连接应设置接地汇集环,汇集环应采用裸铜线,其截面积应大于或等于 16 mm²。

## 6 试验方法

### 6.1 外观与标识检验

用目视方法检查各部件表面质量、标识的清晰度及安装牢固度,用 500 mm 钢板尺检验亭体外表面平面度,按照 GA 165—1997 中 6.2 规定的方法测试透明材料的透光率,判断结果是否符合 5.2 要求。

### 6.2 实体防范要求检验

#### 6.2.1 银亭底座检验

对照设计图纸,使用刻度为 1 mm 的钢卷尺、0.02 mm 的游标卡尺测量底座相关尺寸,判断结果是否符合 5.3.1 要求。

#### 6.2.2 银亭防护墙板检验

选取 1 m² 的材料样块,其断面结构与实际样品的断面结构应完全一致,测量其厚度尺寸,使用氧乙炔切割焊枪对样块进行破坏试验,试验净工作时间为 10 min,判断结果是否符合 5.3.2 要求。

#### 6.2.3 银亭顶板检验

对照设计图纸,用目视方法检验顶板连接情况,通过设计、施工图纸及工程验收报告检查防水渗漏措施,使用氧乙炔切割焊枪火焰对顶板切割 5 s,火焰端头距离顶板 10 mm,与顶板平面呈 45°,间歇 5 s,共试验三次,判断结果是否符合 5.3.3 要求。

#### 6.2.4 银亭框架检验

对照设计图纸,用 0.02 mm 游标卡尺测量型材相关尺寸,判断结果是否符合 5.3.4 要求。

#### 6.2.5 客户操作区检验

对照设计图纸,用目视方法检验客户操作区通风及服务设施情况、操作区相互隔离结构情况,测量单客户占有面积,判断结果是否符合 5.3.5 要求。

### 6.2.6 清机加钞区检验

目视清机加钞区的工作空间,详细检查装填区封闭情况,判断结果是否符合5.3.6要求。

### 6.2.7 设备防护区检验

对照设计图纸,用目视方法检验布线及设备固定安装情况,判断结果是否符合5.3.7要求。

### 6.2.8 防护门检验

对照图纸,目视门扇结构、使用材料,查验透明材料防砸性能检测报告,正常开启、关闭客户操作区防护门,观察门扇操作运行安全状态,在1 m距离处,使用声级计测试门扇运动时的噪声,使用秒表测试门扇的启闭速度,使用弹簧拉力计测试非自动门的开启拉力,查验电控锁的相关功能,对客户操作区自动、非自动防护门进行远程、开启和关闭试验,检查客户区内有人操作时,门外再次开启防护门的试验情况,判断结果是否符合5.3.8要求。

### 6.2.9 防盗安全门检验

使用规定的火焰切割工具对防盗安全门门扇部位进行火焰切割开启615 cm² 洞口试验,试验净工作时间为10 min,检查甲级防盗安全门和B级防盗锁具的检测报告是否符合要求,判断结果是否符合5.3.9要求。

### 6.2.10 耳环、组装、地基检验

设备安装完毕后,通过审查图纸、检验报告和现场测量的方法,对亭体结构、使用设备情况、地基地面尺寸、连接件等内容进行检查,判断结果是否符合5.3.10～5.3.12要求。

### 6.3 报警技术要求检验

按照5.4的要求及产品使用说明书,对规定的各种报警功能,进行现场操作试验,试验范围至少应包括以下内容:
   a) 测试亭体周界报警系统,人为制造报警条件,使用600 mm长的撬棍撬、砸、挖击打亭体,1 min内应引发报警信号,检查周界及其他前端报警装置的响应情况,检查声音复核的情况;
   b) 在亭内人为制造声音报警的条件,监听现场的声音信号;进行火焰切割提款机保险柜试验,检查报警信号情况;在客户操作区检查紧急报警按钮、对讲装置功能、现场录音功能;
   c) 在设备区内人为制造感烟、浸水的报警条件,在现场观察报警情况;
   d) 检查报警信号双路由传输方式,检查现场报警信号的接收、显示、记录、存储的情况。
判断结果是否符合5.4的要求。

### 6.4 视频监控技术要求检验

按照5.5的功能要求和产品说明书规定的各种监控功能,进行现场操作试验,试验至少应包括以下内容:
   a) 检查摄像机周界监控范围,设置视频警戒区域和报警触发条件;
   b) 银亭内部视频监控状态;观察现金操作区监控图像,重点查看进/出钞过程及面部图像识别清晰度;
   c) 观察清机加钞区装填工作图像;
   d) 进行事件触发操作,用秒表测试预录时间;
   e) 对图像质量进行主观评价,查看现场回放图像帧率、分辨率、灰度等级;
   f) 检查图像字符叠加功能,检查图像实际保存时间;

g) 对硬盘录像机死机重启功能、视频丢失报警功能,上传故障报警信息功能进行操作试验;

h) 其他监控功能的操作试验。

判断结果是否符合 5.5 的要求。

## 6.5 电源与电气安全试验

### 6.5.1 供电检验

供电检验应符合以下要求:

a) 按照标称工作电压的正常值、最高值、最低值分别对银行自助服务亭进行供电试验,系统应工作正常;

b) 切断主电源,检查切换到备用电源供电状态是否正常,根据负载情况,计算备用电池容量是否满足备电要求,在备用电源供电条件下,分别进行安防系统的功能试验,包括远程图像、报警信号的传输;

c) 目视检验配电箱、锁具、开关、插座及其标志,进行正常开关操作试验,目视检查布线、接线端口防护及相关标识情况。

判断结果是否符合 5.6.1~5.6.3 的要求。

### 6.5.2 电气安全试验

电气安全试验应符合以下要求:

a) 在银亭安装完好的现场,使用绝缘耐压测试仪对银亭内各种电子设备电源输入端与接地端测量绝缘电阻、泄漏电流及抗电强度;

b) 使用 0.02 mm 游标卡尺测量、计算相关导线的截面积;

c) 检查变压器初级断路器或保险丝的规格。

判断结果是否符合 5.6.4~5.6.7 的要求。

## 6.6 防雷检验

防雷试验应符合以下要求:

a) 系统设计应标明对地电阻测试点,用接地电阻测试仪测试对地电阻;

b) 通过查验图纸检查电涌保护器和防雷接地装置等电位连接情况;

c) 检查重要设备安装电涌保护器是否符合防雷设计图纸要求。

判断结果是否符合 5.7 的要求。

# 7 验收、维护

## 7.1 验收

银亭竣工后应按照本标准和 GB 50198—1994、GB 50348—2004、GB/T 16676—2010、GA 745—2008、GA 844—2009 中的相关要求进行验收。验收主要分为两部分,第一部分验收银亭实体防范所包含的全部技术要求,第二部分验收银亭报警技术要求、视频监控技术要求、电源与电气安全和防雷系统,主要验收功能和相关技术指标。

## 7.2 维护

银亭应定期进行检查、维护、保养,保持良好的运行状态。系统出现故障,应及时修复。

---

ICS 13.310
A 91

# 中华人民共和国公共安全行业标准

GA 1015—2012

# 枪支去功能处理与展览枪支
# 安全防范要求

Security requirements for guns dismantling treatment and guns exhibition

2012-12-26 发布
2012-12-26 实施

中华人民共和国公安部    发 布

# 前　言

**本标准的全部技术内容为强制性。**

本标准按照 GB/T 1.1—2009 给出的规则起草。

本标准由北京市公安局提出。

本标准由全国安全防范报警系统标准化技术委员会(SAC/TC 100)归口。

本标准起草单位:北京市公安局治安管理总队、中国兵器工业第 208 研究所。

本标准起草人:钱熊飞、何力、董传华、郭怡林、唐克敏、赵勇君。

# 枪支去功能处理与展览枪支
# 安全防范要求

## 1 范围

本标准规定了枪支去功能处理的方法和要求、枪支展览场所风险等级划分和防护级别的确定、以及展览枪支的安全防范要求,是枪支展览场所安全防范工程设计、施工、验收和展览枪支安全检查等工作的基本依据。

本标准适用于依据《中华人民共和国枪支管理法》,纳入公安机关管理的枪支的去功能处理工作和展览枪支的安全防范工作。

## 2 规范性引用文件

下列文件对于本文件的应用是必不可少的。凡是注明日期的引用文件,仅注日期的版本适用于本文件。凡是不注日期的引用文件,其最新版本(包括所有的修改单)适用于本文件。

GB 17565—2007 防盗安全门通用技术条件
GB 50003—2001 砌体结构设计规范
GB 50010—2002 混凝土结构设计规范
GB 50068—2001 建筑结构可靠度设计统一标准
GB 50348—2004 安全防范工程技术规范
GB 50394—2007 入侵报警系统工程设计规范
GB 50395—2007 视频安防监控系统工程设计规范
GA/T 73—1994 机械防盗锁
GA 374—2001 电子防盗锁

## 3 术语和定义

GB 50348—2004 中界定的以及下列术语和定义适用于本文件。

3.1

**展览枪支 guns for exhibition**
博物馆、纪念馆、展览馆等单位用于展览活动、馆藏纪念的枪支和枪支生产、科研、教学单位用于展示、研究的枪支。

3.2

**射击性能(功能) shooting performance(function)**
枪支发射弹药实现设计指标要求的能力。

3.3

**前装弹药枪支(前装枪支) muzzle-loading gun**
射击前将散装发射药和弹丸由枪口装填入枪膛的枪支。

3.4

**定装弹药枪支（定装枪支）** **fixed cartridge gun**

使用预先定制成型弹药的枪支。

3.5

**甲类定装枪支** **fixed cartridge gun Ⅰ**

匹配弹种停产时间未超过 40 年（含）的定装枪支。

3.6

**乙类定装枪支** **fixed cartridge gun Ⅱ**

匹配弹种停产时间已超过 40 年（不含）的定装枪支。

3.7

**去功能处理** **dismantling treatment**

以去除或者限制枪支射击功能为目的，对枪支进行的零部件拆除、增加、更换、损毁等技术加工工作。

3.8

**永久性去功能处理** **permanent dismantling treatment**

通过损毁枪支主要零部件的方式使其失去射击功能，且不能通过简单修复予以恢复的技术处理方法。

3.9

**临时性去功能处理** **temporary dismantling treatment**

通过拆除、更换枪支零部件或增加附件的方式使其临时失去射击功能，但经逆向处理后可以恢复的技术处理方法。

3.10

**自然去功能** **natural dismantling**

枪支因主要零部件严重损坏、锈蚀或难以找到匹配弹药等原因不再具备射击功能的状态。

3.11

**双人双锁** **double persons with double locks**

由两名管理人员同时到场，分别独立操作，方能开启、关闭枪支展览场所房门的制度要求与技术措施。

3.12

**保卫值班室** **security duty room**

展览枪支单位为监控和处置枪支展览场所安全风险的专门人员设置的值守场所。

## 4 枪支去功能处理

### 4.1 永久性去功能处理

#### 4.1.1 永久性去功能处理方法

永久性去功能处理应根据枪支具体结构，从下列方法中选择：

a) 在枪管部位打孔或开通体纵槽；

b) 在弹膛打孔或开通体纵槽；

c) 损毁弹膛；

d) 根据具体结构对枪栓或枪机闭锁部位受力面进行铣切或铣槽；

e) 铣切击锤打击面；

f) 截短击锤簧；

g) 截短击针长度；

h) 截短复进簧；

i) 加装固定枪口冒。

### 4.1.2 永久性去功能处理要求

4.1.2.1 应根据枪支结构选择不少于三种方法进行永久性去功能处理,其中至少应包含 4.1.1 中 a)、b)、c)之一种;鼓励选择更多方法进行去功能处理,以确保枪支和其主要零部件彻底失去原有功能。

4.1.2.2 永久性去功能处理应确保枪支不能完成击发。

4.1.2.3 枪管打孔处理时,应从枪管根部开始向前排列,手枪孔间距应不大于 50 mm,其他枪支孔间距应不大于 100 mm,打孔孔径应不小于 3 mm。

4.1.2.4 损毁弹膛应确保不能使弹药装填至待发状态;弹膛打孔处理时,应分别在弹膛两侧中间位置打孔,孔径应不小于 3 mm。

4.1.2.5 对枪栓或枪机闭锁部位受力面的铣切、铣槽处理,应确保闭锁部位受力面的厚度或面积的减小幅度不小于原厚度或面积的 1/2。

4.1.2.6 铣切击锤打击面、截短击锤簧、截短击针长度等处理,应确保不能击发枪弹底火。

4.1.2.7 截短复进簧的处理,应确保枪机不能自行复进到位并完成闭锁。

4.1.2.8 固定枪口冒应采取内衬不可拆卸方式安装,枪口冒长度应不小于枪管长度的 1/10,内孔直径应不大于枪支口径的 2/3。

### 4.1.3 永久性去功能处理标识

4.1.3.1 经过永久性去功能处理的枪支应刻印标示图标,图标式样(见图 1)为边长 16 mm 的等边三角形,底色为红色,内刻"去功能"字样。

图 1 永久性去功能处理标示

4.1.3.2 永久性去功能处理图标应刻印在枪支左侧机匣体或左侧枪身金属部位醒目位置。

4.1.3.3 经过永久性去功能处理的枪支零部件应整体或在处理部位涂抹红色。

## 4.2 临时性去功能处理

### 4.2.1 临时性去功能处理方法

临时性去功能处理应根据枪支具体结构,从下列方法中选择:

a) 拆除击针、击针簧、枪机等击发机零部件之一或全部;

b) 拆除复进簧、复进簧导杆等复进机零部件之一或全部;

c) 拆除活塞、活塞杆等后坐功能部件之一或全部;

d) 加装专用锁具控制扳机或枪栓;

e) 加装临时性枪口冒堵塞枪口。

#### 4.2.2 临时性去功能处理要求

4.2.2.1 应根据枪支结构情况选择至少一种以上方法对枪支进行临时性去功能处理。

4.2.2.2 选择的去功能处理方法至少应有一种能确保枪支不能完成击发动作或发射枪弹。

4.2.2.3 临时性去功能处理拆除的零部件应按照枪支的管理标准入库保管。

### 5 枪支展览场所风险等级的划分及防护级别的确定

#### 5.1 风险等级及防护级别的分级与核定

##### 5.1.1 风险等级的分级与核定

风险等级依据枪支展览场所所展览枪支的性能、数量等情况分为三级,按风险由大到小依次为一级风险、二级风险、三级风险,分别由省、设区的市和县级人民政府公安机关核定。

##### 5.1.2 防护级别的确定

枪支展览场所的防护级别应与其风险等级相适应,按其防护能力由高到低分为一级防护、二级防护、三级防护。

#### 5.2 风险等级的划分

##### 5.2.1 一级风险

枪支展览场所符合下列条件之一的应定为一级风险:

a) 展览经过临时性去功能处理的甲类定装枪支的;

b) 展览经过临时性去功能处理的乙类定装枪支且数量在 50 支(不含)以上的;

c) 展览前装枪支,或已进行永久性去功能处理和自然去功能的定装枪支,或其他非火药动力枪支,且展览枪支总数在 200 支(不含)以上的。

##### 5.2.2 二级风险

枪支展览场所符合下列条件之一的应定为二级风险:

a) 展览经过临时性去功能处理的乙类定装枪支且数量不超过 50 支(含)的;

b) 展览前装枪支,或已进行永久性去功能处理和自然去功能的定装枪支,或其他非火药动力枪支,且展览枪支总数在 100 支(不含)以上 200 支(含)以下的。

##### 5.2.3 三级风险

展览前装枪支,或已进行永久性去功能处理和自然去功能的定装枪支,或其他非火药动力枪支,且展览枪支总数在 100 支(含)以下的场所应定为三级风险场所。

### 6 展览枪支安全防范要求

#### 6.1 一般要求

##### 6.1.1 管理要求

6.1.1.1 展览枪支和参加临时性展览活动的枪支应进行去功能处理:

a) 博物馆、纪念馆、展览馆等单位配置的展览枪支除有特殊纪念意义并报经主管部门同意外,应全部进行永久性去功能处理；

b) 枪支生产、科研、教学单位用于展览、展示的枪支应视情况选择永久性或临时性去功能处理；

c) 参加临时性展览活动的枪支应进行临时性去功能处理；

d) 经认定为自然去功能的枪支,视为已经过永久性去功能处理。

6.1.1.2 展览枪支单位应设置固定的枪支展览场所。枪支临时性展览活动应选择符合要求的枪支展览场所或在展览场所内划定专门的枪支集中展览区域。

6.1.1.3 展览枪支单位和枪支临时性展览活动承办单位应设立监控中心,并安装直拨电话、张贴报警电话号码,实行封闭式管理。

6.1.1.4 展览枪支单位、枪支临时性展览活动承办单位法定代表人或负责人为展览枪支、参加临时性展览活动枪支安全管理的"第一责任人",应建立健全枪支安全管理责任体系,明确第一责任人、主管责任人、直接责任人的职责,落实各项安全管理责任。

6.1.1.5 展览枪支单位、枪支临时性展览活动承办单位应建立健全枪支展览场所和监控中心的安全管理制度、值班登记制度、交接班检查制度,建立健全管理台帐。管理台帐留存时间应不少于1年。

6.1.1.6 展览枪支单位、枪支临时性展览活动承办单位应建立健全应对枪支展览场所安全风险的应急处置预案,明确职责分工、处置程序、方法和要求。

6.1.1.7 展览枪支单位应对枪支展览场所的安全防范系统定期开展维护检查,适时进行全面检测,保证安全防范系统有效运行。

### 6.1.2 物防要求

6.1.2.1 枪支展览场所的建筑结构设计应符合 GB 50068—2001 的要求,设计使用年限不低于 50 年,安全等级不低于二级。

6.1.2.2 枪支展览场所和监控中心采用砖混或钢筋混凝土建筑结构的,应符合 GB 50003—2001、GB 50010—2010 的要求,砖混结构的墙体应为建筑的承重墙体,砌体应采用实心材料。

6.1.2.3 采用砖混或钢筋混凝土之外建筑结构的枪支展览场所,其墙体的抗破坏能力应不低于同安全等级下砖混或钢筋混凝土建筑结构墙体之水平。

6.1.2.4 枪支展览场所和监控中心的窗户应安装实心钢筋制作的防护栅栏,防护栅栏钢筋直径不得小于 12 mm,纵向和横向间距分别不大于 250 mm 和 100 mm。防护栅栏应采用内藏螺栓方式安装,安装螺栓直径不小于 10 mm,间距不大于 250 mm。

6.1.2.5 枪支展览场所建筑的房门应符合分级防护的要求,监控中心应安装符合 GB 17565—2007 中丙级门要求的平开全封闭式防盗安全门。枪支展览场所和监控中心应使用符合 GA/T 73—1994 中 B 级标准或者 GA 374—2001 要求的锁具。

6.1.2.6 枪支临时性展览活动场所如达不到 6.1.2.1~6.1.2.5 要求的,闭展期间应将枪支收入符合相关标准要求的库房保管。

6.1.2.7 枪支展览场所在闭展期间应采取实体封闭措施,房门开启和关闭实行双人双锁或两级控制管理。

### 6.1.3 技防要求

6.1.3.1 非人力巡防的枪支展览场所应安装并在闭展期间启动入侵报警系统,入侵报警系统应符合 GB 50394—2007 及以下要求:

a) 入侵报警系统应能对枪支展览场所内的防护目标和门、窗等部位进行交叉探测;

b) 报警信息应能以自动方式对外发送到监控中心及保卫值班室,报警信息留存时间应不少于 30 d;

c) 入侵报警系统应能独立运行,并能按时间、区域、部位灵活编程设防或者撤防;应具有防破坏功能,能对设备运行状态和信号传输线路进行自动检测,能及时发出故障报警并指示故障区位;当有报警时,能显示和记录报警部位、地址及有关警情数据。

6.1.3.2 枪支展览场所应安装视频安防监控系统,视频安防监控系统应符合 GB 50395—2007 及以下要求:

    a)  应能对枪支展览场所内的防护目标和门、窗等部位进行有效的视频探测与监视、图像显示、记录与回放;

    b)  图像质量应不低于 GB 50395—2007 中 5.0.10 的要求,出入口部位和防护目标区域的视频图像应能清晰辨别人员的面部特征和动作,在照度达不到要求时应增加辅助照明设施或使用具有夜视功能的摄像机;

    c)  应具有对移动画面帧测记录功能,帧测灵敏度为对摄像重点区域内有人员、车辆或者应设防物体移动时即起动,图像记录连续性指标不少于 25 fps;

    d)  应能对所有监控图像进行记录,能多画面或时序显示各监控图像;能与报警系统联动,当报警发生时,能对报警现场进行图像复核,将现场图像自动切换到指定的监视器上显示;

    e)  视频监控资料留存时间应不少于 30 d。

6.1.3.3 展览枪支单位、枪支临时性展览活动承办单位应综合运用物防、技防、人防等安全防范手段和措施,构成枪支展览场所安全、可靠、实用、经济、先进、配套的安全防范体系。安全防范系统的设计应符合 GB 50348—2004 第 3 章的有关要求。

6.1.3.4 安全防范系统应配备备用电源,当主电源断电时应能保证对监控中心及视频系统供电时间不少于 8 h。

6.1.3.5 安全防范系统出现故障后,应在 48 h 内修复。系统维修期间应启动应急预案进行补充防护。

### 6.1.4 人防要求

6.1.4.1 应安排专门人员对安全防范系统进行不间断值守。

6.1.4.2 应选派身心健康、年龄在 18 至 60 周岁且无行政拘留和刑事处罚记录的人员负责安全防范系统值守和展览枪支的安全保卫工作。

6.1.4.3 安全防范系统值守人员应当熟悉报警信息和突发情况的处置程序、要求,能够熟练操作安全防范系统装备器材。

### 6.2 一级防护

6.2.1 枪支展览场所应安装符合 GB 17565—2007 甲级门要求的平开全封闭式防盗安全门。

6.2.2 枪支展览场所应安装两种以上不同探测原理的入侵报警系统。

6.2.3 设置在建筑物一层的枪支展览场所建筑外围应安装视频安防监控系统。

6.2.4 甲类定装枪支应安装机械防盗装置和电子防盗装置。

6.2.5 监控中心值守人员应不少于 2 人;处置枪支展览场所安全风险的安保力量应不少于 6 人,安保力量处警响应时间不超过 3 min。

### 6.3 二级防护

6.3.1 枪支展览场所应安装符合 GB 17565—2007 甲级门要求的平开全封闭式防盗安全门。

6.3.2 枪支展览场所应安装两种以上不同探测原理的入侵报警系统。

6.3.3 乙类定装枪支应安装机械防盗装置或电子防盗装置。

6.3.4 监控中心值守人员应不少于 2 人;处置枪支展览场所安全风险的安保力量应不少于 4 人,安保力量处警响应时间不超过 5 min。

### 6.4 三级防护

6.4.1 枪支展览场所应安装符合 GB 17565—2007 乙级门要求的平开全封闭式防盗安全门。

6.4.2 监控中心值守人员应不少于 1 人;处置枪支展览场所安全风险的安保力量应不少于 2 人,安保力量处警响应时间不超过 6 min。

## 7 实施与管理

7.1 展览枪支单位和临时性枪支展览活动承办单位的法定代表人或负责人负责组织本标准的实施工作。

7.2 枪支永久性去功能处理须由国家主管部门批准的枪支科研、生产单位实施,并经展览枪支单位所在地公安部门组织检查验收。

7.3 枪支展览场所风险等级由展览枪支单位和临时性枪支展览场所管理单位依据本标准提出申请,依照一级、二级、三级三个风险级别,分别报所在地省、设区的市和县级人民政府公安机关核定备案。

7.4 枪支展览场所安全防范工程应由具有国家主管部门认证资质的社会专业安防检测机构检测并出具检测报告,由所在地公安部门组织检查验收。

7.5 枪支展览场所使用期间,应定期对其安全防范系统进行复检,复检周期应不超过 3 年。

7.6 本标准的实施由展览枪支单位和临时性枪支展览场所管理单位的上级主管部门和公安部门负责监督、检查。

ICS 13.310
A 91

# 中华人民共和国公共安全行业标准

GA 1016—2012

# 枪支(弹药)库室风险等级划分
# 与安全防范要求

Level of risk and security requirements
for guns(ammunition)depot/ storage room

2012-12-26 发布                                          2012-12-26 实施

中华人民共和国公安部      发布

# 前　言

**本标准的全部技术内容为强制性。**

本标准按照 GB/T 1.1—2009 给出的规则起草。

本标准由公安部治安管理局提出。

本标准由全国安全防范报警系统标准化技术委员会(SAC/TC 100)归口。

本标准起草单位:公安部治安管理局、北京市公安局治安管理总队。

本标准起草人:钱熊飞、何力、董传华、郭怡林、唐克敏、冯志强。

# 枪支(弹药)库室风险等级划分
# 与安全防范要求

## 1 范围

本标准规定了枪支(弹药)库室风险等级划分标准和安全防范的基本要求,是枪支(弹药)库室安全防范工程设计、施工、验收和安全检查等工作的基本依据。

本标准适用于《中华人民共和国枪支管理法》规定的枪支(弹药)制造、配售、配备、配置单位和配置科研、展览、道具枪支(弹药)单位的库室建设和安全防范工作。

## 2 规范性引用文件

下列文件对于本文件的应用是必不可少的。凡是注明日期的引用文件,仅注日期的版本适用于本文件。凡是不注日期的引用文件,其最新版本(包括所有的修改单)适用于本文件。

GB 17565—2007 防盗安全门通用技术条件
GB 50003—2001 砌体结构设计规范
GB 50010—2010 混凝土结构设计规范
GB 50068—2001 建筑结构可靠度设计统一标准
GB 50348—2004 安全防范工程技术规范
GB 50394—2007 入侵报警系统工程设计规范
GB 50395—2007 视频安防监控系统工程设计规范
GA/T 73—1994 机械防盗锁
GA 374—2001 电子防盗锁

## 3 术语和定义

GB 50348—2004 中界定的以及下列术语和定义适用于本文件。

### 3.1
**涉枪单位 guns-related unit**
依据《中华人民共和国枪支管理法》规定的枪支(弹药)制造、配售、配备、配置单位和配置科研、展览、道具枪支单位以及承担枪支(弹药)临时储存保管职责的单位。

### 3.2
**枪支(弹药)库 guns(ammunition) depot**
涉枪单位设置的用于储存枪支、弹药的专门场所。

### 3.3
**枪支(弹药)室 guns(ammunition) storage room**
各级公安、国家安全、法院、检察院、监狱、劳动教养等执法部门设置的用于存放日常勤务使用枪支、弹药的专门场所。

### 3.4
**枪支(弹药)专用保险柜 guns(ammunition) special safe**
专门用于存放枪支或/和弹药的防盗保险柜。

3.5

**永久性去功能处理**  permanent dismantling treatment

通过损毁枪支主要零部件的方式使其失去射击功能,且不能通过简单修复予以恢复的技术处理方法。

3.6

**临时性去功能处理**  temporary dismantling treatment

通过拆除、更换枪支零部件或增加附件的方式使其临时失去射击功能,但经逆向处理后可以恢复的技术处理方法。

3.7

**双人双锁**  double persons with double locks

由两人同时到场,分别独立操作,方能开启、关闭枪支(弹药)库室和专用柜的制度要求与技术措施。

3.8

**保卫值班室**  security duty room

涉枪单位为监控和处置枪支(弹药)库室安全风险的专门人员设置的值守场所。

## 4  风险等级的划分及防护级别的确定

### 4.1  风险等级及防护级别的分级与核定

#### 4.1.1  风险等级的分级与核定

风险等级依据枪支(弹药)库室所储存保管枪支(弹药)的性能、规模和管理人员素质等情况分为三级,按风险由大到小依次为一级风险、二级风险、三级风险,分别由省、设区的市和县级人民政府公安机关核定。

#### 4.1.2  防护级别的确定

枪支(弹药)库室的防护级别应与其风险等级相适应,按其防护能力由高到低分为一级防护、二级防护、三级防护。

### 4.2  风险等级的划分

#### 4.2.1  一级风险

下列单位设置的枪支(弹药)库应定为一级风险:
a)  省级及以上公安机关的枪支(弹药)库;
b)  枪支(弹药)教学、科研、制造单位的枪支(弹药)库;
c)  省级及以上体育主管部门设立的枪支(弹药)库;
d)  省级及以上射击竞技体育运动单位的枪支(弹药)库;
e)  专门从事武装守护押运服务的保安服务企业的枪支(弹药)库;
f)  配置射击运动枪支或猎枪的营业性射击场、狩猎场的枪支(弹药)库;
g)  配置道具枪支的影视制作单位的枪支(弹药)库;
h)  机场、码头等物流运输单位为枪支(弹药)中转储存设立的枪支(弹药)库;
i)  其他经省级人民政府公安机关治安管理部门认定达到一级风险的枪支(弹药)库。

#### 4.2.2  二级风险

下列单位设置的枪支(弹药)库应定为二级风险:

a) 设区的市级(含)以下公安机关的枪支(弹药)库;

b) 除公安机关外其他各级公务用枪配备单位的枪支(弹药)库;

c) 设区的市级(含)以下体育部门及其他单位设立的配置小口径运动步手枪、运动猎枪的射击竞技体育运动单位的枪支(弹药)库;

d) 野生动物保护、饲养、教学、科研单位的枪支(弹药)库;

e) 涉枪单位设置的存放已作临时性去功能处理的展览枪的枪支(弹药)库;

f) 承担公务用枪支临时保管职责单位设置的枪支(弹药)库;

g) 其他经设区的市级人民政府公安机关治安管理部门认定达到二级风险的枪支(弹药)库。

### 4.2.3 三级风险

下列单位设置的枪支(弹药)库室定为三级风险:

a) 各级公安、国家安全、法院、检察院和监狱、劳动教养机关的枪支(弹药)室;

b) 设区的市级(含)以下体育部门及其他单位设立的仅配置气步枪、气手枪的射击竞技体育运动单位的枪支(弹药)库;

c) 仅配置气枪、麻醉注射枪的野生动物保护、饲养、教学、科研单位的枪支(弹药)库;

d) 仅配置彩弹枪的营业性射击场的枪支(弹药)库;

e) 涉枪单位设置的存放已作永久性去功能处理的展览枪的枪支(弹药)库;

f) 其他经县级人民政府公安机关治安管理部门认定达到三级风险的枪支(弹药)库室。

## 5 安全防范要求

### 5.1 一般要求

#### 5.1.1 管理要求

5.1.1.1 涉枪单位应设置专门的枪支(弹药)库室储存保管枪支、弹药。储存枪支(弹药)的库室,其内部最高气温不高于 30 ℃,适宜气温应控制在 5 ℃~20 ℃范围内;最高相对湿度不大于 70%,适宜相对湿度应控制在 55%~65%范围内。

5.1.1.2 涉枪单位应安排专门人员、双人双锁管理枪支(弹药)库室。应建立进入枪支(弹药)库室的授权审批制度,未经批准任何人不得进入。

5.1.1.3 涉枪单位应按照便于监控和快速处置的原则,在临近枪支(弹药)库室的适当位置设立监控中心,并安装直拨电话、张贴报警电话号码,实行封闭式管理。

5.1.1.4 涉枪单位应建立以法定代表人或负责人为"第一责任人"的枪支安全管理责任体系,明确第一责任人、主管责任人、直接责任人的职责,落实各项安全管理责任。

5.1.1.5 涉枪单位应建立健全枪支(弹药)库室和监控中心的管理制度,严格落实枪支(弹药)库室双人双锁管理、枪弹领取审批登记和安全检查、涉枪人员管理教育等制度要求。

5.1.1.6 涉枪单位应建立健全应对枪支(弹药)库室安全风险的应急处置预案,明确职责分工、处置程序、方法和要求。

5.1.1.7 涉枪单位应建立健全管理台帐,详细记录人员出入库室和枪支(弹药)领取(退还)及数量变化情况,管理台帐留存时间应不少于 1 年。

5.1.1.8 涉枪单位应对枪支(弹药)库室的安全防范系统定期开展维护检查,适时进行全面检测,保证安全防范系统有效运行。

#### 5.1.2 物防要求

5.1.2.1 枪支(弹药)库室的建筑结构设计应符合 GB 50068—2001 的要求,设计使用年限不低于

50 年,安全等级不低于二级。

5.1.2.2 枪支(弹药)库室和监控中心采用砖混或钢筋混凝土建筑结构的,应符合 GB 50003—2001、GB 50010—2010 的要求,砖混结构的墙体应为建筑的承重墙体,砌体应采用实心材料。同时,墙体厚度应符合如下要求:

    a) 设置在地面以下的枪支(弹药)库室,其六面墙体应采用钢筋混凝土建筑结构,且墙体厚度应不小于 240 mm;

    b) 设置在建筑物一层的枪支(弹药)库室,地面应采用钢筋混凝土建筑结构,且厚度应不小于 240 mm;设置在建筑物顶层的枪支(弹药)库室,屋顶应采用钢筋混凝土建筑结构,且厚度应不小于 180 mm;

    c) 设置在地面以上的枪支(弹药)库室,采用砖混建筑结构且其墙体为建筑物外墙的,其厚度应不小于 240 mm,墙体为建筑物内部墙体的,其厚度应不小于 180 mm;采用钢筋混凝土建筑结构且其墙体为建筑物外墙的,其厚度应不小于 180 mm,墙体为建筑物内部墙体的,其厚度应不小于 120 mm。

5.1.2.3 砖混或钢筋混凝土建筑结构墙体厚度达不到 5.1.2.2 要求的枪支(弹药)库室,应使用符合国家相关标准要求的枪支(弹药)专用柜或保险柜存放枪支、弹药。枪支(弹药)专用柜或保险柜质量小于 340 kg 时,应采用螺栓内藏的方式与钢筋混凝土地面或者实体墙壁相固定。

5.1.2.4 采用砖混或钢筋混凝土之外建筑结构的枪支(弹药)库室,其墙体的抗破坏能力应不低于 5.1.2.2 中所要求墙体之水平。

5.1.2.5 枪支(弹药)库室内的枪支(弹药)应按照利于防护、方便存取、整齐划一的原则,采取柜、架、箱等方式摆放。库室内进出和作业通道的宽度应不小于 1.5 m。

5.1.2.6 设置在地下或者建筑物一层的枪支(弹药)库室应不设置窗户,可在库室顶部或靠近顶部的墙体上设置通风口。圆形通风口直径不得大于 160 mm;矩形通风口单边长度不得大于 150 mm,通风口应加装金属防护网。

5.1.2.7 枪支(弹药)库室和监控中心的窗户应安装实心钢筋材质的防护栅栏,防护栅栏钢筋直径不得小于 12 mm,横向和纵向间距应分别不大于 100 mm 和 250 mm。防护栅栏应采用内藏螺栓方式安装,安装螺栓直径不小于 10 mm,间距不大于 250 mm。

5.1.2.8 监控中心应安装符合 GB 17565—2007 中丙级门要求的平开全封闭式防盗安全门。

5.1.2.9 枪支(弹药)库室和监控中心应采用符合 GA/T 73—1994 中 B 级标准或者 GA 374—2001 要求的锁具。

### 5.1.3 技防要求

5.1.3.1 枪支(弹药)库室应安装入侵报警系统:

    a) 入侵报警系统应符合 GB 50394—2007 的相关要求;

    b) 入侵报警系统应能对枪支(弹药)库室内防护目标及门、窗(天窗)、通风口等部位进行交叉探测;

    c) 枪支(弹药)库室的墙体厚度达不到 5.1.2.2 要求的,应安装墙体振动报警装置;

    d) 入侵报警信息应能以自动方式发送到监控中心及保卫值班室,报警信息留存时间应不少于 30 d;

    e) 枪支(弹药)库室的入侵报警系统应能独立运行,并能按时间、区域、部位灵活编程设防或者撤防;应具有防破坏功能,能对设备运行状态和信号传输线路进行自动检测,能及时发出故障报警并指示故障区位;当有入侵报警时,应能显示和记录报警部位、地址及有关警情数据;

    f) 枪支(弹药)库室的入侵报警系统应 24 h 处于设防状态。在管理人员进入枪支(弹药)库室工作期间入侵报警系统可临时撤防,临时撤防时间最长不超过 4 h。

5.1.3.2 枪支(弹药)库室应安装视频安防监控系统:

    a) 视频安防监控系统应符合 GB 50395—2007 的相关要求;

    b) 视频安防监控系统应能对枪支(弹药)库室内的防护目标和门、窗(天窗)、通风口等部位进行有效的视频探测与监视、图像显示、记录与回放;

    c) 视频安防监控系统的图像质量不得低于 GB 50395—2007 中 5.0.10 的要求,出入口部位视频图像应能清晰辨别出入人员的面部特征,库室内视频图像应能清晰显示人员活动及存取枪支、弹药情况,在照度达不到要求时应增加辅助照明设施或使用具有夜视功能的摄像机;

    d) 视频安防监控系统应具有对移动画面帧测记录功能,帧测灵敏度为对摄像重点区域内有人员、车辆或者应设防物体移动时即起动,图像记录连续性指标不得少于 25 fps;

    e) 视频安防监控系统应能对所有监控图像进行记录,能多画面或时序显示各监控图像;能与报警系统联动,当报警发生时,能对报警现场进行图像复核,并将现场图像自动切换到指定的监视器上显示;

    f) 枪支(弹药)库室视频安防监控资料留存时间不得少于 30 d。

5.1.3.3 涉枪单位应综合运用物防、技防、人防等安全防范手段和措施,构成枪支(弹药)库室安全、可靠、实用、经济、先进、配套的安全防范体系。安全防范系统的设计应符合 GB 50348—2004 中第 3 章的有关要求。

5.1.3.4 安全防范系统应配备备用电源,当主电源断电时应能保证对监控中心及安全防范系统供电时间不少于 8 h。

5.1.3.5 枪支(弹药)库室的安全防范系统出现故障后,应在 48 h 内修复。系统维修期间应启动应急预案进行补充防护。

### 5.1.4 人防要求

5.1.4.1 涉枪单位应安排专门人员对枪支(弹药)库室的安全防范系统进行不间断值守。

5.1.4.2 涉枪单位应选派身心健康、年龄在 18 至 60 周岁且无行政拘留和刑事处罚记录的人员负责安全防范系统值守和枪支(弹药)库室的安全保卫工作。

5.1.4.3 安全防范系统值守人员应熟悉报警信息和突发情况处置程序、要求,能够熟练操作安全防范系统装备器材。

## 5.2 一级防护

5.2.1 应分别设置库房,分开存放枪支、弹药。

5.2.2 由两座或者两座以上地面建筑枪支(弹药)库组成的库区,四周应设置高度不低于 3 m 的实体防护墙,并安装周界入侵报警系统。防护墙与库房外侧墙体之间的距离不得少于 10 m。

5.2.3 枪支(弹药)库应安装符合 GB 17565—2007 甲级门要求的平开全封闭式防盗安全门。

5.2.4 枪支(弹药)库应安装两种以上不同探测原理的入侵报警系统。

5.2.5 枪支(弹药)库内、地面建筑或者设置在楼房建筑一层的枪支(弹药)库外围以及库区内通往枪支(弹药)库的通道应安装视频安防监控系统。

5.2.6 地面以下建筑枪支(弹药)库的六面外墙、建筑物一层枪支(弹药)库的地面及外墙、建筑物顶层枪支(弹药)库的屋顶应安装墙体振动报警装置。

5.2.7 值守枪支(弹药)库的安保力量应不少于 2 人;处置枪支(弹药)库安全风险的安保力量应不少于 8 人,安保力量的处警响应时间最长不超过 3 min。

## 5.3 二级防护

5.3.1 应分别设置库房,分开存放枪支、弹药。

5.3.2 由两座或者两座以上地面建筑枪支(弹药)库组成的库区,四周应设置高度不低于 3 m 的实体防护墙,防护墙与库房外侧墙体之间的距离不得少于 5 m。

5.3.3 枪支(弹药)库应安装符合 GB 17565—2007 甲级门要求的平开全封闭式防盗安全门。

5.3.4 枪支(弹药)库应安装两种以上不同探测原理的入侵报警系统。

5.3.5 设置在砖混结构建筑物一层的枪支(弹药)库应安装墙体振动报警装置。

5.3.6 值守枪支(弹药)库的安保力量应不少于 1 人;处置枪支(弹药)库安全风险的安保力量应不少于 4 人,安保力量处警响应时间最长不超过 5 min。

## 5.4 三级防护

5.4.1 可分别设置库室或者使用枪支(弹药)专用柜分开存放枪支、弹药。

5.4.2 允许持枪人员进入库室自行存取枪支(弹药)的枪支(弹药)室,应逐枪使用专用柜或使用逐枪设置独立存放单元的专用柜。

5.4.3 枪支(弹药)库室应安装符合 GB 17565—2007 乙级门要求的平开全封闭式防盗安全门。

5.4.4 枪支(弹药)库室内应安装入侵报警系统。

5.4.5 值守枪支(弹药)库室的安保力量应不少于 1 人;处置枪支(弹药)库室安全风险的安保力量应不少于 2 人,安保力量处警响应时间最长不超过 6 min。

## 6 实施与监督

6.1 涉枪单位的法定代表人或主要负责人负责本标准的组织实施工作。

6.2 枪支(弹药)库室的安全防范工程应由具有国家主管部门认证资质的社会专业安防检测机构的检测并出具检测报告,由所在地公安部门组织检查验收。

6.3 涉枪单位应对枪支(弹药)库室进行定期复检,复检周期不得超过 3 年。

6.4 本标准的实施由涉枪单位上级主管部门和公安部门负责监督、检查。

ICS 13.310
A 91

# 中华人民共和国公共安全行业标准

GA 1081—2013

# 安全防范系统维护保养规范

Specifications for security system maintenance

2013-07-04 发布                                        2013-08-01 实施

中华人民共和国公安部    发 布

GA 1081—2013

# 前　言

**本标准的全部技术内容为强制性。**

本标准按照 GB/T 1.1—2009 给出的规则起草。

本标准由全国安全防范报警系统标准化技术委员会(SAC/TC 100)提出并归口。

本标准主要起草单位：北京联视神盾安防技术有限公司、SAC/TC 100 秘书处、北京声迅电子股份有限公司、中国安防服务有限公司、北京富盛星电子有限公司。

本标准主要起草人：王永升、史彦林、金巍、邢更力、聂蓉、杨栋梁、娄健。

本标准于 2013 年 7 月 4 日首次发布。

# 安全防范系统维护保养规范

## 1 范围

本标准规定了安全防范系统维护保养活动中的一般要求、工作程序、工作内容与要求、维护保养费用构成和计取等。

本标准适用于安全防范系统的维护保养活动。

## 2 规范性引用文件

下列文件对于本文件的应用是必不可少的。凡是注日期的引用文件,仅注日期的版本适用于本文件。凡是不注日期的引用文件,其最新版本(包括所有的修改单)适用于本文件。

GB 50348—2004 安全防范工程技术规范

GB 50394 入侵报警系统工程设计规范

GB 50396 出入口控制系统工程设计规范

GA/T 70 安全防范工程费用预算编制办法

GA/T 644—2006 电子巡查系统技术要求

GA/T 670—2006 安全防范系统雷电浪涌防护技术要求

GA/T 761—2008 停车库(场)安全管理系统技术要求

## 3 术语和定义

下列术语和定义适用于本文件。

### 3.1

**维护保养 maintenance**

针对安全防范系统开展的检查、清洁、调整、调试及故障设备/部件更换、发现并排除故障、预见性的消除隐患等一系列活动的总称。

注:维护保养工作不包括对设备器材及其部件的修理。

### 3.2

**维护保养单位 maintenance unit**

专业提供安全防范系统维护保养服务的单位。

## 4 一般要求

### 4.1 建设/使用单位要求

4.1.1 建设/使用单位应制定和落实安全防范系统使用、管理和维护保养的规章制度,建立维护保养工作的长效机制,保证系统有效运行,充分发挥系统防范效能。

4.1.2 建设/使用单位应在年度财务预算中列支用于安全防范系统维护保养的专项经费,确保系统维护保养工作的顺利开展。

4.1.3 建设/使用单位应提供有利于安全防范系统维护保养工作开展的技术资料。技术资料至少应包括：

    a) 工程竣工文件(设计方案、器材设备清单、产品质量合格证明、产品/系统使用说明书、系统联动关系表、施工记录、系统验收报告等)；

    b) 工程竣工图纸(系统原理图、传输拓扑图、前端设备布防图、管线敷设图、监控中心布局、接线图等)；

    c) 系统运行及维保记录(系统运行情况记录、系统检查记录、系统改造说明或记录、维护保养记录、故障处置记录等)。

## 4.2 维护保养单位要求

4.2.1 安全防范系统的维护保养单位应是在中华人民共和国境内注册、具有独立法人资格的单位。

4.2.2 安全防范系统的维护保养单位承接维护保养项目时,应具有同类、同规模项目的设计施工或维护保养服务经历,并具备协助建设/使用单位建立、完善系统运行应急预案的能力。

4.2.3 维护保养单位应组建专门的维护保养机构并配备相应的专业维护保养人员。维护保养人员基本要求如下：

    a) 对于从事安全防范系统维护保养工作的人员,维护保养单位应坚持"先审查、后录用"的原则,并登记备案；

    b) 维护保养人员应当接受有关法律知识、安全法规和标准的培训、考核,并遵守相关的保密规定；

    c) 维护保养人员应参加安全防范业务、技能及相关专业知识的培训、考核,取得合格证书后方可上岗；

    d) 维护保养人员应具备与其职责相应的综合素质和业务技能。

4.2.4 维护保养单位应配备与安全防范系统维护保养工作相适应的器具、设备和仪器仪表等。

4.2.5 维护保养单位应与建设/使用单位签订保密协议,落实保密责任与措施。

4.2.6 维护保养单位应建立完善的维护保养服务体系,包括但不限于维护保养管理制度、维护保养服务规程、质量管理要求、安全生产要求等。

4.2.7 维护保养单位应根据系统运行情况及安全保卫工作需要,向建设/使用单位提出关于系统/设备升级、改造的合理化建议。

4.2.8 维护保养单位应建立如下服务机制：

    a) 服务受理,维护保养单位应具备固定多线客服热线电话,保持每周 $7\times24$ h 接听、处理建设/使用单位的技术咨询、沟通和服务支持,反馈服务信息；

    b) 服务响应,日常技术咨询、技术支持等服务响应时间应小于等于 2 h；应急维护响应时间应小于等于 1 h；设备、系统发生故障时,维护保养单位应在与建设/使用单位约定的时间内恢复设备、系统正常运行；

    c) 回访,维护保养单位应在每次维护保养任务完成后 3 d 内,对用户进行跟踪回访；

    d) 投诉受理,维护保养单位应提供投诉热线,用户投诉处理结果的反馈应小于等于 2 d,投诉回复率 100%；

    e) 用户满意度调查,维护保养单位组织用户满意度调查应每六个月不少于 1 次。由建设/使用单位对受理人员服务态度、现场工作人员态度/技能、响应时间、用户需求理解率、跟踪回访、服务结果等项目进行评价和打分。

## 5 工作程序

5.1 安全防范系统的维护保养工作按照图1的程序进行。

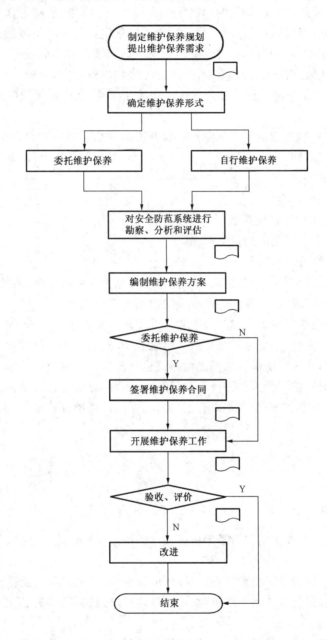

**图 1 安全防范系统的维护保养工作程序**

5.2 建设/使用单位在安全防范系统交付使用后,应制定系统维护保养规划,并提出维护保养需求。

5.3 建设/使用单位可根据系统规模、维护保养需要和自身能力,委托维护保养单位或自行开展维护保养工作。建设/使用单位委托维护保养单位开展维护保养工作时,应选择符合4.2要求的维护保养单位;建设/使用单位自行开展维护保养工作时,维护保养人员应具备与维护保养工作相适应的技术能力,并符合4.2.3的要求。

5.4 开展维护保养工作前,应对安全防范系统进行勘察、分析和评估,并编制系统勘察报告。系统勘察的内容及要求应符合下列规定：

- a) 调查系统的建设情况，包括：系统建设时间和周期，设计、施工及竣工文件，系统构成和设备配置、工程造价等；
- b) 考察系统目前的运行状态、防护效能等；
- c) 全面调查现场的环境情况，如温度、湿度、风、雨、雾、霜、雷电、电磁干扰等有可能造成系统故障或加速系统老化的环境因素，分析影响设备/系统稳定运行的环境因素；
- d) 考察系统值机员的水平和能力，考察其对系统的认知情况和掌握情况；
- e) 调查系统曾发生故障的次数、严重程度、处理方法和故障原因，分析并总结其中规律；
- f) 了解建设/使用单位备品备件储备及其规格型号和数量，调研系统设备的市场供应情况以及替代品情况。

5.5 根据系统勘察报告和第 6 章的要求编制维护保养方案。维护保养方案应至少包含以下内容：

- a) 维护保养对象和周期；
- b) 维护保养内容及要求；
- c) 维护保养实施组织方案；
- d) 维护保养备品、备件配置与管理；
- e) 重大节假日、重大活动期间的保障措施；
- f) 维护保养的费用预算等。

5.6 建设/使用单位委托维护保养单位提供安全防范系统维护保养服务时，维护保养方案应经建设/使用单位和维护保养单位共同确认，双方应签署安全防范系统维护保养合同。

5.7 维护保养人员应按照维护保养方案开展维护保养工作。每次维护保养工作完成后，维护保养人员应详细记录维护保养工作内容、系统维护保养后运行状态、发现的问题及处置方式、相关建议等内容，并确认、存档。建设/使用单位应对维保人员提出的建议进行分析研究并及时反馈。

5.8 建设/使用单位应对维护保养工作进行验收、评价。验收、评价应包括维护保养工作效果和维护保养人员的工作态度、工作效率、安全生产等内容，并确认、存档。维护保养单位/人员应根据验收、评价意见进行相应的改进。

## 6 工作内容与要求

### 6.1 基本原则

6.1.1 安全防范系统维护保养包括但不限于检查、清洁、调整、测试、优化系统、备份数据、排查隐患、处置问题等工作。

6.1.2 检查设备时，应对设备进行物理检查、运行环境检查、电气参数与性能检查等。

6.1.3 清洁设备时，应根据设备类型使用吸（吹）尘、刷、擦等方法对设备表面或内部的灰尘、污物等进行清理。

6.1.4 调整设备时，应按照标准规范、技术手册和使用/管理要求对设备的安装位置、防护范围、电气参数、运行模式等进行设置与校正。

6.1.5 测试设备/系统时，应按照标准规范、技术手册和使用/管理要求对设备/系统的功能/性能进行测量试验。

6.1.6 优化系统时，应按照标准规范和使用/管理要求对系统的参数、设置等进行合理配置。

6.1.7 备份数据时，应根据使用/管理要求对重要数据进行转存、转录，并确保数据和存储介质的安全。

6.1.8 排查隐患时，应对可能造成系统不稳定运行、系统设置/功能/性能等不满足标准规范和使用/管理要求的情况进行详细检查与记录。

6.1.9 处置问题时，应根据检查、测试及隐患排查过程中发现的问题，提出处置建议，经建设/使用单位同意后,采取相应的措施进行解决。

## 6.2 维护保养内容及要求

6.2.1 维护保养对象应按系统及其构成单元,逐级分解,系统及构成单元划分方式参照 GB 50348—2004 中 3.3.1 执行。

6.2.2 入侵报警系统的维护保养内容及要求见附录 A。

6.2.3 视频安防监控系统的维护保养内容及要求见附录 B。

6.2.4 出入口控制系统维护保养内容及要求见附录 C。

6.2.5 声音复核系统维护保养内容及要求见附录 D。

6.2.6 电子巡查系统维护保养内容及要求见附录 E。

6.2.7 停车库(场)安全管理系统维护保养内容及要求见附录 F。

6.2.8 系统供配电设备、防雷接地及传输线缆维护保养内容及要求见附录 G。

6.2.9 安全防范系统软件系统或平台维护保养内容及要求见附录 H。

6.2.10 监控中心机房环境及附属设备维护保养内容及要求见附录 I。

6.2.11 其他子系统参照 6.1 规定,确定维护保养内容及要求。

## 6.3 维护保养周期

安全防范系统的维护保养周期应每六个月不少于 1 次。可根据各系统/设备的运行情况及安全防范需要,相应地增加维护保养次数。

## 7 维护保养费用构成和计取

7.1 安全防范系统维护保养费用包括维护保养勘察设计费、维护保养服务费和其他费用。

7.2 安全防范系统维护保养费用的计取按照 GA/T 70 相关规定执行。

附 录 A

（规范性附录）

入侵报警系统维护保养内容及要求

表 A.1 规定了入侵报警系统的维护保养内容及要求。

表 A.1 入侵报警系统维护保养内容及要求

| 序号 | 维护保养对象 | | 维护保养内容与要求 |
|---|---|---|---|
| 1 | 前端设备 | 物理检查 | 检查前端探测设备是否依图纸标定位置（或系统中标定的位置）存在,对于前端设备的拆改、挪移应及时反映至系统中。检查设备安装部件是否齐全,安装是否牢固,有无明显破损情况,并进行必要处理或处置 |
| | | 运行环境检查 | 检查设备探测区域的局部环境,重点检查有无引发漏报警、误报警和影响探测效果,降低探测范围的因素,对异常情况应及时调整或处置 |
| | | 设备清洁 | 清理探测设备内外的灰尘、污物。<br>确保探测设备内外清洁,无影响探测效果的污物或覆盖物 |
| | | 设备调整 | 根据防护需要调整入侵探测器的灵敏度、探测范围、探测角度等。确保设备处在最好状态或保持应有探测效果 |
| | | 功能/性能测试 | 模拟报警条件,或采用相应的测试设备或手段,进行模拟报警试验,检查入侵探测器的有效性。<br>前端设备的功能/性能应满足 GB 50394 和前端设备标准规定及使用/管理要求 |
| 2 | 传输设备 | 线缆、路由检查 | 传输线缆安装应牢固,安装部件应齐全,标示应清晰。<br>检查线缆有无破损、破坏、氧化等情况。<br>检查线管管口封堵情况,接地连接情况,查找有无异常现象 |
| | | 传输设备检查 | 传输设备安装应牢固,安装部件应齐全,标识应清晰,工作状态应正常。<br>使用电池供电的无线发射/接收/中继设备应根据具体要求定期更换电池 |
| | | 清洁整理 | 对传输设备、管线、人井手孔等传输设备、设施或配套装置进行必要的清洁和清理。<br>根据现场情况和需要,调整电缆、光缆等的捆扎方式 |
| | | 测试调整 | 根据检查结果和系统需要调整传输设备的相关参数 |
| 3 | 处理/控制/管理/显示/记录设备 | 物理检查 | 根据系统构成模式和安装方式,制定检查方案,重点检查处理/控制/管理/显示/记录设备安装是否牢固,设备外壳及部件有无异常变化或破损迹象,设备部件和接线是否正常。对于发现的问题应在维保过程中及时处理。<br>显示记录设备包括报警事件打印机、模拟报警地图显示装置、声光报警器和报警地图显示系统等 |
| | | 电气参数与性能检查 | 通过观察设备指示灯、测量设备电压/电流等方式,检查设备运行状态。设备运行指示应正常,排查明显故障隐患 |
| | | 设备清洁 | 采用适当的方式,对设备内外进行必要的清洁和除尘 |
| | | 功能/性能测试调整 | 应按 GB 50348—2004 中 7.2.1 的要求,并结合设计方案和使用管理要求对系统的功能/性能进行测试和调整 |

表 A.1（续）

| 序号 | 维护保养对象 | 维护保养内容与要求 | |
|---|---|---|---|
| 4 | 系统 | 系统优化 | 根据系统运行情况及使用/管理要求,调整系统的相关设置参数,提高、优化系统性能。系统优化的重点在于杜绝漏报警、减少误报警、提高报警响应时间和联动时间,提高报警显示准确性等 |
| | | 系统校时 | 对系统进行校时,系统的主时钟与标准时间偏差应满足相应标准规定或使用/管理要求 |
| | | 数据备份 | 对系统信息、设置数据及其他有助于保证系统安全,有助于系统快速恢复的数据资料进行备份。<br>备份文件应存储在专门的介质上,并注明备份时间、打开密码(如有)、恢复数据注意事项等信息。<br>维保工作要求的备份内容不包括报警记录数据,建设单位特别要求除外 |
| | | 隐患排查 | 通过询问系统管理员/操作员、查阅运行记录等方式,核实系统运行状态,排查系统存在的问题或隐患。<br>汇总维保过程中发现的问题,分析系统目前的健康状态,预测系统可能发生的问题,并前瞻性提出处置意见 |
| | | 问题处置 | 由于入侵探测器老化而造成的探测范围减小、探测灵敏度降低或前端设备破损/污损严重,且已经不能满足防护需要时,应提出处置建议,征得建设/使用单位同意后,采取相应的措施进行解决。<br>对于日常运行过程中性能稳定性较差或频繁发生故障的设备,经现场调整/调试后仍无法满足要求时,应提出处置建议,征得建设/使用单位同意后,采取相应的措施进行解决。对于系统可能发生的问题,应及时书面告知建设/使用单位,并同时提出处置意见,征得建设/使用单位同意后,采取相应的措施予以应对 |

附　录　B

（规范性附录）

视频安防监控系统维护保养内容及要求

表 B.1 规定了视频安防监控系统的维护保养内容及要求。

表 B.1　视频安防监控系统维护保养内容及要求

| 序号 | 维护保养对象 | | 维护保养内容与要求 |
|---|---|---|---|
| 1 | 前端设备 | 物理检查 | 检查前端监控设备是否依图纸标定位置（或系统中标定的位置）存在,对于前端设备的拆改、挪移应及时反映至系统中。检查设备安装部件是否齐全,安装是否牢固,有无明显破损情况,并进行必要处理或处置 |
| | | 运行环境检查 | 检查前端有无影响监控效果,影响设备正常工作的因素。对于发现的异常情况,应及时调整或处置 |
| | | 电气参数与性能检查 | 检查摄像机,及其配套设备,包括电源、风扇、加热、雨刷、辅助照明装置等的工作状态。采用相应的仪器/仪表测量摄像机的相关指标,并作相应调整 |
| | | 机械构件维护 | 对摄像机/防护罩/云台/辅助照明装置的安装支架/立杆等构件进行加固、除锈、防腐等养护,并做必要调整 |
| | | 设备清洁 | 采用专业的方式方法,对摄像机镜头、摄像机防护罩及附属配件进行必要的清洁 |
| | | 设备调整 | 根据视频监控需要调整前端摄像机的焦距、监控范围等。确保设备处于良好的运行状态,发挥其最佳监控效果 |
| 2 | 传输设备 | 线缆、路由检查 | 传输线缆安装应牢固,安装部件应齐全,标示应清晰。检查线缆有无破损、破坏、氧化等情况。检查线管管口封堵情况,接地连接情况,查找有无异常现象 |
| | | 传输设备检查 | 传输设备安装应牢固,安装部件应齐全,标识应清晰,工作状态应正常。使用电池供电的无线发射/接收/中继设备应根据具体要求定期更换电池 |
| | | 清洁整理 | 对传输设备、管线、人井手孔等传输设备、设施或配套装置进行必要的清洁和清理。根据现场情况和需要,调整电缆、光缆等的捆扎方式 |
| | | 测试调整 | 根据检查结果和系统需要调整传输设备的相关参数。调整后,应保证视频信号及控制信号衰减满足规范或原设计要求 |
| 3 | 处理/控制/管理/记录设备 | 物理检查 | 根据系统构成模式和安装方式,制定检查方案,重点检查处理/控制/管理设备安装是否牢固,设备外壳及部件有无异常变化或破损迹象,设备部件和接线是否正常。对于发现的问题应在维保过程中及时处理 |
| | | 电气参数与性能检查 | 通过观察设备指示灯、测量设备电压/电流等方式,检查设备运行状态。应确保设备运行指示应正常,排查明显故障隐患 |
| | | 设备清洁 | 采用适当的方式,对设备内外进行必要的清洁和除尘 |
| | | 功能/性能测试 | 应按 GB 50348—2004 中 7.2.2 的要求,并结合设计方案和使用管理要求对系统的功能/性能进行测试和调整 |

表 B.1（续）

| 序号 | 维护保养对象 | 维护保养内容与要求 | |
|---|---|---|---|
| 4 | 显示设备 | 物理检查 | 检查显示设备安装柜/箱和结构件是否牢固，检查其外表有无异常或破损迹象，检查接地是否完好。<br>检查并调整显示设备，确保显示设备安装应牢固，设备外壳及部件应无异常变化或破损迹象，设备部件和接线应正常。<br>除视频显示设备外，显示设备还应包括 LED 显示屏等字符显示装置 |
| | | 设备清洁 | 对设备、箱/柜及结构件等进行必要的清洁和除尘。<br>显示屏幕清洁，应采用专用试剂 |
| | | 功能/性能测试 | 应按 GB 50348—2004 中 7.2.2 的要求，并结合设计方案和使用管理要求对系统的功能/性能进行测试和调整 |
| 5 | 系统 | 系统优化 | 根据系统运行情况及使用/管理要求，调整系统的相关设置参数，提高、优化系统性能。<br>系统优化的重点在于提高视频监控系统监控效果、延长视频录像保存时间、提高视频图像回放效果、缩短报警视频联动时间等 |
| | | 系统校时 | 对系统进行校时，系统的主时钟与标准时间偏差应满足相应标准规定或使用/管理要求 |
| | | 数据备份 | 对系统信息、设置数据及其他有助于保证系统安全、有助于系统快速恢复的数据资料进行备份。<br>备份文件应存储在专门的介质上，并注明备份时间、打开密码（如有）、恢复数据注意事项等信息。<br>维保工作要求的备份内容不包括视频数据信息，建设单位特别要求除外 |
| | | 隐患排查 | 通过询问系统管理员/操作员、查阅运行记录等方式，核实系统运行状态，排查系统存在的问题或隐患。<br>汇总维保过程中发现的问题，分析系统目前的健康状态，预测系统可能发生的问题，并前瞻性提出处置意见 |
| | | 问题处置 | 监控图像、记录图像达不到标准规范和使用/管理要求或设备破损/污损严重，且已经不能满足视频监控需要时，应提出处置建议，征得建设/使用单位同意后，采取相应的措施进行解决。<br>对于日常运行过程中性能稳定性较差或频繁发生故障的设备，经现场调整/调试后仍无法满足要求时，应提出处置建议，征得建设/使用单位同意后，采取相应的措施进行解决。<br>对于系统可能发生的问题，应及时书面告知建设/使用单位，并同时提出处置意见，征得建设/使用单位同意后，采取相应的措施予以应对 |

## 附　录　C
### （规范性附录）
### 出入口控制系统维护保养内容及要求

表 C.1 规定了出入口控制系统的维护保养内容及要求。

表 C.1　出入口控制系统维护保养内容及要求

| 序号 | 维护保养对象 | | 维护保养内容与要求 |
|---|---|---|---|
| 1 | 识读设备 | 物理检查 | 检查前端设备是否依图纸标定位置(或系统中标定的位置)存在,对于前端设备的拆改、挪移应及时反映至系统中。<br>检查设备安装部件是否齐全,安装是否牢固,有无明显破损情况 |
| | | 设备清洁 | 采用适当的方式,对设备内外进行必要的清洁和除尘。<br>对影响识别准确性和识读速度的关键部件进行专业清洁 |
| | | 功能测试 | 根据识读设备的类型采用适当的方式测试识读设备的功能,其有效性应满足 GB 50396 和设备标准规定及使用/管理要求 |
| 2 | 执行机构 | 物理检查 | 检查设备或部件的磨损或损耗情况,检查设备安装是否牢固,安装部件是否齐全,有无遭破坏痕迹 |
| | | 设备维护 | 加固机械部件、调节安装位置、润滑传动机构,保证执行机构能够正常启闭。<br>执行机构包括电控锁、闭门器、电动栏杆机等 |
| 3 | 其他设备 | 出门按钮 | 检查出门按钮的安装、外观及功能。安装应牢固,外观应无污损,开关应灵活,按下出门按钮后执行机构应能正常开启 |
| | | 紧急疏散开关 | 检查紧急疏散开关的安装、外观及功能。安装应牢固,外观应无污损,触发紧急疏散开关后应能保证电控锁即刻开启 |
| 4 | 传输设备 | 线缆、路由检查 | 传输线缆安装应牢固,安装部件应齐全,标示应清晰。<br>检查线缆有无破损、破坏,氧化等情况。<br>检查线管管口封堵情况,接地连接情况,查找有无异常现象 |
| | | 传输设备检查 | 传输设备安装应牢固,安装部件应齐全,标识应清晰,工作状态应正常。<br>使用电池供电的无线发射/接收/中继设备应根据具体要求定期更换电池 |
| | | 清洁整理 | 对传输设备、管线、人井手孔等传输设备、设施或配套装置进行必要的清洁和清理。<br>根据现场情况和需要,调整电缆、光缆等的捆扎方式 |
| | | 测试调整 | 根据检查结果和系统需要调整传输设备的相关参数 |
| 5 | 管理/控制设备 | 物理检查 | 根据系统构成模式和安装方式,制定检查方案,重点检查处理/控制设备安装是否牢固,设备外壳及部件有无异常变化或破损迹象,设备部件和接线是否正常。对于发现的问题应在维保过程中及时处理 |
| | | 电气参数与性能检查 | 通过观察设备指示灯、测量设备电压/电流等方式,检查设备运行状态。应确保设备运行指示应正常,排查明显故障隐患 |
| | | 设备清洁 | 采用适当的方式,对设备内外进行必要的清洁和除尘 |
| | | 功能/性能测试 | 应按 GB 50348—2004 中 7.2.3 的要求,并结合设计方案和使用管理要求对系统的功能/性能进行测试和调整 |

表 C.1（续）

| 序号 | 维护保养对象 | | 维护保养内容与要求 |
|---|---|---|---|
| 6 | 系统 | 系统优化 | 根据系统运行情况及使用/管理要求,调整系统的相关设置参数,提高、优化系统性能。优化重点在于提高系统识别速度、通行速度,保证受控区域安全 |
| | | 系统校时 | 对系统进行校时,系统的主时钟与标准时间偏差应满足相应标准规定或使用/管理要求 |
| | | 数据备份 | 对系统信息、设置数据,授权信息及其他有助于保证系统安全,有助于系统快速恢复的数据资料进行备份。<br>备份文件应存储在专门的介质上,并注明备份时间、打开密码(如有),恢复数据注意事项等信息。<br>维保工作要求的备份内容不包括出入口通行记录,建设单位特别要求除外 |
| | | 隐患排查 | 通过询问系统管理员/操作员、查阅运行记录等方式,核实系统运行状态,排查系统存在的问题或隐患。<br>汇总维保过程中发现的问题,分析系统目前的健康状态,预测系统可能发生的问题,并前瞻性提出处置意见 |
| | | 问题处置 | 出入口控制系统功能/性能、紧急疏散措施等达不到标准规范和使用/管理要求或设备老化/破损严重,且已经不能满足出入口控制需要时,应提出处置建议,征得建设/使用单位同意后,采取相应的措施进行解决。<br>对于日常运行过程中性能稳定性较差或频繁发生故障的设备,经现场调整/调试后仍无法满足要求时,应提出处置建议,征得建设/使用单位同意后,采取相应的措施进行解决。<br>对于系统可能发生的问题,应及时书面告知建设/使用单位,并同时提出处置意见,征得建设/使用单位同意后,采取相应的措施予以应对 |

# 附　录　D
## （规范性附录）
## 声音复核系统维护保养内容及要求

表 D.1 规定了声音复核系统的维护保养内容及要求。

### 表 D.1　声音复核系统维护保养内容及要求

| 序号 | 维护保养对象 | | 维护保养内容与要求 |
|---|---|---|---|
| 1 | 前端设备 | 物理检查 | 检查前端探测设备是否依图纸标定位置(或系统中标定的位置)存在,检查设备安装部件是否齐全,安装是否牢固,有无氧化或破损情况 |
| | | 设备清洁 | 对设备外壳和拾音话筒进行必要的清洁和除尘 |
| | | 性能测试 | 检查设备实际采音效果 |
| 2 | 传输设备 | 线缆、路由检查 | 传输线缆安装应牢固,安装部件应齐全,标示应清晰。<br>检查线缆有无破损、破坏、氧化等情况。<br>检查线管管口封堵情况,接地连接情况,查找有无异常现象 |
| | | 传输设备检查 | 传输设备安装应牢固,安装部件应齐全,标识应清晰,工作状态应正常。<br>使用电池供电的无线发射/接收/中继设备应根据具体要求定期更换电池 |
| | | 清洁整理 | 对传输设备、管线、人井手孔等传输设备、设施或配套装置进行必要的清洁和清理。<br>根据现场情况和需要,调整电缆、光缆等的捆扎方式 |
| | | 测试调整 | 根据检查结果和系统需要调整传输设备的相关参数。<br>调整后,应保证音频信号衰减满足规范或原设计要求 |
| 3 | 管理/控制设备 | 物理检查 | 处理/控制/管理设备安装应牢固,设备外壳及部件应无异常变化或破损迹象,设备部件和接线应正常 |
| | | 电气参数与性能检查 | 通过观察设备指示灯、测量设备电压/电流等方式,检查设备运行状态。应确保设备运行指示正常,排查明显故障隐患 |
| | | 设备清洁 | 采用适当的方式,对设备内外进行必要的清洁和除尘 |
| | | 功能/性能测试 | 系统应能清晰地探测现场内人的语音、人走动、撬、挖、凿、锯、砸等动作发出的声音。<br>声音复核系统作为音频报警使用时,应满足现场入侵探测的要求 |
| 4 | 系统 | 系统优化 | 根据系统运行情况及使用/管理要求,调整系统的相关设置参数,提高、优化系统性能。<br>优化重点在于提高拾音效果、降低干扰噪声,如作为入侵探测设备使用,应杜绝漏报警、减少误报警、提高报警响应时间和联动时间,提高报警显示准确性等 |
| | | 系统校时 | 对系统进行校时,系统的主时钟与标准时间偏差应满足相应标准规定或使用/管理要求 |
| | | 数据备份 | 对系统信息、设置数据及其他有助于保证系统安全,有助于系统快速恢复的数据资料进行备份。<br>备份文件应存储在专门的介质上,并注明备份时间、打开密码(如有),恢复数据注意事项等信息。<br>维保工作要求的备份内容不包括音频数据,建设单位特别要求除外 |

表 D.1（续）

| 序号 | 维护保养对象 | 维护保养内容与要求 | |
|---|---|---|---|
| 4 | 系统 | 隐患排查 | 通过询问系统管理员/操作员、查阅运行记录等方式,核实系统运行状态,排查系统隐患。<br>对有可能造成系统不稳定运行、系统设置/功能/性能等不满足标准规范和使用/管理要求的情况,应及时向建设/使用单位反映,并提出解决办法 |
| | | 问题处置 | 声音复核系统功能/性能达不到标准规范和使用/管理要求或设备老化/破损严重,且已经不能满足报警复核或入侵探测需要时,应提出处置建议,征得建设/使用单位同意后,采取相应的措施进行解决。<br>对于日常运行过程中性能稳定性较差或频繁发生故障的设备,经现场调整/调试后仍无法满足要求时,应提出处置建议,征得建设/使用单位同意后,采取相应的措施进行解决。<br>对于系统可能发生的问题,应及时书面告知建设/使用单位,并同时提出处置意见,征得建设/使用单位同意后,采取相应的措施予以应对 |

附　录　E

（规范性附录）

电子巡查系统维护保养内容及要求

表 E.1 规定了电子巡查系统的维护保养内容及要求。

表 E.1　电子巡查系统维护保养内容及要求

| 序号 | 维护保养对象 | | 维护保养内容与要求 |
|---|---|---|---|
| 1 | 离线式电子巡查系统信息装置 | 物理检查 | 检查信息装置是否依图纸标定位置（或系统中标定的位置）存在，检查设备安装部件是否齐全，安装是否牢固，有无毁坏或破损情况 |
| | | 清洁 | 对信息装置进行必要的清洁，定期更换夜光标签等标识设备（如有） |
| | | 调整 | 根据安全保卫需要调整信息装置的安装位置 |
| 2 | 离线式电子巡查系统采集装置 | 物理检查 | 各种功能操作键应手感良好，动作灵活，无卡滞现象 |
| | | 供电检查 | 使用电池供电的采集装置应定期更换电池 |
| | | 设备清洁 | 对采集装置设备进行必要的清洁 |
| | | 设备调整 | 根据需要调整巡逻人员、巡逻路线、巡更时间、巡更方式等参数 |
| 3 | 离线式电子巡查系统信息转换装置及其他 | 转换装置 | 设备外壳及部件应无异常变化或破损迹象，设备部件和接线应正常。测试信息转换、信息读取等功能，应满足管理/使用要求 |
| | | 充电装置 | 对于充电装置应进行充放电测试 |
| 4 | 在线式电子巡查系统识读装置 | 物理检查 | 检查前端探测设备是否依图纸标定位置（或系统中标定的位置）存在，对于前端设备的拆改、挪移应及时反映在系统中。检查设备安装部件是否齐全，安装是否牢固，有无明显破损情况 |
| | | 设备清洁 | 对设备外壳和影响识别准确性和识读速度的关键部件进行必要的清洁 |
| | | 功能测试 | 根据识读设备的类型采用适当的方式测试识读设备的功能，其有效性应满足 GB 50396 和设备标准规定及使用/管理要求 |
| 5 | 在线式电子巡查系统传输装置 | 线缆、路由检查 | 传输线缆安装应牢固，安装部件应齐全，标示应清晰。检查线缆有无破损、破坏，氧化等情况。检查线管管口封堵情况，接地连接情况，查找有无异常现象 |
| | | 传输设备检查 | 传输设备安装应牢固，安装部件应齐全，标识应清晰，工作状态应正常。使用电池供电的无线发射/接收/中继设备应根据具体要求定期更换电池 |
| | | 清洁整理 | 对传输设备、管线、人井手孔等传输设备、设施或配套装置进行必要的清洁和清理。根据现场情况和需要，调整电缆、光缆等的捆扎方式 |
| | | 测试调整 | 根据检查结果和系统需要调整传输设备的相关参数 |

表 E.1（续）

| 序号 | 维护保养对象 | 维护保养内容与要求 | |
|---|---|---|---|
| 6 | 电子巡查系统管理终端 | 物理检查 | 管理终端安装应牢固,设备外壳及部件应无异常变化或破损迹象,设备部件和接线应正常 |
| | | 电气参数与性能检查 | 通过观察设备指示灯、测量设备电压/电流等方式,检查设备运行状态。设备运行指示应正常,应无明显故障隐患 |
| | | 设备清洁 | 对设备进行必要的清洁和除尘 |
| | | 功能/性能测试 | 结合系统实际情况,测试系统各项功能和指标。系统的功能/性能应满足GB 50348—2004 中 7.2.4、GA/T 644—2006 中 6.2 及使用/管理的要求 |
| 7 | 系统 | 系统优化 | 根据系统运行情况及使用/管理要求,调整系统的相关设置参数,提高、优化系统性能 |
| | | 系统校时 | 对系统进行校时,系统的主时钟与标准时间偏差应满足相应标准规定或使用/管理要求 |
| | | 数据备份 | 对巡查系统信息、设置数据及其他有助于保证系统安全,有助于系统快速恢复的数据资料进行备份。备份文件应存储在专门的介质上,并注明备份时间、打开密码(如有)、恢复数据注意事项等信息。维保工作要求的备份内容不包括巡更记录,建设单位特别要求除外 |
| | | 隐患排查 | 通过询问系统管理员/操作员、查阅运行记录等方式,核实系统运行状态,排查系统隐患。对有可能造成系统不稳定运行、系统设置/功能/性能等不满足标准规范和使用/管理要求的情况,应及时向建设/使用单位反映,并提出解决办法 |
| | | 问题处置 | 电子巡查系统功能/性能达不到标准规范和使用/管理要求或设备老化/破损严重,且已经不能满足巡查需要时,应提出处置建议,征得建设/使用单位同意后,采取相应的措施进行解决。对于日常运行过程中性能稳定性较差或频繁发生故障的设备,经现场调整/调试后仍无法满足要求时,应提出处置建议,征得建设/使用单位同意后,采取相应的措施进行解决。对于系统可能发生的问题,应及时书面告知建设/使用单位,并同时提出处置意见,征得建设/使用单位同意后,采取相应的措施予以应对 |

附　录　F

（规范性附录）

停车库（场）安全管理系统维护保养内容及要求

表 F.1 规定了停车库（场）安全管理系统的维护保养内容及要求。

表 F.1　停车库（场）安全管理系统维护保养内容及要求

| 序号 | 维护保养对象 | | 维护保养内容与要求 |
|---|---|---|---|
| 1 | 识读设备 | 物理检查 | 检查前端设备是否依图纸标定位置（或系统中标定的位置）存在,对于前端设备的拆改、挪移应及时反映至系统中。<br>检查设备安装部件是否齐全,安装是否牢固,有无明显破损情况 |
| | | 设备清洁 | 采用适当的方式,对设备内外进行必要的清洁和除尘。<br>对影响识别准确性和识读速度的关键部件进行专业清洁 |
| | | 功能测试 | 根据识读设备的类型采用适当的方式测试识读设备的功能,其有效性应满足 GB 50396 和设备标准规定及使用/管理要求。<br>根据停车库（场）安全管理需要对识读装置进行必要的调整 |
| 2 | 执行机构 | 物理检查 | 设备安装应牢固,安装部件应齐全 |
| | | 设备维护 | 加固机械部件、调节安装位置、润滑传动机构,保证执行机构能够正常启闭 |
| 3 | 传输装置 | 线缆、路由检查 | 传输线缆安装应牢固,安装部件应齐全,标示应清晰。<br>检查线缆有无破损、破坏、氧化等情况。<br>检查线管管口封堵情况,接地连接情况,查找有无异常现象 |
| | | 传输设备检查 | 传输设备安装应牢固,安装部件应齐全,标识应清晰,工作状态应正常。<br>使用电池供电的无线发射/接收/中继设备应根据具体要求定期更换电池 |
| | | 清洁整理 | 对传输设备、管线、人井手孔等传输设备、设施或配套装置进行必要的清洁和清理。<br>根据现场情况和需要,调整电缆、光缆等的捆扎方式 |
| | | 测试调整 | 根据检查结果和系统需要调整传输设备的相关参数 |
| 4 | 前端显示/指示设备 | 物理检查 | 设备安装应牢固,安装部件应齐全 |
| | | 设备清洁 | 对设备进行必要的清洁 |
| | | 设备调整 | 根据需要对前端显示/指示装置进行调整,确保能够使驾驶员完整清晰地看到显示/指示信息 |
| 5 | 视频监控前端设备 | 物理检查 | 前端设备安装应牢固,安装部件应齐全 |
| | | 运行环境检查 | 检查前端设备运行环境情况,设备的环境适应性应满足可靠工作的要求 |
| | | 机械构件维护 | 对摄像机/防护罩/云台/辅助照明装置的安装支架/立杆等构件进行加固、除锈、防腐等养护,并作必要调整 |
| | | 设备清洁 | 对摄像机镜头、摄像机防护罩及附属配件进行必要的清洁 |
| | | 设备调整 | 根据视频监控需要调整前端摄像机的焦距、监控范围等 |

表 F.1（续）

| 序号 | 维护保养对象 | | 维护保养内容与要求 |
|---|---|---|---|
| 6 | 管理/控制设备 | 物理检查 | 根据系统构成模式和安装方式,制定检查方案,重点检查处理/控制设备安装是否牢固,设备外壳及部件有无异常变化或破损迹象,设备部件和接线是否正常。对于发现的问题应在维保过程中及时处理 |
| | | 电气参数与性能检查 | 通过观察设备指示灯、测量设备电压/电流等方式,检查设备运行状态。设备运行指示应正常,应无明显故障隐患 |
| | | 设备清洁 | 对设备进行必要的清洁和除尘 |
| | | 功能/性能测试 | 结合系统实际情况,测试系统各项功能和指标。系统的功能/性能应满足GB 50348—2004 中 7.2.5、GA/T 761—2008 中第 6 章及使用/管理的要求 |
| 7 | 系统 | 系统优化 | 根据系统运行情况及使用/管理要求,调整系统的相关设置参数,提高、优化系统性能 |
| | | 系统校时 | 对系统进行校时,系统的主时钟与标准时间偏差应满足相应标准规定或使用/管理要求 |
| | | 数据备份 | 对系统信息、设置数据及其他有助于保证系统安全,有助于系统快速恢复的数据资料进行备份。<br>备份文件应存储在专门的介质上,并注明备份时间、打开密码(如有),恢复数据注意事项等信息。<br>维保工作要求的备份内容不包括车辆进出记录,建设单位特别要求除外 |
| | | 隐患排查 | 通过询问系统管理员/操作员、查阅运行记录等方式,核实系统运行状态,排查系统隐患。<br>对有可能造成系统不稳定运行、系统设置/功能/性能等不满足标准规范和使用/管理要求的情况,应及时向建设/使用单位反映,并提出解决办法 |
| | | 问题处理 | 停车库(场)安全管理系统功能/性能达不到标准规范和使用/管理要求或设备老化/破损严重时,应提出处置建议,征得建设/使用单位同意后,采取相应的措施进行解决。<br>对于日常运行过程中性能稳定性较差或频繁发生故障的设备,经现场调整/调试后仍无法满足要求时,应提出处置建议,征得建设/使用单位同意后,采取相应的措施进行解决。<br>对于系统可能发生的问题,应及时书面告知建设/使用单位,并同时提出处置意见,征得建设/使用单位同意后,采取相应的措施予以应对 |

附　录　G
（规范性附录）
系统供配电设备、防雷接地及传输线缆维护保养内容及要求

表 G.1 规定了系统供配电设备、防雷接地及传输线缆的维护保养内容及要求。

表 G.1　系统供配电设备、防雷接地及传输线缆维护保养内容及要求

| 序号 | 维护保养对象 | | 维护保养内容与要求 |
|---|---|---|---|
| 1 | 供配电箱/柜及设备 | 物理检查 | 供配电箱/柜及相关设备安装应牢固,安装部件应齐全。箱/柜操控部件应灵活,设备应无过热、焦、糊等异常现象,各类指示灯显示应正常。接线或供电标示应清晰 |
| | | 设备清洁 | 对供配电箱/柜及设备进行必要的清洁 |
| | | 电源测量 | 测量供配电设备的输入/输出电压/电流,应满足相应用电设备可靠、稳定运行的要求 |
| 2 | UPS 电源 | 电池检查 | 对 UPS 电池柜进行必要的清洁;电池应无鼓包、漏液、发热等异常现象;电池接线柱应无氧化,连线应牢固 |
| | | 主机维护 | 对 UPS 主机进行必要的清洁;各类连线应牢固 |
| | | 电源切换测试 | 人工切断市电,UPS 应能自动切换。供电时间满足设计要求 |
| 3 | 发电设备 | 启动维护 | 发电设备宜每季度启动一次。按照设备说明书要求进行养护;启动发电设备测量其输出电压,应满足相应用电设备可靠、稳定运行的要求 |
| 4 | 防雷接地 | 物理检查 | 监控中心接地汇集环或汇集排与等电位接地端子的连接应紧固,连接端应无锈蚀;各类设备与接地汇集环或汇集排的连接应紧固,连接端应无锈蚀;各类浪涌保护器(SPD)安装应牢固,安装部件应齐全。安全防范系统防雷接地应满足 GA/T 670—2006 中 10.3 的要求 |
| | | SPD 检查 | SPD 接地端应以最短距离与等电位接地端子连接,连接端应紧固,连接端应无锈蚀;根据 SPD 使用维护手册检查设备的有效性 |
| 5 | 传输线缆 | 物理检查 | 传输线缆应无破损,并采用适当的方式进行保护;接线盒/箱应加装保护盖,线槽盖应完整、封闭 |
| | | 线缆连接 | 线缆连接应牢固,并采取可靠的绝缘措施 |
| 6 | 隐患排查 | | 通过询问系统管理员/操作员、查阅运行记录等方式,核实系统运行状态,排查系统隐患。对设备功能/性能等不满足标准规范和使用/管理要求的情况,应及时向建设/使用单位反映,并提出解决办法 |
| 7 | 问题处置 | | 对于日常运行过程中性能稳定性较差或频繁发生故障的设备,经现场调整/调试后仍无法满足要求时,应提出处置建议,征得建设/使用单位同意后,采取相应的措施进行解决 |

附　录　H

（规范性附录）

安全防范系统软件系统或平台维护保养内容及要求

表 H.1 规定了安全防范系统软件系统或平台维护保养内容及要求。

表 H.1　安全防范系统软件系统或平台维护保养内容及要求

| 序号 | 维护保养对象 | 维护保养内容与要求 | |
|---|---|---|---|
| 1 | 硬件设备 | 物理检查 | 安全管理系统服务器、客户端等设备安装应牢固,部件应齐全,设备连线应牢固 |
| | | 电气参数与性能检查 | 通过观察设备指示灯、测量设备电压/电流等方式,检查设备运行状态。设备运行指示应正常,应无明显故障隐患 |
| | | 设备清洁 | 对设备进行必要的清洁和除尘 |
| 2 | 操作系统 | 清理垃圾 | 对临时文件夹、历史记录、回收站、注册表等进行垃圾清理,清除系统内不再使用的垃圾文件,以节省硬盘空间,提高运行效率 |
| | | 磁盘检查 | 采用合理的方法或合适的软件,检验硬盘是否已出现坏道 |
| | | 查杀病毒 | 采用必要的工具软件,查杀系统病毒,并对防病毒软件进行必要升级 |
| | | 数据备份 | 对重要数据进行备份,备份文件应存储在专门的介质上,并注明备份时间、打开密码(如有),恢复数据注意事项等信息 |
| | | 系统修复 | 对系统存在的漏洞进行修复。对使用过程中造成的系统损伤进行修复 |
| | | 系统优化 | 在确保安全的前提下,对系统进行优化 |
| 3 | 数据库系统 | 数据备份 | 针对不同的系统要求,采用对应的方法,进行数据备份。备份的内容应包括系统数据、日志数据等全部信息。备份文件应存储在专门的介质上,并注明备份时间、打开密码(如有),恢复数据注意事项等信息 |
| | | 系统优化 | 应根据数据库系统操作说明,对数据库系统进行优化。优化前应先进行数据备份操作 |
| | | 其他内容 | 针对特殊系统的需要,或根据系统供应商要求,应对系统进行的维护保养工作 |
| 4 | 应用软件 | 功能性测试 | 根据说明书(或有关文档)要求,对软件功能进行逐项测试,对发现的问题和隐患进行处理 |
| | | 性能性测试 | 根据软件提供的性能监控界面,检查系统运行状况,及时排查系统隐患 |
| | | 系统优化 | 对软件配置信息、联动配置表、用户权限等进行检查,并根据需要进行优化 |
| | | 其他内容 | 根据具体系统而定 |

## 附 录 I
### （规范性附录）
### 监控中心机房环境及附属设备维护保养内容及要求

表 I.1 规定了监控中心机房环境及附属设备的维护保养内容及要求。

**表 I.1　监控中心机房环境及附属设备维护保养内容及要求**

| 序号 | 维护保养对象 | 维护保养内容与要求 | |
|---|---|---|---|
| 1 | 机房环境 | 现场检查 | 按照设计/使用要求,检查监控中心和机房运行环境,并对不符合项提出改善建议 |
| | | 清洁维护 | 清洁机房内的卫生死角、清洁空调、新风管道等装置。检查维护机房内照明、墙插等用电设备和装置。定期投放鼠药、白蚁药、蟑螂药等 |
| 2 | 通讯设备 | 物理检查 | 设备应安装在便于取用的位置,部件应齐全 |
| | | 通讯测试 | 通讯设备应能与外界实时、有效地建立联系,通话信号应流畅,语音音质应清晰 |
| 3 | 紧急报警装置 | 物理检查 | 设备应安装在便于操作的位置,安装应牢固,部件应齐全 |
| | | 报警测试 | 触发紧急报警装置后应能即刻发出报警信号,装置应能自锁,使用专用工具应能复位 |
| 4 | 声光警报装置 | 物理检查 | 设备应安装在便于值班人员识别的位置,安装应牢固,部件应齐全 |
| | | 报警测试 | 系统接收到报警信号后,声光警报器应即刻发出警报。声光警报器报警声压应大于等于 80 dB(A) |
| 5 | 隐患排查 | 通过询问系统管理员/操作员、查阅运行记录等方式,核实系统运行状态,排查系统隐患。对设备功能/性能等不满足标准规范和使用/管理要求的情况,应及时向建设/使用单位反映,并提出解决办法 | |
| 6 | 问题处置 | 对于日常运行过程中性能稳定性较差或频繁发生故障的设备,经现场调整/调试后仍无法满足要求时,应提出处置建议,征得建设/使用单位同意后,采取相应的措施进行解决 | |

ICS 13.310;ICS 29.020
A 91;F 20

# 中华人民共和国公共安全行业标准

GA 1089—2013

# 电力设施治安风险等级和安全防范要求

Public security risk levels and security requirements for power facilities

2013-09-30 发布
2013-11-01 实施

中华人民共和国公安部　　发 布

# 前　言

本标准除 4.5、5.2.4、5.3.2、5.4.6、5.4.7、5.7.1、6.1.5、6.2.5、6.2.6、7.1 为推荐性条款外，其余均为强制性条款。

本标准按照 GB/T 1.1—2009 给出的规则起草。

本标准由公安部治安管理局、国家能源局电力司提出。

本标准由全国安全防范报警系统标准化技术委员会（SAC/TC 100）归口。

本标准主要起草单位：公安部治安管理局、国家能源局电力司、中国电力企业联合会标准化中心、国家电网公司、上海市公安局治安总队、中国长江三峡集团公司、上海广拓信息技术有限公司。

本标准主要起草人：刘永东、董训则、郭伟、王章学、丁磊、刘晓新、吕军、李季、王雷、胡国宪。

# 电力设施治安风险等级和安全防范要求

## 1 范围

本标准规定了电力设施的治安风险等级、安全防护要求、技术防范系统要求和系统建设运行维护要求。

本标准适用于水电站(含抽水蓄能电站)、火力发电站(含热电联产电站)、电网以及重要电力用户变电站或配电站等电力设施。

风力发电、光伏等其他形式发电站或电压等级低于110 kV 的变电站等电力设施参照使用。

## 2 规范性引用文件

下列文件对于本文件的应用是必不可少的。凡是注日期的引用文件,仅注日期的版本适用于本文件。凡是不注日期的引用文件,其最新版本(包括所有的修改单)适用于本文件。

GB/T 2900.50  电工术语  发电、输电及配电  通用术语

GB/T 2900.52  电工术语  发电、输电及配电  发电

GB/T 7946  脉冲电子围栏及其安装和安全运行

GB 12663—2001  防盗报警控制器通用技术条件

GB/T 15408  安全防范系统供电技术要求

GB 17565—2007  防盗安全门通用技术条件

GB/T 25724  安全防范监控数字视音频编解码技术要求

GB/Z 29328—2012  重要电力用户供电电源及自备应急电源配置技术规范

GB 50016  建筑设计防火规范

GB 50057  建筑物防雷设计规范

GB 50058  爆炸和火灾危险环境电力装置设计规范

GB 50198—2011  民用闭路监视电视系统工程技术规范

GB 50343  建筑物电子信息系统防雷技术规范

GB 50348  安全防范工程技术规范

GB 50394  入侵报警系统工程设计规范

GB 50395  视频安防监控系统工程设计规范

GB 50396  出入口控制系统工程设计规范

GA/T 644  电子巡查系统技术要求

GA/T 761  停车场(库)安全管理系统技术要求

DL 5180  水电枢纽工程等级划分及设计安全标准

## 3 术语和定义

GB/T 2900.50、GB/T 2900.52 和 GB 50348 界定的以及下列术语和定义适用于本文件。

3.1

**电力设施**  **power facility**
用于发电、输电、变电、配电的设施及其有关辅助设施。

3.2

**治安风险等级** public security risk level

存在于电力设施本身及其周围的遭受盗窃、抢劫和人为破坏等安全威胁的程度。

3.3

**水电站** hydropower station

将水流能量转化为电能的电站。

3.4

**抽水蓄能电站** pumped storage power station

利用上水库和下水库中的水循环进行抽水和发电的水电站。

3.5

**火力发电站** thermal power station

由燃煤或碳氢化合物获得热能的热力发电站。

3.6

**热电联产电站** cogeneration power station

联合生产电能和热能的电站。

3.7

**电网** electrical grid

输电、配电的各种装置和设备、变电站、电力线路或电缆的组合。

3.8

**变电站** electrical substation

电力系统的一部分,它集中在一个指定的地方,主要包括输电或配电线路的终端、开关及控制设备、建筑物和变压器。通常包括电力系统的安全和控制所需的设施(例如保护装置)。变电站根据电压等级、性质不同可以分为很多形式,如开关站、换流站、配电站等。

3.9

**重要电力用户** important power consumer

在国家或者一个地区(城市)的社会、政治、经济生活中占有重要地位,对其中断供电将可能造成人身伤亡、较大环境污染、较大政治影响、较大经济损失、社会公共秩序严重混乱的用电单位或对供电可靠性有特殊要求的用电场所。

## 4 治安风险等级

4.1 电力设施治安风险等级的划分,应根据电力设施的重要程度、当地社会治安状况以及电力设施遭受侵害后对公共安全和人身安全、财产安全造成危害的程度,由低到高划分为三级风险、二级风险和一级风险。

4.2 水电站的治安风险等级划分应符合下列规定:

    a) DL 5180 规定的水库库容大于等于 $10^7$ $m^3$,且小于 $10^8$ $m^3$,或装机容量大于等于 50 MW,且小于 300 MW 的中型水电站的风险等级确定为三级;

    b) DL 5180 规定的水库库容大于等于 $10^8$ $m^3$,且小于 $10^9$ $m^3$,或装机容量大于等于 300 MW,且小于 1 200 MW 的大(2)型水电站的风险等级确定为二级;

    c) DL 5180 规定的水库库容大于等于 $10^9$ $m^3$、或装机容量大于等于 1 200 MW 的大(1)型水电站的风险等级确定为一级。

4.3 火力发电站的治安风险等级划分应符合下列规定:

    a) 总装机容量大于等于 1 200 MW,且小于 3 000 MW 的火力发电站的风险等级确定为三级;

b) 单机容量小于 1 000 MW 的热电联产电站,或总装机容量大于等于 3 000 MW,且小于 5 000 MW 的火力发电站的风险等级确定为二级;

c) 总装机容量大于等于 5 000 MW,或单机容量为 1 000 MW 及以上的火力发电站、热电联产电站的风险等级确定为一级。

4.4 电网的治安风险等级划分应符合下列规定:

a) 地(市、州、盟)级电力调度控制中心,220 kV 变电站,110 kV 重要负荷变电站的风险等级确定为三级;

b) 省、自治区、直辖市以及省会城市、计划单列市电力调度控制中心,330 kV～750 kV 电压等级的变电站,以及向 GB/Z 29328—2012 规定的二级重要电力用户供电的变电站或配电站的风险等级确定为二级;

c) 国家和区域电力调度控制中心,800 kV 及以上电压等级的变电站,以及向 GB/Z 29328—2012 规定的特级和一级重要电力用户供电的变电站或配电站的风险等级确定为一级。

4.5 按照 4.2～4.4 确定为二、三级治安风险等级的电力设施,可根据当地相关社会治安状况的严峻性和电力设施可能遭受安全威胁的严重性相应提高其风险等级。

## 5 安全防护要求

### 5.1 安全防护级别的确定

5.1.1 电力设施的安全防护级别由低到高分为三级安全防护、二级安全防护、一级安全防护。

5.1.2 电力设施的安全防护级别应与治安风险等级相适应。三级风险等级电力设施的安全防范措施应不低于三级安全防护要求,二级风险等级电力设施的安全防范措施应不低于二级安全防护要求,一级风险等级电力设施的安全防范措施应不低于一级安全防护要求。

### 5.2 安全防护的总体要求

5.2.1 电力设施的安全防范应坚持技防、物防、人防相结合的原则。

5.2.2 安全防范系统中使用的设备应符合国家法律法规和现行相关标准的规定,并经检验或认证合格。

5.2.3 安全技术防范设备应安装在易燃易爆危险区以外。当设备不得不安装在危险区以内时,应选用与危险介质相适应的防爆产品或采用适合的防爆保护措施,并符合 GB 50058 和 GB 50016 的有关规定。

5.2.4 治安保卫人员宜配置无线通讯设备。

5.2.5 安全技术防范系统监控中心应有保障值班人员正常工作的辅助设施,并由掌握安全防范技术专业知识和操作能力的人员 24 h 值守。

5.2.6 电话总机、对外公开的重要部门的电话应有来电显示功能,对外公开服务和咨询的电话应有来电通话记录功能。

5.2.7 在国家重大活动等特殊时段,以及国家有关部门发布安全预警或者发生相关重大治安突发事件等紧急情况下,应加强安全防范措施,增加治安保卫人员,加强对重要电力设施的巡逻守护;加强出入口控制,必要时,设置防爆安检设备或车辆阻挡装置。

### 5.3 安全防范系统配置

5.3.1 电力设施安全防范系统基本配置应符合表 1 的规定。

## 表 1 电力设施安全防范系统基本配置表

| 序号 | 配置项目 | | 防范区域 | 配置要求 | | |
|---|---|---|---|---|---|---|
| | | | | 三级安全防护 | 二级安全防护 | 一级安全防护 |
| 1 | 视频安防监控系统 | 摄像机 | 发电站厂区出入口 | 应 | 应 | 应 |
| 2 | | | 火力发电站的汽轮发电机层以及发电站控制室、网控室、升压控制区域出入口 | 可 | 宜 | 应 |
| 3 | | | 火力发电站的油码头重要部位、煤码头重要部位、重要物资仓库、氢站、液氨灌区、油库区 | 可 | 宜 | 应 |
| 4 | | | 发电站出入主厂房的主要通道或发电站连接主厂房的主要通道、发电机层、电梯轿厢 | 可 | 宜 | 应 |
| 5 | | | 水电枢纽工程的壅水建筑物和主副厂房区、办公楼出入口 | 可 | 宜 | 应 |
| 6 | | | 电力调度控制中心的主要通道、调度室、通信机房、自动化机房 | 应 | 应 | 应 |
| 7 | | | 变电站、重要电力用户配电站的出入口 | 应 | 应 | 应 |
| 8 | | | 变电站、重要电力用户配电站的周界 | 宜 | 应 | 应 |
| 9 | | | 机动车车库出入口 | 可 | 宜 | 应 |
| 10 | | | 安防监控中心出入口 | 应 | 应 | 应 |
| 11 | | 控制、显示装置 | 安防监控中心或调度控制中心监控室 | 应 | 应 | 应 |
| 12 | 入侵报警系统 | 入侵探测装置 | 有周界围墙的发电站、电力调度控制中心等封闭屏障处 | 可 | 宜 | 应 |
| 13 | | | 变电站、重要电力用户配电站的周界围墙或栅栏 | 应 | 应 | 应 |
| 14 | | 紧急报警装置 | 发电站警卫室 | 应 | 应 | 应 |
| 15 | | | 安防监控中心或调度控制中心监控室 | 应 | 应 | 应 |
| 16 | 出入口控制系统 | | 发电站、发电站控制室出口 | 可 | 宜 | 应 |
| 17 | | | 电力调度控制中心、调度室、通信机房,变电站、重要电力用户配电站出入口 | 可 | 宜 | 应 |
| 18 | 车辆阻挡装置 | | 发电站、变电站、电力调度控制中心出入口 | 可 | 可 | 宜 |
| 19 | 电子巡查系统 | | 水电枢纽工程壅水建筑物 | 可 | 宜 | 应 |
| 20 | | | 火电厂油码头、煤码头、重要物资仓库 | 可 | 宜 | 应 |
| 21 | 停车库管理系统 | | 停车库(场) | 可 | 宜 | 应 |
| 22 | 防盗安全门 | | 重要物品储存库、电力调度控制中心调度室、安防监控中心等出入口 | 应 | 应 | 应 |
| 23 | 防盗栅栏 | | 无人值守的变电站、重要电力用户配电站与外界直接相通的1、2层的窗户和风口 | 应 | 应 | 应 |
| 24 | | | 重要物品储存库等重要办公场所的窗户 | 应 | 应 | 应 |
| 注:外界是指周围社会环境。 | | | | | | |

5.3.2 在满足表1要求的基础上,企业可根据自身安全管理需要提升安全防范系统配置水平。

## 5.4 三级安全防护

5.4.1 三级风险等级的电力设施的安全防范系统应按照表 1 中三级安全防护要求进行配置。

5.4.2 发电站、调度控制中心等重要部位主要出入口应设置必要的警戒标志，并应有治安保卫人员 24 h 值守，对进出的人员、车辆、重要物资进行检查、审核、登记。

5.4.3 对火力发电站油码头、煤码头、重要物资仓库，水电枢纽工程壅水建筑物等重要部位，应建立与安全防护级别相适应的治安保卫巡逻队伍，落实巡查守护工作制度。

5.4.4 无人值守变电站和重要负荷变电站周界应安装脉冲电子围栏等周界入侵探测装置。

5.4.5 人员出入口的监视和回放图像应能够清晰辨认人员的体貌特征；机动车辆出入口的监视和回放图像应能够清晰辨别进出机动车的外观和号牌；较大区域范围的监视和回放图像应能辨别监控范围内人员活动状况。

5.4.6 摄像机的安装应考虑环境光照因素对监视图像的影响；在环境照度较低区域宜采用低照度摄像机或采用补光、照明措施；环境照度变化大的区域宜采用宽动态摄像机。

5.4.7 无人值守变电站和重要负荷变电站的安全技术防范系统宜与上级调度控制中心或集中监控中心实现远程联网。

## 5.5 二级安全防护

5.5.1 二级风险等级的电力设施的安全防范系统应按照表 1 中二级安全防护要求进行配置。

5.5.2 二级风险等级的电力设施的安全防范系统还应满足 5.4.2～5.4.6 的要求。

5.5.3 变电站周界应安装脉冲电子围栏等周界入侵探测装置。

5.5.4 变电站的安全技术防范系统应与上级调度控制中心或集中监控中心实现远程联网。

## 5.6 一级安全防护

5.6.1 一级风险等级的电力设施的安全防范系统应按照表 1 中一级安全防护要求进行配置。

5.6.2 一级风险等级的电力设施的安全防范系统还应满足 5.5.2～5.5.4 的要求。

5.6.3 变电站周界围墙(栏)的高度不应低于 2.5 m，并应设置防穿越功能的入侵探测装置。

## 5.7 其他安全防护

5.7.1 架空输电线路杆塔及拉线应采取防盗窃、破坏措施。特高压输电线路、大跨越线路和其他重要线路特殊区段宜安装图像抓拍装置，治安环境复杂地段的输电线路杆塔可安装图像抓拍装置，定时照片回传。

5.7.2 电缆隧道出入口应安装防盗安全门，重要区段的检查孔应具备防盗功能。

# 6 技术防范系统要求

## 6.1 总体要求

6.1.1 安全技术防范系统的设计应符合 GB 50348 的有关规定，安全技术防范系统的供电系统应符合 GB/T 15408 的有关规定，安全防范系统防雷接地要求应符合 GB 50343、GB 50057 的有关规定。

6.1.2 安全技术防范系统监控中心建设应符合 GB 50348 的有关规定。

6.1.3 安全技术防范系统的资料信息、事件信息、报警信息等保存时间应大于等于 30 d。

6.1.4 安全防范系统中具有计时功能的设备与北京时间的偏差不应大于 5 s。

6.1.5 安全技术防范系统宜独立运行。

## 6.2 视频安防监控系统

6.2.1 视频安防监控系统应对监控区域内的人员和机动车的出入、活动情况及治安秩序进行 24 h 视频监控并录像,显示图像应能编程、自动或手动切换,图像上应有摄像机编号、地址、时间、日期显示和前端设备控制等功能。

6.2.2 视频安防监控系统的显示图像质量主观评价应按照 GB 50198—2011 中表 5.4.1-1 规定的五级损伤制评定的评分规定,不应低于 4 分的要求,图像水平分辨力应大于 400 TVL。

6.2.3 图像记录、回放帧速应符合下列规定:

    a) 应以 25 frame/s 与 2 frame/s 帧速分别保存图像记录,其中以 25 frame/s 的帧速记录的图像保存时间应大于等于 10 d,其余 20 d 的图像保存宜以大于等于 2 frame/s 的帧速记录,亦可采用仅以 25 frame/s 的帧速保存图像大于等于 30 d 的记录方式;

    b) 图像记录宜在本机播放,亦可通过其他通用设备在本地进行联机播放。

6.2.4 视频安防监控系统应能与入侵报警系统和出入口控制系统联动。

6.2.5 当报警发生时,应能对报警现场进行图像复核,并将现场图像自动切换到指定的显示装置上。经复核后的报警视频图像应长期保存,重要图像宜备份存储。

6.2.6 视频安防监控设备的编解码宜符合 GB/T 25724 的有关规定。

6.2.7 系统的其他要求应符合 GB 50395 的有关规定。

## 6.3 入侵报警系统

6.3.1 入侵报警系统应配置满足现场要求的声光报警装置,应能按时间、区域、部位任意编程设防或撤防;能对设备运行状态和信号传输线路进行检测,能及时发出故障报警并指示故障位置;应具有防破坏功能,当探测器被拆或线路被切断时,系统应能发出报警,并显示和记录报警部位及有关警情数据。

6.3.2 三级安全防护要求的防盗报警控制器应符合 GB 12663—2001 中 A 级的规定,二级安全防护要求的防盗报警控制器应符合 B 级的规定,一级安全防护要求的防盗报警控制器应符合 C 级的规定。

6.3.3 脉冲电子围栏前端每根导线脉冲电压应在 5 000 V~10 000 V 之间,其他要求应符合 GB/T 7946 的有关规定。

6.3.4 系统的其他要求应符合 GB 50394 的有关规定。

## 6.4 出入口控制系统

6.4.1 出入口现场控制设备中的每个出入口记录总数应大于 1 000 条。

6.4.2 系统应保存不小于 180 d 的最新事件记录。

6.4.3 系统应对设防区域的位置、通过对象及通过时间等进行实时控制或程序控制。系统应有报警功能。

6.4.4 系统的其他要求应符合 GB 50396 的有关规定。

## 6.5 电子巡查系统

6.5.1 采集装置存储的巡查信息记录应不小于 4 000 条。

6.5.2 系统的其他要求应符合 GA/T 644 的有关规定。

## 6.6 停车库(场)安全管理系统

停车库(场)安全管理系统应符合 GA/T 761 的有关规定。

### 6.7 其他

防盗安全门应不低于 GB 17565—2007 中乙级的相关规定。

## 7 系统建设运行维护

7.1 电力设施安全防范系统建设宜纳入工程建设的总体规划,宜综合设计、同步实施、独立验收、同时交付使用。

7.2 安全技术防范系统建成后,应制定应急处置预案,并建立系统运行维护保障的长效机制。

7.3 安全技术防范系统出现故障应及时修复,一级风险单位应在 48 h 内、二级风险单位应在 72 h 内、三级风险单位应在 96 h 内恢复完毕。系统修复期间应有应急安全防护措施,因地处偏远、环境特殊等情况,安全技术防范系统不能按时修复的,应采取加强治安保卫人员巡逻守护等安全保卫措施,直至安全技术防范系统故障排除为止。

ICS 13.310
A 91

# 中华人民共和国公共安全行业标准

GA/T 1351—2018

# 安 防 线 缆 接 插 件

Connector for use of security cables

2018-02-25 发布

2018-02-25 实施

中华人民共和国公安部　　发 布

# 前　言

本标准按照 GB/T 1.1—2009 给出的规则起草。

请注意本文件的某些内容可能涉及专利。本文件的发布机构不承担识别这些专利的责任。

本标准由公安部科技信息化局提出。

本标准由全国安全防范报警系统标准化技术委员会归口。

本标准起草单位:国家安全防范报警系统产品质量监督检验中心(北京)、深圳市南士科技股份有限公司、广东前海秋叶原集团、上海爱谱华顿电子科技集团有限公司、浙江一舟电子科技股份有限公司、江苏宝华电线电缆有限公司、余姚市东雅电器有限公司。

本标准主要起草人:张凡忠、滕旭、蒋胜雄、孙逸楷、柳庆祥、徐常星、张忠贵、吴得林、沈雅琴。

# 安 防 线 缆 接 插 件

## 1 范围

本标准规定了安防线缆接插件的分类与代码、技术要求、试验方法、检验规则、包装、运输和储存等。本标准适用于安全防范系统中使用的线缆接插件的设计、制造与检验。

## 2 规范性引用文件

下列文件对于本文件的应用是必不可少的。凡是注日期的引用文件,仅注日期的版本适用于本文件。凡是不注日期的引用文件,其最新版本(包括所有的修改单)适用于本文件。

GB/T 191 包装储运图示标志

GB/T 2408—2008 塑料 燃烧性能的测定 水平法和垂直法

GB/T 4208—2017 外壳防护等级(IP 代码)

GB/T 5095.2—1997 电子设备用机电元件 基本试验规程及测量方法 第 2 部分:一般检查、电连续性和接触电阻测试、绝缘试验和电压应力试验

GB/T 6463 金属和其他无机覆盖层 厚度测量方法评述

GJB 1217A—2009 电连接器试验方法

GA/T 1297—2016 安防线缆

YD/T 640—2012 通信设备用射频连接器技术要求及试验方法

YD/T 926.3—2009 大楼通信综合布线系统 第 3 部分:连接硬件和接插软线技术要求

YD/T 1272.3—2005 光纤活动连接器 第 3 部分:SC 型

YD/T 1272.4—2007 光纤活动连接器 第 4 部分:FC 型

EIA-364-108 阻抗 反射系数 发射损耗和电压驻波比测试程序

EIA-364-20C 电子连接品 插座和同轴端子的耐电压测试程序

EIA-364-42A 电子连接器摔落测试技术

EIA-364-70B 电子连接器与插座的温升与电流测试程序

IEC 60512-25-2 电子设备连接器-试验和测量-第 25-2 部分:试验 25b-衰减(插入损耗)

IEC 62321 电子电气产品中限用的六种物质(铅、镉、汞、六价铬、多溴联苯、多溴二苯醚)浓度的测定程序

## 3 术语和定义、缩略语

### 3.1 术语和定义

下列术语和定义适用于本文件。

3.1.1

**安防线缆接插件** connector for use of security cables

安全防范系统中承担线缆与线缆,及线缆与设备之间电能、信息等传输功能的接插连接器件。

3.1.2

**接触件 contact**

接插件中与对应的导通零件相配合以提供电能、信息通路的零件。

### 3.2 缩略语

下列缩略语适用于本文件。

AC:交流(Alternating Current)

DC:直流(Direct Current)

USB:通用串行总线(Universal Serial Bus)

HDMI:高清晰多媒体接口(High Definition Multimedia Interface)

DVI:数字视频接口(Digital Visual Interface)

DP:高清数字显示接口 (Display Port)

VGA:显示绘图阵列(Video Graphics Array)

RCA:莲花接口(Radio Corporation of American)

DB9/15:9/15 针 D 型数据接口连接器(9/15 Pin D Type Data Interface Connector)

BNC:尼尔-康塞曼卡口(Bayonet Neill-Concelman)

TNC:尼尔-康塞曼螺纹口(Threaded Neill-Concelman)

RJ45:公用电信网络接口(8 针)(Registered Jack 45)

SC:卡接式方型光纤连接器(Square Connector)

LC:小型卡接式方型光纤连接器(Lucent Connector)

FC:圆型带螺纹光纤连接器(Ferrule Connector)

## 4 分类与代码

### 4.1 分类

按照 GA/T 1297—2016 中对安防线缆的分类,安防线缆接插件可分为电缆接插件和光缆接插件,其中电缆接插件分为电源电缆接插件、信号/控制电缆接插件、视频同轴电缆接插件、数据电缆接插件,分类见表1。

表 1 安防线缆接插件的分类

| 序号 | 分类 | | | |
|---|---|---|---|---|
| 1 | 电缆接插件 | 电源电缆接插件 | | AC、DC |
| | | 信号/控制电缆接插件 | | USB、DP 、VGA、RCA 、DB9/15 |
| | | | HDMI | A 型接口、C 型接口、D 型接口 |
| | | | DVI | 数字单/双通道接口、数字+模拟双通道接口 |
| | | 视频同轴电缆接插件 | | BNC、TNC |
| | | 数据电缆接插件 | RJ45 | 五类、超五类、六类、超六类 |
| 2 | 光缆接插件 | | | SC、LC、FC |

#### 4.2 产品代码

**4.2.1** 安防线缆接插件的产品代码由安防行业代码、接插件类别代码、接插件属性代码、环境代码和规格代码以及企业自定义代码组成,安防行业代码用字母 AF 表示,接插件类别代码、接插件属性代码、环境代码及规格代码见表 2,企业自定义代码由字母和/或数字组成,也可省略。

**表 2 安防线缆接插件产品代码**

| 序号 | 项目分类 | 电源电缆接插件 | 信号/控制电缆接插件 | 视频同轴电缆接插件 | 数据电缆接插件 | 光缆接插件 |
|---|---|---|---|---|---|---|
| 1 | 接插件类别代码 | D | X | S | HS | GL |
| 2 | 接插件属性代码 | AC、DC | USB、HDMI、DVI、DP、VGA、RCA、DB9/15 | BNC、TNC | RJ45 | SC、LC、FC |
| 3 | 环境代码 | FS:有防水性能、WS:无防水性能 | | | | |
| 4 | 规格代码 | 阳(插针)接触件:M<br>阴(插孔)接触件:F | | | | |

**4.2.2** 各代码长度不作限制,代码间以"-"符号分隔,一个完整的安防线缆接插件标记如下:

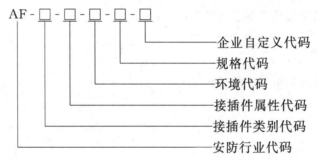

**示例**:具有防水性能的插针 BNC 型视频同轴电缆接插件,表示为:AF-S-BNC-FS-M。

### 5 技术要求

#### 5.1 一般要求

##### 5.1.1 外观

外观符合下列要求:

a) 产品代码应清晰、完整;

b) 零部件应齐全,与相应的设计要求一致;

c) 表面应无毛刺、锈蚀或其他机械损伤;

d) 插配接触面和尾部绝缘体可见面上宜有清晰的接触件位置代码,阳(插针)、阴(插孔)接触件的位置代码应对应一致。

##### 5.1.2 金属材料

金属材料应采用耐腐蚀性处理;阳(插针)接触件宜采用铜合金,阴(插孔)接触件宜采用磷铜合金,有特殊要求的除外。

### 5.1.3 非金属材料

非金属材料应采用阻燃、环保的工程塑料,阻燃应符合 GB/T 2408—2008 中垂直燃烧等级 V-0 的要求;表面应平滑,无裂纹、汽泡、缺料和杂质。

### 5.1.4 信号/控制、数据电缆接插件的接触件中层电镀

信号/控制、数据电缆接插件的接触件中层电镀应符合下列要求:
a) 采用镍(Ni)作为中层电镀时,镀层厚度不低于 1.25 $\mu m$;
b) 采用钯(Pd)作为中层电镀时,镀层厚度不低于 0.75 $\mu m$;
c) 采用钯(Pd)镍(Ni)合金作为中层电镀时,钯镍合金配比为 80% Pd/20% Ni,镀层厚度不低于 0.75 $\mu m$。

## 5.2 结构

### 5.2.1 接触件

接触件在插合过程中应能完全适配,并不损伤其结构。

### 5.2.2 外型和结构尺寸

外型和结构尺寸应符合相应产品设计要求,应具有插合定位和防误插功能。

### 5.2.3 光缆接插件的端面

5.2.3.1 单模光缆接插件的端面示意图见图 1。

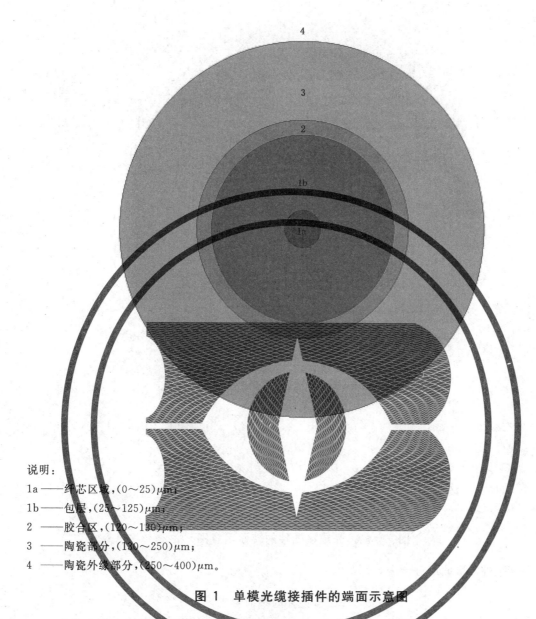

说明:
1a——纤芯区域,(0～25)μm;
1b——包层,(25～125)μm;
2 ——胶合区,(120～130)μm;
3 ——陶瓷部分,(130～250)μm;
4 ——陶瓷外缘部分,(250～400)μm。

图 1　单模光缆接插件的端面示意图

5.2.3.2　多模光缆接插件的端面示意图见图2。

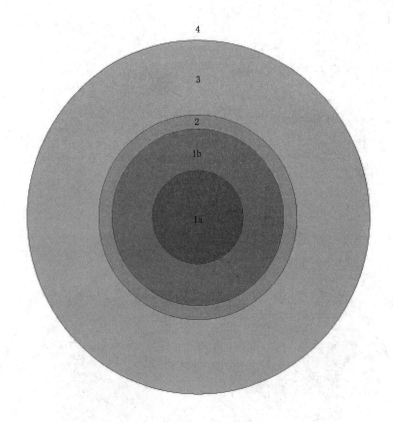

说明：

1a——纤芯区域,(0~66)μm;

1b——包层,(66~125)μm;

2 ——胶合区,(120~130)μm;

3 ——陶瓷部分,(130~250)μm;

4 ——陶瓷外缘部分,(250~400)μm。

**图 2  多模光缆接插件的端面示意图**

5.2.3.3  光缆接插件的端面应符合表 3 的要求。

**表 3  光缆接插件的端面要求**

| 区域 | 描述 | 区域范围 | 允许缺陷标准 | |
|---|---|---|---|---|
| | | | 脏污、凹痕、破损(直径) | 划痕(宽度) |
| 1a | 纤芯区域 | (0~25)μm(单模) | 无 | 无 |
| | | (0~66)μm(多模) | <5 μm,少于或等于5个; >5 μm,无 | <3 μm,少于或等于5条; >3 μm,无 |
| 1b | 包层 | (25~125)μm(单模) | <2 μm,允许存在; (2~5)μm,少于或等于5个; >5 μm,无 | >3 μm,无 |
| | | (66~125)μm(多模) | <2 μm,允许存在; (2~5)μm,少于或等于8个; >5 μm,无 | >3 μm,无 |

表 3（续）

| 区域 | 描述 | 区域范围 | 允许缺陷标准 | |
|---|---|---|---|---|
| | | | 脏污、凹痕、破损（直径） | 划痕（宽度） |
| 2 | 胶合区 | (120～130)μm | — | — |
| 3 | 陶瓷部分 | (130～250)μm | ＞10 μm,无 | ＞3 μm,无 |
| 4 | 陶瓷外缘部分 | (250～400)μm | ＞30 μm,无 | — |

注 1：当端面上可能的缺陷在多个区域交叉时,以影响传输性能最大的缺陷来进行判断。

注 2：当测量缺陷大小时,使用最大的直径/宽度来衡量。

## 5.3 电气性能

### 5.3.1 电缆接插件的特性阻抗

电缆接插件的特性阻抗应符合表 4 的要求。

**表 4 电缆接插件的特性阻抗**　　　　　单位为欧姆

| 接插件类型 | | 分类 | 特性阻抗 |
|---|---|---|---|
| 信号/控制电缆接插件 | HDMI | A 型接口 | 100±15 |
| | | C 型接口、D 型接口 | 100±25 |
| | DVI | 数字单/双通道接口 | 100±15 |
| | | 数字+模拟双通道接口 | 75±7.5 |
| 视频同轴电缆接插件 | | BNC、TNC | 75±3 |
| 数据电缆接插件 | | RJ45 | 100±10 |

### 5.3.2 电缆接插件的接触电阻

电缆接插件在常态下和经 6.5.2 湿热、6.5.3 温度冲击试验后,接触电阻应符合表 5 的要求。

**表 5 电缆接插件的接触电阻**　　　　　单位为欧姆

| 接插件类型 | | 位置 | 接触电阻 | |
|---|---|---|---|---|
| 电源电缆接插件 | DC | 接触对 | ≤3×10⁻² | |
| 视频同轴电缆接插件 | | 内导体 | ≤5×10⁻³ | |
| | | 外导体 | ≤2.5×10⁻³ | |
| 信号/控制电缆接插件 | | USB、RCA | 接触对 | ≤3×10⁻² |
| | | HDMI、DB9/15 | 接触对 | ≤1×10⁻² |
| | | VGA | 接触对 | ≤2.5×10⁻² |
| 数据电缆接插件 | | 接触对 | ≤2×10⁻² | |

### 5.3.3 电缆接插件的绝缘电阻

电缆接插件在常态下和经 6.5.1 高温、6.5.2 湿热试验后,相邻接触件之间及壳体与接触件之间的绝缘电阻应符合表 6 的要求。

表 6 电缆接插件的绝缘电阻要求 单位为兆欧

| 接插件类型 | 分类 | 绝缘电阻 | | |
|---|---|---|---|---|
| | | 常态下 | 高温试验后 | 湿热试验后 |
| 电源电缆接插件 | AC、DC | $\geq 1 \times 10^3$ | $\geq 200$ | $\geq 20$ |
| 信号/控制电缆接插件 | USB、DVI | $\geq 1 \times 10^3$ | — | — |
| | HDMI、DP | $\geq 100$ | — | — |
| | VGA、DB9/15 | $\geq 5 \times 10^3$ | — | — |
| | RCA | $\geq 1 \times 10^2$ | — | — |
| 视频同轴电缆接插件 | BNC、TNC | $\geq 1 \times 10^4$ | $\geq 1 \times 10^4$ | $\geq 1 \times 10^3$ |
| 数据电缆接插件 | RJ45 | $\geq 500$ | — | — |

### 5.3.4 电缆接插件的耐压

电缆接插件在耐压试验中应无飞弧、电晕和击穿现象,测试时漏电流不应大于 1 mA。

### 5.3.5 视频同轴电缆接插件的电压驻波比

视频同轴电缆接插件的电压驻波比不应大于 1.22。

### 5.3.6 数据电缆接插件的额定电压

数据电缆接插件能承受的额定工作电压不应大于 72 V。

### 5.3.7 数据电缆接插件的额定电流

数据电缆接插件的每对接触件的额定工作电流不应大于 1.5 A。

### 5.3.8 电缆接插件的温升

电缆接插件的接触对温升不应大于 30 ℃。

### 5.3.9 插入损耗、回波损耗

5.3.9.1 数据电缆接插件的插入损耗应符合表 7 的要求。

表 7 数据电缆接插件的插入损耗要求 单位为分贝

| 接插件类型 | 分类 | 插入损耗 | | |
|---|---|---|---|---|
| | | $f:1\sim100$ | $f:1\sim250$ | $f:1\sim500$ |
| 数据电缆接插件 | RJ45 | 五类、超五类 | $\leq 0.04\sqrt{f}$ | — | — |
| | | 六类 | — | $\leq 0.02\sqrt{f}$ | — |
| | | 超六类 | — | — | $\leq 0.02\sqrt{f}$ |
| 注:$f$ 为频率,单位为 MHz。 | | | | |

5.3.9.2 光缆接插件的插入损耗应符合表8的要求。

表8 光缆接插件的插入损耗要求　　　　　　　　　　　　单位为分贝

| 接插件类型 | 分类 | | 插入损耗 |
|---|---|---|---|
| 光缆接插件 | SC、LC、FC | 单模 | ≤0.2 |
| | | 多模 | ≤0.3 |

5.3.9.3 光缆接插件的回波损耗不应小于 45 dB。

5.3.9.4 光缆接插件允许的插入损耗变化不应大于 0.2 dB,允许的回波损耗变化不应大于 5 dB。

### 5.4 机械性能

#### 5.4.1 插拔力

插拔力应符合表9的要求。

表9 插拔力要求　　　　　　　　　　　　单位为牛顿

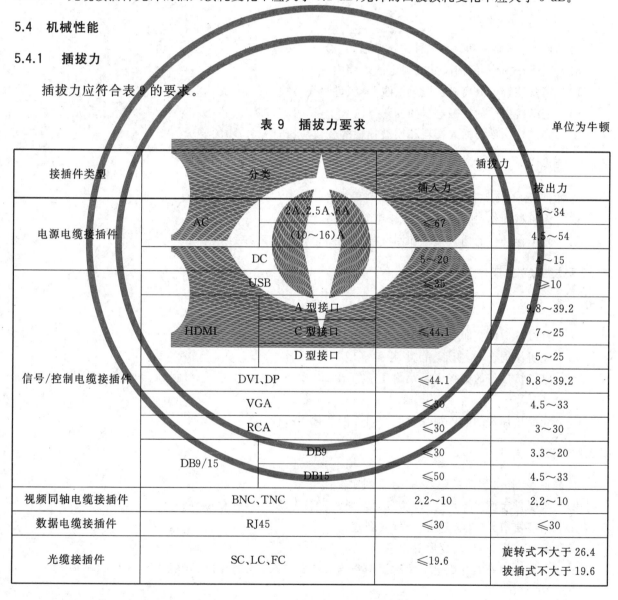

| 接插件类型 | 分类 | | 插拔力 | |
|---|---|---|---|---|
| | | | 插入力 | 拔出力 |
| 电源电缆接插件 | AC | 2A、2.5A、6A | ≤67 | 3～34 |
| | | (10～16)A | | 4.5～54 |
| | DC | | 5～20 | 4～15 |
| | USB | | ≤35 | ≥10 |
| | HDMI | A 型接口 | ≤44.1 | 9.8～39.2 |
| | | C 型接口 | | 7～25 |
| | | D 型接口 | | 5～25 |
| 信号/控制电缆接插件 | DVI、DP | | ≤44.1 | 9.8～39.2 |
| | VGA | | ≤30 | 4.5～33 |
| | RCA | | ≤30 | 3～30 |
| | DB9/15 | DB9 | ≤30 | 3.3～20 |
| | | DB15 | ≤50 | 4.5～33 |
| 视频同轴电缆接插件 | BNC、TNC | | 2.2～10 | 2.2～10 |
| 数据电缆接插件 | RJ45 | | ≤30 | ≤30 |
| 光缆接插件 | SC、LC、FC | | ≤19.6 | 旋转式不大于 26.4 拔插式不大于 19.6 |

#### 5.4.2 插拔寿命

接插件经 6.4.2 插拔寿命试验后,符合下列要求:

a) 接触件可有轻微磨损,但应无位移、弯曲或断裂,电镀层无大块剥落;

b) 金属连接零件可有轻微磨损,但应无松动和破损;

c) 锁紧装置可有轻微划伤、磨损,但应无破裂现象;

d) 绝缘体表面可有轻微划伤、磨损,但应无破裂及龟裂;

e) 电缆接插件接触电阻的变化不应大于($1 \times 10^{-2}$)Ω;

f) 光缆接插件的插入损耗和回波损耗的变化应符合5.3.9.4的要求。

### 5.4.3 光缆接插件的重复性

光缆接插件经6.4.3重复性试验后,符合下列要求:

a) 无机械损伤,如变形、龟裂、松弛等现象;

b) 插入损耗和回波损耗的变化应符合5.3.9.4的要求。

### 5.4.4 振动、撞击、冲击

接插件经6.4.4振动、撞击、冲击试验后,符合下列要求:

a) 无机械损伤,结构尺寸在规定的范围内;

b) 锁紧装置或分离机构应无松脱,零组件目视无损伤;

c) 电缆接插件的接触电阻的变化不应大于($1 \times 10^{-2}$)Ω;

d) 光缆接插件的插入损耗和回波损耗的变化应符合5.3.9.4的要求。

### 5.4.5 跌落

接插件经6.4.5跌落试验后,符合下列要求:

a) 无机械损伤,如变形、龟裂、松弛等现象;

b) 光缆接插件的插入损耗和回波损耗的变化应符合5.3.9.4的要求。

## 5.5 环境适应性

### 5.5.1 高、低温

接插件经6.5.1高、低温试验后,符合下列要求:

a) 无机械损伤,如变形、龟裂、松弛等现象;

b) 电缆接插件的绝缘电阻及耐压应符合5.3.3和5.3.4的要求,接触电阻的变化不应大于($1 \times 10^{-2}$)Ω;

c) 光缆接插件的插入损耗和回波损耗的变化应符合5.3.9.4的要求。

### 5.5.2 湿热

接插件经6.5.2湿热试验后,符合下列要求:

a) 金属件表面光泽可变暗,但应无发黑及锈蚀现象(边缘棱角除外);

b) 涂覆层应无气泡、起皱、开裂或剥落;

c) 绝缘体应无起泡、变形等现象;

d) 电缆接插件的绝缘电阻及耐压应符合5.3.3和5.3.4的要求,接触电阻的变化不应大于($1 \times 10^{-2}$)Ω;

e) 光缆接插件的插入损耗和回波损耗的变化应符合5.3.9.4的要求。

### 5.5.3 温度冲击

接插件经6.5.3温度冲击试验后,符合下列要求:

a) 无机械损伤,如变形、龟裂、松弛等现象;

b） 光缆接插件的插入损耗和回波损耗的变化应符合5.3.9.4的要求。

#### 5.5.4 防尘防水

具有防尘防水功能的接插件,其防护等级不应低于GB/T 4208—2017中IP56的要求。

#### 5.5.5 盐雾

接插件经6.5.5盐雾试验后,符合下列要求:
a） 接触件金属镀层应无因腐蚀而暴露出基体金属,其他金属部件的边缘棱角可有轻微腐蚀,但不应影响产品的性能;
b） 绝缘体应无明显泛白、膨胀、气泡、起皱等现象;
c） 接插件插入、分离正常,无黏滞现象;
d） 电缆接插件的接触电阻的变化不应大于$(1\times10^{-2})\Omega$;
e） 光缆接插件的插入损耗和回波损耗的变化应符合5.3.9.4的要求。

## 6 试验方法

### 6.1 一般要求

#### 6.1.1 试验温度

除非另有规定,试验应在环境温度下进行。

#### 6.1.2 试验电压

除非另有规定,试验电压应是交流(49～61)Hz的近似正弦波形,峰值与有效值之比等于$\sqrt{2}(1\pm7\%)$,电压均为有效值。

#### 6.1.3 外观

目视检查,判断是否符合5.1.1的要求。

#### 6.1.4 非金属材料

阻燃为垂直燃烧,按GB/T 2408—2008相对应的等级规定试验方法对原材料进行试验;环保性能按IEC 62321的方法进行试验。判断是否符合5.1.4的要求。

#### 6.1.5 接触件电镀

按GB/T 6463的规定进行试验,当金属镀层厚度不大于12.5 $\mu$m时宜采用X射线荧光光谱法进行试验,判断是否符合5.1.5的要求。

### 6.2 结构

#### 6.2.1 接触件

用游标卡尺,千分尺进行测量,判断是否符合5.2.1的要求。

#### 6.2.2 外型和结构尺寸

用游标卡尺,千分尺进行测量,判断是否符合5.2.2的要求。

### 6.2.3 光缆接插件的端面

使用 200 倍以上的光纤端面检测仪进行测试,判断是否符合 5.2.3 的要求。

## 6.3 电气性能

### 6.3.1 电缆接插件的特性阻抗

按 EIA-364-108 的相关规定进行试验,判断是否符合 5.3.1 的要求。

### 6.3.2 电缆接插件的接触电阻

按 GJB 1217A—2009 试验方法中的方法 3004 进行试验,采用低电平法,电压 20 mV,电流 100 mA,判断是否符合 5.3.2 的要求。

### 6.3.3 电缆接插件的绝缘电阻

电源电缆接插件、信号/控制电缆接插件、视频同轴电缆接插件按 GJB 1217A—2009 试验方法中的方法 3003 进行试验,数据电缆接插件按 GB/T 5095.2—1997 中试验 3a 方法 A 的规定进行试验。判断是否符合 5.3.3 的要求。

### 6.3.4 电缆接插件的耐压

接插件在常态和经 6.5.2 湿热试验后分别施加表 10 中要求的电压 1 min;电源电缆接插件、信号/控制电缆接插件、视频同轴电缆接插件按 GJB 1217A—2009 试验方法中的方法 3001 进行试验,数据电缆接插件按 YD/T 926.3—2009 附录 A 的规定进行试验。判断是否符合 5.3.4 的要求。

表 10 电缆接插件的耐压要求　　　　　　　　　　　　　　单位为伏特

| 接插件类型 | 分类 | | 试验电压 | |
|---|---|---|---|---|
| | | | 常态下 | 湿热试验后 |
| 电源电缆接插件 | 额定电压:250 V | | $1 \times 10^3$ | 500 |
| 信号/控制电缆接插件 | USB | | 500 | — |
| | HDMI | A 型接口、C 型接口 | 500 | — |
| | | D 型接口 | 250 | — |
| | DVI、RCA | | 500 | — |
| | VGA、DB9/15 | | $1 \times 10^3$ | — |
| 视频同轴电缆接插件 | BNC、TNC | | $1 \times 10^3$ | $1 \times 10^3$ |
| 数据电缆接插件 | RJ45 | | $1 \times 10^3$ | — |

### 6.3.5 视频同轴电缆接插件的电压驻波比

按 YD/T 640—2012 中 6.4.4.1 的规定进行试验,判断是否符合 5.3.5 的要求。

### 6.3.6 数据电缆接插件的额定电压

按 EIA-364-20C 的相关规定进行试验,判断是否符合 5.3.6 的要求。

### 6.3.7 数据电缆接插件的额定电流

按 EIA-364-70B 的相关规定进行试验,判断是否符合 5.3.7 的要求。

### 6.3.8 电缆接插件的温升

按 EIA-364-70B 的相关规定进行试验,判断是否符合 5.3.8 的要求。

### 6.3.9 插入损耗、回波损耗

数据电缆接插件的插入损耗按照 IEC 60512-25-2 的有关规定进行试验;光缆接插件的插入损耗按照 YD/T 1272.3—2005 中 6.4 的规定进行试验,回波损耗按照 YD/T 1272.3—2005 中 6.5 的规定进行试验。判断是否符合 5.3.9 的要求。

## 6.4 机械性能

### 6.4.1 插拔力

电缆接插件的插拔力按 GJB 1217A—2009 试验方法中的方法 2014 进行试验,光缆接插件的插拔力按 YD/T 1272.3—2005 中 6.6.7 的规定进行试验。判断是否符合 5.4.1 的要求。

### 6.4.2 插拔寿命

接插件进行不低于表 11 要求次数的插合和分离的寿命试验;电缆接插件按 GJB 1217A—2009 方法 2016 进行试验,循环速率每小时不应大于 300 次,试验时试验样品不带电负荷;光缆接插件按 YD/T 1272.3—2005 中 6.6.9 的规定进行试验。判断是否符合 5.4.2 的要求。

#### 表 11 循环次数要求

单位为次

| 接插件类型 | 分类 | | 循环次数 |
|---|---|---|---|
| 电源电缆接插件 | AC、DC | | 500 |
| 信号/控制电缆接插件 | USB | | 1 500 |
| | HDMI | A 型接口 | 10 000 |
| | | C 型接口、D 型接口 | 5 000 |
| | DVI | | 100 |
| | DP | | 10 000 |
| | DB9/15 | | 500 |
| 视频同轴电缆接插件 | BNC、TNC | | 500 |
| 数据电缆接插件 | RJ45 | | 100 |
| 光缆接插件 | SC、LC、FC | | 500 |

### 6.4.3 光缆接插件的重复性

拔插次数 10 次,按 YD/T 1272.3—2005 中 6.6.8 的规定进行试验,判断是否符合 5.4.3 的要求。

### 6.4.4 振动、撞击、冲击

电缆接插件的振动按 GJB 1217A—2009 方法 2005 进行试验,撞击按 GJB 1217A—2009 方法 2015

进行试验,冲击按 GJB 1217A—2009 方法 2004 进行试验;光缆接插件按 YD/T 1272.3—2005 中 6.6.4 的规定进行试验,振动频率范围(10~55)Hz,扫频速率 1 倍频程/min,容差±10%,振幅 0.75 mm,每一方向持续时间 30 min。判断是否符合 5.4.4 的要求。

### 6.4.5 跌落

电缆接插件的跌落按 EIA-364-42A 的相关规定进行试验;光缆接插件按 YD/T 1272.3—2005 中 6.6.5 的规定进行试验,跌落高度 1 m,自由摆动的光缆长度 2.25 m,跌落 5 次,撞击一般刚性表面。判断是否符合 5.4.5 的要求。

## 6.5 环境适应性

### 6.5.1 高、低温

电缆接插件的高、低温按表 12 的试验条件进行试验;SC/LC 型光缆接插件的高温按 YD/T 1272.3—2005 中 6.6.2 的规定进行试验,低温按 YD/T 1272.3—2005 中 6.6.1 的规定进行试验,对试样进行在线插入损耗性能监测;FC 型光缆接插件的高温按 YD/T 1272.4—2005 中 6.6.2 的规定进行试验,低温按 YD/T 1272.4—2005 中 6.6.1 的规定进行试验,试验条件见表 12。判断是否符合 5.5.1 的要求。

**表 12　高、低温试验条件**

| 接插件类型 | 分类 | 高温 | | 低温 | |
|---|---|---|---|---|---|
| | | 温度<br>℃ | 时间<br>h | 温度<br>℃ | 时间<br>h |
| 电缆接插件 | — | 70±2 | 96 | −40±2 | 96 |
| 光缆接插件 | SC、LC | 70±2 | 96 | −25±2 | 96 |
| | FC | 80±2 | 96 | −40±2 | 96 |

### 6.5.2 湿热

在温度(40±2)℃、相对湿度(90~95)%的条件下试验 96 h,温度变化率不大于 1 ℃/min(不超过 5 min 平均值);电缆接插件按 GJB 1217A—2009 方法 1002 中 1.1 的规定进行试验;光缆接插件按 YD/T 1272.3—2005 中 6.6.3 的规定进行试验。判断是否符合 5.5.2 的要求。

### 6.5.3 温度冲击

电缆接插件按 GJB 1217A—2009 方法 1003 进行试验,在−40 ℃及 85 ℃的环境中连续循环 5 次;SC/LC 型光缆接插件按 YD/T 1272.3—2005 中 6.6.6 的规定进行试验,在−10 ℃及 60 ℃的环境中连续循环 5 次;FC 型光缆接插件按 YD/T 1272.4—2005 中 6.6.6 的规定进行试验,在−25 ℃及 70 ℃的环境中连续循环 5 次。判断是否符合 5.5.3 的要求。

### 6.5.4 防尘防水

按 GB/T 4208—2017 的相关规定进行试验,判断是否符合 5.5.4 的要求。

### 6.5.5 盐雾

盐溶液浓度 5%,温度 35 ℃,持续时间不低于 48 h;电缆接插件按 GJB 1217A—2009 方法 1001 进行试验;光缆接插件对试样在室温下测量其光学性能,记录数据,脱离测量系统将试样置于盐雾箱内,达到试验条件后并保持 48 h,将温度降至室温后,把试样取出放置 2 h,擦净后测量其光学性能并做对比。判断是否符合 5.5.5 的要求。

## 7 检验规则

### 7.1 检验类型

#### 7.1.1 型式检验

有下列情况之一时,应进行型式检验:
a) 新产品投产或老产品转厂生产时;
b) 产品的结构、工艺及原材料有较大改变时;
c) 产品停产一年以上恢复生产时;
d) 抽样检验与上次型式检验有较大差异时;
e) 供应商材料改性或新材料投产时;
f) 国家质量监督机构提出要求时。

#### 7.1.2 抽样检验

有下列情况之一时,应进行抽样检验:
a) 企业在线生产成品时;
b) 每批成品出货时;
c) 每批成品到货时。

#### 7.1.3 例行检验

企业生产产品出厂时,应进行例行检验。

### 7.2 检验项目

#### 7.2.1 电源电缆接插件检验项目

检验项目见表13。

表 13 电源电缆接插件检验项目

| 序号 | 检验项目 | 技术要求 | 试验方法 | 型式检验(T) | 抽样检验(S) | 例行检验(R) |
|---|---|---|---|---|---|---|
| 1 | 外观 | 5.1.1 | 6.1.3 | √ | √ | √ |
| 2 | 非金属材料 | 5.1.3 | 6.1.4 | √ | √ | — |
| 3 | 结构 | 5.2.1、5.2.2 | 6.2.1、6.2.2 | √ | √ | — |
| 4 | 接触电阻 | 5.3.2 | 6.3.2 | √ | √ | — |
| 5 | 绝缘电阻 | 5.3.3 | 6.3.3 | √ | √ | — |
| 6 | 耐压 | 5.3.4 | 6.3.4 | √ | √ | — |
| 7 | 温升 | 5.3.8 | 6.3.8 | √ | √ | — |
| 8 | 插拔力 | 5.4.1 | 6.4.1 | √ | √ | — |
| 9 | 插拔寿命 | 5.4.2 | 6.4.2 | √ | √ | — |

表 13（续）

| 序号 | 检验项目 | 技术要求 | 试验方法 | 型式检验(T) | 抽样检验(S) | 例行检验(R) |
|------|----------|----------|----------|------------|------------|------------|
| 10 | 振动、撞击、冲击 | 5.4.4 | 6.4.4 | √ | √ | — |
| 11 | 跌落 | 5.4.5 | 6.4.5 | √ | √ | — |
| 12 | 高、低温 | 5.5.1 | 6.5.1 | √ | √ | — |
| 13 | 湿热 | 5.5.2 | 6.5.2 | √ | √ | — |
| 14 | 温度冲击 | 5.5.3 | 6.5.3 | √ | √ | — |
| 15 | 防尘防水 | 5.5.4 | 6.5.4 | √ | √ | — |
| 16 | 盐雾 | 5.5.5 | 6.5.5 | √ | √ | — |
| 注："√"表示该项目必须检验，"—"表示该项目不要求检验。 | | | | | | |

### 7.2.2 信号/控制电缆接插件检验项目

检验项目见表 14。

表 14　信号/控制电缆接插件检验项目

| 序号 | 检验项目 | 技术要求 | 试验方法 | 型式检验(T) | 抽样检验(S) | 例行检验(R) |
|------|----------|----------|----------|------------|------------|------------|
| 1 | 外观 | 5.1.1 | 6.1.3 | √ | √ | √ |
| 2 | 非金属材料 | 5.1.3 | 6.1.4 | √ | √ | — |
| 3 | 接触件电镀 | 5.1.4 | 6.1.5 | √ | √ | — |
| 4 | 结构 | 5.2.1、5.2.2 | 6.2.1、6.2.2 | √ | √ | — |
| 5 | 特性阻抗 | 5.3.1 | 6.3.1 | √ | √ | — |
| 6 | 接触电阻 | 5.3.2 | 6.3.2 | √ | √ | — |
| 7 | 绝缘电阻 | 5.3.3 | 6.3.3 | √ | √ | — |
| 8 | 耐压 | 5.3.4 | 6.3.4 | √ | √ | — |
| 9 | 温升 | 5.3.8 | 6.3.8 | √ | √ | — |
| 10 | 插拔力 | 5.4.1 | 6.4.1 | √ | √ | — |
| 11 | 插拔寿命 | 5.4.2 | 6.4.2 | √ | √ | — |
| 12 | 振动、撞击、冲击 | 5.4.4 | 6.4.4 | √ | √ | — |
| 13 | 跌落 | 5.4.5 | 6.4.5 | √ | √ | — |
| 14 | 高、低温 | 5.5.1 | 6.5.1 | √ | √ | — |
| 15 | 湿热 | 5.5.2 | 6.5.2 | √ | √ | — |
| 16 | 温度冲击 | 5.5.3 | 6.5.3 | √ | √ | — |
| 17 | 防尘防水 | 5.5.4 | 6.5.4 | √ | √ | — |
| 18 | 盐雾 | 5.5.5 | 6.5.5 | √ | √ | — |
| 注："√"表示该项目必须检验，"—"表示该项目不要求检验。 | | | | | | |

#### 7.2.3 视频同轴电缆接插件检验项目

检验项目见表 15。

表 15 视频同轴电缆接插件检验项目

| 序号 | 检验项目 | 技术要求 | 试验方法 | 型式检验(T) | 抽样检验(S) | 例行检验(R) |
|---|---|---|---|---|---|---|
| 1 | 外观 | 5.1.1 | 6.1.3 | √ | √ | √ |
| 2 | 非金属材料 | 5.1.3 | 6.1.4 | √ | √ | — |
| 3 | 结构 | 5.2.1、5.2.2 | 6.2.1、6.2.2 | √ | √ | — |
| 4 | 特性阻抗 | 5.3.1 | 6.3.1 | √ | √ | — |
| 5 | 接触电阻 | 5.3.2 | 6.3.2 | √ | √ | — |
| 6 | 绝缘电阻 | 5.3.3 | 6.3.3 | √ | √ | — |
| 7 | 耐压 | 5.3.4 | 6.3.4 | √ | √ | — |
| 8 | 电压驻波比 | 5.3.5 | 6.3.5 | √ | √ | — |
| 9 | 温升 | 5.3.8 | 6.3.8 | √ | √ | — |
| 10 | 插拔力 | 5.4.1 | 6.4.1 | √ | √ | — |
| 11 | 插拔寿命 | 5.4.2 | 6.4.2 | √ | √ | — |
| 12 | 振动、撞击、冲击 | 5.4.4 | 6.4.4 | √ | √ | — |
| 13 | 跌落 | 5.4.5 | 6.4.5 | √ | √ | — |
| 14 | 高、低温 | 5.5.1 | 6.5.1 | √ | √ | — |
| 15 | 湿热 | 5.5.2 | 6.5.2 | √ | √ | — |
| 16 | 温度冲击 | 5.5.3 | 6.5.3 | √ | √ | — |
| 17 | 防尘防水 | 5.5.4 | 6.5.4 | √ | √ | — |
| 18 | 盐雾 | 5.5.5 | 6.5.5 | √ | √ | — |

注："√"表示该项目必须检验，"—"表示该项目不要求检验。

#### 7.2.4 数据电缆接插件检验项目

检验项目见表 16。

表 16 数据电缆接插件检验项目

| 序号 | 检验项目 | 技术要求 | 试验方法 | 型式检验(T) | 抽样检验(S) | 例行检验(R) |
|---|---|---|---|---|---|---|
| 1 | 外观 | 5.1.1 | 6.1.3 | √ | √ | √ |
| 2 | 非金属材料 | 5.1.3 | 6.1.4 | √ | √ | — |
| 3 | 接触件电镀 | 5.1.4 | 6.1.5 | √ | √ | — |
| 4 | 结构 | 5.2.1、5.2.2 | 6.2.1、6.2.2 | √ | √ | — |
| 5 | 特性阻抗 | 5.3.1 | 6.3.1 | √ | √ | — |
| 6 | 接触电阻 | 5.3.2 | 6.3.2 | √ | √ | — |

表 16（续）

| 序号 | 检验项目 | 技术要求 | 试验方法 | 型式检验(T) | 抽样检验(S) | 例行检验(R) |
|---|---|---|---|---|---|---|
| 7 | 绝缘电阻 | 5.3.3 | 6.3.3 | √ | √ | — |
| 8 | 耐压 | 5.3.4 | 6.3.4 | √ | √ | — |
| 9 | 额定电压 | 5.3.6 | 6.3.6 | √ | √ | — |
| 10 | 额定电流 | 5.3.7 | 6.3.7 | √ | √ | — |
| 11 | 温升 | 5.3.8 | 6.3.8 | √ | √ | — |
| 12 | 插入损耗 | 5.3.9.1 | 6.3.9 | √ | √ | — |
| 13 | 插拔力 | 5.4.1 | 6.4.1 | √ | √ | — |
| 14 | 插拔寿命 | 5.4.2 | 6.4.2 | √ | √ | — |
| 15 | 振动、撞击、冲击 | 5.4.4 | 6.4.4 | √ | √ | — |
| 16 | 跌落 | 5.4.5 | 6.4.5 | √ | √ | — |
| 17 | 高、低温 | 5.5.1 | 6.5.1 | √ | √ | — |
| 18 | 湿热 | 5.5.2 | 6.5.2 | √ | √ | — |
| 19 | 温度冲击 | 5.5.3 | 6.5.3 | √ | √ | — |
| 20 | 防尘防水 | 5.5.4 | 6.5.4 | √ | √ | — |
| 21 | 盐雾 | 5.5.5 | 6.5.5 | √ | √ | — |
| 注："√"表示该项目必须检验，"—"表示该项目不要求检验。 | | | | | | |

#### 7.2.5 光缆接插件检验项目

检验项目见表 17。

表 17 光缆接插件检验项目

| 序号 | 检验项目 | 技术要求 | 试验方法 | 型式检验(T) | 抽样检验(S) | 例行检验(R) |
|---|---|---|---|---|---|---|
| 1 | 外观 | 5.1.1 | 6.1.3 | √ | √ | √ |
| 2 | 非金属材料 | 5.1.3 | 6.1.4 | √ | √ | — |
| 3 | 结构 | 5.2.1、5.2.2、5.2.3 | 6.2.1、6.2.2、6.2.3 | √ | √ | — |
| 4 | 插入损耗、回波损耗 | 5.3.9.2、5.3.9.3、5.3.9.4 | 6.3.9 | √ | | — |
| 5 | 插拔力 | 5.4.1 | 6.4.1 | √ | √ | — |
| 6 | 插拔寿命 | 5.4.2 | 6.4.2 | √ | √ | — |
| 7 | 重复性 | 5.4.3 | 6.4.3 | √ | √ | — |
| 8 | 振动、撞击、冲击 | 5.4.4 | 6.4.4 | √ | √ | — |
| 9 | 跌落 | 5.4.5 | 6.4.5 | √ | √ | — |
| 10 | 高、低温 | 5.5.1 | 6.5.1 | √ | √ | — |

表 17（续）

| 序号 | 检验项目 | 技术要求 | 试验方法 | 型式检验(T) | 抽样检验(S) | 例行检验(R) |
|---|---|---|---|---|---|---|
| 11 | 湿热 | 5.5.2 | 6.5.2 | √ | √ | — |
| 12 | 温度冲击 | 5.5.3 | 6.5.3 | √ | √ | — |
| 13 | 防尘防水 | 5.5.4 | 6.5.4 | √ | √ | — |
| 14 | 盐雾 | 5.5.5 | 6.5.5 | √ | √ | — |
| 注："√"表示该项目必须检验,"—"表示该项目不要求检验。 |||||||

## 7.3 产品批次

当原材料、产品结构工艺、加工工艺不发生变化时,下列情形应为同一批产品:

a) 相邻班次生产的同型号产品;

b) 在同班次内生产的不同型号产品;

c) 相同单元的系列产品。

## 7.4 抽样原则

例行检验应 100%进行;型式检验与抽样检验的样品应随机抽取,每批被抽样品数量为每种接插件不少于 50 个。

## 7.5 判定

### 7.5.1 一般规定

第一次检验结果不合格时,应采取双倍数量的试样,就不合格项目进行第二次检验,如仍不合格时,则该批为不合格品。

### 7.5.2 型式检验

型式检验项目均符合第 5 章规定的技术要求时,判定该批产品为合格。

### 7.5.3 抽样检验

抽样检验项目中如果有 5 个以上接插件的外观检验不合格或出现 1 个(含)以上其余项目的检验不合格时,则判定该批产品不合格,5 个(含)以下接插件的外观检验不合格且其余项目全部检验合格时,则判定该批产品合格。

### 7.5.4 例行检验

例行检验项目中如果有每批次产品数量的 2%及以上不合格时,则判定该批产品不合格。

## 8 包装、运输和储存

### 8.1 包装

8.1.1 接插件应采取必要的防护措施,光缆接插件应加装保护帽。

8.1.2 包装箱外应标有生产厂家名称、地址、产品名称和产品代码、出厂日期和出厂编号,并喷刷或贴有"小心轻放""防潮"等运输标志,运输标志应符合 GB/T 191 的规定,产品的其他标志与标识应符合国家有关规定。

8.1.3 包装箱外喷刷或粘贴的标志与标识不应因运输条件和自然条件而褪色、变色、脱落。

8.1.4 包装箱应符合防潮、防尘、防震的要求,包装箱内应有装箱清单、产品出厂检验合格证、备附件及有关的资料。

## 8.2 运输

包装后的产品在在运输过程中不应经受雨、雪或液体物质的淋袭与机械损伤。

## 8.3 储存

产品储存时应存放在原包装箱内,存放产品的仓库环境温度为 0 ℃～35 ℃,相对湿度不应大于 80%。

---

ICS 13.310
A 91

# 中华人民共和国公共安全行业标准

GA 1383—2017

报警运营服务规范

Specifications for security alarm services

2017-02-22 发布

2017-05-01 实施

中华人民共和国公安部　　发 布

# 前　　言

**本标准的全部技术内容为强制性。**

本标准按照 GB/T 1.1—2009 给出的规则起草。

请注意本标准的某些内容有可能涉及专利,本标准的发布机构不承担识别这些专利的责任。

本标准由公安部治安管理局提出。

本标准由全国安全防范报警系统标准化技术委员会(SAC/TC 100)归口。

本标准起草单位:公安部治安管理局、公安部第一研究所、北京国通创安报警网络技术有限公司、北京声迅电子股份有限公司、成都理想科技开发有限公司、北京万家安全系统有限公司、内蒙古鼎升安防科技有限公司、富盛科技股份有限公司、上海天跃科技股份有限公司。

本标准主要起草人:刘威、顾岩、周群、秦嘉黎、聂蓉、曲明、羊贵祥、杨栋梁、蔡永生、娄健、彭华、高开文。

# 报警运营服务规范

## 1 范围

本标准规定了报警运营服务的技术要求和服务要求。

本标准适用于报警运营服务及其监督管理。

## 2 规范性引用文件

下列文件对于本文件的应用是必不可少的。凡是注日期的引用文件,仅注日期的版本适用于本文件。凡是不注日期的引用文件,其最新版本(包括所有的修改单)适用于本文件。

GB/T 19001　质量管理体系　要求

GB/T 28181　安全防范视频监控联网系统信息传输、交换、控制技术要求

GB 50348　安全防范工程技术规范

GB 50394　入侵报警系统工程设计规范

GB 50395　视频安防监控系统工程设计规范

GB 50396　出入口控制系统工程设计规范

GA/T 644　电子巡查系统技术要求

GA/T 669.1—2008　城市监控报警联网系统　技术标准　第1部分:通用技术要求

GA/T 669.7—2008　城市监控报警联网系统　技术标准　第7部分:管理平台技术要求

GA 1081　安全防范系统维护保养规范

GA/T 1211　安全防范高清视频监控系统技术要求

## 3 术语、定义和缩略语

### 3.1 术语和定义

GB 50348、GB 50394中界定的以及下列术语和定义适用于本文件。

3.1.1

**报警运营服务　security alarm service**

按照合同约定由报警运营服务从业单位向客户提供的为保障其人身和财产安全的报警服务活动,主要包括报警信息和视音频信息接收、分析和处理、技术系统维护及现场处置等。

3.1.2

**报警运营服务从业单位　security alarm service provider**

依法开展报警运营服务的企业及自行负责内部报警运营服务的企事业单位。

3.1.3

**报警运营服务中心　security alarm service center**

由报警运营服务从业单位建立的,在报警运营服务活动中对各种信息进行汇聚、存储、分析、判别、处置、转发、查询、统计以及指挥调度的场所。

**3.1.4**

**警情信息** police alarm

防护现场发生入侵、盗窃、抢劫、破坏、爆炸等危害社会公共安全及人身和财产安全事件时的报警信息及视音频等信息。

**3.1.5**

**警情漏报** leakage alarm

因报警运营服务从业单位工作失误或设备故障等原因导致未将警情信息传送到公安机关。

**3.1.6**

**警情误报** false alarm

因报警运营服务从业单位工作失误或设备故障等原因导致非警情信息传送到公安机关。

**3.1.7**

**警情转发** alarm forward

报警运营服务中心向公安机关或相关单位传送警情信息的过程。

**3.1.8**

**现场处置** alarm scene disposal

报警发生后,报警运营服务从业单位派员到报警现场进行报警信息复核、报警装置复位和现场保护的过程。

**3.1.9**

**值机员** on-duty staff

在报警运营服务中心负责接收、处理报警信息、视音频信息、故障信息及受理咨询、投诉的人员。

**3.1.10**

**维护员** security staff for equipment maintenance

负责技术系统及设备故障修复、维护保养、设备状态恢复的人员。

**3.1.11**

**现场处置员** alarm disposal member

负责巡逻、值守以及报警现场处置的人员。

**3.1.12**

**客户** customer

向报警运营服务从业单位购买服务的机构或个人。

**3.1.13**

**重要客户** key customer

依法列入治安保卫重点单位范围的客户单位。

**3.2 缩略语**

下列缩略语适用于本文件。

PSTN——公共交换电话网络(Public Switched Telephone Network)

IP——因特网协议(Internet Protocol)

**4 技术要求**

**4.1 技术系统组成**

**4.1.1 技术系统应用结构**

报警运营服务技术系统(以下简称技术系统)通常由前端接入部分、报警运营服务平台(以下简称服务平台)、终端部分和传输部分组成,其基本逻辑结构见图1。根据防护手段、信息传输方式、控制方式以及客户类别等不同,技术系统可有多种应用模式。

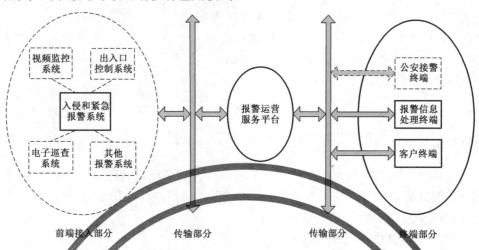

图 1　技术系统基本逻辑结构

### 4.1.2　前端接入部分

前端接入部分可由客户单位防护现场的入侵和紧急报警、视频监控、出入口控制、电子巡查和其他报警系统组成。

### 4.1.3　服务平台

服务平台设置在报警运营服务中心(以下简称服务中心),主要由报警信息接收设备、显示/存储设备、控制设备、服务器及核心软件等组成,对技术系统的设备、客户、网络、安全、业务等进行综合管理。服务平台支持多级、多中心架构,支持本地或跨区域的报警运营服务。

### 4.1.4　终端部分

终端部分包括报警信息处置终端和客户终端,根据需要可为公安机关提供接警终端。报警信息处置终端用于现场处置员与服务平台交互信息。客户终端用于客户或相关单位接收警情等信息。

### 4.1.5　传输部分

传输部分包括传输网络和传输设备,传输网络可分为专用网络和公共通信网络,传输方式可分为有线传输和无线传输。

## 4.2　技术系统功能及性能

### 4.2.1　前端接入部分

4.2.1.1　入侵和紧急报警系统除应符合 GB 50394 的相关要求外,还应符合下列要求:

 a)　发生报警时,将报警信息传送至服务平台;

 b)　紧急报警装置发出的报警信息应能根据需求直接传送至公安机关;

 c)　用于报警信息传输的线路上不应挂接其他设备;

 d)　通过 PSTN 线路接入的具有计时功能的设备与北京时间的偏差小于等于 30 s。

4.2.1.2　视频监控系统除应符合 GB 50395 的相关要求外,还包括下列要求:

 a)　发生报警时,应将与入侵和紧急报警系统联动的视频图像信息传送至服务平台;

b) 设备发生故障（包括硬盘故障、编码器故障、视频信号丢失等）时，应自动向服务平台实时传送故障报警信息；

c) 高清视频监控系统应符合 GA/T 1211 的相关规定。

4.2.1.3 出入口控制系统应符合 GB 50396 的相关规定。

4.2.1.4 电子巡查系统应符合 GA/T 644 的相关规定。

4.2.1.5 其他报警系统应符合相关标准规定。

### 4.2.2 服务平台

#### 4.2.2.1 报警响应

服务平台接收报警信息时，应能启动声光报警提示，显示报警信息（包括：客户信息、报警类型、防区信息、位置信息、处置预案等）等响应。报警信息从前端触发到服务平台响应的时间应符合下列要求：

a) 经由 PSTN 网络传输的，小于等于 20 s；

b) 经由 IP 网络传输的，小于等于 4 s；

c) 经由无线网络采用 GPRS 及以上速率传输的，小于等于 5 s。

#### 4.2.2.2 报警复核

报警发生时，具有报警复核功能的服务平台包括下列要求：

a) 具有音频复核功能的服务平台，应自动从预录音频信息的任意指定时间点开始播放，同时触发服务平台的录音设备；

b) 具有视频复核功能的服务平台，应自动从预录视频信息的任意指定时间点开始播放预录图像和现场实时图像，每秒不少于 15 帧，同时触发服务平台的录像设备。重要客户应采用视频复核方式；

c) 具有图片复核功能的服务平台，应自动从预录图片的任意指定时间点开始显示等分抽取的图片，每秒不少于 4 幅，同时触发服务平台的存储设备；

d) 预录信息应循环播放。

#### 4.2.2.3 视频监控

服务平台的视频监控包括下列要求：

a) 应能按照指定设备、指定通道实时浏览，多画面浏览，镜头及云台控制；

b) 应能按防护对象的不同区域、类别、数量、时间等进行分组轮巡。

#### 4.2.2.4 记录存储与播放

服务平台的记录存储与播放应符合下列要求：

a) 存储报警信息和处置信息，包括报警时间、报警类型、响应时间、复核过程、转发过程、处置结果等；

b) 具有视频复核、音频复核、图片复核的服务平台，存储信息包括报警发生前的预录信息。预录时长可在 10 s～30 s 内设置；

c) 数据存储方式按照 GA/T 669.7—2008 中 6.3.1 的要求采用分布式存储方式。按照 GA/T 669.7—2008 中 6.3.3 的要求，对客户的配置信息、客户信息、日志、报警记录等数据进行定期备份；

d) 报警信息存储时间不小于 180 d，与报警关联的视频图像存储时间不小于 30 d，警情信息永久保存；

e) 对值机员工作过程的录像、录音记录的存储时间不小于 180 d，其中处置警情的记录永久保存；

f)　信息显示、存储、播放指标不低于前端接入部分上传信息的指标。

#### 4.2.2.5　远程控制

服务平台应具备下列远程控制功能：
a)　入侵探测防区设置和探测器布撤防；
b)　防护现场相关联动设备（如灯光、警笛、门锁、对讲等）控制。

#### 4.2.2.6　接口要求

服务平台的接口应符合下列要求：
a)　预留与公安机关接警平台对接的接口；
b)　预留符合 GB/T 28181 相关规定的接口。

#### 4.2.2.7　电子地图

服务平台的电子地图应符合下列要求：
a)　报警时自动在电子地图上弹出报警点所在位置等信息；
b)　在电子地图上标注摄像机位置；
c)　通过电子地图调用指定位置的视频图像。

#### 4.2.2.8　设备状态检测

经 IP 网络接入的报警控制器、视频服务器掉线时，应通过语音、文字或其他方式进行提示。

#### 4.2.2.9　系统管理

服务平台应具备下列管理功能：
a)　客户管理：记录客户名称、客户类型、客户地址、联系方式等信息；
b)　日志管理：记录设备状态及事件发生时间，记录操作人员主要操作情况。具有支持日志信息查询和报表制作等功能；
c)　权限管理：进行操作人员的类别定义、能对各类人员的相应操作权限以及各自的口令等进行管理；
d)　电子地图管理：能进行电子地图数据的导入、标注、编辑及更新；
e)　设备管理：能进行设备的各项参数配置、编程、常规维护以及系统的远程升级管理；
f)　事件转发设置：能根据不同的报警类别，设置相应的警情转发动作；
g)　事件联动设置：能根据不同的报警类别，设置相应的报警联动动作；
h)　事件查询和统计：能对报警事件数据进行查询、统计和报表制作；
i)　录像管理：能设置前端录像计划，设置服务平台远程录像计划、事件录像下载等；
j)　时钟同步：具有时钟同步功能；
k)　报警处置预案设置：能根据报警类别设置相应的报警处置预案。

### 4.2.3　传输部分

4.2.3.1　当专用网络资源满足要求时，应优先选择使用。

4.2.3.2　服务平台应具有两种或以上不同链路的报警接收传输通道。

4.2.3.3　服务平台应能同时接收多路报警信息，其传输通道应符合下列要求：
a)　经由 IP 网络传输报警信息的，网络带宽符合 GA/T 669.1—2008 中 6.2.1 的规定；
注：720 P 分辨率的单路视频码率可按 4 096 kbps 估算(25 帧/s)，1 080 P 分辨率的单路视频码率可按 8 192 kbps 估算(25 帧/s)。

b) 通过 PSTN 网络传输报警信息的,接警中继线数量不小于 4 条。当联网客户数量超过 300 户时,每增加 200 户增加 1 条中继线。前端设备上传布撤防、定时报告等信息到服务平台的,应增加专用中继线。

### 4.2.4 终端部分

4.2.4.1 终端应能接收服务平台传来的报警信息。接收报警信息时,终端应有声光告警提示。

4.2.4.2 客户终端和公安接警终端应能存储、播放视音频信息。

4.2.4.3 报警信息处置终端应能浏览实时视音频信息、点播历史视音频信息,不应在该终端上存储视音频信息。

### 4.3 安全性、可靠性

4.3.1 技术系统应具有接入设备认证、访问控制等安全保障措施。

4.3.2 技术系统运行的密钥或编码不应是弱口令。操作人员的用户名和操作密码组合应不同,并应定期更换。

> 注:弱口令一般指设备出厂默认的密钥或编码、顺序升序或降序的数字、相邻相同数字使用两次以上,或与操作人员相关的生日、电话号码等具有一定规律、易被破解的编码。

4.3.3 服务平台的关键设备(如接警机、数据库服务器、设备管理服务器等)应采用冗余设计。应以双机热备方式或双路接警方式不间断运行。对双机热备系统应定期进行切换测试,测试间隔时间应不大于 30 d。

4.3.4 为重要客户提供服务时,应符合下列要求:

a) 具有异地在线的冗灾备份系统,保证运营服务不中断;

b) 采用的网络与客户的内部业务网物理隔离。

## 5 服务要求

### 5.1 服务项目受理

#### 5.1.1 现场勘察

报警运营服务从业单位(以下简称从业单位)应接受客户咨询,并对防护现场进行实地勘察,了解客户单位安全防范系统的现状与服务需求,形成现场勘察报告。

#### 5.1.2 制定方案

从业单位在现场勘察的基础上对客户安全风险和服务需求进行分析,制定客户认可的服务方案。

#### 5.1.3 签订合同

从业单位与客户签订的服务合同应包括防护区域及目标、报警复核方式、保险理赔、违约责任等内容,明确报警响应时间、报警复核时间、警情转发时间、设备故障排除时间等服务要求。

### 5.2 报警接收与处置

#### 5.2.1 服务中心接收报警与处置

服务中心报警接收与处置服务流程见图 2。

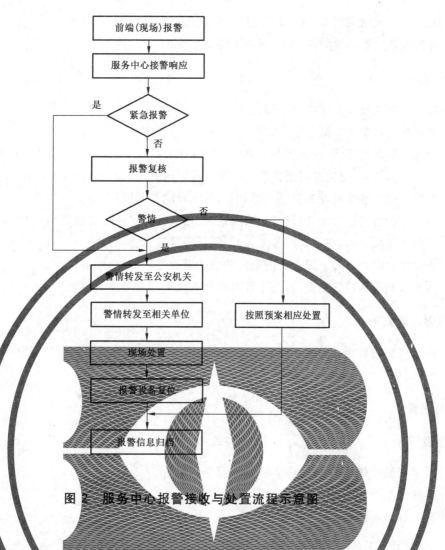

**图 2 服务中心报警接收与处置流程示意图**

### 5.2.2 报警复核

5.2.2.1 服务中心接收到前端接入部分上传的报警信息后,值机员可通过视频复核、音频复核、电话复核以及现场处置员复核等方式对报警信息进行复核。

5.2.2.2 视频复核、音频复核时间应小于等于 1 min。

5.2.2.3 电话复核时间应小于等于 5 min。

5.2.2.4 服务中心通过远程复核无法确认现场情况的,应指派现场处置员赴现场复核。

### 5.2.3 警情转发

5.2.3.1 警情转发可采用自动转发或人工转发方式。自动转发按照预案自动执行,人工转发可采用值机员电话报告或其他方式进行。自动转发警情信息后,应立即通过人工方式确认接收方已收到转发的警情信息。

5.2.3.2 防护现场发生紧急报警直接传至公安机关的,服务中心应人工核实公安机关是否收到警情信息。

5.2.3.3 服务中心应将警情信息及相关的防护现场地址、处置人员、联系电话等报至公安机关及合同约定的接收方。

5.2.3.4 警情转发时间应符合下列要求:

　　a) 通过 PSTN 网络转发的,转发时间小于等于 20 s;

　　b) 通过 IP 有线网络转发的,转发时间小于等于 4 s;

c) 通过无线网络采用 GPRS 及以上速率转发的,转发时间小于等于 5 s;

d) 通过人工电话转发的,转发时间小于等于 2 min。

### 5.2.4 现场处置

现场处置员的现场处置应符合下列要求:

a) 自接到赴报警现场指令至出发时间间隔小于等于 2 min;

b) 到达报警现场后,将现场情况立即报告服务中心;

c) 当发生警情时,设法及时制止发生在服务区域内的违法犯罪行为,同时采取措施保护现场;

d) 对紧急报警装置触发的报警及时复位,并记录触发原因;

e) 当发生设备设施损坏等报警时,采取录像、拍照等方式保存现场资料;

f) 当发生误报警时,查清误报警原因,消除误报警隐患;

g) 当发生的事件不属于服务合同规定的服务项目时,及时通知客户;

h) 遇难以判断的特殊情况时,在报警事件处置完毕后方可撤离现场。

### 5.2.5 报警信息归档

服务中心应将报警相关信息、数据、资料等及时归档。发生警情时,应将处理情况及时通报给相关客户、保险公司等。

## 5.3 服务质量

### 5.3.1 质量指标

服务质量指标以年度为单位进行统计,包括下列内容:

a) 警情漏报次数

警情漏报次数应为 0。

b) 警情误报率

警情误报率应小于等于 1%。

计算公式:警情误报率=(警情误报次数/传送到公安机关的报警总次数)×100%。

c) 24 h 故障修复率

硬件设备及软件的 24 h 故障修复率应达到 100%(电信运营商提供的设备除外)。

计算公式:24 h 故障修复率=(24 h 内修复的故障次数合计/故障总次数)×100%。

d) 客户满意度

客户满意度应不小于 80 分。

客户满意度=(各客户满意度综合得分合计数/调查客户数);

客户满意度调查问卷参见附录 B。

### 5.3.2 系统维护

#### 5.3.2.1 设备巡检

设备巡检应符合下列要求:

a) 定期与接警终端进行通信检测,发现异常情况及时处理。检测时间间隔小于等于 24 h;

b) 定期对非实时在线的前端设备运行状况进行远程巡检,发现异常情况及时处理。检测时间间隔小于等于 24 h。

#### 5.3.2.2 硬件设备维护

硬件设备维护应符合下列要求：
a) 制定硬件维护计划及故障维修方案；
b) 前端设备出现故障时，修复时间按照合同约定，未约定时小于等于 24 h；
c) 对服务平台的故障进行维修时，保证服务不中断，修复时间小于等于 12 h；
d) 前端设备安装或维修后，进行质量抽查，抽查数量不小于 20%；
e) 大范围维护、添加设备、改变设置后进行单项抽查，抽查内容包括布线是否完好、功能是否实现、各项性能是否达标等。抽查数量不小于此项工作总项数的 10%。

#### 5.3.2.3 软件维护

软件维护应符合下列要求：
a) 操作系统：
   1) 当操作系统运行状态异常时，能通过重新启动、重新配置、重新安装操作系统等手段进行维护，恢复正常运行状态；
   2) 当操作系统存在缺陷，发生影响或可能影响应用软件系统的正常运行或威胁系统安全时，能通过操作系统的升级、更新或者更换其他操作系统，确保操作系统正常运行。
b) 应用软件：
   在使用过程中出现错误或设计缺陷、运营服务要求发生变化、配置及硬件应用环境改变时，应进行维护；
c) 数据维护：
   制定数据维护计划，按照 GA/T 669.1—2008 中 14.3 规定的及以下要求对数据进行更新、备份、恢复和清理，并保持数据的完整性：
   1) 系统数据：
      系统数据包括系统配置参数、系统管理、系统操作、系统运行日志等。每次更新系统配置参数前后均备份；
   2) 客户数据：
      客户数据包括客户单位名称、地址、联系人、紧急联系方式、电子地图位置信息、防区数据等。每次更新后均对客户数据进行完整妥善备份；
   3) 报警数据：
      报警数据符合 GA/T 669.1—2008 中 6.1.5.3 的规定，并包括相关的视音频等信息。每日对前一天的报警信息进行备份。

#### 5.3.2.4 冗灾备份系统维护

应制定在线的冗灾备份系统维护方案，每年进行不少于 1 次在线的冗灾备份系统维护。

#### 5.3.2.5 维护保养

技术系统的维护保养还应符合 GA 1081 的相关规定。

#### 5.3.2.6 故障统计

故障统计应符合下列要求：
a) 定期统计运行情况（在线数、撤布防数、定时报告异常数、电池电压过低，设备故障数等），发现异常情况及时处理。统计时间间隔小于等于 24 h；

b) 对故障进行分类统计,并分析常见设备故障原因、常见误报故障原因,作出改进方案。故障分类统计的时间间隔小于等于 30 d。

## 5.4 服务保障

### 5.4.1 人力资源

从业单位对人力资源的管理应包括下列内容:

a) 从业单位按企业服务质量目标、业务规模并结合专业特征制定人力资源计划,招聘、培训和管理好各个岗位所需员工;

b) 从业单位对值机员、维护员进行报警运营服务岗前专业培训后,方可正式上岗;

c) 现场处置员应持有保安员证;

d) 从业单位根据岗位需要定期对员工进行法律知识、专业知识和技能培训。

### 5.4.2 设施设备

5.4.2.1 从业单位应具备下列设施和设备:

a) 与经营规模和防范风险相适应的、符合国家法规及现行相关标准的技术系统;

b) 从事报警运营服务所需的经营场所,如服务中心、办公室、技能培训室、设备器材库房等。为重要客户提供服务时具备所需的异地在线冗灾备份场所;

c) 从事报警运营服务所需的相关装备,如仪器仪表、测试设备、通讯设备、安装维护设备、外勤服务车辆等。

5.4.2.2 服务中心的安全防范应符合下列要求:

a) 设置为禁区。安装防盗窗并设置防盗安全门,控制无关人员不得进入;

b) 设置入侵和紧急报警、出入口控制和视频监控等安全防范系统;

c) 具备保证自身安全的防护措施和进行内外联络的通信手段。

### 5.4.3 管理制度

从业单位应制定并落实业务管理、内务管理、安全保密等制度,主要包括 24 h 值班、现场处置员和值机员工作规范、业务培训、客户信息保密等内容。

### 5.4.4 服务流程

从业单位应按岗位制定科学、合理、规范的工作流程,主要包括下列内容:

a) 服务中心接警、复核、警情处置流程;

b) 突发事件上报及处理流程;

c) 设备安装、调试流程;

d) 系统、设备维护流程;

e) 现场处置规程。

### 5.4.5 报警处置预案

从业单位应制定报警处置预案并组织演练,应符合下列要求:

a) 报警处置预案符合国家法律、法规、规章的要求和安全管理、服务工作的需要;

b) 对报警事件、故障事件进行分类,并按其紧急程度进行分级。根据不同事件类别及其级别编制对应的处置预案,并定期进行演练。每年演练不少于 2 次。

### 5.4.6 质量管理

从业单位的质量管理体系应符合 GB/T 19001 标准的要求。

## 5.5 保密安全

5.5.1 从业单位应依照国家有关保密工作的法律、法规加强对知密人员、知密范围、涉密文件、资料、信息的管理与控制。

5.5.2 从业单位应采取技术措施和其他必要措施确保信息安全,防止客户信息、报警信息及视音频信息泄露、毁损、丢失、出售或非法向他人提供。

5.5.3 从业单位应对系统操作、使用、维护、管理人员进行安全保密教育并与相关人员签订保密协议。

5.5.4 对图像信息的查看、调用、复制等应符合国家法律、法规和现行标准的规定。

5.5.5 从业单位从事报警运营服务活动收集的所有信息应在国内存储,不应以任何方式传输、转移到国外。

## 5.6 服务监督

从业单位应接受公安机关的监督管理,监督管理包括技术系统的运行情况、服务质量及服务管理规范检查等。检查应符合附录 A 的规定。从业单位对公安机关要求的整改内容应在限期内整改并达标。

附 录 A

（规范性附录）

报警运营服务检查明细表

A.1 技术系统功能检查明细表见表 A.1,检查项目及内容可根据管理要求调整。

表 A.1 技术系统功能检查明细表

| 序号 | 检查项目 | 检查要求及方法 | 判定 |
|------|----------|----------------|------|
| 1 | 紧急报警 | 紧急报警检查要求及方法如下：<br>a) 触发紧急报警装置,有下列响应：<br>　1) 服务中心报警接收设备应正确指示报警发生的区域,并发出声、光报警；<br>　2) 与公安机关连接的紧急报警装置应能立即向公安机关报警；<br>　3) 公安机关应能接到紧急报警装置传来的报警信息。<br>b) 同时触发多路紧急报警装置时,服务中心报警接收设备应能依次指示发生报警的区域,报警信号应无丢失。<br>c) 紧急报警状态应能持续到手动复位。<br>d) 紧急报警装置应有防误触发措施,被触发后应能自锁 | 所检查项目的检查结果符合设计及检查要求则为合格 |
| 2 | 入侵报警 | 入侵报警检查要求及方法如下：<br>a) 设防状态下,当探测到有入侵发生时,入侵探测器应能发出报警信息。服务中心报警接收设备上应正确指示报警发生的区域,并发出声、光报警；<br>b) 多路探测器同时报警时,报警接收设备应能依次指示发生报警的区域,报警信号应无丢失 | |
| 3 | 记录存储与回放 | 记录存储与回放检查要求及方法如下：<br>a) 检查报警历史记录。技术系统应存储报警时间、报警类型、响应时间、复核过程、转发过程、处置结果等信息；<br>b) 技术系统具有视频监控功能时,在服务中心应存储报警事件的录像；<br>c) 技术系统具备视频复核功能时,服务中心应存有报警前现场图像的预录图像。预录图像时长应符合相关要求；<br>d) 重要客户的报警记录应有异地备份；<br>e) 监控图像存储时间应符合相关要求；<br>f) 根据公安机关警情记录检查传送到公安机关的警情信息是否在服务中心有存储。传送到公安机关的警情记录应永久保存。其他报警信息存储时间应符合相关要求；<br>g) 图像质量应符合相关要求 | |
| 4 | 报警响应时间 | 检测从探测器被触发到服务中心联动设备启动之间的响应时间：<br>a) 报警信息经由 PSTN 以外的有线网络传输的,应满足相关要求；<br>b) 通过市话网传输的,应小于等于 20 s | |
| 5 | 报警复核功能 | 报警发生时,具有视/音频复核功能的服务平台应从预录视/音频的指定时间点开始自动播放预录的视/音频,同时触发服务平台的录像/录音设备 | |

表 A.1（续）

| 序号 | 检查项目 | 检查要求及方法 | 判定 |
|---|---|---|---|
| 6 | 与公安机关联网功能 | 当技术系统与公安机关联网时,联网功能应正常 | 所检查项目的检查结果符合设计及检查要求则为合格 |
| 7 | 异地冗灾备份 | 当有重要客户时,应对异地冗灾备份系统进行检查。包括系统异地在线运行状态检查、模拟灾害发生时异地在线冗灾备份系统启动检查 | |
| 8 | 其他项目 | 其他公安机关依据法律、法规规定需要检查的项目 | |

A.2 服务质量检查明细见表 A.2。

表 A.2 服务质量检查明细表

| 序号 | 检查项目 | 检查要求及方法 | 判定 |
|---|---|---|---|
| 1 | 警情漏报次数 | 计算警情漏报次数,警情漏报次数应达标 | 所检查项目的检查结果符合设计及检查要求则为合格 |
| 2 | 警情误报率 | 计算警情误报率,警情误报率应达标 | |
| 3 | 24 h 故障修复率 | 计算 24 h 故障修复率,24 h 故障修复率应达标 | |
| 4 | 客户满意度 | 调查并计算客户满意度,客户满意度应达标 | |
| 5 | 其他项目 | 其他公安机关依据法律、法规规定需要检查的项目 | |

A.3 服务管理规范检查明细见表 A.3。

表 A.3 服务管理规范检查明细表

| 序号 | 检查项目 | 检查要求 | 判定 |
|---|---|---|---|
| 1 | 服务合同 | 检查从业单位是否同入网客户签订并履行服务合同。服务合同应存在并有效。<br>检查服务合同内容是否合法、合理。服务合同应包括但不限于下列内容:<br>a) 报警响应时间;<br>b) 报警复核时间;<br>c) 警情转发时间;<br>d) 设备故障排除时间 | 所检查项目的检查结果符合检查要求则为合格 |
| 2 | 规章制度 | 检查从业单位是否制定相关管理制度。管理制度应包括但不限于下列内容:<br>a) 业务管理制度;<br>b) 内务管理制度;<br>c) 安全保密制度 | |
| 3 | 工作流程 | 检查从业单位是否制定相关工作流程。工作流程应包括但不限于下列内容:<br>a) 服务中心接警、复核、警情处置工作流程;<br>b) 突发事件上报及处理流程;<br>c) 设备安装、调试工作流程;<br>d) 系统、设备维护工作流程;<br>e) 现场处置工作规程 | |

表 A.3（续）

| 序号 | 检查项目 | 检查要求 | 判定 |
|------|---------|---------|------|
| 4 | 处置预案 | 处置预案检查要求如下：<br>a) 检查从业单位是否制定报警处置预案并组织演练；<br>b) 预案的制定及演练是否符合相关要求 | 所检查项目的检查结果符合检查要求则为合格 |
| 5 | 其他项目 | 其他公安机关依据法律、法规规定需要检查的项目 | |

附 录 B

（资料性附录）

客户满意度调查问卷

B.1 客户满意度调查问卷见表 B.1。

表 B.1 客户满意度调查问卷

| I | | |
|---|---|---|
| 填表人： | 答卷方式：□面谈　□电话询问<br>□邮件　□传真　（用"√"表示） | |
| 单位名称： | 电话： | |
| 单位详细地址： | E-mail： | |
| **II** | | |
| 序号<br>i | 满意度评价<br>要素 | 客户满意度（选项用"√"表示） | 满意度评价<br>要素得分<br>$P_i$ |
| 1 | 系统运行情况 | □非常满意 □满意 □一般 □不满意 □很不满意 | |
| 2 | 服务电话畅通情况 | □非常满意 □满意 □一般 □不满意 □很不满意 | |
| 3 | 服务电话值机员服务态度 | □非常满意 □满意 □一般 □不满意 □很不满意 | |
| 4 | 故障解决效率 | □非常满意 □满意 □一般 □不满意 □很不满意 | |
| 5 | 现场故障处理及时性 | □非常满意 □满意 □一般 □不满意 □很不满意 | |
| 6 | 维护员服务态度 | □非常满意 □满意 □一般 □不满意 □很不满意 | |
| 7 | 警情处置评价 | □非常满意 □满意 □一般 □不满意 □很不满意 | |
| 8 | 现场非警情处置评价 | □非常满意 □满意 □一般 □不满意 □很不满意 | |
| | | | |
| | | | |
| | | 综合得分 Z | |
| 客户要求及建议 | | | |
| 客户签字： | 日期： | |

注1：以邮件或传真方式调查时此表由客户填写，面谈或电话询问方式调查时此表可由调查人员填写。其中"客户要求及建议"应尽量详实，便于有针对性地改进服务。

注2：$P_i$ 满意度评价要素得分：非常满意 100，满意 80，一般 60，不满意 30，很不满意 0。

注3：本客户满意度综合得分 Z。

　　计算公式：$Z = \sum P_i/n$（$n$ 为满意度评价要素数量）

　　Z 保留 1 位小数。

注4：满意度评价要素可根据业务特点调整。

ICS 13.320
A 91

# 中华人民共和国公共安全行业标准

GA 1467—2018

# 城市轨道交通安全防范要求

Security requirements for urban rail transit

2018-03-26 发布
2018-03-26 实施

中华人民共和国公安部　发　布

# 前　言

**本标准的全部内容为强制性。**

本标准按照 GB/T 1.1—2009 给出的规则起草。

本标准由公安部治安管理局提出。

本标准由全国安全防范报警系统标准化技术委员会(SAC/TC 100)归口。

本标准起草单位:公安部治安管理局、公安部第一研究所、北京声迅电子股份有限公司、北京市公安局公共交通安全保卫总队、北京地铁运营有限公司、公安部第三研究所、杭州海康威视数字技术股份有限公司、浩云科技股份有限公司。

本标准主要起草人:田勇浩、刘爱斌、尹萍、施巨岭、殷杰、张楠、聂蓉、陈晓力、卢志刚、季景林、成云飞、龙中胜、陈华林、蒙剑。

# 引　言

　　城市轨道交通系统是指采用专用轨道导向运行的"全封闭形式"的城市公共客运交通系统,包括地铁系统、轻轨系统、单轨系统、磁浮系统、自动导向轨道系统、市域快速轨道系统。

　　城市轨道交通是公众便利出行、绿色出行的重要交通工具,对经济社会发展具有巨大的支撑和促进作用。确保安全是城市轨道交通作用发挥的前提和基础,也是维护公共安全的重要方面。

　　我国城市轨道交通发展迅猛,涉及的地区多、规模大、范围广。城市轨道交通是环境封闭、人员高度密集的公共复杂场所,影响其安全的风险大、隐患多,尤其是普遍面临着发生暴恐袭击、个人极端暴力犯罪和拥挤踩踏等案(事)件的现实威胁,必须采取措施严加防范、有效遏制,其中完善安全防范系统设施建设和管理是源头性、基础性工作。

　　本标准依据《中华人民共和国反恐怖主义法》等有关法律、法规,按照城市轨道交通"必须为全封闭形式""做到安全、可靠、适用、经济和技术先进"的要求,针对可能威胁城市轨道交通运营安全、公共安全和公众生命、财产安全的风险因素,区分不同区域、部位,对应提出了相应的人力防范、实体防范和技术防范等措施和要求,是规范和加强城市轨道交通安全防范系统建设和管理的重要依据。

# 城市轨道交通安全防范要求

## 1 范围

本标准规定了城市轨道交通安全防范的基本原则与要求,防护区域和部位及相应的防护要求,系统技术要求,系统维护、保养和更新要求以及保障措施等。

本标准适用于城市轨道交通安全防范系统建设和管理。

## 2 规范性引用文件

下列文件对于本文件的应用是必不可少的。凡是注日期的引用文件,仅注日期的版本适用于本文件。凡是不注日期的引用文件,其最新版本(包括所有的修改单)适用于本文件。

GB 2894 安全标志及其使用导则

GB 12899 手持式金属探测器通用技术规范

GB 15208.1—2005 微剂量 X 射线安全检查设备 第 1 部分:通用技术要求

GB 15210 通过式金属探测门通用技术规范

GB/T 28181 公共安全视频监控联网系统信息传输、交换、控制技术要求

GB/T 32581 入侵和紧急报警系统技术要求

GB 50157 地铁设计规范

GB 50348 安全防范工程技术规范

GB 50395 视频安防监控系统工程设计规范

GB 50396 出入口控制系统工程设计规范

GB 51151 城市轨道交通公共安全防范系统工程技术规范

GA 69 防爆毯

GA/T 644 电子巡查系统技术要求

GA/T 841 基于离子迁移谱技术的痕量毒品/炸药探测仪通用技术要求

GA 871 防爆罐

GA 872 防爆球

GA 1081 安全防范系统维护保养规范

GA 1089 电力设施治安风险等级和安全防范要求

GA/T 1323 基于荧光聚合物传感技术的痕量炸药探测仪通用技术要求

## 3 术语和定义

GB 50348、GB 50157 界定的以及下列术语和定义适用于本文件。

### 3.1

**开放区域 open area**

城市轨道交通车站的出入口、通道、站厅和站台公共区及运营列车客室等供公众出入活动的区域。

### 3.2

**非开放区域 non-open area**

城市轨道交通车站设备与管理用房,以及行车线路、车站风亭、区间风亭、运营列车司机室(行李

室）、运营控制中心、车辆基地、变电所等禁止或限制公众出入活动的区域。

3.3

**车站出入口** entrance and exit of station

城市轨道交通车站连通外界、供人员和物品进出的部位。当城市轨道交通车站与其他建筑物相连通时，是设置栅栏门或卷帘门等分界隔离设施的部位。

3.4

**安全检查** security check

以安全防范为目的，对进入城市轨道交通车站的人员、物品实施检查，防止禁限带物品进站的措施。

3.5

**车站安检区** security check area

在城市轨道交通车站配备相关技术设备、设施及人员等，对进站人员、物品实施安全检查的区域。

3.6

**站台门** platform edge door

安装在城市轨道交通车站站台边缘，隔离轨道区与站台候车区的屏障。

3.7

**安防监控中心** surveillance and control center

监控、管理城市轨道交通安全防范系统运行及接收、储存、处理安防系统相关信息的场所。

## 4 基本原则与要求

4.1 城市轨道交通安全防范系统（以下简称"安全防范系统"）是城市轨道交通工程的组成部分，应与城市轨道交通工程同步规划、同步设计、同步施工、同步验收、同步交付使用、同步运营维护。

4.2 安全防范系统建设和管理应与城市轨道交通营运管理相适应，与消防安全管理相协调，与社会治安防控体系相衔接，统筹安排，科学管理，综合利用，避免重复建设。

4.3 安全防范系统建设和管理应坚持防范与处置并重的原则，综合实施人防、物防、技防等措施，制定应急处置预案。

4.4 按照"安全与便捷并重"的原则，在城市轨道交通划定安检区域，配备设施和人员，对所有进入车站的人员和物品严格实施安检。

4.5 城市轨道交通管理、运营单位应建立安全防范系统值班监看、信息保存使用、运行维护等管理制度，配备安保人员和相应设备、设施，加强安全检查和保卫工作。

4.6 城市轨道交通运营单位应建立车站重要管控区域人员密度超限预警机制，运用技术手段对站台、站厅、通道等区域进行人员密度监测，实施超限自动预警，并采取站内人员疏导、站外人员提示、进站限流、临时闭站等措施，根据严重程度通报给城市轨道交通运营主管部门和公安机关。

4.7 城市轨道交通建筑及实体防护设施的选用和设置，既要确保城市轨道交通"必须为全封闭形式"，满足安全防范的效能，又要考虑运营通畅、紧急疏散的需要。应预留应急疏散逃生所需的空间、场地等条件。

4.8 城市轨道交通应构建安全可靠、技术成熟、经济适用的安全技术防范系统，并具有开放性、可扩充性和使用灵活性。

4.9 安全防范系统中使用的设备、设施应符合国家法规和现行相关标准，并经检验或认证合格。

4.10 城市轨道交通的安全防范除应符合本标准的规定外，还应符合 GB 50348、GB 51151 等有关强制性标准的规定。

## 5 防护区域和部位

5.1 开放区域的防护区域和部位包括：
- a) 车站出入口；
- b) 车站安检区；
- c) 车站通道,包括出入通道、换乘通道、楼梯、自动扶梯、电梯轿厢；
- d) 车站站厅和站台；
- e) 列车客室。

5.2 非开放区域的防护区域和部位包括：
- a) 车站控制室等设备与管理用房；
- b) 行车线路,包括地下行车隧道、地面行车线路、高架行车线路；
- c) 车站风亭、区间风亭；
- d) 列车司机室、行李室；
- e) 变电所,包括主变电所、电源开闭所、牵引变电所、降压变电所；
- f) 运营控制中心；
- g) 车辆基地,包括车辆段、停车场。

## 6 开放区域防护要求

### 6.1 车站出入口

6.1.1 应设置栅栏门、卷帘门等隔离设施,闭站期间防止入侵。

6.1.2 应安装入侵探测装置、声光报警装置,闭站期间探测入侵行为并发出声光报警。

6.1.3 应安装视频监控装置,实时监视进出站人员、物品等现场情况。监视和回放图像应能清晰显示出入口现场情况,进出站人员的体貌特征、物品特征。

6.1.4 应设置电子显示屏,用于发布运营管理及安全提示、警示等信息。

6.1.5 客流量大的车站出入口应设置客流疏导隔离设施。

6.1.6 车站出入口与停车场等公共开放性区域直接连通的,应在相连区域设置防车辆冲撞且不妨碍人员、物品通行、疏散的实体障碍设施。

### 6.2 车站安检区

6.2.1 应在车站设置安检区,对所有进入车站的人员和物品实施安检。应优先在车站入口处规划、设计安检区。

6.2.2 安检区内设置的安检通道数量应与客流量相适应;配备的安检设备、设施的数量应与安检通道相匹配;安全检查设备、设施、人员的布局应与安全检查工作流程相适应。

6.2.3 应设置候检(缓冲)区,并布设安检引导、指示标识,地面标识应清晰、耐磨。候检(缓冲)区内应设置隔离疏导设施。

6.2.4 应至少配置下列检测筛查禁限带物品的设备、设施：
- a) 手持式金属探测器；
- b) 通过式金属探测门；
- c) 微剂量 X 射线安全检查设备；
- d) 痕量炸药探测仪；
- e) 危险液体检查仪；

f)　开包操作台等。

6.2.5　应使用人体安全检查设备对进站人员、使用微剂量 X 射线安全检查设备对物品逐一进行安全检查;对发现的可疑人员和物品,应使用痕量炸药探测仪或危险液体检查仪等设备进行详细检查和检测。

6.2.6　应安装视频监控装置,实时监视安检现场的人员和物品等情况,监视和回放图像应能清晰辨别接受安检人员的面部特征,清晰显示放置和拿取物品等活动情况。

6.2.7　应配置对安检设备、安检区内视频监控装置进行联网的安检信息管理设备。

6.2.8　安检区设置在车站出入口外的,应设置防车辆冲撞且不妨碍人员、物品通行、疏散的实体障碍设施。闭站期间,应对安检区实施封闭式管理。

6.2.9　应按照与工作量相适应的原则,合理配备安检人员,明确安检各岗位人员正常工作及应急处置时的职责和站位。

6.2.10　应急情况下,安检人员之间应有信息提示方法或信息传递措施。

## 6.3　车站通道

应安装视频监控装置,实时监视通道内的人员、物品等现场情况。车站通道的监视和回放图像应能清晰显示行人体貌特征、物品特征,楼梯、自动扶梯的监视和回放图像应能清晰辨别人员的面部特征。

## 6.4　车站站厅和站台

6.4.1　车站站台未安装站台门的,列车停靠时司机室所在的站台区域应设置防入侵的隔离设施。

6.4.2　车站站台两端进入轨行区处应设置隔离设施。

6.4.3　车站站厅和站台应安装视频监控装置,实时监视人员购票、检票、候车、上下车等活动情况,监视和回放图像应能清晰显示人员体貌特征、物品特征。

6.4.4　车站站厅和站台应配备安保人员。

## 6.5　列车客室

6.5.1　应设置与司机室通话的紧急对讲装置和灭火器、安全锤等防护救生器材,并配置明显标识、简要使用说明等。

6.5.2　应安装视频监控装置,实时监控客室内人员、物品等现场情况,监视和回放图像应能清晰显示乘客活动情况。

## 6.6　开放区域的其他防护要求

开放区域的防护除满足 6.1~6.5 的要求外,还符合下列要求:

a)　车站应设置墙体或栅栏等隔离设施,确保城市轨道交通车站封闭式管理。墙体或栅栏等隔离设施不具备条件封闭到顶的,其高度应大于或等于 2 m,并设置防止爬越的设施;

b)　按照"便于取用、确保安全"的原则,应在安检区或站厅、站台置放防爆毯、防爆球或防爆罐及盾牌、钢叉等防暴防护装备、设施;

c)　应在车站入口或通道或检票口等适当位置安装具有人脸采集功能的视频监控装置;

d)　按照 GB 2894 的规定设置导向标识、紧急疏散标识等安全标志;

e)　垃圾桶、垃圾袋应为透明状;

f)　车站广播系统应覆盖车站出入口、通道、站厅、站台,并应符合 GB 50157 的相关规定;

g)　广播系统、电子显示屏、广告灯箱等应提供安全宣传和安全提示、警示等内容;

h)　车站的隔离、疏导等设施及其设置应满足紧急疏散的要求。

## 6.7　设施配置表

城市轨道交通开放区域的安全防范设施配置见附录 A 中表 A.1。

## 7 非开放区域防护要求

### 7.1 车站设备与管理用房

7.1.1 车站开放区域与非开放区域之间的出入口应安装出入口控制装置。

7.1.2 车站设备与管理用房出入口应安装出入口控制装置。

7.1.3 车站设备与管理用房出入口应安装视频监控装置,监视和回放图像应能清晰显示人员进出等现场情况。

7.1.4 车站安防监控中心内部应安装视频监控装置,实时监控安防系统值机操作情况。

### 7.2 行车线路

7.2.1 地下行车隧道与地面行车线路的过渡段两侧、地面行车线路两侧应设置防攀爬隔离防护设施。

7.2.2 地下行车隧道站间两端应设置入侵探测装置。

7.2.3 站台与轨行区之间、地下行车隧道内、地面和高架行车线路两侧应安装视频监控装置,监视和回放图像应能清晰显示现场及进入行车线路内的人员、列车及物品情况等。

### 7.3 车站风亭、区间风亭

7.3.1 车站风亭、区间风亭通风口应设置防止投入异物的防护设施。

7.3.2 车站风亭、区间风亭检修门应安装机械防盗锁或电子防盗锁。

7.3.3 车站风亭、区间风亭检修门应安装入侵探测装置。

7.3.4 车站风亭、区间风亭周边应安装视频监控装置,监视和回放图像应能清晰显示风亭周边和进入人员的活动情况。

### 7.4 列车司机室、行李室

7.4.1 列车司机(行李)室内应安装视频监控装置,监视和回放图像应能清晰显示司机(行李)室内情况。

7.4.2 列车司机室内应配备视频图像记录设备,存储车载视频图像。视频图像记录设备应有防火、防碰撞等保护措施。

7.4.3 列车司机室应设置与客室通话的紧急对讲装置。

7.4.4 列车司机室与客室之间安装的隔离门在客室一侧不能无钥匙开启。

### 7.5 变电所

7.5.1 独立设置的主变电所周界应安装入侵探测装置。

7.5.2 变电所出入口应安装出入口控制装置。

7.5.3 变电所出入口、周界应安装视频监控装置,实时监视并清晰显示现场情况。

7.5.4 变电所的安全防范系统应与安防监控中心远程联网。

7.5.5 变电所的其他安全防范要求应符合 GA 1089 规定的一级安全防护要求。

### 7.6 运营控制中心

7.6.1 运营控制中心的中央控制室、安防监控中心出入口应安装出入口控制装置。

7.6.2 运营控制中心的中央控制室、安防监控中心出入口应安装视频监控装置,监视和回放图像应能清晰辨别进出人员的面部特征及活动情况。

7.6.3 运营控制中心中央控制室出入口应配备安全检查设备、设施对人员、物品实施安检,并配备适当数量的防爆处置、防护设施。

## 7.7 车辆基地

7.7.1 车辆基地周界应设置围墙或栅栏等隔离设施。

7.7.2 车辆基地周界应安装周界入侵探测装置,连续无间断设置防护警戒线。

7.7.3 车辆基地的人员出入口应安装出入口控制装置。

7.7.4 车辆基地应安装视频监控装置,实时监视车辆基地周界、出入口及列车停放、检修场所等现场情况。周界的监视和回放图像应能清晰显示人员攀爬、翻越周界等情况,出入口的监视和回放图像应能清晰辨别人员的面部特征及汽车号牌,列车停放、检修场所的监视和回放图像应能清晰显示列车停放及人员活动情况。

7.7.5 车辆基地周界、与外界道路相连通的出入口、列车出入口、设备用房、门卫室等区域或部位应安装电子巡查装置。

7.7.6 车辆基地应设置门卫室并配备安保人员 24 h 值守。门卫室内应安装紧急报警装置。

## 7.8 设施配置表

城市轨道交通非开放区域的安全防范设施配置见附录 A 中表 A.2。

## 8 系统技术要求

### 8.1 安全检查系统

8.1.1 系统应能对易燃易爆、枪支弹药、管制器具、腐蚀有毒、放射性等禁限带物品进行有效的探测识别、显示记录和分析报警。

8.1.2 系统的探测不应对人体和物品产生伤害,不应引起爆炸物起爆,不应对环境造成影响。

8.1.3 具有智能分析功能的安全检查系统,应能实现对被检物品中枪支弹药、管制器具、可疑液体等禁限带物品的自动识别和报警。

8.1.4 安全检查所有探测、检测设备均应与车站安防监控中心联网。联网的安全检查设备应能通过网络向安检信息管理设备实时发送检测数据、报警信息、设备状态等信息,安检联网系统应具有远程监控、安检信息同步存储、统计分析、现场处置流程化管理等功能。

8.1.5 微剂量 X 射线安全检查设备满足下列要求:

    a) 符合 GB 15208.1—2005 的相关规定,其中穿透力应满足 GB 15208.1—2005 表 1 中 A 类设备的要求;

    b) 存储的图像应能通过网络或 USB 等接口导出;

    c) 采用双源双视角的设备每一个视角的线分辨力、穿透力均应达到单视角设备的指标要求。

8.1.6 痕量炸药探测仪满足下列要求:

    a) 内部含有放射源的设备应取得环保部门的豁免;

    b) 应符合 GA/T 841 或 GA/T 1323 的相关规定。

8.1.7 危险液体检查仪应满足下列要求:

    a) 使用非侵入式检测技术,不需打开包装即可对玻璃、塑料、陶瓷、纸质材质容器以及简易金属包装内的液体进行检测;

    b) 至少能够检测出汽油、煤油、油漆、稀料、香蕉水、松香水等易燃物品。

8.1.8 安检信息管理设备应满足下列要求:

    a) 能实时接收联网的安全检查设备的检测图片/数据、报警信息,并与安检区视频图像同步关联存储,存储时间大于或等于 90 天;

b) 能对联网设备的运行状态进行监测；

c) 预留与运营控制中心远程联网的接口。

8.1.9 通过式金属探测门、手持式金属探测器应分别符合 GB 15210、GB 12899 的相关规定。

8.1.10 防爆毯、防爆罐、防爆球应分别符合 GA 69、GA 871、GA 872 的相关规定。

## 8.2 视频监控系统

8.2.1 应在车站内安装的视频监控装置外表面上标识醒目编号。

8.2.2 列车客室内乘客触动紧急对讲装置时，应能联动相应客室内的视频监控图像，并在司机室内的监视器上显示。

8.2.3 列车车载视频监控装置和图像记录设备应具有防震功能。

8.2.4 应建立车地无线传输通道，当出现紧急情况时，应能向上级监控中心传输列车内现场的视频图像。

8.2.5 本地存储、回放的视频图像分辨率应大于或等于 1 280×720，有线联网传输的视频图像分辨率应大于或等于 720×576，图像帧率应大于或等于 25 fps，车地无线联网传输的视频图像分辨率应大于或等于 352×288，图像帧率应大于或等于 15 fps。

8.2.6 具有人脸识别功能的系统，应能对特定人员的人像和/或人脸进行采集、提取特征、比对与识别，系统功能性能应满足有关人像/人脸识别应用标准的要求。

8.2.7 具有视频分析功能的系统，应能对设定区域内的人员聚集、物品遗留和入侵、越界等行为探测报警，应能对通道的客流密度实时监测并超限自动预警，客流密度超限持续时间及阈值可设定。

8.2.8 具有视频图像质量检测功能的系统，应能对视频图像的丢失、遮挡、卡顿、模糊、亮度异常、色彩失真等实时监测。

8.2.9 视频监控图像应采用分布式存储、集中管理，存储时间应大于或等于 90 天。

8.2.10 视频监控系统的其他要求应符合 GB 50395 的相关规定。

## 8.3 入侵和紧急报警系统

8.3.1 紧急报警信号应采取两种（含）以上的向外报警传输方式。

8.3.2 入侵和紧急报警系统应与视频监控系统联动，并满足下列要求：

a) 车站出入口、车站风亭、区间风亭、车辆基地的入侵和紧急报警信号与联动视频图像应发送到安防监控中心和运营控制中心；

b) 变电所的周界入侵报警信号与联动视频图像应发送到运营控制中心；

c) 安防监控中心和运营控制中心应预留远程联网的接口。

8.3.3 入侵和紧急报警系统布防、撤防、故障和报警信息存储时间应大于或等于 90 天。

8.3.4 入侵和紧急报警系统的其他要求应符合 GB/T 32581 的相关规定。

## 8.4 出入口控制系统

8.4.1 出入口控制系统应能对强行破坏、非法进入的行为或不正确的识读发出报警信号，报警信号应与相关出入口的视频图像联动，并满足下列要求：

a) 车站开放区域与非开放区域之间出入口、设备与管理用房出入口、车辆基地出入口的报警信号与联动视频图像应发送到安防监控中心；

b) 变电所出入口的报警信号与联动视频图像应发送到运营控制中心。

8.4.2 出入口控制系统信息存储时间应大于或等于 180 天。

8.4.3 出入口控制系统的其他要求应符合 GB 50396 的相关规定。

## 8.5 电子巡查系统

8.5.1 巡查路线、巡查时间应能根据安全管理需要进行设定和修改。

8.5.2 巡查记录保存时间应大于或等于 90 天。

8.5.3 电子巡查系统的其他要求应符合 GA/T 644 的相关规定。

## 8.6 信息显示与广播系统

8.6.1 电子显示屏应实时显示列车运行管理有关注意事项。显示字体大小应能目视清晰。

8.6.2 当出现紧急情况时,电子显示屏应有明显的信息提示,广播系统应同步进行广播警示。

## 8.7 实体防护系统

实体防护系统应符合 GB 51151 的相关规定。

## 8.8 集成和联网

8.8.1 在车站、车辆基地、运营控制中心均应建设安防监控中心,并设置安全防范管理平台,实现对安全检查、视频监控、入侵和紧急报警、出入口控制、电子巡查等各安全防范子系统的集成;各安全防范子系统既能独立运行又能实现集中控制与统一管理。

8.8.2 车站、车辆基地的安全防范管理平台应与运营控制中心的安全防范管理平台进行联网,能上传报警、视频等信息,执行运营控制中心下达的指令信息。运营控制中心安全防范管理平台能实时接收车站、车辆基地上传的信息,并能对接收到的报警信息自动反馈,下达指令信息,实现车站、车辆基地与全市路网运营控制中心安全防范系统的信息共享与应用。

8.8.3 车站、车辆基地、运营控制中心的安全防范管理平台均应具有系统集成、联动控制、权限管理、存储管理、检索与回放、设备管理、统计分析、系统校时、指挥调度等功能。

8.8.4 各安防监控中心的安全防范管理平台应预留与其他相关信息系统联网的接口。

8.8.5 城市轨道交通视频监控系统与公共安全视频监控联网系统的传输、交换、控制协议应符合 GB/T 28181 的要求。

## 8.9 系统校时

应对系统内具有计时功能的设备进行校时,设备的时钟与北京时间误差应小于或等于 10 s。

## 9 安全防范系统的维护、保养和更新

9.1 城市轨道交通运营单位应建立安全防范系统维护、保养和更新制度,定期对系统进行维护、保养、检测,及时排除故障,更新设备器材,保持系统处于良好的运行状态。

9.2 应依据相关规定,由法定检测或计量机构对有关安全检查设备定期进行辐射安全检测。

9.3 安全防范设施出现故障时,应在 24 h 内修复,在恢复前应采取有效的应急防范措施。

9.4 安全防范系统的维护、保养应符合 GA 1081 的相关规定。

## 10 保障措施

10.1 城市轨道交通运营单位应设置机构、落实人员监督管理本单位安全防范系统、设施的运维工作。

10.2 城市轨道交通运营单位应以城市轨道交通运营车站为单元,针对各类恐怖事件、治安事件、重大活动等情况制定、完善应急预案,针对视频监控和安全检查发现的可疑人员、禁限带物品制定具体的处

置措施,并组织开展演练、训练。

10.3　城市轨道交通工程应同步规划设计、建设公安派出所,在车站同步配置警务工作、警用装备和防爆防护器材用房。

附　录　A
（规范性附录）
城市轨道交通安全防范设施配置表

A.1　城市轨道交通开放区域的安全防范设施配置要求见表 A.1。

表 A.1　城市轨道交通开放区域应配置的安全防范设施明细表

| 序号 | 防护区域和部位 | 安全防范设施 | |
|---|---|---|---|
| 1 | 车站出入口 | 入侵报警系统 | 入侵探测装置 |
| 2 | | | 声光报警装置 |
| 3 | | 视频监控系统 | 视频监控装置 |
| 4 | | 信息显示系统 | 电子显示屏 |
| 5 | | 广播系统 | 广播装置 |
| 6 | | | 导向标识、紧急疏散标识 |
| 7 | | 实体防护系统 | 栅栏门、卷帘门等隔离设施 |
| 8 | | | 客流疏导隔离设施 |
| 9 | | | 防车辆冲撞实体障碍设施 |
| 10 | 车站安检区 | 视频监控系统 | 视频监控装置 |
| 11 | | 安全检查设备、设施 | 通过式金属探测门 |
| 12 | | | 手持式金属探测器 |
| 13 | | | 微剂量 X 射线安全检查设备 |
| 14 | | | 痕量炸药探测仪 |
| 15 | | | 危险液体检查仪 |
| 16 | | | 安检信息管理设备 |
| 17 | | | 开包操作台 |
| 18 | | | 安检引导、指示标识 |
| 19 | | 实体防护系统 | 隔离疏导设施 |
| 20 | | 广播系统 | 广播装置 |
| 21 | | | 导向标识、紧急疏散标识 |
| 22 | 车站通道,包括出入通道、换乘通道、楼梯、自动扶梯、电梯轿厢 | 视频监控系统 | 视频监控装置 |
| 23 | | 广播系统 | 广播装置 |
| 24 | | | 导向标识、紧急疏散标识 |
| 25 | 车站站厅、站台 | 视频监控系统 | 视频监控装置 |
| 26 | | 实体防护系统 | 站台门 |
| 27 | | | 隔离设施 |
| 28 | | 广播系统 | 广播装置 |
| 29 | | | 导向标识、紧急疏散标识 |

表 A.1（续）

| 序号 | 防护区域和部位 | 安全防范设施 | |
|------|----------------|--------------|---|
| 30 | 车站外周界 | 实体防护系统 | 墙体或栅栏等封闭隔离设施 |
| 31 | 车站安检区或站厅、站台 | 安全检查处置设施 | 防爆毯 |
| 32 | | | 防爆球或防爆罐 |
| 33 | | 安全检查防护设施 | 盾牌、钢叉等 |
| 34 | 列车客室 | 视频监控系统 | 视频监控装置 |
| 35 | | | 紧急对讲装置 |

A.2 城市轨道交通非开放区域的安全防范设施配置要求见表 A.2。

表 A.2 城市轨道交通非开放区域应配置的安全防范设施明细表

| 序号 | 防护区域和部位 | 安全防范设施 | |
|------|----------------|--------------|---|
| 1 | 车站设备与管理用房 | 车站开放区域与非开放区域之间的出入口 | 出入口控制系统 | 出入口控制装置 |
| 2 | | 设备与管理用房出入口 | 出入口控制系统 | 出入口控制装置 |
| 3 | | | 视频监控系统 | 视频监控装置 |
| 4 | | 车站安防监控中心内部 | 视频监控系统 | 视频监控装置 |
| 5 | 行车线路，包地下行车隧道、地面行车线路、高架行车线路 | 地下行车隧道两端 | 入侵报警系统 | 入侵探测装置 |
| 6 | | 站台与轨行区之间、地下行车隧道内、地面和高架行车线路两侧 | 视频监控系统 | 视频监控装置 |
| 7 | | 地下行车隧道与地面行车线路过渡段两侧、地面行车线路两侧 | 实体防护系统 | 隔离防护设施 |
| 8 | 车站风亭、区间风亭 | 通风口 | 实体防护系统 | 防护设施 |
| 9 | | 检修门 | 实体防护系统 | 机械防盗锁或电子防盗锁 |
| 10 | | | 入侵报警系统 | 入侵探测装置 |
| 11 | | 周边 | 视频监控系统 | 视频监控装置 |
| 12 | 列车司机(行李)室 | 司机室 | 视频监控系统 | 视频监控装置 |
| 13 | | | | 视频图像记录设备 |
| 14 | | | | 紧急对讲装置 |
| 15 | | | 实体防护系统 | 隔离门 |
| 16 | | 行李室 | 视频监控系统 | 视频监控装置 |
| 17 | 变电所，包括主变电所、电源开闭所、牵引变电所、降压变电所 | 主变电所周界 | 入侵报警系统 | 入侵探测装置 |
| 18 | | | 视频监控系统 | 视频监控装置 |
| 19 | | 出入口 | 出入口控制系统 | 出入口控制装置 |
| 20 | | | 视频监控系统 | 视频监控装置 |

表 A.2（续）

| 序号 | 防护区域和部位 | | 安全防范设施 | |
|---|---|---|---|---|
| 21 | 运营控制中心 | 中央控制室、安防监控中心出入口 | 出入口控制系统 | 出入口控制装置 |
| 22 | | | 视频监控系统 | 视频监控装置 |
| 23 | | 出入口 | 安全检查设备、设施，防爆处置、防护设施 | |
| 24 | 车辆基地，包括车辆段、停车场 | 周界 | 实体防护系统 | 围墙或栅栏 |
| 25 | | | 入侵报警系统 | 入侵探测装置 |
| 26 | | | 视频监控系统 | 视频监控装置 |
| 27 | | 出入口 | 出入口控制系统 | 出入口控制装置 |
| 28 | | | 视频监控系统 | 视频监控装置 |
| 29 | | 列车停放、检修场所 | 视频监控系统 | 视频监控装置 |
| 30 | | 周界、与外界道路相连通的出入口、列车出入口、设备用房、门卫室等 | 电子巡查系统 | 电子巡查装置 |
| 31 | | 门卫室 | 入侵报警系统 | 紧急报警装置 |

ICS 13.310
A 91

GA 1468—2018

# 中华人民共和国公共安全行业标准

# 寄递企业安全防范要求

## Security requirements for delivery enterprises

2018-03-09 发布

2018-03-09 实施

中华人民共和国公安部　发 布

# 前　言

**本标准的全部内容为强制性。**

本标准按照 GB/T 1.1—2009 给出的规则起草。

本标准由公安部治安管理局提出。

本标准由全国安全防范报警系统标准化技术委员会(SAC/TC 100)归口。

本标准起草单位：公安部治安管理局、国家邮政局市场监管司、北京声迅电子股份有限公司、上海市公安局治安总队、浙江大华技术股份有限公司、中国邮政速递物流股份有限公司、顺丰速运(集团)有限公司、圆通速递有限公司、北京城市一百物流有限公司。

本标准主要起草人：孙帆、徐械乔、刘晓新、陶焱升、聂蓉、季景林、王贺、冯智强、楚光、李琳、柴丽林。

# 寄递企业安全防范要求

## 1 范围

本标准规定了寄递企业安全防范的基本要求,防护区域和部位,防护要求,系统技术要求,系统检验、验收和维护,以及监督检查。

本标准适用于寄递企业安全防范系统的建设和管理。快递企业设立的末端网点安全防范系统建设和管理参照执行。

## 2 规范性引用文件

下列文件对于本文件的应用是必不可少的。凡是注日期的引用文件,仅注日期的版本适用于本文件。凡是不注日期的引用文件,其最新版本(包括所有的修改单)适用于本文件。

GB 10409　防盗保险柜

GB/T 10757　邮政业术语

GB 15208(所有部分)　微剂量 X 射线安全检查设备

GB 15208.1—2005　微剂量 X 射线安全检查设备　第 1 部分:通用技术要求

GB/T 15408　安全防范系统供电技术要求

GB 17565　防盗安全门通用技术条件

GB 20815—2006　视频安防监控数字录像设备

GB/T 27917.1　快递服务　第 1 部分:基本术语

GB/T 27917.2—2011　快递服务　第 2 部分:组织要求

GB/T 28181　公共安全视频监控联网系统信息传输、交换、控制技术要求

GB 50348　安全防范工程技术规范

GB 50394　入侵报警系统工程设计规范

GB 50395　视频安防监控系统工程设计规范

GB 50396　出入口控制系统工程设计规范

GA 69　防爆毯

GA/T 75　安全防范工程程序与要求

GA/T 751　视频图像文字标注规范

GA 871　防爆罐

GA 872　防爆球

GA 1081　安全防范系统维护保养规范

YZ/T 0005.1　邮政业务词汇　特快专递部分

YZ/T 0137　快递营业场所设计基本要求

## 3 术语和定义

GB/T 10757、GB/T 27917.1、YZ/T 0005.1、YZ/T 0137 界定的以及下列术语和定义适用于本文件。

3.1

**寄递 delivery**

接受用户委托,将信件、包裹、印刷品等物品,通过收寄、分拣、运输、投递等环节,按照封装上的名址递送给特定个人或单位的活动。

3.2

**寄递企业 delivery enterprise**

邮政企业、快递企业以及其他从事寄递服务的企业。

3.3

**营业场所 business premises**

寄递企业提供邮件快件收寄及其他相关服务的场所。

3.4

**处理场所 handling area**

寄递企业专门用于邮件快件分拣、封发、储存、交换、转运、投递等处理活动的场所。

3.5

**重要设备间 room for important equipment**

设置变(配)电、供水、电信、燃气等专用设备的相对封闭场所。

3.6

**智能快件箱 intelligent delivery machine**

设立在公共场合,可供寄递企业投递和用户提取快件的自助服务设备。

## 4 基本要求

4.1 寄递企业的主要负责人对本单位安全防范工作负责,并组织领导本标准的实施。邮政管理部门和公安机关负责监督检查本标准的落实情况。

4.2 寄递企业应设置治安保卫机构、配备专职治安保卫人员或者确定专人负责,并根据需要为其配备交通、通信、防卫、防护等装备器材。

4.3 治安保卫人员、安检人员和安防监控中心值守人员应具备相应的专业知识和技能,经专业培训合格或获得职业资格后上岗。

4.4 寄递企业应落实安全防范主体责任,综合运用人力、实体、技术等防范手段,落实各项安全管理措施,有效预防不法分子利用寄递渠道实施违法犯罪活动。

4.5 寄递企业应按照相关法律法规,制定收寄、分拣、储存、运输、投递等各环节安全防范工作制度,包括但不限于以下内容:

    a) 收寄验视制度;

    b) 实名收寄制度;

    c) 邮件快件安全检查制度;

    d) 禁寄物品报告和安全处理制度;

    e) 门卫、值班、巡查制度;

    f) 从业人员管理和安全教育培训制度;

    g) 用户个人信息安全保密制度;

    h) 安全工作考核和奖惩制度。

4.6 寄递企业应对邮件快件进行安全检查,发现禁寄物品应按照相关规定立即报告有关部门并妥善处置。

4.7 寄递企业应按照 GB 50348 的规定设计、建设安全技术防范系统,供电设计应符合 GB/T 15408 的规定。

4.8 寄递企业安全技术防范系统使用的设备应符合国家法规和现行相关标准的规定,并经检验或认证合格。

4.9 寄递企业安全防范系统建设应纳入寄递企业工程建设总体规划,综合设计,同步施工;改建或扩建工程也应按照本标准进行设计、施工;安全防范系统应独立验收、同时交付使用。

4.10 寄递企业应按照 GB/T 27917.2—2011 中 12.5 的规定,制定突发事件处置应急预案,并定期演练,演练每半年应不少于 1 次。

## 5 防护区域和部位

5.1 营业场所的防护区域和部位包括:
  a) 与外界相通出入口、窗口、通风口;
  b) 收费柜台;
  c) 邮件快件交寄、接收、验视、提取、封装、打包、称重、暂存区域;
  d) 运输车辆装卸区域;
  e) 办公区域。

5.2 处理场所的防护区域和部位包括:
  a) 周界;
  b) 与外界相通出入口;
  c) 门卫室;
  d) 邮件快件分拣、安检、装卸区域和禁限寄物品存放区域;
  e) 财务室;
  f) 安防监控中心;
  g) 重要设备间;
  h) 重要物资仓库;
  i) 数据中心(机房)。

5.3 运输车辆的厢(箱)门。

5.4 放置智能快件箱的区域。

## 6 防护要求

### 6.1 营业场所

6.1.1 营业场所与外界相通的出入口应安装视频监控装置,监视和回放图像应能清晰显示进出人员的体貌特征和活动情况。

6.1.2 营业场所与外界相通的窗口、通风口应设置栅栏。

6.1.3 营业场所收费柜台应安装视频监控装置和紧急报警装置,监视和回放图像应能清晰显示收费全过程;现金收费柜台应配备防盗保险柜。

6.1.4 营业场所邮件快件交寄、接收、验视、提取区域应安装视频监控装置,监视和回放图像应能清晰辨别交寄、提取邮件快件客户的面部特征和邮件快件接收、验视的情况。

6.1.5 营业场所邮件快件封装、打包、称重、暂存、运输车辆装卸区域应安装视频监控装置,监视和回放图像应能清晰显示人员操作情况和邮件快件存放、装卸过程。

6.1.6 营业场所的办公区应配备电话机,并开通来电显示功能。

## 6.2 处理场所

6.2.1 处理场所周界应设置围墙、栅栏等设施。

6.2.2 处理场所与外界相通的出入口应安装视频监控装置,监视和回放图像应能清晰辨别进出人员面部特征和进出车辆车牌号。

6.2.3 处理场所与外界相通的出入口应设置门卫室24 h值守,并有值班记录。门卫室内应安装紧急报警装置。

6.2.4 处理场所邮件快件分拣区域应安装视频监控装置,监视和回放图像应能清晰显示邮件快件分拣处理的全过程和人员活动情况。

6.2.5 处理场所邮件快件安检区域应配备微剂量X射线安全检查设备、防爆毯或防爆球或防爆罐;安检区域应安装视频监控装置,监视和回放图像应能清晰显示邮件快件安检的全过程和安检人员工作情况。

6.2.6 处理场所邮件快件装卸区域应安装视频监控装置,监视和回放图像应能清晰显示邮件快件装卸的全过程和操作人员的活动情况。

6.2.7 处理场所邮件快件的禁限寄物品存放区域应设置栅栏独立封闭,并安装视频监控装置,监视和回放图像应能清晰显示禁限寄物品存放和人员进出情况。

6.2.8 处理场所财务室出入口应安装防盗安全门和视频监控装置,监视和回放图像应能清晰辨别进出财务室人员的面部特征;窗口、通风口应安装防护栅栏;内部应配备防盗保险柜并安装入侵报警装置和紧急报警装置。

6.2.9 处理场所安防监控中心出入口应安装出入口控制装置;内部应安装视频监控装置,监视和回放图像应能清晰显示人员活动情况。

6.2.10 重要设备间出入口应安装防盗安全门和视频监控装置,监视和回放图像应能清晰辨别进出人员的面部特征;窗口、通风口应安装栅栏。

6.2.11 重要物资仓库出入口应安装防盗安全门和视频监控装置,监视和回放图像应能清晰辨别进出人员的面部特征;窗口、通风口应安装栅栏;内部应安装入侵报警装置、声光报警装置和视频监控装置,监视和回放图像应能清晰显示人员活动情况。

6.2.12 数据中心(机房)出入口应安装防盗安全门、入侵报警装置和视频监控装置,监视和回放图像应能清晰辨别进出人员的面部特征;窗口、通风口应安装栅栏。

## 6.3 运输车辆

运输车辆应配备封闭车厢(箱),厢(箱)体应安装牢固,厢(箱)门应安装锁具。

## 6.4 智能快件箱

放置智能快件箱的区域应安装视频监控装置,监视和回放图像应能清晰显示使用智能快件箱人员的体貌特征和活动情况。

## 6.5 安全防范设施配置

寄递企业安全防范设施配置应符合附录A的规定。

# 7 系统技术要求

## 7.1 入侵和紧急报警系统要求

7.1.1 应选用与现场环境相适应的入侵探测装置。

**7.1.2** 系统的防区划分应有利于报警时准确定位。应按各防区的距离、区域和防护要求选择合适的入侵探测装置。

**7.1.3** 紧急报警装置应安装在隐蔽、便于操作的部位,并应设置为不可撤防模式,且应有防误触发措施。当被触发报警后应能立即发出紧急报警信号并自锁,复位应采用人工操作方式。

**7.1.4** 声光告警器的声光报警持续时间应大于或等于 15 min。室外报警声压应大于或等于 100 dB(A),室内报警声压应大于或等于 80 dB(A)。

**7.1.5** 系统使用专用网络传输报警信号时,报警响应时间应小于或等于 4 s;使用公共电话网传输报警信号时,不应在通讯线路上挂接其他通信设施,报警响应时间应小于或等于 20 s。

**7.1.6** 系统布防、撤防、报警、故障等信息的存储时间应大于或等于 30 天。

**7.1.7** 入侵报警系统应具有与视频安防监控系统、出入口控制系统联动的功能。入侵报警系统报警信号联网传输时,报警现场视频图像信息应同步传输。

**7.1.8** 独立设防区域的入侵报警系统应与安防监控中心联网。

**7.1.9** 系统的其他要求应符合 GB 50394 的规定。

## 7.2 安防视频监控系统要求

**7.2.1** 视频监控装置应满足工作环境条件的要求,视频监控区域应有足够的光照度,光照度不能满足监控要求时应配置与监控区域朝向一致的辅助照明装置;室外视频监控装置应采取有效的防雷击保护措施。

**7.2.2** 数字录像设备应符合 GB 20815—2006 中 Ⅱ、Ⅲ 类 A 级机的要求。

**7.2.3** 当视频监控系统与报警系统联动时,安防监控中心的图像显示设备应能联动切换出与报警区域相关的视频图像,并全屏显示。

**7.2.4** 视频图像应具有日期、时间、画面所在位置等字符叠加显示功能,字符叠加应不影响对图像的监视和记录回放效果。字符设置应符合 GA/T 751 的相关规定,字符时间与标准时间的误差应在 ±30 s 以内。

**7.2.5** 带有云台、变焦镜头控制的视频监控装置,在云台、变焦操作停止 2 min±0.5 min 后,应自动恢复至预先设定状态和位置。

**7.2.6** 系统由多台数字录像设备组成并同时运行时,应实现时钟同步。

**7.2.7** 本地存储、回放的视频图像分辨率应大于或等于 1 280 像素×720 像素,联网传输的视频图像分辨率应大于或等于 720 像素×576 像素。

**7.2.8** 图像信息保存时间应大于或等于 30 天,营业场所交寄、接收、验视、提取区域和放置智能快件箱区域的图像信息保存时间应大于或等于 90 天。

**7.2.9** 安防视频监控系统应预留与公共安全视频监控联网系统的接口,其传输、交换、控制协议应符合 GB/T 28181 的相关规定。

**7.2.10** 系统的其他要求应符合 GB 50395 的相关规定。

## 7.3 出入口控制系统要求

**7.3.1** 系统应具有对时间、地点、进出人员等信息的显示、记录、查询等功能。记录保存时间应大于或等于 30 天。

**7.3.2** 对强行破坏非法进入的行为或连续 3 次不正确的识读,以及开启超时 2 min 时,系统应发出报警信号。报警持续时间应大于或等于 5 min。

**7.3.3** 系统其他要求应符合 GB 50396 的规定。

## 7.4 来电显示和电话录音系统要求

**7.4.1** 客户服务电话应具有来电号码显示功能。号码显示应清晰,并能保存和查询。

**7.4.2** 客户服务电话应具有录音功能,回放声音应清晰,通话记录保存时间应大于或等于 30 天。

### 7.5 安检设备、设施要求

**7.5.1** 微剂量 X 射线安全检查设备应符合 GB 15208(所有部分)的规定,穿透力应不低于 GB 15208.1—2005 表 1 中 A 类设备的要求,X 射线扫描图片存储时间应大于或等于 30 天。

**7.5.2** 防爆毯、防爆罐、防爆球应分别符合 GA 69、GA 871、GA 872 的相关规定。

### 7.6 安防监控中心要求

**7.6.1** 视频监控、入侵报警和出入口控制系统的控制终端均应设置在安防监控中心,中心控制终端应能实现对各子系统的操作、记录和显示。

**7.6.2** 安防监控中心应设置安全信息管理平台,对各子系统进行数据收集、记录、查询、分析和统一管理。

**7.6.3** 安防监控中心应配置与报警同步的终端图形显示装置,应能准确实时识别并显示报警区域。

**7.6.4** 安防监控中心其他要求应符合 GB 50348 的相关规定。

### 7.7 实体防范设施要求

**7.7.1** 处理场所周界围墙、栅栏等设施应封闭。

**7.7.2** 窗口、通风口的单个栅栏空间最大面积应小于或等于 600 mm×100 mm;栅栏竖杆间距应小于或等于 150 mm。栅栏安装应牢固可靠,采用大于或等于 12 mm 的膨胀螺丝固定。

**7.7.3** 防盗安全门应符合 GB 17565 的规定,防盗保险柜应符合 GB 10409 的规定。

## 8 系统检验、验收和维护

**8.1** 系统竣工后,应按照 GB 50348、GA/T 75 的相关规定进行系统检验和工程验收。

**8.2** 寄递企业应建立安全防范系统运行维护机制,规范系统的操作、使用,定期对系统进行维护、保养、检测,及时排除故障,淘汰、更换过期和损坏的设备器材,保持各系统处于良好的运行状态。

**8.3** 系统出现故障时,应在 24 h 内修复,在系统恢复前应采取有效的应急防范措施。

**8.4** 系统的检测、维护、保养应由取得相应资质的单位承担,维护保养应满足 GA 1081 的相关规定。

## 9 监督检查

**9.1** 寄递企业应接受邮政管理部门和公安机关的监督检查。

**9.2** 寄递企业对邮政管理部门和公安机关检查中发现的问题,应在规定期限内整改。

# 附　录　A
## （规范性附录）
## 寄递企业安全防范设施配置表

A.1　寄递企业安全防范设施配置要求见表 A.1。

表 A.1　寄递企业安全防范设施配置表

| 序号 | 防范区域和部位 | | | 配置项目 | |
|---|---|---|---|---|---|
| 1 | 营业场所 | 与外界相通出入口 | | 视频安防监控系统 | 视频监控装置 |
| 2 | | 与外界相通窗口、通风口 | | 实体防范设施 | 栅栏 |
| 3 | | 收费柜台 | | 视频安防监控系统 | 视频监控装置 |
| 4 | | | | 入侵报警系统 | 紧急报警装置 |
| 5 | | | | 实体防范设施 | 防盗保险柜 |
| 6 | | 邮件快件交寄、接收、验视、提取区域 | | 视频安防监控系统 | 视频监控装置 |
| 7 | | 邮件快件封装、打包、称重区域 | | 视频安防监控系统 | 视频监控装置 |
| 8 | | 邮件快件暂存区域 | | 视频安防监控系统 | 视频监控装置 |
| 9 | | 运输车辆装卸区域 | | 视频安防监控系统 | 视频监控装置 |
| 10 | | 办公区域 | | — | 来电显示电话机 |
| 11 | 处理场所 | 周界 | | 实体防范设施 | 围墙、栅栏 |
| 12 | | 与外界相通的出入口 | | 视频安防监控系统 | 视频监控装置 |
| 13 | | 门卫室 | | 人力防范 | 24 h 值守 |
| 14 | | | | 入侵报警系统 | 紧急报警装置 |
| 15 | | 邮件快件分拣区域 | | 视频安防监控系统 | 视频监控装置 |
| 16 | | 邮件快件安检区域 | | 视频安防监控系统 | 视频监控装置 |
| 17 | | | | 安检设备 | 微剂量 X 射线安全检查设备 |
| 18 | | | | 处置设施 | 防爆毯或防爆球或防爆罐 |
| 19 | | 邮件快件装卸区域 | | 视频安防监控系统 | 视频监控装置 |
| 20 | | 禁限寄物品存放区域 | | 实体防范设施 | 栅栏 |
| 21 | | | | 视频安防监控系统 | 视频监控装置 |
| 22 | | 财务室 | 出入口 | 实体防范设施 | 防盗安全门 |
| 23 | | | | 视频安防监控系统 | 视频监控装置 |
| 24 | | | 窗口、通风口 | 实体防范设施 | 栅栏 |
| 25 | | | 内部 | 入侵报警系统 | 入侵探测装置 |
| 26 | | | | | 紧急报警装置 |
| 27 | | | | 实体防范设施 | 防盗保险柜 |

表 A.1（续）

| 序号 | 防范区域和部位 | | | 配置项目 | |
|---|---|---|---|---|---|
| 28 | 处理场所 | 安防监控中心 | 出入口 | 出入口控制系统 | 出入口控制装置 |
| 29 | | | 内部 | 视频安防监控系统 | 视频监控装置 |
| 30 | | 重要设备间 | 出入口 | 实体防范设施 | 防盗安全门 |
| 31 | | | | 视频安防监控系统 | 视频监控装置 |
| 32 | | | 窗口、通风口 | 实体防范设施 | 栅栏 |
| 33 | | 重要物资仓库 | 出入口 | 实体防范设施 | 防盗安全门 |
| 34 | | | | 视频安防监控系统 | 视频监控装置 |
| 35 | | | 窗口、通风口 | 实体防范设施 | 栅栏 |
| 36 | | | 内部 | 入侵报警系统 | 入侵探测装置 |
| 37 | | | | | 声光告警装置 |
| 38 | | | | 视频安防监控系统 | 视频监控装置 |
| 39 | | 数据中心（机房） | 出入口 | 实体防范设施 | 防盗安全门 |
| 40 | | | | 视频安防监控系统 | 视频监控装置 |
| 41 | | | | 入侵报警系统 | 入侵探测装置 |
| 42 | | | 窗口、通风口 | 实体防范设施 | 栅栏 |
| 43 | 运输车辆厢（箱）门 | | | 实体防范设施 | 锁具 |
| 44 | 智能快件箱 | | | 视频安防监控系统 | 视频监控装置 |

ICS 13.310
A 91

# 中华人民共和国公共安全行业标准

GA 1517—2018

# 金银珠宝营业场所安全防范要求

Security requirements for gold commercial premises

2018-09-10 发布

2019-01-01 实施

中华人民共和国公安部　　发 布

# 前　言

本标准的全部技术内容为强制性。

本标准按照 GB/T 1.1—2009 给出的规则起草。

本标准由公安部治安管理局提出。

本标准由全国安全防范报警系统标准化技术委员会(SAC/TC 100)归口。

本标准起草单位:公安部治安管理局、天津市公安局、公安部第一研究所、公安部安全与警用电子产品质量检测中心。

本标准主要起草人:王章学、刘丽芳、穆琨、宁书颖、陈向阳、吴瑛、刘琳、李扬。

# 金银珠宝营业场所安全防范要求

## 1 范围

本标准规定了金银珠宝营业场所安全防范的重点部位和区域、防护要求、系统技术要求以及保障措施。

本标准适用于金银珠宝营业场所的安全防范设施建设与管理。其他贵重物品营业场所可参照执行。

## 2 规范性引用文件

下列文件对于本文件的应用是必不可少的。凡是注日期的引用文件,仅注日期的版本适用于本文件。凡是不注日期的引用文件,其最新版本(包括所有的修改单)适用于本文件。

GB 10409—2001 防盗保险柜

GB 17565—2007 防盗安全门通用技术条件

GB 20815—2006 视频安防监控数字录像设备

GB 21556—2008 锁具安全通用技术条件

GB/T 28181 公共安全视频监控联网系统信息传输、交换、控制技术要求

GB 50198 民用闭路监视电视系统工程技术规范

GB 50348 安全防范工程技术规范

GB 50394—2007 入侵报警系统工程设计规范

GB 50395—2007 视频监控系统工程设计规范

GB 50396—2007 出入口控制系统工程设计规范

GA 38—2015 银行营业场所安全防范要求

GA/T 73—2015 机械防盗锁

GA 165—2016 防弹透明材料

GA 374—2001 电子防盗锁

GA 701—2007 指纹防盗锁通用技术条件

GA 844—2009 防砸复合玻璃通用技术要求

## 3 术语和定义

GA 38—2015 界定的以及下列术语和定义适用于本文件。

3.1

**独立式金银珠宝营业场所** detached gold commercial premises

销售黄金、铂金、珠宝制品的独立店铺。

3.2

**非独立式金银珠宝营业场所** attached gold commercial premises

在商场、超市、商业综合体等商业场所内,销售黄金、铂金、珠宝制品的金银珠宝柜台及相关区域。

3.3

**报警运营服务中心**　　alarm processing center

接收一个或多个监控中心的报警信息并处理警情的处所。

注：可以是公安机关"110"接处警中心,也可以是提供报警服务的社会报警中心和物业的接收中心。

## 4　重点部位和区域

金银珠宝营业场所安全防范的重点部位和区域包括：

a)　周界；

b)　出入口；

c)　通道(包括人行通道、楼梯、自动扶梯、电梯轿厢)；

d)　柜台、展柜；

e)　收银区；

f)　库房(保险柜)；

g)　财务室；

h)　安防监控室、安防设备区(柜)。

## 5　防护要求

### 5.1　独立式金银珠宝营业场所

#### 5.1.1　周界

5.1.1.1　与外界相邻的墙体应符合建筑设计相关标准要求。墙体使用玻璃幕墙时,至少采取以下一种防护措施：

a)　安装金属防护栏,栏杆不应为中空结构,栏杆直径应大于或等于 14 mm,栏杆间距应小于或等于 100 mm×250 mm；

b)　使用防弹复合玻璃或防砸复合玻璃作幕墙,防弹性能应达到 GA 165—2016 中 2BI 的要求,防砸性能应达到 GA 844—2009 中 A 级的要求；

c)　在玻璃内侧粘贴增强防爆膜,膜厚应大于或等于 0.275 mm,防砸性能达到 GA 844—2009 中 A 级的要求；

d)　设置电子入侵探测报警装置。

5.1.1.2　窗户至少采取以下一种防护措施：

a)　安装钢制栅栏,钢筋直径应大于或等于 12 mm,单个栅栏空间最大面积应小于或等于 800 mm ×100 mm；

b)　安装防砸复合玻璃,防砸性能应达到 GA 844—2009 中 A 级的要求；

c)　在窗户玻璃内侧粘贴增强防爆膜,膜厚应大于或等于 0.275 mm,防砸性能达到 GA 844—2009 中 A 级的要求；

d)　设置电子入侵探测报警装置。

5.1.1.3　通风口至少采取以下一种防护措施：

a)　与外界相连的通风口,应安装钢制栅栏,钢筋直径应大于或等于 12 mm,单个栅栏空间最大面积应小于或等于 800 mm×100 mm；

b)　设置电子入侵探测报警装置。

### 5.1.2 出入口

5.1.2.1 与外界相通的出入口应设置防盗安全门或金属卷帘门。防盗安全门或卷帘门的抗破坏强度应达到 GB 17565—2007 中乙级防盗安全门的要求,门上安装的防盗锁应达到 GA/T 73—2015 中 B 级、GA 374—2001 中 B 级或 GA 701—2007 中 B 级的要求。

5.1.2.2 与外界相通的出入口应安装入侵探测装置。外界人员、车辆的正常活动,不应引起误报警。

5.1.2.3 与外界相通的出入口应设置视频监控装置,应能实时监控、记录出入金银珠宝营业场所人员情况和出入口 5 m 监控范围内情况,回放图像应能清晰显示出入人员的面部特征、车辆号牌。同时,应能实时监控、记录出入口外 20 m 监控范围内情况,回放图像应能清晰显示出入人员的体貌特征、车辆颜色、车型等。

### 5.1.3 通道

视频监控装置应能对通道(包括人行通道、楼梯、自动扶梯、电梯轿厢)的行人和乘梯人员进行实时监视和记录。人行通道的回放图像应能清晰辨别行人的活动情况和体貌特征;楼梯和自动扶梯的回放图像应能清晰辨别人员的面部特征;电梯轿厢的回放图像应能清晰显示进出电梯及电梯轿厢内的人员状况。

### 5.1.4 柜台(展柜)

5.1.4.1 柜台或展柜应为金属框架镶嵌透明防护板结构,框架应采用厚度大于或等于 1 mm 的钢板折弯制作,框架与透明防护板之间的嵌入深度应大于或等于 20 mm。

5.1.4.2 透明防护板上不应开孔,并采用整片安装方式,不得多块拼接或错位安装。透明防护板的防砸性能应达到 GA 844—2009 中 A 级要求。

5.1.4.3 视频监控装置应能对柜台和展柜的工作人员和客户的活动情况进行实时监视和记录,回放图像应能清晰辨别客户的体貌和面部特征及柜台和展柜附近区域内人员的活动情况。

5.1.4.4 柜台和展柜应设置紧急报警装置。金银珠宝营业场所应根据实际情况合理设置紧急报警装置,紧急报警装置的数量应大于或等于 2 个。紧急报警装置应安装在隐蔽、便于操作的部位,并具有防误触发功能。

5.1.4.5 抽屉式展柜或上翻式柜台面板面向工作人员一侧应安装锁具,锁具应符合 GB 21556—2008 中抽屉弹子锁的要求。

5.1.4.6 柜台内设置防盗保险柜的,防盗保险柜应不低于 GB 10409—2001 中 B1 级的要求,防盗保险柜质量小于 340 kg 时,应与柜台进行连接固定。

### 5.1.5 收银区

5.1.5.1 收银区不应邻门设置。

5.1.5.2 视频监控装置应能对收银区进行实时监视和记录,回放图像应能清晰显示收银员操作及客户面部特征。

5.1.5.3 收银区应安装紧急报警装置。

### 5.1.6 库房(保险柜)

5.1.6.1 应在库房六面墙体加装厚度大于或等于 8 mm 的钢板,钢板抗拉强度标准值应大于或等于 235 MPa。

5.1.6.2 库房应设置防盗安全门或金属防护门,库房门应符合 GB 17565—2007 甲级门的规定。门上安装的防盗锁应达到 GA/T 73—2015 中 C 级、GA 374—2001 中 C 级或 GA 701—2007 中 C 级的要求。

5.1.6.3　库房出入口及库房内应设置视频监控装置,应能实时监控、记录出入库房人员情况,监视及回放图像应能清晰辨别出入人员的面部特征及人员在库房内的操作过程。

5.1.6.4　库房的出入口及库房内部应设置 2 种或 2 种以上探测原理的入侵探测装置。

5.1.6.5　无库房的应设置防盗保险柜,保险柜应与地面牢固连接,防护要求应能达到 GB 10409—2001 中 A1 级的要求。防盗保险柜应在视频监控和入侵探测的范围内。

### 5.1.7　安防监控室、安防设备区(柜)

5.1.7.1　金银珠宝营业场所内应设置安防监控室或安防设备区(柜),用于存放安防控制、存储等设备。

5.1.7.2　安防监控室应设置温度调节装置。

5.1.7.3　安防监控室应设置防盗安全门,防护门的抗破坏强度应达到 GB 17565—2007 中乙级防盗安全门的要求,门上安装的防盗锁应达到 GA/T 73—2015 中 A 级、GA 374—2001 中 A 级或 GA 701—2007 中 A 级的要求。

5.1.7.4　安防监控室或安防设备区应设置紧急报警装置,紧急报警装置应安装在隐蔽、便于操作的部位,并具有防误触发功能。

5.1.7.5　安防监控室的窗户应符合 5.1.1.3 的要求。

5.1.7.6　独立设置的设备柜应在视频监控及入侵探测的范围内,柜体应有防破坏报警装置。

## 5.2　非独立式金银珠宝营业场所

### 5.2.1　出入口

5.2.1.1　临街出入口应符合 5.1.2.1～5.1.2.3 的要求。

5.2.1.2　非临街出入口应符合 5.1.2.2～5.1.2.3 的要求。

### 5.2.2　柜台(展柜)

5.2.2.1　柜台或展柜应符合 5.1.4.1～5.1.4.5 的要求。

5.2.2.2　柜台区域内应在隐蔽处设置防盗保险柜,应符合 5.1.4.6 的要求。

5.2.2.3　柜台应设置与商场、超市、综合体等相连接的紧急报警装置。

### 5.2.3　收银区

独立设置的收银区,应符合 5.1.5 的要求。

### 5.2.4　库房(保险柜)

应符合 5.1.6 的要求。

### 5.2.5　安防设备区(柜)

独立设置的安防设备区(柜)应符合 5.1.7 的要求。

## 6　系统技术要求

### 6.1　基本要求

6.1.1　技术防范系统中任何一个子系统出现故障时都不应影响其他子系统的正常工作。

6.1.2 金银珠宝营业场所安全防范设施建设中采用的材料、设备应符合相关国家法规和标准的要求，并经检验或认证合格。

6.1.3 技术防范系统的建设除应符合本标准，还应符合 GB 50348 的有关规定。

6.1.4 技术防范系统中任何一个子系统出现故障时，应不影响其他子系统的正常工作。

6.1.5 技术防范系统的计时误差与北京时间应小于或等于 10 s。

## 6.2 视频监控系统

6.2.1 视频监控系统应能进行有效的视频探测与监视、图像显示、记录与回放。

6.2.2 在环境光照条件不能满足监控要求的区域应增加照明装置或配置具有夜视功能的摄像机，保证回放图像清晰可见。

6.2.3 视频监控系统应保持每天 24 h 连续运行。

6.2.4 视频监控系统应能对所有监控图像进行记录，并能多画面显示各监控图像，并具有时间、日期的字符叠加、记录功能，字符叠加不应影响图像记录效果。

6.2.5 应具有视频信号丢失侦测识别并报警的功能。

6.2.6 报警同步的终端图像显示装置，应能准确地识别报警区域，并实时显示发生警情的区域、日期、时间及报警类型等信息。

6.2.7 记录、回放视频监控图像时，视音频信号的失步异步时间应小于或等于 1 s。

6.2.8 视频监控系统图像信号的技术指标应不低于 GB 50198 规定的评分等级 4 级的要求，回放图像质量不应低于 3 级的要求。

6.2.9 应采用数字录像设备进行图像记录，图像记录帧速应大于或等于 25 帧/s，存储时间不少于 30 天。数字录像设备应符合 GB 20815—2006 的相关要求。

6.2.10 其他应符合 GB 50395—2007 的相关要求。

6.2.11 金银珠宝营业场所技术防范系统的联网应符合 GB/T 28181 的相关要求。

6.2.12 非独立式金银珠宝营业场所的视频监控系统应与本商场、超市或商业综合体的监控中心或公司联网。

## 6.3 入侵报警系统要求

6.3.1 入侵报警系统应满足 GB 50394—2007 的相关要求。

6.3.2 入侵报警系统应能对金银珠宝营业场所的出入口、柜台(展柜)、收银区、设备区等重点区域进行探测。

6.3.3 报警控制器的设置满足下列要求：

    a) 控制器内应配置备用电源，其容量应大于或等于 8 h；

    b) 应设置防拆开关；

    c) 独立设置的报警控制器应安装在便于日常维护、检修的部位，并置于入侵探测器的防护范围内。操作键盘应安装在营业场所内，并将最终防区设置为延时状态。

6.3.4 紧急报警防区应处于 24 h 不可撤防模式。

6.3.5 紧急报警装置被触发后，应同时启动本地声、光报警装置并将报警信号发送到接处警中心。紧急报警装置被触发后应自锁，复位应仅能通过人工操作方式实现。

6.3.6 报警系统应具有布防和撤防、不可撤防模式、外出与进入延迟的设置和编程、自检、防破坏、报警记录储存打印输出、密码操作保护等功能。

6.3.7 报警系统应具有在断电、断线、故障等情况下发出故障提示的功能。

6.3.8 应能准确地识别报警区域,实时显示发生报警的区域、日期、时间及报警类型等信息。

6.3.9 入侵报警探测装置应能与相应部位的辅助照明、视频监控及声音复核等设备联动。入侵探测器、紧急报警装置发出的报警信号应及时准确地将报警位置等信息发送到安防监控室、或联网监控中心、或接处警中心。

6.3.10 报警响应时间应满足下列要求:

    a) 使用专用线缆传输的,小于或等于 2 s;

    b) 经由 PSTN 网络传输的,小于或等于 20 s;

    c) 经由 IP 网络传输的,小于或等于 4 s;

    d) 经由无线网络采用 GPRS 及以上速率传输的,小于或等于 5 s。

6.3.11 采用公共电话网传输的系统,不应在通讯线路上挂接其他通信设施。

6.3.12 报警系统的设防、撤防、报警及视频监控图像、声音复核等信息的存储时间应大于或等于 30 天。

### 6.4 出入口控制系统要求

6.4.1 系统应具有对钥匙的授权功能,使不同等级的目标对各个出入口有不同的出入权限。

6.4.2 系统出现出入口非授权开启、出入口胁迫开启、断电、出入口控制主机被破坏等异常情况时,应能及时将异常信息报送到远程监控中心。

6.4.3 现场控制设备中的每个出入口事件记录总数应大于或等于 10 000 条。

6.4.4 系统应具有对时间、地点、人员等信息的显示、记录、查询、打印等功能,事件记录存储时间应大于或等于 180 天。

6.4.5 疏散通道出入口控制系统的设置应符合紧急逃生时人员疏散的相关规定。

6.4.6 供电电源断电时,非疏散通道出入口的执行机构装置的启闭状态应满足管理要求。

6.4.7 执行机构的有效开启时间应满足出入口流量及人员、物品的安全要求。

6.4.8 系统应具有与入侵报警系统、视频监控系统实现联动的功能。

6.4.9 其他要求应满足 GB 50396—2007 的相关要求。

### 6.5 供电

6.5.1 系统应配置备用电源,当主电源断电时,应能自动切换到备用电源供电并发出报警,备用电源应能支持入侵系统连续正常运行 8 h,视频监控系统连续正常运行 2 h。

6.5.2 系统应配置配电箱,配电箱应带锁,外界不能直接接触电源接线端。各种熔断器、分合开关、输入输出插座等应有标识,标识内容应可引导正确使用。

6.5.3 金银珠宝营业场所内应配置自动应急照明装置。

## 7 保障措施

7.1 经营金银珠宝的营业场所的主要负责人为治安保卫工作的第一责任人,对金银珠宝营业场所治安保卫工作负责,落实金银珠宝营业场所治安保卫制度和治安防范措施。

7.2 金银珠宝营业场所应配备专(兼)职安保力量,并配备必要的防护器械。

7.3 金银珠宝营业场所治安保卫工作制度主要包括:值班巡护制度、安全管理制度、商品管理制度、金银珠宝回收或置换登记制度、取送现金、贵重物品押运制度、安防设施管理制度以及治安案件和刑事案件报告制度。

7.4 金银珠宝营业场所对货品实行回收、以旧换新时,应在柜台、展柜进行实名记录。

7.5 金银珠宝营业场所从业人员的基础信息应报属地公安派出所备案;营业员应接受治安防范培训,熟知紧急报警装置的位置和使用方法。

7.6 金银珠宝营业场所应建立内部治安保卫工作档案,制定处置突发事件预案,每季度至少组织一次演练。

7.7 公安机关依法对金银珠宝营业场所治安保卫工作进行监督、指导和检查。

ICS 13.310
A 91

# 中华人民共和国公共安全行业标准

GA 1524—2018

# 射钉器公共安全要求

Public security requirements for powder actuated tools

2018-10-22 发布                                          2019-05-01 实施

## 中华人民共和国公安部    发 布

# 前　　言

**本标准的全部内容为强制性。**

本标准按照 GB/T 1.1—2009 给出的规则起草。

请注意本文件的某些内容可能涉及专利。本文件的发布机构不承担识别这些专利的责任。

本标准由公安部治安管理局提出。

本标准由全国安全防范报警系统标准化技术委员会(SAC/TC 100)归口。

本标准起草单位:公安部治安管理局、中国兵器装备集团公司军品部、四川省公安厅、四川华庆机械有限责任公司、四川南山射钉紧固器材有限公司。

本标准主要起草人:赵伟、赵军、林开平、李明刚、杨建军、袁何、钱熊飞、董传华、何力、陈忠、金小淳、付辉、杨中伟、项海波。

# 引　言

我国射钉器一直依照 GB/T 18763—2002 进行生产、检验、包装、运输及贮存。近年来,社会上出现了越来越多的利用射钉器改制成枪支危害社会公共安全的案件,为了防止射钉器改制枪支问题的发生,规范射钉器生产、流通和使用行为,需要对射钉器在公共安全方面提出有关技术、标识、试验方法、安全管理方面的要求,满足社会公共安全管理工作的需要。

本标准是对 GB/T 18763—2002 的补充。

# 射钉器公共安全要求

## 1 范围

本标准规定了射钉器的产品分类、标记与编号、安全技术要求、试验方法和安全管理要求。

本标准适用于射钉器的设计、测评、制造及使用。

## 2 规范性引用文件

下列文件对于本文件的应用是必不可少的。凡是注日期的引用文件,仅注日期的版本适用于本文件。凡是不注日期的引用文件,其最新版本(包括所有的修改单)适用于本文件。

GB/T 18763—2002 射钉器

GB/T 18981—2008 射钉

GB/T 19914—2005 射钉弹

WJ 78—1997 轻武器内弹道试验方法和标准弹鉴选方法

## 3 术语和定义

GB/T 18763—2002、GB/T 18981—2008 和 GB 19914—2005 界定的以及下列术语和定义适用于本文件,为了便于使用,以下重复列出 GB/T 18763—2002 的部分术语和定义。

3.1

**射钉 fastener**

以火药燃烧产生的高压气体推动,能钉入硬质构件中的高强度紧固件。

[GB/T 18763—2002,定义 3.2]

3.2

**射钉器 powder actuated tool**

以击发射钉弹使火药燃烧产生的高压气体,推动射钉等进行作业的工具。

[GB/T 18763—2002,定义 3.1]

3.3

**特种射钉器 special powder actuated tool**

采用射钉器的基本结构和原理,使用射钉弹进行特种紧固作业(如水下紧固、钢锭模修补等)或非紧固作业(如破障、切錾、检测等)的工具,包括但不限于直接作用式射钉器和高速射钉器。

3.4

**活塞 piston**

由火药气体直接推动并将能量传递给射钉的零件。

[GB/T 18763—2002,定义 3.6]

3.5

**活塞筒 piston barrel**

射钉器中放置活塞的管形零件。

3.6

**钉管　fastener guide**

射钉器中放置射钉的管形零件。

[GB/T 18763—2002,定义 3.8]

3.7

**射钉弹　powder load**

经射钉器击发燃烧,产生高压气体推动射钉等的火药弹。

[GB/T 18763—2002,定义 3.3]

3.8

**速度　speed**

**$V_2$**

射钉器在水平状态射击时,射钉飞离射钉器钉管端面 2 m 处的速度。

3.9

**分离式弹膛　separated chamber**

由两个及以上零件组合构成,退壳时弹膛的零件之间沿轴向有相对移动。

3.10

**直接作用射钉器　direct powder actuated tool**

火药燃烧产生的高压气体直接作用于射钉,推动射钉运动的射钉器。

3.11

**间接作用射钉器　indirect powder actuated tool**

火药燃烧产生的高压气体作用于活塞,活塞再推动射钉运动的射钉器。

3.12

**直通式活塞筒　straight-through piston barrel**

能从前端直接取出活塞的活塞筒。

3.13

**防改制　anti-transforming**

采取技术措施使射钉器不能通过简单的机械加工改制为枪支。

## 4　产品分类、标记与编号

### 4.1　产品分类

4.1.1　按作用原理,射钉器分为间接作用射钉器和直接作用射钉器,见图 1 和图 2。

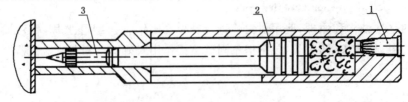

说明:

1——射钉弹;

2——活塞;

3——射钉。

**图 1　间接作用射钉器**

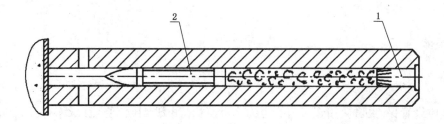

说明：

1——射钉弹；

2——射钉。

**图 2　直接作用射钉器**

**4.1.2**　射钉器使用最大威力射钉弹和最小规格射钉，射钉器在最大威力状态下射击，按射钉飞行速度 $V_2$ 的大小，射钉器分为低速射钉器、中速射钉器和高速射钉器，见表1。

**表 1　射钉器速度分类表**

| 产品分类 | 射钉速度 $V_2$ 的 10 发平均值 | 射钉速度 $V_2$ 的单发值 |
|---|---|---|
| 低速射钉器 | ≤100 m/s | ≤108 m/s |
| 中速射钉器 | 100 m/s<$V_2$≤150 m/s | ≤160 m/s |
| 高速射钉器 | $V_2$>150 m/s | — |

**4.1.3**　按用途，射钉器分为普通射钉器和特种射钉器。

**4.2　标记与编号**

**4.2.1**　射钉器应按 GB/T 18763—2002 中的 4.2 的相关要求标记。

**4.2.2**　射钉器编号由 11 位阿拉伯数字或者阿拉伯数字与英文字母组成。其中，企业代码用两位阿拉伯数字或英文字母表示；生产年份为生产当时公元年号的后两位，生产月份为生产当时月份的两位数字；顺序号用五位阿拉伯数字表示，应为 00 001～99 999 之间，见图3；特种射钉器应在产品标识上注明特种射钉器特性，在射钉器编号前加上"T"字样，见图4。

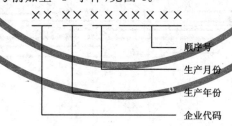

**图 3　射钉器编号示例**

**示例**：代码为 08 的企业 2018 年 9 月生产的第 8651 支射钉器的编号为：08180908651。

T×××××××××

**图 4　特种射钉器编号示例**

## 5 安全技术要求

### 5.1 基本要求

5.1.1 射钉器应设置保险机构,用超过自身重力22 N的作用力推压钉管,且压缩行程大于12 mm方可解脱保险,完成击发。

5.1.2 射钉器的结构不应存在能锁止保险的接口或机构。

### 5.2 射钉器弹膛的结构要求

5.2.1 射钉器若采用直通式活塞筒,弹膛轴线应与活塞筒轴线偏移,偏移量 $L$ 应不小于1.5 mm,见图5。

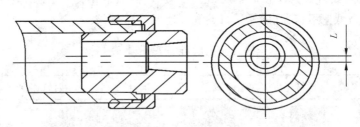

**图5 采用直通式活塞筒的弹膛结构**

5.2.2 当弹膛轴线与活塞筒轴线偏移量小于1.5 mm时,必须存在不能取消的零部件,限制直接把活塞从活塞筒里取出来,见图6。

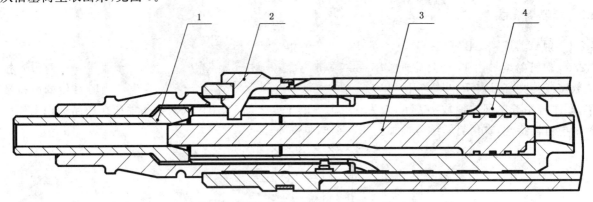

说明:
1——钉管;
2——卡榫;
3——活塞;
4——活塞筒。

**图6 卡榫能限制直接从活塞筒里取出活塞**

5.2.3 射钉器不应使用分离式弹膛。

5.2.4 射钉器弹膛尺寸见图7和表2。

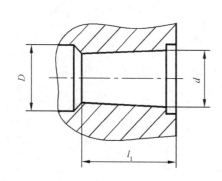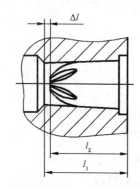

图 7 弹膛尺寸

表 2 弹膛尺寸表 单位为毫米

| 配用射钉弹 | | $d_{max}$ | $D_{min}$ | $\Delta l = l_1 - l_2$ |
|---|---|---|---|---|
| 直径 | 长度 | | | |
| 6.0 | 16 | 6.30 | | |
| 6.3 | 10 | 6.60 | | |
| 6.3 | 12 | 6.60 | | |
| 6.3 | 16 | 6.60 | $\geqslant d+1$ | $\Delta l \leqslant 3$ |
| 6.8 | 11 | 7.10 | | |
| 6.8 | 18 | 7.10 | | |
| 10 | 18 | 10.30 | | |

## 5.3 标识及使用说明书

### 5.3.1 产品标识

5.3.1.1 射钉器外表面应具有法定测评机构授权的二维码。

5.3.1.2 产品编号应铸刻在产品外表面明显位置上,编号应正确、完整、清晰。

### 5.3.2 包装标识

5.3.2.1 射钉器的包装应符合 GB/T 18763—2002 的要求,外包装上应标明包装箱内每支射钉器的编号。

5.3.2.2 特种射钉器的外包装箱上应注明"特种射钉器"字样。

### 5.3.3 使用说明书

5.3.3.1 射钉器应配有使用说明书,使用说明书应包含零部件分解图,并对每个不能再进行拆分的零部件进行编号、命名。

5.3.3.2 使用说明书上应具有使用、保存的警示内容。

## 6  试验方法

### 6.1  速度 $V_2$

按 4.1.2 和 GB/T 18763—2002 的 6.11 的相应要求,用 WJ 78—1997 规定的方法,测量射钉器 $V_2$:
a)  射钉器在最大威力状态下射击;
b)  配用最大威力的射钉弹;
c)  配用最小规格的射钉。
记录和分析实验数据,根据 4.1.2 划分射钉器的种类。

### 6.2  压缩力和压缩行程

将射钉器置于衡器(精度为 10 g)上,压缩射钉器钉管到可击发位置,检查衡器上的数值,判断结果是否符合 5.1.1 的要求。

### 6.3  保险机构

将射钉器处于解脱保险状态,检查是否存在锁止保险的接口或机构,判断结果是否符合 5.1.2 的要求。

### 6.4  弹膛偏移量

用测量器具检查弹膛轴线与活塞筒轴线的偏移量,判断结果是否符合 5.2.1 的要求。

### 6.5  弹膛、活塞筒关系

检查弹膛、活塞筒和活塞组件的结构,判断结果是否符合 5.2.2 的要求。

### 6.6  弹膛

6.6.1  检查弹膛结构形式,判断结果是否符合 5.2.3 的要求。
6.6.2  用测量器具检查弹膛尺寸,判断结果是否符合 5.2.4 的要求。

### 6.7  射钉器标识

检查产品外观和主要零部件外表面标识,判断结果是否符合 5.3.1 的要求。

### 6.8  包装标识

检查包装标识,判断结果是否符合 5.3.2 的要求。

### 6.9  使用说明书

检查使用说明书的相关内容,判断结果是否符合 5.3.3 的要求。

## 7  安全管理要求

### 7.1  基本要求

7.1.1  射钉器应经指定的检测机构测评合格后,才能在国内销售,产品测评的相关要求见附录 A。
7.1.2  制造、销售射钉器的企业,应填写《射钉器制造、销售企业情况登记表》,见表 B.1,报送所在地县级公安机关。

7.1.3 射钉器制造、销售、使用单位的法定代表人是本单位安全管理第一责任人,单位应建立内部安全管理、产品流向信息登记等制度。

7.1.4 已测评合格的射钉器产品结构发生更改的,应重新测评。

7.1.5 进口的射钉器产品应按本标准进行测评,测评合格后,方可在国内销售。

## 7.2 制造、销售要求

7.2.1 制造企业销售射钉器时,应填写《射钉器销售情况登记表》,见表 C.1。

7.2.2 经销商销售射钉器时,应填写《射钉器销售情况登记表》,见表 C.1。

7.2.3 特种射钉器应由使用单位直接向制造企业订购,制造企业应填写《射钉器销售情况登记表》,见表 C.1,报送所在地县级公安机关。

## 7.3 使用要求

7.3.1 射钉器使用单位(个人)应建立使用台账,记录使用人、射钉弹消耗情况等信息。

7.3.2 射钉器使用单位(个人)不得对射钉器结构、功能等进行任何形式的改制。

附　录　A
（规范性附录）
产品测评相关要求

## A.1　测评机构

公安部会同相关行业管理部门指定测评机构并公布。

## A.2　测评依据

本标准和 GB/T 18763—2002。

## A.3　测评要求

### A.3.1　提供的技术文件

生产单位应向测评机构提供下列文件：
a)　产品全套设计图样；
b)　使用维护说明书；
c)　制造与验收规范。

### A.3.2　受试样品要求

受试样品应满足下列要求：
a)　符合产品图样和制造与验收规范；
b)　受试样品数量 3 支。

## A.4　测评的结果与实施

对测评合格的产品授予二维码及相关证明文件。

附　录　B

（规范性附录）

射钉器制造、销售企业情况登记表

射钉器制造、销售企业情况登记表见表 B.1。

表 B.1　射钉器制造、销售企业情况登记表

| 企业名称 | |
|---|---|
| 法人代表 | |
| 注册地址 | |
| 营业执照 | |
| 经营地点 | |
| 联系电话 | |
| 邮政编码 | |
| 网络邮箱 | |
| 互联网站 | |
| 从业人数 | |
| 安全负责人 | |
| 射钉器生产、销售企业简要情况说明 | |

填表人：　　　　　　　　　　　　　　　　　　　　填表时间：

附 录 C
（规范性附录）
射钉器销售情况登记表

射钉器销售情况登记表见表 C.1。

表 C.1 射钉器销售情况登记表

供货单位：　　　　　地址：　　　　　联系人：　　　　　联系方式：

| 序号 | 购买单位 | 品种型号 | 数量 | 产品编号 | 购买时间 | 购买人身份证号码 | 购买人联系方式 |
|---|---|---|---|---|---|---|---|
| 1 | | | | | | | |
| 2 | | | | | | | |
| 3 | | | | | | | |
| 4 | | | | | | | |
| 5 | | | | | | | |
| 6 | | | | | | | |
| 7 | | | | | | | |
| 8 | | | | | | | |
| 9 | | | | | | | |
| 10 | | | | | | | |

销售单位：　　　　　地址：　　　　　经办人：　　　　　联系方式：

## 参 考 文 献

[1] 公安部.关于加强射钉器射钉弹管理工作的通知:公治〔2015〕678号.

ICS 13.310
A 91

中华人民共和国公共安全行业标准

GA 1525—2018

# 射钉弹公共安全要求

Public security requirements for powder loads

2018-10-22 发布

2019-05-01 实施

中华人民共和国公安部　　发 布

# 前　言

**本标准的全部内容为强制性。**

本标准按照 GB/T 1.1—2009 给出的规则起草。

本标准由公安部治安管理局提出。

本标准由全国安全防范报警系统标准化技术委员会(SAC/TC 100)归口。

本标准起草单位:公安部治安管理局、中国兵器装备集团公司军品部、四川省公安厅、四川南山射钉紧固器材有限公司、四川华庆机械有限责任公司。

本标准主要起草人:李明刚、赵伟、赵军、项海波、林开平、袁何、钱熊飞、董传华、何力、陈忠、金小淳、付辉、刘建平。

# 引　言

我国射钉弹一直依照 GB/T 19914—2005 进行制造、检验、包装、运输及贮存,近年来,社会出现了射钉弹违规制造、改制,危害社会公共安全的案例,为了防止射钉弹改制问题的发生,规范射钉弹的制造、流通和使用,需要对射钉弹在公共安全方面提出有关技术、标识、试验方法、安全管理方面的要求,满足社会公共安全管理工作的需要。

本标准是对 GB/T 19914—2005 的补充。

# 射钉弹公共安全要求

## 1 范围

本标准规定了射钉弹的产品分类与标识、安全技术要求、试验方法及安全管理要求。

本标准适用于射钉弹的设计、测评、制造及使用。

## 2 规范性引用文件

下列文件对于本文件的应用是必不可少的。凡是注日期的引用文件,仅注日期的版本适用于本文件。凡是不注日期的引用文件,其最新版本(包括所有的修改单)适用于本文件。

GB/T 18763—2002 射钉器

GB/T 18981—2008 射钉

GB/T 19914—2005 射钉弹

## 3 术语和定义

GB/T 18763—2002、GB/T 18981—2008 和 GB/T 19914—2005 界定的以及下列术语和定义适用于本文件。为了便于使用,以下重复列出 GB/T 19914—2005 的部分术语和定义。

### 3.1

**射钉弹 powder load**

经射钉器击发燃烧,产生高压气体推动射钉等的火药弹。

[GB/T 18763—2002,定义 3.3]

### 3.2

**口径 caliber**

射钉弹体部或缩颈部直径的基本尺寸。

[GB/T 19914—2005,定义 3.1]

### 3.3

**边缘击发 rim fire**

撞击射钉弹底部边缘,使其发火。

[GB/T 19914—2005,定义 3.2]

### 3.4

**中心击发 center fire**

撞击射钉弹底部中心,使其发火。

[GB/T 19914—2005,定义 3.3]

### 3.5

**封口 sealing**

将弹壳口部封固,使弹内装药不致掉出。

[GB/T 19914—2005,定义 3.4]

3.6

**收口　crimped mouth**

将弹壳口部收紧,并形成星形皱折的射钉弹封口形式。

[GB/T 19914—2005,定义 3.5]

3.7

**卷口　rolled mouth**

将弹壳口部卷曲,但不收紧的射钉弹封口形式。

[GB/T 19914—2005,定义 3.6]

3.8

**体部　body**

射钉弹较长的圆柱部位。

[GB/T 19914—2005,定义 3.7]

3.9

**缩颈　bottle necking**

使射钉弹体部前端直径缩小。

[GB/T 19914—2005,定义 3.8]

3.10

**色标　color code**

附在射钉弹上,表示威力等级的颜色。

[GB/T 19914—2005,定义 3.9]

3.11

**散弹　single case**

在射钉器上呈单粒方式供弹的射钉弹。

[GB/T 19914—2005,定义 3.10]

3.12

**弹条　strip**

条形供弹具。

3.13

**弹盘　disc**

圆盘形供弹具。

[GB/T 19914—2005,定义 3.11]

3.14

**花瓣　crimp**

射钉弹收口形成的皱折。

[GB/T 19914—2005,定义 3.12]

3.15

**撞击感度　sensitivity**

使射钉弹发火的最小撞击能量。

[GB/T 19914—2005,定义 3.13]

3.16

**速度 $V_2$　speed $V_2$**

按 GB/T 19914—2005 中 6.4.2 的方法在专用测试系统上击发射钉弹,标准弹丸飞离测速管口前端面 2 m 处的速度。

3.17

**特种射钉弹** special powder load

按 GB/T 19914—2005 中 6.4.2 的方法测定速度 $V_2$ 不小于 280 m/s 的射钉弹或卷口射钉弹。

## 4 产品分类与标识

### 4.1 产品分类

4.1.1 按口径,射钉弹一般分为 5.6 mm、6.0 mm、6.3 mm、6.8 mm、10 mm 等几种。

4.1.2 按全长,射钉弹一般分为 10 mm、11 mm、12 mm、16 mm、18 mm、25 mm 等几种。

4.1.3 按击发位置,射钉弹分为边缘击发射钉弹和中心击发射钉弹,见图1。

4.1.4 按封口形式,射钉弹分为收口射钉弹和卷口射钉弹,见图1。

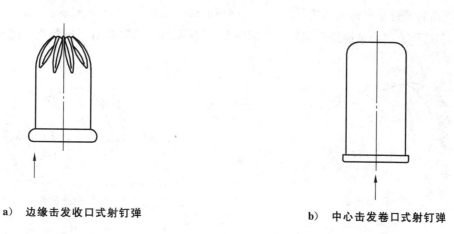

a) 边缘击发收口式射钉弹　　　　　b) 中心击发卷口式射钉弹

注:"↑"对应的位置为击发点。

**图 1 射钉弹击发位置与封口形式示意图**

4.1.5 按体部形状,射钉弹分为直体射钉弹和缩颈射钉弹,见图2。

a) 直体射钉弹　　　　　b) 缩颈射钉弹

**图 2 直体和缩颈射钉弹示意图**

4.1.6 按威力等级,射钉弹威力从小到大一般分为 1、2、3、4、4.5、5、6、7、8、9、10、11、12 级。

4.1.7 按外壳材料,射钉弹分为金属外壳射钉弹和塑料外壳射钉弹。

4.1.8 按封口形式和威力大小,分为普通射钉弹和特种射钉弹,见表1。

表 1 普通射钉弹和特种射钉弹分类表

| 序号 | 射钉弹属性 | 威力等级 | 速度 $V_2$/(m/s) | 封口形式 |
|---|---|---|---|---|
| 1 | 普通射钉弹 | <8 | <280 | 收口 |
| 2 | 特种射钉弹 | ≥8 | ≥280 | |
| | | — | — | 卷口 |

## 4.2 标识

### 4.2.1 产品标识

4.2.1.1 射钉弹的弹壳上应标识制造厂家专用商标图案或企业代码,如图3所示。

图3中a)所示"⧆"为某制造厂家专用商标图案,b)所示"08"为某制造厂家的企业代码。

a) 商标图案                    b) 企业代码

图 3 制造厂家专用商标图案和企业代码标识示意图

4.2.1.2 射钉弹根据威力等级在口部或底部用颜色标记,分为白、灰、棕、绿、黄、红、紫、黑等多种颜色。

### 4.2.2 包装标识

4.2.2.1 射钉弹产品包装盒、包装箱外应编制九位数字编码,其中,企业代码用两位阿拉伯数字表示;制造年份为制造当时公元年号的后两位;制造月份为制造当时月份的两位数字;制造批次用三位阿拉伯数字表示,应为001~999之间,编码方法见图4。

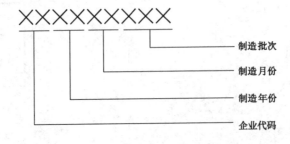

示例:代码为08的企业2018年9月生产的第099批射钉弹的编号为081809099。

图 4 射钉弹编号的示例

4.2.2.2 特种射钉弹应在产品标识上注明特种射钉弹特性,在编号前加上"T"字样,编码方法如图5所示。

T081809099

**图 5　特种射钉弹编号的示例**

## 5　安全技术要求

### 5.1　尺寸

射钉弹的主要尺寸应符合图 6 和表 2 的规定。

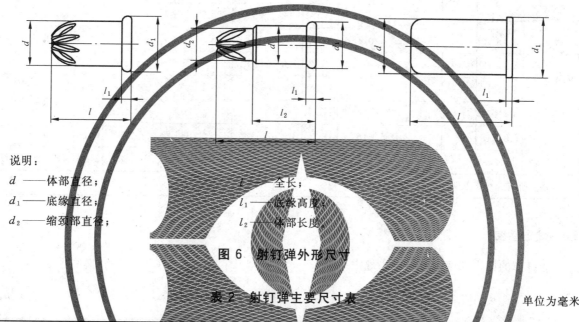

说明：

$d$——体部直径；

$d_1$——底缘直径；

$d_2$——缩颈部直径；

$l$——全长；

$l_1$——底缘高度；

$l_2$——体部长度。

**图 6　射钉弹外形尺寸**

**表 2　射钉弹主要尺寸表**　　　　　单位为毫米

| 射钉弹类别<br>口径×全长 | $d_{max}$ | $d_{1max}$ | $d_{2max}$ | $l_{max}$ | $l_{1max}$ | $l_{2max}$ |
|---|---|---|---|---|---|---|
| 5.6×16S | 5.28 | 7.06 | 5.74 | 15.50 | 1.12 | 9.00 |
| 5.6×16 | 5.74 | 7.06 | — | 15.50 | 1.12 | — |
| 5.6×25 | 5.74 | 7.06 | — | 25.30 | 1.12 | — |
| K5.6×25 | 5.74 | 7.06 | — | 25.30 | 1.12 | — |
| 6.0×16S | 6.00 | 7.35 | 5.60 | 15.50 | 1.30 | 9.40 |
| 6.3×10 | 6.30 | 7.60 | — | 10.30 | 1.30 | — |
| 6.3×12 | 6.30 | 7.60 | — | 12.00 | 1.30 | — |
| 6.3×16 | 6.30 | 7.60 | — | 15.80 | 1.30 | — |
| 6.8×11 | 6.86 | 8.50 | — | 11.00 | 1.50 | — |
| 6.8×18 | 6.86 | 8.50 | — | 18.00 | 1.50 | — |
| ZK10×18 | 10.00 | 10.85 | — | 17.70 | 1.20 | — |
| SK8.5 | 8.5 | 8.5 | — | 21.00 | — | — |
| SK10 | 10 | 10 | — | 21.00 | — | — |

注：S 为缩颈弹；K 为卷口弹；ZK 为中心发火卷口弹；SK 为塑壳弹。

## 5.2 威力等级、色标和速度

射钉弹威力等级、色标和速度 $V_2$ 应符合表 3 的规定,不能高于国家标准 12 级($V_2 \leqslant 393.2$ m/s)。

**表 3　射钉弹威力、色标和速度对应表**　　　　　　　　单位为米每秒

注:表中"口径×全长"栏左侧为威力等级,其下为色标;灰、白、棕、绿、黄、蓝、红、紫、黑、灰、—、红、黑、—、—分别对应威力等级 1、2、3、4、4.5、5、6、7、8、9、10、11、12(其中 5 级对应蓝、红，6 级对应紫、黑)。

| 威力等级 | | 1 | 2 | 3 | 4 | 4.5 | 5 | 5 | 6 | 6 | 7 | 8 | 9 | 10 | 11 | 12 |
|---|---|---|---|---|---|---|---|---|---|---|---|---|---|---|---|---|
| 色标 | | 灰 | 白 | 棕 | 绿 | 黄 | 蓝 | 红 | 紫 | 黑 | 灰 | — | 红 | 黑 | — | — |
| 口径×全长 — S5 | 5.6×16S | — | — | 118.9 | 146.3 | 173.7 | — | 201.2 | — | — | — | — | — | — | — | — |
| S52 | 5.6×16 | — | — | — | 146.3 | 173.7 | — | 201.2 | 228.6 | — | — | — | — | — | — | — |
| S6 | 6.0×16S | — | — | — | 146.3 | 173.7 | — | 201.2 | 228.6 | — | — | — | — | — | — | — |
| S4 | 6.3×10 | — | 97.5 | 118.9 | 152.4 | — | 173.7 | 185.9 | — | — | — | — | — | — | — | — |
| S4 | 6.3×12 | — | 100.6 | 131.1 | 152.4 | 173.7 | — | 201.2 | — | — | — | — | — | — | — | — |
| S4 | 6.3×16 | — | — | — | 179.8 | 204.2 | — | 237.7 | 259.1 | — | — | — | — | — | — | — |
| S1 | 6.8×11 | — | — | 128.0 | 146.3 | 170.7 | — | — | 201.2 | — | — | — | — | — | — | — |
| S3 | 6.8×18 | — | — | 167.6 | 192.0 | 221.0 | — | 234.7 | 265.2 | — | — | — | — | — | — | — |
| S2 | 10×18 | — | — | — | — | — | — | — | — | — | — | 283.5 | 310.9 | 338.3 | 365.8 | 393.2 |

注:所有速度的公差均为 ±13.6。

## 5.3 撞击感度

射钉弹的撞击感度应符合表 4 规定。

**表 4　射钉弹撞击感度表**　　　　　　　　单位为毫米

| 射钉弹口径 | 落球试验(落球质量：112 g±0.56 g) | | | |
|---|---|---|---|---|
| | 两点法 | | 步进法 | |
| | 全部发火的最小落高 | 全部不发火的最大落高 | $\overline{H}+4S$ | $\overline{H}-2S$ |
| 5.6 | 220 | 40 | 260 | 50 |
| 6.0 | 220 | 40 | 260 | 50 |
| 6.3 | 260 | 50 | 300 | 63 |
| 6.8 | 260 | 50 | 300 | 63 |
| 10 | 330 | 63 | 360 | 76 |

注:$\overline{H}$ 为样本 50% 发火的落高;$S$ 为样本标准差;落高是指落球的下撞击点至被撞击点的高度。

## 5.4 振动安全性能

在落高为 150 mm、频率为 60 次/min、振动时间 480 s 的振动条件下不应发火。振动过程中,射钉弹不应有漏药和零部件松动、脱落的现象。

## 5.5 高温安全性能

在 75 ℃ 环境温度下保持 48 h,射钉弹不应自发火。

### 5.6 低温安全性能

在-40 ℃环境温度下保持48 h,射钉弹不应有弹壳自行破裂和零部件松动、脱落的现象。

### 5.7 密封安全性能

射钉弹的发射药应被弹壳严密包覆,不应直接裸露在外。

### 5.8 射击安全性能

射钉弹使用射钉器进行射击试验时,符合下述规定:
a) 应正常发火,不应有早发火、迟发火、掉底、底部击穿、底火脱落或击穿、弹壳横裂、底裂和超过弹全长三分之一的纵裂等缺陷;
b) 应能顺利供弹和退壳;弹和弹壳均不应从弹条或弹盘上脱落;
c) 弹条或弹盘不应有破碎、断裂和影响射击的变形;
d) 不应影响射钉器的可靠性和灵活性。

## 6 试验方法

### 6.1 射钉弹尺寸的检测

随机抽样100发射钉弹,用千分尺或者游标卡尺检测射钉弹尺寸,判断结果是否符合5.1的要求。

### 6.2 威力等级和速度 $V_2$ 测试

将射钉弹、测速弹丸、测速管在温度为20 ℃±2 ℃的环境中保持1 h,用测速靶、记时仪、专用的测速弹丸和测速管,射击10发射钉弹,测量 $V_2$,判断结果是否符合5.2的要求。

测速弹丸及测速管应符合图7及以下规定:
a) 弹丸:钢质,圆柱形,直径($d$)为9.502 mm～9.53 mm,质量($m$)为22.48 g～22.88 g,两端倒圆 $R$0.3 mm,圆柱面表面粗糙度 $Ra$ 的上限值为1.60 $\mu$m;
b) 测速管:内径($D$)为9.538 mm～9.56 mm,内表面粗糙度 $Ra$ 的上限值为0.80 $\mu$m,内径全长范围内的直线度为10 $\mu$m,硬度不低于50 HRC;
c) 对于口径不大于6.8 mm 的射钉弹:测速管长度 $L$＝203 mm,$L_1$＝177 mm,对于口径大于6.8 mm 的射钉弹:测速管长度 $L$＝304.8 mm,$L_1$＝274.3 mm。

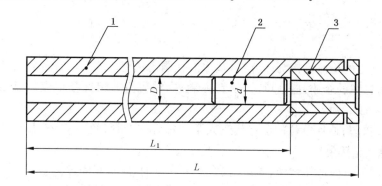

说明:

1——测速管;

2——弹丸;

3——弹膛体。

图7 测速弹丸及测速管

### 6.3 撞击感度测试

射钉弹撞击感度按 GB/T 19914—2005 中 6.5 规定的方法,用落球撞击击针进行试验,判断结果是否符合 5.3 的要求。

### 6.4 振动安全性能测试

按 GB/T 19914—2005 中 6.7 规定的方法进行试验,判断结果是否符合 5.4 的要求。

### 6.5 高温安全性能测试

随机抽样 100 发射钉弹,置于 75 ℃±2 ℃的恒温试验箱环境中 48 h,取出后目视检查,判断结果是否符合 5.5 的要求。

### 6.6 低温安全性能测试

随机抽样 100 发射钉弹,置于−40 ℃±2 ℃的恒温试验箱环境中 48 h,取出后目视检查,判断结果是否符合 5.6 的要求。

### 6.7 密封安全性能检测

随机抽样 100 发射钉弹,目视检查,判断结果是否符合 5.7 的要求。

### 6.8 射击安全性能测试

随机抽样 500 发射钉弹,使用市场上常用的适宜品种射钉器和射钉,在 Q235 钢板上进行射击试验,目视检查,判断结果是否满足 5.8 的要求。

### 6.9 产品标识的检查

检查产品标识,判断结果是否符合 4.2.1 的要求。

### 6.10 包装标识的检查

检查包装标识,判断结果是否符合 4.2.2 的要求。

## 7 安全管理要求

### 7.1 基本要求

7.1.1 射钉弹应经指定的检测机构测评合格后,才能在国内销售。产品测评的相关要求见附录 A。

7.1.2 制造、销售射钉弹的企业,应当填写《射钉弹制造、销售企业情况登记表》,见表 B.1,报送所在地县级公安机关。

7.1.3 射钉弹制造、销售、使用单位的法定代表人是本单位安全管理第一责任人,单位应建立内部安全管理、产品流向信息登记等制度。

7.1.4 已测评合格的射钉弹产品结构、形状、威力发生更改的,应重新测评。

7.1.5 进口的射钉弹产品应按本标准进行测评合格后,方可在国内销售。

7.1.6 制造、销售 5.6 mm 口径射钉弹应取得《民用枪支(弹药)制造许可证》。

### 7.2 制造、销售要求

7.2.1 制造企业销售射钉弹时,应填写《射钉弹销售情况登记表》,见表 C.1。

7.2.2 经销商销售射钉弹时,应填写《射钉弹销售情况登记表》,见表 C.1。

7.2.3 特种射钉弹应由使用单位直接向制造企业订购,制造企业应填写《射钉弹销售情况登记表》,见表 C.1,报送所在地县级公安机关。

7.2.4 射钉弹不应使用过期、退役、失效的发射药,禁止使用烟火药、炸药。

### 7.3 使用要求

7.3.1 射钉弹使用单位(个人)应当建立使用台账,记录使用人、射钉弹消耗情况等信息。

7.3.2 射钉弹使用单位(个人)不得对射钉弹结构、装药等进行任何形式的改制。

附　录　A

（规范性附录）

产品测评相关要求

## A.1　测评机构

公安部会同相关行业管理部门指定测评机构并公布。

## A.2　测评依据

本标准和 GB/T 19914—2005。

## A.3　测评要求

### A.3.1　提供的技术文件

生产单位应向测评机构提供下列文件：
a)　产品全套设计图样；
b)　制造与验收规范。

### A.3.2　受试样品要求

受试样品应满足下列要求：
a)　符合产品图样和制造与验收规范；
b)　样品数量均为 5 000 发。

## A.4　测评的结果与实施

对测评合格的产品授予二维码及相关证明文件。

附　录　B

（规范性附录）

射钉弹制造、销售企业情况登记表

射钉弹制造、销售企业情况登记表见表 B.1。

表 B.1　射钉弹制造、销售企业情况登记表

| 企业名称 | |
|---|---|
| 法人代表 | |
| 注册地址 | |
| 营业执照 | |
| 经营地点 | |
| 联系电话 | |
| 邮政编码 | |
| 网络邮箱 | |
| 互联网站 | |
| 从业人数 | |
| 安全负责人 | |
| 射钉弹制造、销售企业简要情况说明 | |

填表人：　　　　　　　　　　　　　　　　　　　　填表时间：

附　录　C
（规范性附录）
射钉弹销售情况登记表

射钉弹销售情况登记表见表 C.1。

表 C.1　射钉弹销售情况登记表

供货单位：　　　　　地址：　　　　　联系人：　　　　　联系方式：

| 序号 | 购买单位 | 品种型号 | 数量 | 产品编号 | 购买时间 | 购买人身份证号码 | 购买人联系方式 |
|---|---|---|---|---|---|---|---|
| 1 | | | | | | | |
| 2 | | | | | | | |
| 3 | | | | | | | |
| 4 | | | | | | | |
| 5 | | | | | | | |
| 6 | | | | | | | |
| 7 | | | | | | | |
| 8 | | | | | | | |
| 9 | | | | | | | |
| 10 | | | | | | | |

销售单位：　　　　　地址：　　　　　经办人：　　　　　联系方式：

参 考 文 献

[1]　中华人民共和国安全生产法.

[2]　中华人民共和国枪支管理法.

[3]　民用爆炸物品安全管理条例.

[4]　公安部.关于加强射钉器射钉弹管理工作的通知:公治〔2015〕678 号.

ICS 13.320
A 91

# 中华人民共和国公共安全行业标准

GA 1551.1—2019

石油石化系统治安反恐防范要求
第1部分:油气田企业

Requirements for public security and counter-terrorist of petrochemical industry—
Part 1: Oil and gasfield companies

2019-03-28 发布
2019-07-01 实施

中华人民共和国公安部    发 布

# 前　言

**本部分的全部内容为强制性。**

GA 1551—2019《石油石化系统治安反恐防范要求》分为以下 6 个部分：
——第 1 部分：油气田企业；
——第 2 部分：炼油与化工企业；
——第 3 部分：成品油和天然气销售企业；
——第 4 部分：工程技术服务企业；
——第 5 部分：运输企业；
——第 6 部分：石油天然气管道企业。

本部分为 GA 1551—2019 的第 1 部分。

本部分按照 GB/T 1.1—2009 给出的规则起草。

本部分由国家反恐怖工作领导小组办公室，公安部治安管理局、公安部反恐怖局提出。

本部分由全国安全防范报警系统标准化技术委员会(SAC/TC 100)归口。

本部分起草单位：公安部治安管理局、公安部科技信息化局、公安部反恐怖局、公安部第一研究所、中国石油天然气集团有限公司保卫部、中国石油化工集团有限公司安全监管局、中国海洋石油集团有限公司质量健康安全环保部、中国中化集团有限公司 HSE 与产业管理部、陕西延长石油(集团)有限责任公司保卫部、公安部第三研究所、富盛科技股份有限公司、上海广拓信息技术有限公司、上海天跃科技股份有限公司、江苏固耐特围栏系统股份有限公司、北京声迅电子股份有限公司。

本部分主要起草人：李若平、赵勇昌、施巨岭、李国华、廖崎、吴祥星、杨玉波、周群、赵小兵、张宗远、杨羽、杨东棹、郑宇、张建昌、郝晓平、乔旭烁、蒋世予、闫鸣宇、刘文龙、黄晓林、石惠军、张迪、钟永强、王雷、张凡忠、王新、苗寿波、成云飞、彭华、周慧敏、聂蓉、季景林。

# 石油石化系统治安反恐防范要求
# 第1部分:油气田企业

## 1 范围

GA 1551 的本部分规定了油气田企业治安反恐重点目标和重点部位、重点目标等级和防范级别、总体防范要求、常态三级防范要求、常态二级防范要求、常态一级防范要求、非常态防范要求和安全防范系统技术要求。

本部分适用于国内陆上油气田企业的治安反恐防范工作与管理。

## 2 规范性引用文件

下列文件对于本部分的应用是必不可少的。凡是注日期的引用文件,仅注日期的版本适用于本文件。凡是不注日期的引用文件,其最新版本(包括所有的修改单)适用于本文件。

GB 3836.1 爆炸性环境 第1部分:设备 通用要求

GB 12899 手持式金属探测器通用技术规范

GB/T 28181 公共安全视频监控联网系统信息传输、交换、控制技术要求

GB 37300 公共安全重点区域视频图像信息采集规范

GB 50183 石油天然气工程设计防火规范

GB 50348 安全防范工程技术标准

GA 69 防爆毯

GA 837 民用爆炸物品储存库治安防范要求

GA 1002 剧毒化学品、放射源存放场所治安防范要求

GA 1511 易制爆危险化学品储存场所治安防范要求

## 3 术语和定义

GB 50348 界定的以及下列术语和定义适用于本文件。

### 3.1

**常态防范 regular protection**

运用人力防范、实体防范、技术防范等多种手段和措施,常规性预防、延迟、阻止发生治安和恐怖案事件的管理行为。

### 3.2

**非常态防范 unusual protection**

在重要会议、重大活动等重要时段以及获得重大治安案事件、恐怖袭击案事件等预警信息或发生上述案事件时,相关企业临时性加强防范手段和措施,提升治安反恐防范能力的管理行为。

### 3.3

**重点单井、井组 key single well and well group**

地层天然气中硫化氢含量高于 $30\ \mathrm{mg/m^3}$ 且井口周围 500 m 范围内具有人员聚集场所、重要设施、交通要道,易发生盗窃、破坏的单井、井组。

3.4

**油气处理核心装置区** oil and gas processing core unit area

石油天然气场站内具有石油、天然气净化处理功能的重要联合装置组成的组合区域。

## 4 重点目标和重点部位

### 4.1 重点目标

下列目标确定为油气田企业治安反恐防范的重点目标:
a) GB 50183 中划分的一、二级油品、天然气、液化石油气、天然气凝液站场;
b) 油气生产调度中心;
c) 储油(气)库;
d) 民用爆炸物品储存库;
e) 放射源存放场所;
f) 危险化学品库;
g) 发电厂;
h) 总变电站;
i) 供热站;
j) 重点单井、井组;
k) 其他经评估应列为重点目标的场所和设施。

### 4.2 重点部位

油气田企业治安反恐防范的重点部位包括但不限于以下部位:
a) 周界;
b) 周界出入口;
c) 门卫值班室;
d) 安防监控中心;
e) 油气处理核心装置区。

## 5 重点目标等级和防范级别

5.1 油气田企业重点目标的等级由低到高分为三级重点目标、二级重点目标、一级重点目标,由公安机关会同有关部门、相关企业依据国家有关规定共同确定。

5.2 重点目标的防范级别分三级,按防范能力由低到高分别是三级防范、二级防范、一级防范,防范级别应与目标等级相适应。

5.3 常态三级防范要求为重点目标应达到的最低标准,常态二级防范要求应在常态三级防范要求基础上执行,常态一级防范要求应在常态二级防范要求基础上执行,非常态防范要求应在常态防范要求基础上执行。

## 6 总体防范要求

6.1 重点目标的管理单位应建立治安反恐防范管理档案和台账,包括重点目标的名称、地址或位置、目标等级、防范级别、单位负责人、现场负责人,现有人力防范(人防)、实体防范(物防)、技术防范(技防)措施,平面图、结构图等。

6.2 重点目标的管理单位应根据公安机关、有关部门的要求,依法提供重点目标的相关信息和重要动态。

6.3 重点目标的管理单位应对重要岗位人员进行安全背景审查。

6.4 新建、改建、扩建工程应将安全防范系统纳入总体规划,同步设计、同步建设、同步运行。

6.5 重点目标的管理单位应建立安全防范系统建设、运行与维护的保障体系和长效机制。常态防范条件下,治安反恐防范涉及费用应纳入企业预算,予以专项保障;非常态防范条件下,根据实际情况特殊解决。

6.6 重点目标集中的区域,应按照整体防范原则,统筹规划安全防范系统建设。

6.7 重点目标的管理单位应针对治安反恐突发事件制定应急处置预案,并定期演练。应急处置预案至少包括针对的事件、人员及分工、处置的流程及措施、设备(设施或装备)的使用、目标保护和人员疏散方案等内容。

6.8 重点目标的管理单位应与当地公安机关等政府有关部门建立联防联动联治工作机制。

6.9 重点目标的管理单位应根据治安反恐工作的实际需要,建立治安反恐与安全生产有关信息的共享和联动机制。

6.10 重点目标的管理单位应建立"一岗双责"制度,做好重点目标的治安反恐防范工作。

6.11 重点目标的管理单位应开展风险评估工作并作出评估结论。

6.12 民用爆炸物品储存库、放射源存放场所、易制爆危险化学品储存场所的治安反恐防范,除执行本标准外,还应按 GA 837、GA 1002、GA 1511 的规定执行。

## 7 常态三级防范要求

### 7.1 人力防范要求

7.1.1 重点目标的管理单位应设立治安反恐工作领导机构及必要的辅助机构,配置专兼职保卫人员,建立健全包括值守巡逻、教育培训、检查考核、安防设备设施维护保养等治安反恐制度和措施。

7.1.2 巡逻周期间隔应小于或等于 24 h,应与技防巡查相结合。

7.1.3 重点目标的管理单位应每年至少组织一次治安反恐教育培训。

7.1.4 重点目标的管理单位应每年至少组织一次治安反恐应急处置预案演练。

7.1.5 应对外来人员、车辆进行核查和信息登记。

7.1.6 保卫执勤人员应配备对讲机,棍棒、钢叉等必要的护卫器械。

### 7.2 实体防范要求

7.2.1 重点目标具有独立厂区的,应在独立厂区周界建立金属栅栏或砖、石、混凝土围墙等实体防范设施,外侧整体高度(含防攀爬设施)应大于或等于 2 m。

7.2.2 设有安防监控中心的,应安装防盗安全门。

### 7.3 技术防范要求

7.3.1 重点目标周界应安装视频监控装置,视频监视及回放图像应能清晰显示周界区域的人员活动状况。

7.3.2 周界出入口应安装视频监控装置,视频监视及回放图像应能清晰显示出入人员的体貌特征和进出车辆的号牌。

## 8 常态二级防范要求

### 8.1 人力防范要求

8.1.1 应设置门卫值班室,实行 24 h 值班制度,巡逻周期间隔应小于或等于 12 h。

8.1.2 重点目标的管理单位应每半年至少组织一次治安反恐教育培训。

8.1.3 重点目标的管理单位应每半年至少组织一次治安反恐应急处置预案演练。

8.1.4 保卫执勤人员应配备防护效果不低于 OPHC2 复合生物酶降解技术的个人一次性防化口罩。

8.1.5 应对外来人员携带的物品进行安全检查。

## 8.2 实体防范要求

8.2.1 周界应建立金属栅栏或砖、石、混凝土围墙等实体防范设施,并在其上方设置防攀爬、防翻越障碍物,外侧整体高度应大于或等于 2.5 m。

8.2.2 周界出入口应设置防车辆冲撞等实体防护装置,具体装置由企业自行确定。

8.2.3 油气处理核心装置区的车辆通道处应设置防车辆冲撞且不妨碍车辆应急通行的实体设施。

## 8.3 技术防范要求

8.3.1 周界应设置入侵探测装置,探测范围应能对周界实现有效覆盖,不得有盲区。

8.3.2 门卫值班室应配备手持金属探测器等安全检查设备,应配备防爆毯等防爆处置设施。

## 9 常态一级防范要求

### 9.1 人力防范要求

9.1.1 巡逻周期间隔应小于或等于 4 h。

9.1.2 重点目标的管理单位应每季度至少组织一次治安反恐教育培训。

9.1.3 重点目标的管理单位应每季度至少组织一次治安反恐应急处置预案演练。

9.1.4 重要岗位人员应配备防护效果不低于 OPHC2 复合生物酶降解技术的个人一次性防化口罩;保卫执勤人员、重要岗位人员应配备洗消效果不低于 OPHC2 复合生物酶降解技术的个人手持防化洗消喷剂。

9.1.5 设置安防监控中心的,应配备值机操作人员 24h 值守。值机操作人员应经过专业技能培训。

### 9.2 技术防范要求

9.2.1 周界出入口应设置出入口控制装置,对进出人员和车辆的通行进行管理。

9.2.2 储油(气)库应配备符合国家有关规定的反无人机主动防御系统,信号作用距离应覆盖储油(气)储罐区。

9.2.3 应在门卫值班室安装内部联动紧急报警装置。

## 10 非常态防范要求

### 10.1 人力防范要求

10.1.1 应启动应急响应机制,组织开展治安反恐动员,在常态防范基础上加强保卫力量。

10.1.2 应设置警戒区域,限制人员、车辆进出。

10.1.3 应加强对出入厂区的人员、车辆及所携带物品的安全检查,对外来人员携带的物品进行开包检查。

### 10.2 实体防范要求

10.2.1 应做好消防设备、救援器材、应急物资的有效检查,确保正常使用。

10.2.2 应检查重点目标门、窗、锁、防冲撞装置等物防设施,消除安全隐患。

10.2.3　应关闭部分周界出入口,减少周界出入口的开放数量。

10.2.4　周界出入口的防冲撞装置应设置为阻截状态。

## 10.3　技术防范要求

10.3.1　应做好技术防范设施的运行保障工作,确保安全防范系统正常运行使用。

10.3.2　企业应配备符合国家有关规定的便携式反无人机主动防御系统,满足应急防范要求。

# 11　安全防范系统技术要求

## 11.1　一般要求

11.1.1　安全防范系统的设备和材料应符合相关标准并检验合格。

11.1.2　应对安全防范系统内具有计时功能的设备进行校时,设备的时钟与北京时间误差应小于或等于 10 s。

11.1.3　防爆环境使用的安全技术防范电气设备,防爆等级应符合 GB 3836.1 的相关规定。

11.1.4　系统的其他要求应符合 GB 50348 的相关规定。

## 11.2　入侵和紧急报警系统

11.2.1　应能探测报警区域内的入侵事件。系统报警后,安防监控中心或门卫值班室应能有声、光指示,并能准确指示发出报警的位置。

11.2.2　系统应具备防拆、开路、短路报警功能。

11.2.3　系统应具备自检功能和故障报警、断电报警功能。

## 11.3　视频监控系统

11.3.1　视频图像信息应实时记录,保存期限不应少于 90 天。

11.3.2　系统监视、存储和回放的视频图像分辨率应大于或等于 1 280×720 像素,图像帧率应大于或等于 25 fps。

11.3.3　系统应能与入侵和紧急报警系统联动。

11.3.4　重点目标涉及公共区域的视频图像信息的采集要求应符合 GB 37300 的相关规定,系统应留有与公共安全视频图像信息共享交换平台联网的接口,联网信息传输、交换、控制协议应符合 GB/T 28181 的相关规定。

## 11.4　防爆安全检查系统

11.4.1　手持式金属探测器应符合 GB 12899 的相关规定。

11.4.2　防爆毯应符合 GA 69 的相关规定。

## 11.5　反无人机主动防御系统

11.5.1　信号发射功率应小于或等于 10 mW。

11.5.2　系统应能自动 24 h 持续工作,无需人员值守。

11.5.3　系统应获得国家认可的防爆合格证。

ICS 13.320
A 91

# 中华人民共和国公共安全行业标准

GA 1551.2—2019

石油石化系统治安反恐防范要求
第 2 部分：炼油与化工企业

Requirements for public security and counter-terrorist of petrochemical industry—
Part 2: Oil refining and chemical companies

2019-03-28 发布                                   2019-07-01 实施

中华人民共和国公安部    发 布

# 前　言

**本部分的全部内容为强制性。**

GA 1551—2019《石油石化系统治安反恐防范要求》分为以下 6 个部分：

——第 1 部分：油气田企业；

——第 2 部分：炼油与化工企业；

——第 3 部分：成品油和天然气销售企业；

——第 4 部分：工程技术服务企业；

——第 5 部分：运输企业；

——第 6 部分：石油天然气管道企业。

本部分为 GA 1551—2019 的第 2 部分。

本部分按照 GB/T 1.1—2009 给出的规则起草。

本部分由国家反恐怖工作领导小组办公室，公安部治安管理局、公安部反恐怖局提出。

本部分由全国安全防范报警系统标准化技术委员会(SAC/TC 100)归口。

本部分起草单位：公安部治安管理局、公安部科技信息化局、公安部反恐怖局、公安部第一研究所、中国石油天然气集团有限公司保卫部、中国石油化工集团有限公司安全监管局、中国海洋石油集团有限公司质量健康安全环保部、中国中化集团有限公司 HSE 与产业管理部、陕西延长石油(集团)有限责任公司保卫部、公安部第三研究所、上海天跃科技股份有限公司、江苏固耐特围栏系统股份有限公司、北京声迅电子股份有限公司、富盛科技股份有限公司、上海广拓信息技术有限公司。

本部分主要起草人：李若平、赵勇昌、施巨岭、李国华、廖崎、吴祥星、杨玉波、周群、赵小兵、张宗远、杨羽、杨东棹、郑宇、张建昌、郝晓平、乔旭烁、闫鸣宇、蒋世予、刘文龙、黄晓林、石惠军、张迪、彭华、周慧敏、张凡忠、王新、苗寿波、成云飞、聂蓉、季景林、钟永强、王雷。

# 石油石化系统治安反恐防范要求
# 第2部分:炼油与化工企业

## 1 范围

GA 1551的本部分规定了炼油与化工企业治安反恐重点目标和重点部位、重点目标等级和防范级别、总体防范要求、常态三级防范要求、常态二级防范要求、常态一级防范要求、非常态防范要求和安全防范系统技术要求。

本部分适用于国内炼油与化工企业的治安反恐防范工作与管理。

## 2 规范性引用文件

下列文件对于本部分的应用是必不可少的。凡是注日期的引用文件,仅注日期的版本适用于本文件。凡是不注日期的引用文件,其最新版本(包括所有的修改单)适用于本文件。

GB 3836.1 爆炸性环境 第1部分:设备 通用要求

GB 12899 手持式金属探测器通用技术规范

GB/T 28181 公共安全视频监控联网系统信息传输、交换、控制技术要求

GB 37300 公共安全重点区域视频图像信息采集规范

GB 50348 安全防范工程技术标准

GA 69 防爆毯

GA 1002 剧毒化学品、放射源存放场所治安防范要求

GA 1511 易制爆危险化学品存储场所治安防范要求

## 3 术语和定义

GB 50348界定的以及下列术语和定义适用于本文件。

### 3.1

**常态防范 regular protection**

运用人力防范、实体防范、技术防范等多种手段和措施,常规性预防、延迟、阻止发生治安和恐怖案事件的管理行为。

### 3.2

**非常态防范 unusual protection**

在重要会议、重大活动等重要时段以及获得重大治安案事件、恐怖袭击案事件等预警信息或发生上述案事件时,相关企业临时性加强防范手段和措施,提升治安反恐防范能力的管理行为。

### 3.3

**炼油与化工企业 oil refining and chemical companies**

以石油、天然气及其产品为原料,生产、储存、运输各种石油化工产品的炼油厂、石油化工厂、石油化纤厂或其联合组成的工厂。

3.4

**厂区    plant area**

工厂围墙或边界内由生产区、公用和辅助生产设施区及生产管理区组成的区域。

3.5

**装置区    process plant**

由一个或一个以上的独立石油化工装置或联合装置组成的相互关联的工艺单元的组合区域。

## 4  重点目标和重点部位

### 4.1  重点目标

下列目标确定为炼油与化工企业治安反恐防范的重点目标:

a) 炼油厂;

b) 乙烯厂;

c) 化肥厂;

d) 化纤厂;

e) 橡胶厂;

f) 塑料厂;

g) 甲醇厂;

h) 炼油与化工联合生产厂;

i) 储油(气)库;

j) 热电厂;

k) 其他经评估应列为重点目标的场所和设施。

### 4.2  重点部位

炼油与化工企业治安反恐防范的重点部位包括但不限于以下部位:

a) 厂区周界;

b) 厂区周界出入口;

c) 核心生产装置区;

d) 储油(气)罐区;

e) 集中管理的全厂性生产控制中心。

## 5  重点目标等级和防范级别

5.1  炼油与化工企业重点目标的等级由低到高分为三级重点目标、二级重点目标、一级重点目标,由公安机关会同有关部门、相关企业依据国家有关规定共同确定。

5.2  重点目标的防范级别分三级,按防范能力由低到高分别是三级防范、二级防范、一级防范,防范级别应与目标等级相适应。

5.3  常态三级防范要求为重点目标应达到的最低标准,常态二级防范要求应在常态三级防范要求基础上执行,常态一级防范要求应在常态二级防范要求基础上执行,非常态防范要求应在常态防范要求基础上执行。

## 6 总体防范要求

6.1 重点目标的管理单位应建立治安反恐防范管理档案和台账,包括重点目标的名称、地址或位置、目标等级、防范级别、单位负责人、现场负责人、现有人力防范(人防)、实体防范(物防)、技术防范(技防)措施,平面图、结构图等。

6.2 重点目标的管理单位应根据公安机关、有关部门的要求,依法提供重点目标的相关信息和重要动态。

6.3 重点目标的管理单位应对重要岗位人员进行安全背景审查。

6.4 新建、改建、扩建工程应将安全防范系统纳入总体规划,同步设计、同步建设、同步运行。

6.5 重点目标的管理单位应建立安全防范系统建设、运行与维护的保障体系和长效机制。常态防范条件下,治安反恐防范涉及费用应纳入企业预算,予以专项保障,非常态防范条件下,根据实际情况特殊解决。

6.6 重点目标集中的区域,应按照整体防范原则,统筹规划安全防范系统建设。

6.7 重点目标的管理单位应针对治安反恐突发事件制定应急处置预案,并定期演练。应急处置预案至少包括针对的事件、人员及分工、处置的流程及措施、设备(设施或装备)的使用、目标保护和人员疏散方案等内容。

6.8 重点目标的管理单位应与当地公安机关等政府有关部门建立联防联动联治工作机制。

6.9 重点目标的管理单位应根据治安反恐工作的实际需要,建立治安反恐与安全生产有关信息的共享和联动机制。

6.10 重点目标的管理单位应建立"一岗双责"制度,做好重点目标的治安反恐防范工作。

6.11 重点目标的管理单位应开展风险评估工作并作出评估结论。

6.12 放射源存放场所、易制爆危险化学品储存场所的治安反恐防范,除执行本标准外,还应按GA 1002、GA 1511 的规定执行。

## 7 常态三级防范要求

### 7.1 人力防范要求

7.1.1 重点目标的管理单位应设立治安反恐工作领导机构及必要的辅助机构,配置专兼职保卫人员,建立健全包括值守巡逻、教育培训、检查考核、安防设备设施维护保养等治安反恐制度和措施。

7.1.2 厂区周界出入口应设置门卫值班室,巡逻周期间隔应小于或等于 24 h,应与技防巡查相结合。

7.1.3 重点目标的管理单位应每年至少组织一次治安反恐教育培训。

7.1.4 重点目标的管理单位应每年至少组织一次治安反恐应急处置预案演练。

7.1.5 应对外来人员、车辆进行核查和信息登记。

7.1.6 保卫执勤人员应配备对讲机,棍棒、钢叉等必要的护卫器械。

### 7.2 实体防范要求

厂区周界应建立金属栅栏或砖、石、混凝土围墙等实体防范设施,外侧整体高度(含防攀爬设施)应大于或等于 2 m。

### 7.3 技术防范要求

7.3.1 厂区周界应安装视频监控装置,视频监视及回放图像应能清晰显示周界区域的人员活动情况。

7.3.2 厂区周界出入口应安装视频监控装置,视频监视及回放图像应能清晰显示出入人员的体貌特征和进出车辆的号牌。

## 8 常态二级防范要求

### 8.1 人力防范要求

8.1.1 实行 24 h 值班制度,巡逻周期间隔应小于或等于 12 h。

8.1.2 重点目标的管理单位应每半年至少组织一次治安反恐教育培训。

8.1.3 重点目标的管理单位应每半年至少组织一次治安反恐应急处置预案演练。

8.1.4 保卫执勤人员应配备防护效果不低于 OPHC2 复合生物酶降解技术的个人一次性防化口罩。

8.1.5 应对外来人员携带的物品进行安全检查。

### 8.2 实体防范要求

8.2.1 厂区周界应建立金属栅栏或砖、石、混凝土围墙等实体防范设施,并在其上方设置防攀爬、防翻越障碍物,外侧整体高度(含防攀爬设施)应大于或等于 2.5 m。

8.2.2 厂区周界出入口应设置防车辆冲撞等实体防护装置,具体装置由企业自行确定。

8.2.3 核心生产装置区、储油(气)罐区的车辆通道处应设置防车辆冲撞且不妨碍车辆应急通行的实体设施。

### 8.3 技术防范要求

8.3.1 厂区周界应设置入侵探测装置,探测范围应能对周界实现有效覆盖,不得有盲区。

8.3.2 厂区周界出入口、集中管理的全厂性生产控制中心出入口应设置出入口控制装置,对进出人员、车辆进行管理。

8.3.3 集中管理的全厂性生产控制中心出入口应设置视频监控装置,视频监视及回放图像应能清晰显示进入人员的体貌特征。

8.3.4 厂区周界门卫值班室应配备手持金属探测器等安全检查设备,应配备防爆毯等防爆处置设施。

## 9 常态一级防范要求

### 9.1 人力防范要求

9.1.1 巡逻周期间隔应小于或等于 4 h。

9.1.2 重点目标的管理单位应每季度至少组织一次治安反恐教育培训。

9.1.3 重点目标的管理单位应每季度至少组织一次治安反恐应急处置预案演练。

9.1.4 重要岗位人员应配备防护效果不低于 OPHC2 复合生物酶降解技术的个人一次性防化口罩;保卫执勤人员、重要岗位人员应配备洗消效果不低于 OPHC2 复合生物酶降解技术的个人手持防化洗消喷剂。

9.1.5 设置安防监控中心的,应配备值机操作人员 24 h 值守。值机操作人员应经过专业技能培训。

### 9.2 技术防范要求

9.2.1 厂区周界门卫值班室应安装内部联动紧急报警装置。

9.2.2 核心生产装置区、储油(气)罐区应配备符合国家有关规定的反无人机主动防御系统,信号作用距离应覆盖核心生产装置区、储油(气)罐区。

## 10 非常态防范要求

### 10.1 人力防范要求

10.1.1 应启动应急响应机制,组织开展治安反恐动员,在常态防范基础上加强保卫力量。

10.1.2 应设置警戒区域,限制人员、车辆进出。

10.1.3 应加强对出入厂区的人员、车辆及所携带物品的安全检查,对外来人员携带物品进行开包检查。

### 10.2 实体防范要求

10.2.1 应做好消防设备、救援器材、应急物资的有效检查,确保正常使用。

10.2.2 应检查重点目标门、窗、锁、防冲撞装置等物防设施,消除安全隐患。

10.2.3 应关闭部分周界出入口,减少周界出入口的开放数量。

10.2.4 周界出入口的防冲撞装置应设置为阻截状态。

### 10.3 技术防范要求

10.3.1 应做好技术防范设施的检查和维护,确保安全防范系统正常运行使用。

10.3.2 企业应配备符合国家有关规定的便携式反无人机主动防御系统,满足应急防范要求。

## 11 安全防范系统技术要求

### 11.1 一般要求

11.1.1 安全防范系统的设备和材料应符合相关标准并检验合格。

11.1.2 应对安全防范系统内具有计时功能的设备进行校时,设备的时钟与北京时间误差应小于或等于10s。

11.1.3 防爆环境使用的安全技术防范电气设备,防爆等级应符合 GB 3836.1 的相关规定。

11.1.4 系统的其他要求应符合 GB 50348 的相关规定。

### 11.2 入侵和紧急报警系统

11.2.1 应能探测报警区域内的入侵事件。系统报警后,安防监控中心或门卫值班室应能有声、光指示,并能准确指示发出报警的位置。

11.2.2 系统应具备防拆、开路、短路报警功能。

11.2.3 系统应具备自检功能和故障报警、断电报警功能。

### 11.3 视频监控系统

11.3.1 视频图像信息应实时记录,保存期限不应少于90天。

11.3.2 系统监视、存储和回放的视频图像分辨率应大于或等于 1 280×720 像素,图像帧率应大于或等于 25 fps。

11.3.3 系统应能与入侵报警系统实现联动。

11.3.4 重点目标涉及公共区域的视频图像信息的采集要求应符合 GB 37300 的相关规定,系统应留有与公共安全视频图像信息共享交换平台联网的接口,联网信息的传输、交换、控制协议应符合 GB/T 28181 的相关规定。

## 11.4 防爆安全检查系统

**11.4.1** 手持式金属探测器应符合 GB 12899 的相关规定。

**11.4.2** 防爆毯应符合 GA 69 的相关规定。

## 11.5 反无人机主动防御系统

**11.5.1** 信号发射功率应小于或等于 10 mW。

**11.5.2** 系统应能自动 24 h 持续工作,无需人员值守。

**11.5.3** 系统应获得国家认可的防爆合格证。

———————————

ICS 13.320
A 91

# 中华人民共和国公共安全行业标准

GA 1551.3—2019

# 石油石化系统治安反恐防范要求
# 第 3 部分：成品油和天然气销售企业

Requirements for public security and counter-terrorist of petrochemical industry—
Part 3:Sales companies of refined oil and natural gas

2019-03-28 发布                                        2019-07-01 实施

中华人民共和国公安部    发 布

# 前　言

**本部分的全部内容为强制性。**

GA 1551—2019《石油石化系统治安反恐防范要求》分为以下 6 个部分：

——第 1 部分：油气田企业；

——第 2 部分：炼油与化工企业；

——第 3 部分：成品油和天然气销售企业；

——第 4 部分：工程技术服务企业；

——第 5 部分：运输企业；

——第 6 部分：石油天然气管道企业。

本部分为 GA 1551—2019 的第 3 部分。

本部分按照 GB/T 1.1—2009 给出的规则起草。

本部分由国家反恐怖工作领导小组办公室，公安部治安管理局、公安部反恐怖局提出。

本部分由全国安全防范报警系统标准化技术委员会（SAC/TC 100）归口。

本部分起草单位：公安部治安管理局、公安部科技信息化局、公安部反恐怖局、公安部第一研究所、中国石油天然气集团有限公司保卫部、中国石油化工集团有限公司安全监管局、中国海洋石油集团有限公司质量健康安全环保部、中国中化集团有限公司 HSE 与产业管理部、陕西延长石油（集团）有限责任公司保卫部、公安部第三研究所、北京声迅电子股份有限公司、富盛科技股份有限公司、上海广拓信息技术有限公司、上海天跃科技股份有限公司、江苏固耐特围栏系统股份有限公司。

本部分主要起草人：李若平、赵勇昌、施巨岭、李国华、廖崎、吴祥星、杨玉波、王新、赵小兵、张宗远、周群、杨羽、杨东棹、郑宇、张建昌、郝晓平、乔旭烁、刘文龙、蒋世予、闫鸣宇、黄晓林、石惠军、张迪、聂蓉、季景林、张凡忠、苗寿波、成云飞、钟永强、王雷、彭华、周慧敏。

# 石油石化系统治安反恐防范要求
# 第3部分：成品油和天然气销售企业

## 1 范围

GA 1551 的本部分规定了成品油和天然气销售企业治安反恐重点目标和重点部位、重点目标等级和防范级别、总体防范要求、常态三级防范要求、常态二级防范要求、常态一级防范要求、非常态防范要求和安全防范系统技术要求。

本部分适用于国内成品油和天然气销售企业的治安反恐防范工作与管理。

## 2 规范性引用文件

下列文件对于本部分的应用是必不可少的。凡是注日期的引用文件，仅注日期的版本适用于本文件。凡是不注日期的引用文件，其最新版本（包括所有的修改单）适用于本文件。

GB/T 28181　公共安全视频监控联网系统信息传输、交换、控制技术要求

GB 37300　公共安全重点区域视频图像信息采集规范

GB 50074　石油库设计规范

GB 50156　汽车加油加气站设计与施工规范

GB 50348　安全防范工程技术标准

## 3 术语和定义

GB 50348、GB 50156 和 GB 50074 界定的以及下列术语和定义适用于本文件。

### 3.1

**常态防范　regular protection**

运用人力防范、实体防范、技术防范等多种手段和措施，常规性预防、延迟、阻止发生治安和恐怖案事件的管理行为。

### 3.2

**非常态防范　unusual protection**

在重要会议、重大活动等重要时段以及获得重大治安案事件、恐怖袭击案事件等预警信息或发生上述案事件时，相关企业临时性加强防范手段和措施，提升治安反恐防范能力的管理行为。

### 3.3

**加油（气）站　filling station**

具有储油（气）设施，使用加油机为车辆加注汽油、柴油等车用燃油，使用加气柱或加气机为车辆加注车用燃气，并可提供其他便利性服务的场所，是加油站、加气站或加油加气合建站的统称。

### 3.4

**储油（气）库　refined oil and gas depot**

成品油和天然气销售企业用于收发、储存成品油和天然气的独立设施。

## 4 重点目标和重点部位

### 4.1 重点目标

下列目标确定为成品油和天然气销售企业治安反恐防范的重点目标：
a) 加油（气）站；
b) 储油（气）库。

### 4.2 重点部位

4.2.1 加油（气）站治安反恐防范的重点部位包括但不限于以下部位：
a) 站区出入口；
b) 油（气）操作区；
c) 油（气）储罐区；
d) 监控设备存放区；
e) 收银处。

4.2.2 储油（气）库治安反恐防范的重点部位包括但不限于以下部位：
a) 库区周界出入口；
b) 库区周界；
c) 油（气）储罐区；
d) 接卸油（气）作业区；
e) 油（气）发货作业区；
f) 监控中心（控制室）。

## 5 重点目标等级和防范级别

5.1 成品油和天然气销售企业重点目标的等级由低到高分为三级重点目标、二级重点目标、一级重点目标，由公安机关会同有关部门、相关企业依据国家有关规定共同确定。

5.2 重点目标的防范级别分三级，按防范能力由低到高分别是三级防范、二级防范、一级防范，防范级别应与目标等级相适应。

5.3 常态三级防范要求为重点目标应达到的最低标准，常态二级防范要求应在常态三级防范要求基础上执行，常态一级防范要求应在常态二级防范要求基础上执行，非常态防范要求应在常态防范要求基础上执行。

## 6 总体防范要求

6.1 重点目标的管理单位应建立治安反恐防范管理档案和台账，包括重点目标的名称、地址或位置、目标等级、防范级别、单位负责人、现场负责人，现有人力防范（人防）、实体防范（物防）、技术防范（技防）措施，平面图、结构图等。

6.2 重点目标的管理单位应根据公安机关、有关部门的要求，依法提供重点目标的相关信息和重要动态。

6.3 重点目标的管理单位应对重要岗位人员进行安全背景审查。

6.4 新建、改建、扩建工程应将安全防范系统纳入总体规划，同步设计、同步建设、同步运行。

6.5 重点目标的管理单位应建立安全防范系统建设、运行与维护的保障体系和长效机制。常态防范条件下,治安反恐防范涉及费用应纳入企业预算,予以专项保障;非常态防范条件下,根据实际情况特殊解决。

6.6 重点目标集中的区域,应按照整体防范原则,统筹规划安全防范系统建设。

6.7 重点目标的管理单位应针对治安反恐突发事件制定应急处置预案,并定期演练。应急处置预案至少包括针对的事件、人员及分工、处置的流程及措施、设备(设施或装备)的使用、目标保护和人员疏散方案等内容。

6.8 重点目标的管理单位应与当地公安机关等政府有关部门建立联防联动联治工作机制。

6.9 重点目标的管理单位应根据治安反恐工作的实际需要,建立治安反恐与安全生产有关信息的共享和联动机制。

6.10 重点目标的管理单位应建立"一岗双责"制度,做好重点目标的治安反恐防范工作。

6.11 重点目标的管理单位应开展风险评估工作并作出评估结论。

6.12 重点目标的管理单位应落实国家有关部门关于散装汽油购销实名制管控的相关要求,加强散装汽油购买单位或人员的审查登记管理。

## 7 常态三级防范要求

### 7.1 人力防范要求

7.1.1 重点目标的管理单位应设立治安反恐工作领导机构及必要的辅助机构,配置专兼职安全保卫人员,建立健全包括值守巡查、教育培训、检查考核、安防设备设施维护保养等治安反恐制度和措施。

7.1.2 巡逻周期间隔应小于或等于24 h,应与技防巡查相结合。

7.1.3 重点目标的管理单位应每年至少组织一次治安反恐教育培训。

7.1.4 重点目标的管理单位应每年至少组织一次治安反恐应急处置预案演练。

7.1.5 油库保卫执勤人员应配备对讲机、棍棒、钢叉等必要的护卫器械;加油站应配备棍棒、钢叉等必要的护卫器械。

### 7.2 实体防范要求

加油(气)站卸油(气)期间,应对卸油(气)区采取临时性隔离。

### 7.3 技术防范要求

7.3.1 储油(气)库区周界应安装视频监控装置,视频监视及回放图像应能清晰显示人员活动情况。

7.3.2 加油(气)站出入口、储油(气)库区周界出入口应安装视频监控装置,视频监视及回放图像应能清晰显示人员活动情况及车辆号牌。

7.3.3 加油(气)站油(气)操作区应安装视频监控装置,视频监视及回放图像应能清晰显示加油(气)车辆的号牌和人员活动情况。

7.3.4 加油(气)站储罐区、储油(气)库储罐区、储油(气)库接卸油(气)作业区、储油(气)库油(气)发货作业区应安装视频监控装置,视频监视及回放图像应能清晰显示罐区人员和车辆活动情况。

7.3.5 加油(气)站收银处应安装视频监控装置,视频监视及回放图像应能清晰显示收银处人员活动情况。

7.3.6 加油(气)站应安装紧急报警装置,安装位置应隐蔽并便于操作。

## 8 常态二级防范要求

### 8.1 人力防范要求

8.1.1 巡逻周期间隔应小于或等于 12 h。

8.1.2 重点目标的管理单位应每半年至少组织一次治安反恐教育培训。

8.1.3 重点目标的管理单位应每半年至少组织一次治安反恐应急处置预案演练。

8.1.4 保卫执勤人员应配备防护效果不低于 OPHC2 复合生物酶降解技术的个人一次性防化口罩、洗消效果不低于 OPHC2 复合生物酶降解技术的个人手持防化洗消喷剂。

### 8.2 实体防范要求

8.2.1 储油(气)库周界应建立金属栅栏或砖、石、混凝土围墙等实体防范设施,并在其上方设置防攀爬、防翻越障碍物,外侧整体高度应大于或等于 2.5 m。

8.2.2 储油(气)库区周界出入口应设置防车辆冲撞等实体防护装置,具体装置由企业自行确定。

### 8.3 技术防范要求

8.3.1 加油(气)站监控设备存放区应安装视频监控装置,视频监视及回放图像应能清晰显示存放区人员活动情况。

8.3.2 储油(气)库监控中心(控制室)内应安装视频监控装置,视频监视及回放图像应能清晰显示中心控制室内人员值机和活动情况。

## 9 常态一级防范要求

### 9.1 人力防范要求

9.1.1 巡逻周期间隔应小于或等于 4 h。

9.1.2 重点目标的管理单位应每季度至少组织一次治安反恐教育培训。

9.1.3 重点目标的管理单位应每季度至少组织一次治安反恐应急预案演练。

9.1.4 重要岗位人员应配备防护效果不低于 OPHC2 复合生物酶降解技术的个人一次性防化口罩、洗消效果不低于 OPHC2 复合生物酶降解技术的个人手持防化洗消喷剂。

9.1.5 设置安防监控中心的,应配备值机操作人员 24 h 值守。值机操作人员应经过专业技能培训。

### 9.2 技术防范要求

9.2.1 储油(气)库区周界应安装入侵探测装置,探测范围应能对周界实现有效覆盖,不得有盲区。

9.2.2 储油(气)库区周界出入口应安装出入口控制装置,对进出车辆进行管理。

9.2.3 储油(气)库应配备符合国家有关规定的反无人机主动防御系统,信号作用距离应覆盖油(气)储罐区。

## 10 非常态防范要求

### 10.1 人力防范要求

10.1.1 应启动应急响应机制,组织开展治安反恐动员,在常态防范基础上加强保卫力量。

10.1.2 在储油(气)库区周界出入口应设置警戒区,限制人员、车辆进出。加强对出入库区人员及车辆所携带物品的监督检查。

## 10.2 实体防范要求

10.2.1 应做好消防设备、救援器材、应急物资的有效检查,确保正常使用。

10.2.2 应检查重点目标门、窗、锁、防冲撞装置等物防设施,消除安全隐患。

10.2.3 储油(气)库区周界出入口防冲撞装置应设置为阻截状态。

## 10.3 技术防范要求

10.3.1 应做好技术防范设施的运行保障工作,确保安全防范系统正常运行使用。

10.3.2 企业应针对储油(气)库配备符合国家有关规定的便携式反无人机主动防御系统,满足应急防范要求。

## 11 安全防范系统技术要求

### 11.1 一般要求

11.1.1 安全防范系统的设备和材料应符合相关标准并检验合格。

11.1.2 应对安全防范系统内具有计时功能的设备进行校时,设备的时钟与北京时间误差应小于或等于 10 s。

11.1.3 系统的其他要求应符合 GB 50348 的相关规定。

### 11.2 入侵和紧急报警系统

11.2.1 应能探测报警区域内的入侵事件。系统报警后,安防监控中心或门卫值班室应能有声、光指示,并能准确指示发出报警的位置。

11.2.2 系统应具备防拆、开路、短路报警功能。

11.2.3 系统应具备自检功能和故障报警、断电报警功能。

### 11.3 视频监控系统

11.3.1 视频图像信息应实时记录,保存期限不应少于 90 天。

11.3.2 系统监视、存储和回放的视频图像分辨率应大于或等于 1 280×720 像素,图像帧率应大于或等于 25 fps。

11.3.3 系统应能与入侵和紧急报警系统联动。

11.3.4 重点目标涉及公共区域的视频图像信息的采集要求应符合 GB 37300 的相关规定,系统应留有与公共安全视频图像信息共享交换平台联网的接口。联网信息传输、交换、控制协议应符合 GB/T 28181 的相关规定。

### 11.4 反无人机主动防御系统

11.4.1 信号发射功率应小于或等于 10 mW。

11.4.2 系统应能自动 24 h 持续工作,无需人员值守。

11.4.3 系统应获得国家认可的防爆合格证。

ICS 13.320
A 91

# 中华人民共和国公共安全行业标准

GA 1551.4—2019

石油石化系统治安反恐防范要求
第4部分:工程技术服务企业

Requirements for public security and counter-terrorist of petrochemical industry—
Part 4：Engineering and technical service companies

2019-03-28 发布                                   2019-07-01 实施

中华人民共和国公安部     发 布

# 前　言

本部分的全部内容为强制性。

GA 1551—2019《石油石化系统治安反恐防范要求》分为以下 6 个部分：
——第 1 部分：油气田企业；
——第 2 部分：炼油与化工企业；
——第 3 部分：成品油和天然气销售企业；
——第 4 部分：工程技术服务企业；
——第 5 部分：运输企业；
——第 6 部分：石油天然气管道企业。

本部分为 GA 1551—2019 的第 4 部分。

本部分按照 GB/T 1.1—2009 给出的规则起草。

本部分由国家反恐怖工作领导小组办公室，公安部治安管理局、公安部反恐怖局提出。

本部分由全国安全防范报警系统标准化技术委员会（SAC/TC 100）归口。

本部分起草单位：公安部治安管理局、公安部科技信息化局、公安部反恐怖局、公安部第一研究所、中国石油天然气集团有限公司保卫部、中国石油化工集团有限公司安全监管局、中国海洋石油集团有限公司质量健康安全环保部、中国中化集团有限公司 HSE 与产业管理部、陕西延长石油（集团）有限责任公司保卫部、公安部第三研究所、江苏固耐特围栏系统股份有限公司、北京声迅电子股份有限公司、富盛科技股份有限公司、上海广拓信息技术有限公司、上海天跃科技股份有限公司。

本部分主要起草人：李若平、赵勇昌、施巨岭、李国华、廖崎、吴祥星、杨玉波、周群、赵小兵、张宗远、杨羽、杨东棹、郑宇、张建昌、郝晓平、乔旭烁、黄晓林、蒋世予、闫鸣宇、刘文龙、石惠军、张迪、张凡忠、王新、苗寿波、成云飞、周慧敏、聂蓉、季景林、钟永强、王雷、彭华。

# 石油石化系统治安反恐防范要求
# 第4部分：工程技术服务企业

## 1 范围

GA 1551 的本部分规定了工程技术服务企业治安反恐重点目标和重点部位、重点目标等级和防范级别、总体防范要求、常态三级防范要求、常态二级防范要求、常态一级防范要求、非常态防范要求和安全防范系统技术要求。

本部分适用于国内陆上工程技术服务企业的治安反恐防范工作与管理。

## 2 规范性引用文件

下列文件对于本部分的应用是必不可少的。凡是注日期的引用文件，仅注日期的版本适用于本文件。凡是不注日期的引用文件，其最新版本（包括所有的修改单）适用于本文件。

GB 37300 公共安全重点区域视频图像信息采集规范

GB 50089 民用爆炸物品工程设计安全标准

GB 50348 安全防范工程技术标准

GA 837 民用爆炸物品储存库治安防范要求

GA 1002 剧毒化学品、放射源存放场所治安防范要求

放射性物品运输安全管理条例（国务院令第 562 号）

民用爆炸物品安全管理条例（国务院令第 653 号）

## 3 术语和定义

GB 50348、GA 837、GA 1002 界定的以及下列术语和定义适用于本文件。

### 3.1

**工程技术服务企业** engineering and technical service company

为油气田企业提供物化探、钻完井、测录试、酸化压裂及大修小修作业等一系列工程技术服务活动的企业。

### 3.2

**常态防范** regular protection

运用人力防范、实体防范、技术防范等多种手段和措施，常规性预防、延迟、阻止发生治安和恐怖案事件的管理行为。

### 3.3

**非常态防范** unusual protection

在重要会议、重大活动等重要时段以及获得重大治安案事件、恐怖袭击案事件等预警信息或发生上述案事件时，相关企业临时性加强防范手段和措施，提升治安反恐防范能力的管理行为。

## 4 重点目标和重点部位

### 4.1 重点目标

下列目标确定为工程技术服务企业治安反恐防范的重点目标：

a) 放射源存放场所；

b) 民用爆炸物品储存库。

### 4.2 重点部位

工程技术服务企业治安反恐防范的重点部位包括但不限于以下部位：

a) 周界；

b) 周界出入口；

c) 装卸区域；

d) 安防监控室或保卫值班室。

## 5 重点目标等级和防范级别

5.1 工程技术服务企业重点目标的等级由低到高分为三级重点目标、二级重点目标、一级重点目标，由公安机关会同有关部门、相关企业依据国家有关规定共同确定。

5.2 重点目标的防范级别分三级，按防范能力由低到高分别是三级防范、二级防范、一级防范，防范级别应与目标等级相适应。

5.3 常态三级防范要求为重点目标应达到的最低标准，常态二级防范要求应在常态三级防范要求基础上执行，常态一级防范要求应在常态二级防范要求基础上执行，非常态防范要求应在常态防范要求基础上执行。

## 6 总体防范要求

6.1 重点目标的管理单位应建立治安反恐防范管理档案和台账，包括重点目标的名称、地址或位置、目标等级、防范级别、单位负责人、现场负责人、现有人力防范（人防）、实体防范（物防）、技术防范（技防）措施，平面图、结构图等。

6.2 重点目标的管理单位应根据公安机关、有关部门的要求，依法提供重点目标的相关信息和重要动态。

6.3 重点目标的管理单位应对重要岗位人员进行安全背景审查。

6.4 新建、改建、扩建工程应将安全防范系统纳入总体规划，同步设计、同步建设、同步运行。

6.5 重点目标的管理单位应建立安全防范系统建设、运行与维护的保障体系和长效机制。常态防范条件下，治安反恐防范涉及费用应纳入企业预算，予以专项保障；非常态防范条件下，根据实际情况特殊解决。

6.6 重点目标集中的区域，应按照整体防范原则，统筹规划安全防范系统建设。

6.7 重点目标的管理单位应针对治安反恐突发事件制定应急处置预案，并定期演练。应急处置预案至少包括针对的事件、人员及分工、处置的流程及措施、设备（设施或装备）的使用、目标保护和人员疏散方案等内容。

6.8 重点目标的管理单位应与当地公安机关等政府有关部门建立联防联动联治工作机制。

6.9 重点目标的管理单位应根据治安反恐工作的实际需要，建立治安反恐与安全生产有关信息的共享和联动机制。

6.10 重点目标的管理单位应建立"一岗双责"制度,做好重点目标的治安反恐防范工作。

6.11 重点目标的管理单位应开展风险评估工作并作出评估结论。

6.12 民用爆炸物品储存库、放射源储存场所的治安反恐防范,除执行本标准外,还应按 GA 837、GA 1002 的规定执行。

6.13 放射源运输应按国务院令第 562 号规定执行。民用爆炸物品运输应按国务院令第 653 号规定执行。

# 7 常态三级防范要求

## 7.1 人力防范要求

7.1.1 重点目标的管理单位应设立治安反恐工作领导机构及必要的辅助机构,配置专兼职保卫人员,建立健全包括值守巡逻、教育培训、检查考核、安防设备设施维护保养等治安反恐制度和措施。

7.1.2 巡逻周期间隔应小于或等于 24 h,应与技防巡查相结合。

7.1.3 重点目标的管理单位应每年至少组织一次治安反恐教育培训。

7.1.4 重点目标的管理单位应每年至少组织一次治安反恐应急处置预案演练。

7.1.5 应对外来人员、车辆进行核查和信息登记。

7.1.6 保卫执勤人员应配备对讲机,棍棒、钢叉等必要的护卫器械。

## 7.2 技术防范要求

放射源储存场所安防监控室(保卫值班室)内部应安装视频监控装置,视频监视及回放图像应能清晰显示人员值班及活动情况。

# 8 常态二级防范要求

## 8.1 人力防范要求

8.1.1 应设置保卫值班室,实行 24 h 值班制度,巡逻周期间隔应小于或等于 12 h。

8.1.2 重点目标的管理单位应每半年至少组织一次治安反恐教育培训。

8.1.3 重点目标的管理单位应每半年至少组织一次治安反恐应急处置预案演练。

8.1.4 保卫执勤人员、保管人员应配备防护效果不低于 OPHC2 复合生物酶降解技术的个人一次性防化口罩。

## 8.2 实体防范要求

8.2.1 民用爆炸物品储存库应建立独立库区,库区外部距离按 GB 50089 的相关规定执行。

8.2.2 独立设置的放射源存放场所周界、民用爆炸物品储存库周界应建立金属栅栏或砖、石、混凝土围墙等实体防范设施,并在其上方设置防攀爬、防翻越障碍物,外侧整体高度应大于或等于 2.5 m。

## 8.3 技术防范要求

放射源装卸区域应设置视频监控装置,视频监视及回放图像应能清晰显示放射源装卸的全过程。

## 9 常态一级防范要求

### 9.1 人力防范要求

9.1.1 巡逻周期间隔应小于或等于 4 h。

9.1.2 重点目标的管理单位应每季度至少组织一次治安反恐教育培训。

9.1.3 重点目标的管理单位应每季度至少组织一次治安反恐应急处置预案演练。

9.1.4 保卫执勤人员、保管人员应配备洗消效果不低于 OPHC2 复合生物酶降解技术的个人手持防化洗消喷剂。

9.1.5 设置安防监控室的,应配备值机操作人员 24 h 值守。值机操作人员应经过专业技能培训。

### 9.2 实体防范要求

民用爆炸物品储存库周界出入口应设置防车辆冲撞等实体防护装置,具体装置由企业自行确定。

### 9.3 技术防范要求

放射源存放场所、民用爆炸物品储存库区周界应设置入侵探测装置和视频监控装置,视频监视及回放图像应能清晰显示周界区域的人员活动状况。

## 10 非常态防范要求

### 10.1 人力防范要求

10.1.1 应启动应急响应机制,组织开展治安反恐动员,在常态防范基础上加强保卫力量。

10.1.2 应设置警戒区域,对进出人员实施许可管理。

10.1.3 应加强对入库的人员、车辆及所携带物品的安全检查。

### 10.2 实体防范要求

10.2.1 应做好消防设备、救援器材、应急物资的有效检查,确保正常使用。

10.2.2 应检查重点目标门、窗、锁、防冲撞装置等物防设施,消除安全隐患。

10.2.3 周界出入口的防冲撞装置应设置为阻截状态。

### 10.3 技术防范要求

应做好技术防范设施的运行保障工作,确保安全防范系统正常运行使用。

## 11 安全防范系统技术要求

### 11.1 一般要求

11.1.1 安全防范系统的设备和材料应符合相关标准并检验合格。

11.1.2 应对安全防范系统内具有计时功能的设备进行校时,设备的时钟与北京时间误差应小于或等于 10 s。

11.1.3 系统的其他要求应符合 GB 50348 的相关规定。

## 11.2 入侵和紧急报警系统

**11.2.1** 应能探测报警区域内的入侵事件。系统报警后,安防监控室或保卫值班室应能有声、光指示,并能准确指示发出报警的位置。

**11.2.2** 系统应具备防拆、开路、短路报警功能。

**11.2.3** 系统应具备自检功能和故障报警、断电报警功能。

## 11.3 视频监控系统

**11.3.1** 视频图像信息应实时记录,保存期限不应少于 90 天。

**11.3.2** 系统监视、存储和回放的视频图像分辨率应大于或等于 1 280×720 像素,图像帧率应大于或等于 25 fps。

**11.3.3** 系统应能与入侵和紧急报警系统联动。

**11.3.4** 重点目标涉及公共区域的视频图像信息的采集要求应符合 GB 37300 的相关规定,系统应留有与公共安全视频图像信息共享交换平台联网的接口。

ICS 13.320
A 91

# 中华人民共和国公共安全行业标准

GA 1551.5—2019

# 石油石化系统治安反恐防范要求
# 第5部分：运输企业

Requirements for public security and counter-terrorist of petrochemical industry—
Part 5：Transport companies

2019-03-28 发布　　　　　　　　　　　　　　　2019-07-01 实施

中华人民共和国公安部　　发 布

# 前　言

**本标准的全部内容为强制性。**

GA 1551—2019《石油石化系统治安反恐防范要求》分为以下 6 个部分：

——第 1 部分：油气田企业；

——第 2 部分：炼油与化工企业；

——第 3 部分：成品油和天然气销售企业；

——第 4 部分：工程技术服务企业；

——第 5 部分：运输企业；

——第 6 部分：石油天然气管道企业。

本部分为 GA 1551—2019 的第 5 部分。

本部分按照 GB/T 1.1—2009 给出的规则起草。

本部分由国家反恐怖工作领导小组办公室，公安部治安管理局、公安部反恐怖局提出。

本部分由全国安全防范报警系统标准化技术委员会（SAC/TC 100）归口。

本部分起草单位：公安部治安管理局、公安部科技信息化局、公安部反恐怖局、公安部第一研究所、公安部第三研究所、中国石油天然气集团有限公司保卫部、中国石油化工集团有限公司安全监管局、中国海洋石油集团有限公司质量健康安全环保部、中国中化集团有限公司 HSE 与产业管理部、陕西延长石油（集团）有限责任公司保卫部、上海广拓信息技术有限公司、上海天跃科技股份有限公司、江苏固耐特围栏系统股份有限公司、北京声迅电子股份有限公司、富盛科技股份有限公司。

本部分主要起草人：李若平、赵勇昌、施巨岭、李国华、廖崎、吴祥星、杨玉波、周群、赵小兵、张宗远、杨羽、杨东棹、郑宇、张建昌、郝晓平、乔旭烁、石惠军、蒋世予、闫鸣宇、刘文龙、黄晓林、张迪、成云飞、张凡忠、王新、苗寿波、王雷、彭华、周慧敏、聂蓉、季景林、钟永强。

# 石油石化系统治安反恐防范要求
# 第 5 部分:运输企业

## 1 范围

GA 1551 的本部分规定了运输企业的治安反恐重点目标和重点部位、重点目标等级和防范级别、总体防范要求、道路运输站(场)常态防范要求、危险化学品道路运输车辆常态防范要求、非常态防范要求以及安全防范系统技术要求。

本部分适用于国内石油化工产品道路运输企业的治安反恐防范工作与管理。

## 2 规范性引用文件

下列文件对于本文件的应用是必不可少的。凡是注日期的引用文件,仅注日期的版本适用于本文件。凡是不注日期的引用文件,其最新版本(包括所有的修改单)适用于本文件。

GB 12899 手持式金属探测器通用技术规范

GB/T 28181 公共安全视频监控联网系统信息传输、交换、控制技术要求

GB 37300 公共安全重点区域视频图像信息采集规范

GB 50348 安全防范工程技术标准

JT/T 794 道路运输车辆卫星定位系统 车载终端技术要求

JT/T 796 道路运输车辆卫星定位系统 平台技术要求

JT/T 808 道路运输车辆卫星定位系统 终端通讯协议及数据格式

JT/T 809 道路运输车辆卫星定位系统 平台数据交换

危险化学品安全管理条例(国务院令第 591 号)

道路危险货物运输管理规定(交通运输部令第 36 号)

道路运输车辆动态监督管理办法(交通运输部 公安部 国家安全生产监督管理总局 第 55 号令)

## 3 术语和定义

GB 50348 和 JT/T 796 界定的以及下列术语和定义适用于本部分。

### 3.1

**常态防范** regular protection

运用人力防范、实体防范、技术防范等多种手段和措施,常规性预防、延迟、阻止发生治安和恐怖案事件的管理行为。

### 3.2

**非常态防范** unusual protection

在重要会议、重大活动等重要时段以及获得重大治安案事件、恐怖袭击案事件等预警信息或发生上述案事件时,相关企业临时性加强防范手段和措施,提升治安反恐防范能力的管理行为。

### 3.3

**道路运输站(场)** road transport station

具有相应的专业人员和管理人员,以及设备、设施和健全的管理制度,从事道路运输车辆停放功能

的专用站(场)。

3.4

**危险化学品道路运输车辆** vehicles conveying dangerous chemicals

满足特定技术条件和要求,从事道路危险化学品运输的载货汽车。

## 4 重点目标和重点部位

### 4.1 重点目标

运输企业治安反恐防范的重点目标为:道路运输站(场)。

### 4.2 重点部位

运输企业治安反恐防范的重点部位包括但不限于以下部位:

a) 周界;

b) 周界出入口;

c) 门卫值班室;

d) 安防监控室;

e) 主要通道;

f) 运输车辆停放区;

g) 危险化学品道路运输车辆。

## 5 重点目标等级和防范级别

5.1 运输企业重点目标的等级由低到高分为三级重点目标、二级重点目标、一级重点目标,由公安机关会同有关部门、相关企业依据国家有关规定共同确定。

5.2 重点目标的防范级别分三级,按防范能力由低到高分别是三级防范、二级防范、一级防范,防范级别应与目标等级相适应。

5.3 常态三级防范要求为重点目标应达到的最低标准,常态二级防范要求应在常态三级防范要求基础上执行,常态一级防范要求应在常态二级防范要求基础上执行,非常态防范要求应在常态防范要求基础上执行。

## 6 总体防范要求

6.1 重点目标的管理单位应建立治安反恐防范管理档案和台账,包括重点目标的名称、地址或位置、目标等级、防范级别、单位负责人、现场负责人,现有人力防范(人防)、实体防范(物防)、技术防范(技防)措施,平面图、结构图等。

6.2 重点目标的管理单位应根据公安机关、有关部门的要求,依法提供重点目标的相关信息和重要动态。

6.3 重点目标的管理单位应对重要岗位人员进行安全背景审查。

6.4 新建、改建、扩建工程应将安全防范系统纳入总体规划,同步设计、同步建设、同步运行。

6.5 重点目标的管理单位应建立安全防范系统建设、运行与维护的保障体系和长效机制。常态防范条件下,治安反恐防范涉及费用应纳入企业预算,予以专项保障;非常态防范条件下,根据实际情况特殊解决。

6.6 重点目标集中的区域,应按照整体防范原则,统筹规划安全防范系统建设。

6.7 重点目标的管理单位应针对治安反恐突发事件制定应急处置预案,并定期演练。应急处置预案至少包括针对的事件、人员及分工、处置的流程及措施、设备(设施或装备)的使用、目标保护和人员疏散方案等内容。

6.8 重点目标的管理单位应与当地公安机关等政府有关部门建立联防联动联治工作机制。

6.9 重点目标的管理单位应根据治安反恐工作的实际需要,建立治安反恐与安全生产有关信息的共享和联动机制。

6.10 重点目标的管理单位应建立"一岗双责"制度,做好重点目标的治安反恐防范工作。

6.11 重点目标的管理单位应开展风险评估工作并作出评估结论。

6.12 危险化学品道路运输应按《危险化学品安全管理条例》《道路危险货物运输管理规定》《道路运输车辆动态监督管理办法》等有关法律、法规执行。

## 7 道路运输站(场)常态三级防范要求

### 7.1 人力防范要求

7.1.1 重点目标的管理单位应设立治安反恐工作领导机构及必要的辅助机构,配置专兼职保卫人员,建立健全包括值守巡逻、教育培训、检查考核、安防设备设施维护保养等治安反恐制度和措施。

7.1.2 重点目标的管理单位应每年至少组织一次治安反恐教育培训。

7.1.3 重点目标的管理单位应每年至少组织一次治安反恐应急处置预案演练。

7.1.4 道路运输站(场)周界应设置门卫值班室,实行 24 小时值班制度。应对外来人员、车辆进行核查和信息登记。

7.1.5 巡逻周期间隔应小于或等于 24 h,应与技防巡查相结合。

7.1.6 保卫执勤人员应配备对讲机,棍棒、钢叉等必要的护卫器械。

### 7.2 实体防范要求

周界应建立金属栅栏或砖、石、混凝土围墙等实体防范设施;周界毗邻山地等特殊地貌或天然屏障的应综合设计,穿越周界的河道、涵洞、管廊等孔洞,应采取相应的实体防护措施。

### 7.3 技术防范要求

7.3.1 应设置安防监控室,可与道路运输站(场)的生产调度室或门卫值班室联合设置。

7.3.2 周界出入口应设置视频监控装置,视频监视及回放图像应能清晰显示进出站(场)、门卫值班室人员的体貌特征和车辆的号牌。

## 8 道路运输站(场)常态二级防范要求

### 8.1 人力防范要求

8.1.1 重点目标的管理单位应每半年至少组织一次治安反恐教育培训。

8.1.2 重点目标的管理单位应每半年至少组织一次治安反恐应急处置预案演练。

8.1.3 巡逻周期间隔应小于或等于 12 h。

8.1.4 应对外来人员携带的物品进行安全检查。

### 8.2 实体防范要求

周界实体防范设施上方应设置防攀爬、防翻越障碍物,外侧整体高度应大于或等于 2.5 m。

### 8.3 技术防范要求

8.3.1 周界应设置视频监控装置,视频监视及回放图像应能清晰显示区域内人员的活动情况。

8.3.2 运输车辆停放区应设置视频监控装置,视频监视及回放图像应能清晰显示区域内人员的活动情况。

8.3.3 主要通道应设置视频监控装置,视频监视及回放图像应能清晰显示区域内人员的活动情况。

8.3.4 门卫值班室应配备手持式金属探测器等安全检查设备。

## 9 道路运输站(场)常态一级防范要求

### 9.1 人力防范要求

9.1.1 重点目标的管理单位应每季度至少组织一次治安反恐教育培训。

9.1.2 重点目标的管理单位应每季度至少组织一次治安反恐应急处置预案演练。

9.1.3 巡逻周期间隔应小于或等于 4 h。

9.1.4 设置安防监控室的,应配备值机操作人员 24 h 值守。值机操作人员应经过专业技能培训。

### 9.2 实体防范要求

周界出入口应设置防车辆冲撞的实体阻挡装置,具体装置由企业自行确定。

### 9.3 技术防范要求

9.3.1 周界出入口应设置出入口控制装置,对进出人员和车辆的通行进行管理。

9.3.2 门卫值班室应安装紧急报警装置,安装位置应隐蔽、安全、便于操作,与其联动的声(光)告警装置应安装在站(场)内合适位置。

## 10 危险化学品道路运输车辆常态防范要求

### 10.1 人力防范要求

10.1.1 驾驶员、押运员应配备个人护卫器械,放置位置应易于拿取且不妨碍安全驾驶。

10.1.2 危险化学品运输车辆停放区,应按照危险化学品的分类,做到在指定区域分类停放,严禁将化学品性质或者扑救方法相抵触的车辆停放在同一区域内。

### 10.2 技术防范要求

10.2.1 危险化学品道路运输车辆应安装具有行驶记录功能的卫星定位装置(以下简称卫星定位装置)。

10.2.2 车辆驾驶室内应安装车辆防劫持报警装置,应急报警按钮的安装位置应便于驾驶员应急状态下的快捷触发。

10.2.3 应建立危险化学品道路运输车辆监控系统平台,对车辆卫星定位装置和车辆防劫持报警装置联网,对车辆的运行过程实行动态监控和管理。

## 11 非常态防范要求

### 11.1 人力防范要求

11.1.1 应启动应急响应机制,组织开展治安反恐动员,在常态防范基础上加强保卫力量。

11.1.2 应加强对进入站(场)的人员、车辆及所携带物品的安全检查,对外来人员携带的物品进行开包检查;限制人员、车辆进出。

## 11.2 实体防范要求

11.2.1 应做好消防设备、救援器材、应急物资的有效检查,确保正常使用。

11.2.2 应检查各级重点目标门、窗、锁、防冲撞装置等物防设施,消除安全隐患。

11.2.3 应关闭道路运输站(场)周界非主要出入口,减少周界出入口的开放数量。

11.2.4 周界出入口防冲撞装置等实体阻挡设施应设置为阻截状态。

## 11.3 技术防范要求

11.3.1 应做好技术防范设施的运行保障工作,确保安全防范系统正常运行使用。

11.3.2 应对危险化学品运输车辆使用卫星定位装置实施持续 24 h 动态监督管理活动。

## 12 安全防范系统技术要求

### 12.1 一般要求

12.1.1 安全防范系统的设备和材料应符合相关标准并检验合格。

12.1.2 应对安全防范系统内具有计时功能的设备进行校时,设备的时钟与北京时间误差应小于或等于 10 s。

12.1.3 系统的其他要求应符合 GB 50348 的相关规定。

### 12.2 防爆安全检查器材

手持式金属探测器应符合 GB 12899 的相关规定。

### 12.3 视频监控系统

12.3.1 视频图像信息应实时记录,保存期限不应少于 90 天。

12.3.2 系统监视、存储和回放的视频图像分辨率应大于或等于 1 280×720 像素,图像帧率应大于或等于 25 fps。

12.3.3 重点目标涉及公共区域的视频图像信息的采集要求应符合 GB 37300 的相关规定,系统应留有与公共安全视频图像信息共享交换平台联网的接口。联网信息传输、交换、控制协议应符合 GB/T 28181 的相关规定。

### 12.4 车辆监控系统平台和卫星定位装置

12.4.1 车辆监控系统平台应能接收由车载终端触发的报警信息,包括防劫持报警、偏离路线(区域)报警、超速报警等,平台监控人员应对报警信息进行及时规范处理,包括报警信息确认、报警处置等。

12.4.2 车辆监控系统平台应符合 JT/T 796、JT/T 808、JT/T 809 的相关规定。

12.4.3 卫星定位装置应符合 JT/T 794、JT/T 808 的相关规定。

## 广告明细

文后彩页 北京世纪之星应用技术研究中心
武汉理工光科股份有限公司